高等职业教育土建专业系列教材

建筑与装饰材料

（第二版）

主　编　吝　杰　郭青芳　王　新
副主编　高　旺　黄　治　薛　晨
　　　　张慧丽
参　编　张家铭

南京大学出版社

内容提要

全书共分 14 个单元,主要内容有:建筑与装饰材料的基本性质,建筑石材,气硬性胶凝材料,水泥,混凝土,建筑砂浆,墙体材料,金属材料,防水材料,建筑玻璃,建筑装饰陶瓷,木质装饰材料,建筑塑料、涂料、胶黏剂,绝热材料与吸声材料。

本书根据最新的标准和规范编写,力求内容新颖。本书可作为高等职业学院、高等专科学校的工程造价、建筑工程、工程监理、工程检测、市政工程等土建类专业的教材,也可供相关专业的工程技术人员参考。

图书在版编目(CIP)数据

建筑与装饰材料 / 吝杰,郭青芳,王新主编. — 2 版.
—南京:南京大学出版社,2016.12(2022.1 重印)
ISBN 978 - 7 - 305 - 17955 - 6

Ⅰ. ①建… Ⅱ. ①吝… ②郭… ③王 Ⅲ. ①建筑材料—高等职业教育—教材②建筑装饰—装饰材料—高等职业教育—教材 Ⅳ. ①TU5②TU56

中国版本图书馆 CIP 数据核字(2016)第 298520 号

出版发行 南京大学出版社
社　　址 南京市汉口路 22 号　　　　邮　编　210093
出版人 金鑫荣
书　　名 **建筑与装饰材料**
主　编 吝　杰　郭青芳　王　新
责任编辑 吴　华　　　　　编辑热线　025 - 83597482
照　　排 南京南琳图文制作有限公司
印　　刷 广东虎彩云印刷有限公司
开　　本 787×1092　1/16　印张 21　字数 511 千
版　　次 2022 年 1 月第 2 版第 3 次印刷
ISBN 978 - 7 - 305 - 17955 - 6
定　　价 52.00 元

网址:http://www.njupco.com
官方微博:http://weibo.com/njupco
微信服务号:njuyuexue
销售咨询热线:(025)83594756

前言
（第二版）

本书是南京大学出版社组织编写的"十三五"高职高专规划教材之一，是结合新形势下职业教育发展的需求和新修订的高职高专工程造价专业及相关专业的教学要求，在第一版的基础上修订而成。全书突出职业教育特点，以学生能力培养为主线，具有鲜明的时代特征，体现了实用性、实践性、创新性的教材特色，是一部理论联系实际、教学面向生产的高职高专教育精品规划教材。

本书修订采用了现行最新的标准、规范，保证了知识的时效性。全书共分14个单元，介绍了常用建筑与装饰材料的主要品种、技术性质、检测方法、应用和保管等方面的基本知识。每个单元按项目组织编排教学内容，每个教学项目包括"基础知识"和"职业技能活动"两部分。基础知识以讲解概念、基本技能为主。职业技能活动结合实际工作任务编排实训项目，重点培养学生的实践动手能力。通过教学项目将理论知识和实践技能有机结合，便于项目教学和"教、学、练"一体化教学模式的实施。每个单元配备了类型多样的习题，便于教师教学和学生复习。

本书修订再版由山东水利职业学院吝杰、山东水利职业学院郭青芳、广西交通职业技术学院王新担任主编，荆州理工职业学院高旺、湖南交通职业技术学院黄治、安康学院薛晨、江西制造职业技术学院张慧丽担任副主编，湖南交通职业技术学院张家铭参与编写。全书由吝杰统稿。

本书在编写过程中参考了其他一些资料和书刊，得到了相关院校老师和领导的帮助，以及南京大学出版社的大力支持，在此一并表示感谢。

由于编写时间仓促，书中难免有不足之处，恳请读者提出宝贵意见，以便改正。

本书采用基于二维码的互动式学习平台，配有二维码，读者可通过微信扫描二维码获取本书相关的电子资源（课件、规范、习题答案等），体现了数字出版和教材立体化建设的理念。

编　者
2016 年 10 月

目　录

扫一扫可见本书电子资源

绪 论

学习目标

1. 了解建筑与装饰材料的定义与分类、建筑与装饰材料在工程中的地位与作用、建筑与装饰材料的发展趋势。
2. 熟悉建筑材料技术标准的种类。
3. 明确课程目的、任务和基本要求。

一、建筑与装饰材料的定义与分类

建筑材料是指建筑工程中所使用的材料及其制品。装饰材料属于建筑材料的一部分，是指用于建筑物表面（墙面、柱面、地面及顶棚等）、起装饰效果的材料，也称饰面材料。一般所说的建筑材料，除了用于建筑物本身的各种材料之外，还包括卫生洁具、采暖及空调设备等器材以及施工过程中的暂设工程（如脚手架、模板等）所用的材料，即广义的建筑材料。本课程讨论的是狭义的建筑材料，是建造基础、梁、板、柱、墙体、屋面、地面以及室内外装饰工程所用的材料。

建筑材料种类繁多，为了研究、使用和叙述的方便，常从不同的角度对建筑材料进行分类。通常按材料的化学成分和使用功能分类。

1. 按化学成分分类

根据建筑材料的化学成分，建筑材料可分为无机材料、有机材料和复合材料三大类，如表1所示。

表1　建筑材料按化学成分分类

分类			实例
无机材料	金属材料	黑色金属	铁、钢及其合金
		有色金属	铜、铝及其合金
	非金属材料	天然石材	砂、石子、砌筑石材、装饰板材
		烧土制品	砖、瓦、陶瓷、琉璃制品
		胶凝材料	水泥、石灰、石膏、水玻璃
		玻璃及熔融制品	玻璃、玻璃纤维、石棉、矿棉
有机材料	植物材料		木材、竹材、植物纤维及其制品
	沥青材料		石油沥青、煤沥青、沥青制品
	合成高分子材料		建筑塑料、建筑涂料、胶黏剂、合成高分子防水材料

续表

	分类	实例
复合材料	非金属材料与非金属材料复合	水泥混凝土、砂浆
	有机与无机非金属材料复合	聚合物混凝土、玻璃纤维增强塑料、沥青混凝土
	金属与无机非金属材料复合	钢筋混凝土、钢纤维混凝土
	金属与有机材料复合	铝塑管、彩色涂层压型板、铝箔面油毡、塑钢门窗

2. 按使用功能分类

根据建筑材料在建筑工程中的部位和使用功能,可分为结构材料、围护材料和功能材料三大类。

1) 结构材料

结构材料主要是指构成建筑物受力构件和结构所用的材料,如基础、梁、板、柱、框架等所用的材料。这类材料的主要技术性能要求是强度和耐久性。目前所用的结构材料主要有砖、砌块、混凝土、钢筋混凝土、预应力钢筋混凝土及钢材等。

2) 围护材料

围护材料是用于建筑物围护结构的材料,如墙体、门窗、屋面等部位使用的材料。围护材料不仅应具有一定的强度和耐久性,还要求同时具有保温隔热或防水、隔声等性能。常用的围护材料有砖、砌块、混凝土和各种墙板、屋面板等。

3) 功能材料

功能材料主要是指满足各种功能要求所使用的材料,如防水材料、保温材料、吸声材料、隔声材料、采光材料、室内外装饰材料等。

二、建筑与装饰材料在工程中的地位

建筑与装饰材料是建筑工程和装饰工程的物质基础,与建筑设计、建筑结构、建筑施工一样,是建筑工程中重要的组成部分。建筑与装饰材料在工程中的地位和作用体现在以下几方面:

(1) 建筑与装饰材料是一切建筑工程的物质基础。建筑材料工业推动着建筑业的发展,是国民经济的支柱之一,与人们的生活息息相关,不可分割。为了解决人们居住问题,必须修建房屋;为了解决粮食和能源问题,必须兴建水利工程;为了解决人员流动,必须兴建铁路、公路、港口、机场等交通设施。各种建筑物与构筑物都是在合理设计基础上由各种建筑材料建造而成的。任何优秀的建筑都是材料和艺术、技术以最佳方式融合为一体的产物。

(2) 材料的性能质量直接影响工程质量。建筑与装饰材料的质量是建筑工程优劣的关键,是建筑工程质量得以保证的前提。建筑与装饰材料选用是否合理、产品是否合格、是否通过检验、保管使用是否得当等,都将直接影响建筑工程的使用功能、使用安全及耐久性。

(3) 在建筑工程和装饰工程造价中,材料费所占的比例较大,一般都在50%~60%或更高,所以必须加强经济管理,科学合理地使用材料,减少浪费和损失,降低工程造价,提高建设投资的经济效益。

(4) 建筑材料与建筑、结构、施工之间存在着相互促进、相互依存的密切关系。材料决定了建筑的形式和施工方法。随着社会生产力和科学技术的不断进步,建筑材料也在逐步地发展。一种新材料的出现,会使结构设计理论大大地向前推进,使一些无法实现的构想变为现实,乃至使整个社会的生产力发生飞跃。建筑工程中很多技术问题的突破和创新,常常决定了建筑材料的突破和创新;新的建筑材料的出现,又将促进结构设计及施工技术的革新。

三、建筑材料的发展概况

建筑材料的发展是人类社会发展的一个重要标志。古代人类就学会利用天然材料搭建一些简陋的住所,到了封建社会,砖、瓦、石灰、石膏的出现,使建筑材料由天然建材进入人工生产阶段。在漫长的封建社会,建筑材料和建筑技术的发展非常缓慢。直到18、19世纪,工业革命兴起,促进了工商业和交通运输业的发展,原有的建筑材料已不能满足工程建设的需要,在其他科学技术的推动下,建筑材料进入了一个崭新的发展时期,建筑钢材、水泥、混凝土和钢筋混凝土相继问世而成为主要的结构材料。到20世纪,又出现了预应力混凝土。在21世纪,高强混凝土、高性能混凝土的研究和应用是混凝土发展的新趋势。同时,一些具有特殊功能的材料应运而生,如保温隔热、吸声、隔声、耐热、防辐射、室内外装饰材料等。随着社会生产力的提高,科学技术的发展以及高新技术的应用,尤其是材料科学与工程科学的形成和发展,使无机材料的性能和质量不断改善,品种不断增多,以有机材料为主的化学建材更是异军突起,高性能、多功能、复合化的新型建筑材料也有了长足的发展。

我国建材工业有了长足的进步,但也应看到我国建材行业的总体科技水平、管理水平还比较落后,主要表现在:产量大精品少、质量标准低、能源消耗大、劳动生产率低、产业结构落后、污染环境严重、集约化程度低、科技含量低、缺乏国际竞争力。针对此情况,我国建材主管部门提出了"由大变强、靠新出强"的发展战略,提出建材工业应该走"可持续发展"之路,依靠科技进步,大力发展新技术、新工艺、新产品,使建材产品做到节能、绿色、环保、满足人性化的要求,以适应现代建筑业工业化、现代化,提高工程质量和降低工程造价的需要。轻质、高强、高性能、复合化、工业化、绿色环保、节能是未来建筑材料的发展趋势。

四、建筑与装饰材料的技术标准

建筑与装饰材料的技术标准是生产和使用单位检验、确认产品质量是否合格的技术文件。其主要内容包括:产品规格、分类、技术要求、检验方法、检验规则、包装及标志、运输与储存等。目前,我国的技术标准分为国家标准、行业标准、地方标准和企业标准四类。

1. 国家标准

国家标准有强制性标准(GB)和推荐性标准(GB/T)。强制性标准是全国必须执行的技术指导文件,产品技术指标都不得低于标准规定要求。推荐性标准在执行时也可采用其他相关的规定,但推荐性标准一旦被强制执行,就认为是强制性标准。

2. 行业标准

各行业为了规范本行业的产品质量而制定的技术标准,也是全国性的指导文件。但它是由主管生产部门发布的,如建筑材料行业标准(JC)、建筑工程行业标准(JGJ)、交通行业标准(JT)、水利行业标准(SL)等。

3. 地方标准

地方标准为地方主管部门发布的地方性技术文件(DB),适宜在该地区使用。

4. 企业标准

由企业制定发布的指导本企业生产的技术文件(QB),仅适用于本企业。

凡没有制定国家标准、行业标准的产品,均应制定地方标准或企业标准。而地方标准和企业标准规定的技术要求应高于类似(或相关)产品的国家标准。

标准的一般表示方法由标准名称、标准编号和颁布年份等组成,如《通用硅酸盐水泥》(GB 175—2007)、《水泥胶砂强度检验方法(ISO法)》(GB/T 17671—1999)、《普通混凝土拌合物性能试验方法标准》(GB/T 50080—2002)、《普通混凝土配合比设计规程》(JGJ 55—2011)。

此外,世界各国均有自己的国家标准,如英国标准(BS)、德国标准(DIN)、美国材料与试验协会(ASTM)等。在世界范围内统一执行的标准为国际标准(ISO)。

标准是根据一个时期的技术水平测定的。随着科学技术的不断进步以及和国际标准接轨的需要,标准也在不断变化,应根据技术发展的速度和要求不断进行修订。

五、课程任务及基本要求

建筑与装饰材料是工程造价、建筑工程等土建类专业的一门非常重要的专业基础课,也是土建类专业高职学生就业材料员等岗位必备的知识技能课程。本课程的任务是使学习者掌握常用建筑与装饰材料的品种、规格、性能和特点,熟悉常用建筑材料的技术标准,在实际工作中能根据工程特点和环境条件合理地选择建筑与装饰材料。同时,通过本课程的学习,应掌握常用建筑与装饰材料的验收、储存与保管方面的基本知识,并具有进行建筑与装饰材料检测及其质量评定的职业技能。

在本课程的学习过程中应注意以下几点:

(1)建筑与装饰材料种类繁多,内容繁杂,逻辑性差。在学习过程中要善于分析和对比各种材料的组成、主要性质与应用特点,理解具有这些性质的原因,找出材料的组成、结构同材料性能之间的内在联系。例如,在学习通用硅酸盐水泥中的六大品种水泥时,首先要明确各种矿物成分对水泥性质的影响,再通过分析各品种水泥的矿物组成来理解不同水泥的性质。

(2)重视试验。通过试验操作和观察,一方面可以培养学习者掌握建筑与装饰材料检测及其质量评定的职业技能,另一方面可加深对理论知识的理解,以达到本课程的学习目的。

另外,注意建筑与装饰材料的标准和规范的更新,并结合其他专业课程进一步巩固本课程知识。

单元一　建筑与装饰材料的基本性质

学习目标

1. 掌握材料的物理性质、力学性质、耐久性与装饰性的相关概念及影响因素。
2. 理解材料的体积组成、材料的孔隙情况、含水状态等对材料性质的影响以及材料性质间的相互影响。
3. 能熟练运用材料的各种性质，并结合工程所处的环境条件，合理选择和使用材料。

　　建筑与装饰材料在工程使用条件下要承受一定的荷载，并受到周围不同环境介质（空气、水及其所溶物质、温度和湿度变化等）作用。因此，建筑与装饰材料应具有相应的力学性质，还应具备抵抗周围介质的物理、化学和生物作用以及具备经久耐用的性质等。

　　材料所处环境不同、所使用的部位不同，人们对材料的使用功能要求也不同。如：结构材料应具有一定的力学性质；屋面材料应具有一定的防水、保温、隔热等性质；地面材料应具有较高的强度、耐磨、防滑等性质；墙体材料应具有一定的强度、保温、隔热等性质。掌握建筑与装饰材料的基本性质是正确选择和合理使用建筑与装饰材料的基础。

项目一　材料的基本物理性质

主要内容	知识目标	技能目标
材料与质量有关的物理性质，材料与水有关的物理性质，材料的热工性质，材料的声学性能	掌握材料的各物理性能指标的概念、公式及表示方法，理解材料的体积组成、材料的孔隙率、孔隙特征对材料性质的影响	能够根据材料的孔隙率、孔隙特征、含水状态等分析材料的性质，合理地选择和使用建筑与装饰材料

一、材料与质量有关的物理性质

1. 材料的体积组成与含水状态

1）材料的体积组成

　　块状材料在自然状态下的总体积包括固体物质体积和孔隙体积两部分。材料内部的孔隙按常温、常压下水能否进入分为开口孔隙和闭口孔隙，如图 1-1 所示。

　　散粒材料是指具有一定粒径材料的堆积体，如建筑工程中常用的砂、石等。散粒材料的堆积体积包括颗粒中固体物质体积、孔隙体积和颗粒间空隙体积三部分，如图 1-2 所示。

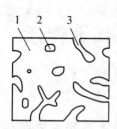

1—颗粒中固体物质；2—闭口孔隙；
3—开口孔隙

图1-1 块状材料体积构成示意图

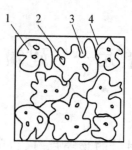

1—颗粒中固体物质；2—闭口孔隙；3—开口孔隙；
4—颗粒间的空隙

图1-2 散粒材料体积构成示意图

2) 材料的含水状态

材料在大气中或水中会吸附一定的水分，根据材料吸附水分的情况，将材料的含水状态分为干燥状态、气干状态、饱和面干状态及湿润状态，如图1-3所示。

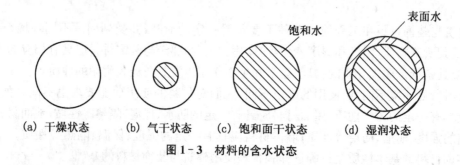

(a) 干燥状态   (b) 气干状态   (c) 饱和面干状态   (d) 湿润状态

图1-3 材料的含水状态

2. 密度

密度是指材料在绝对密实状态下单位体积的质量，按式(1-1)计算：

$$\rho = \frac{m}{V} \tag{1-1}$$

式中：ρ 为密度（g/cm³ 或 kg/m³）；m 为材料在干燥状态下的质量（g 或 kg）；V 为材料在绝对密实状态下的体积（cm³ 或 m³）。

绝对密实状态下的体积是指不包括孔隙在内的体积，即材料固体物质的体积（V）。实际工程中，绝大部分材料都有一定的孔隙，只有少数材料可视为处于绝对密实状态。通常情况下，对结构致密、外观规则的材料，如钢材、玻璃等，按其外形尺寸求得体积；对于多孔材料，如黏土砖、瓦等，一般采用排液法（密度瓶法）测定其绝对密实状态下的体积，在测定其密度时，应把材料磨成细粉，经干燥至恒重后，用密度瓶测定其体积，该体积即可视为材料绝对密实状态下的体积。材料磨得愈细，测定的密度值愈精确。

3. 表观密度

表观密度是指材料在自然状态下单位体积的质量，按式(1-2)计算：

$$\rho_0 = \frac{m}{V_0} \tag{1-2}$$

式中：ρ_0 为表观密度（g/cm³ 或 kg/m³）；m 为材料的质量（g 或 kg）；V_0 为材料在自然状态下

的体积,或称表观体积(cm³ 或 m³)。

材料在自然状态下的体积(V_0)是指材料的固体物质体积(V)与内部封闭孔隙体积之和,可直接用排液法求得。

对于颗粒外形不规则的坚硬颗粒,因其颗粒内部封闭孔隙极少,如砂、石等,用排水法测得的颗粒体积与其密实体积基本相同,因此,砂、石表观密度可近似地当作其密度,故称视密度。

当材料孔隙内含有水分时,质量和体积均有所变化,因此测定材料表观密度时,应同时测定含水量,并予以注明。通常所说的表观密度是指干表观密度。

4. 堆积密度

堆积密度是指散粒材料在堆积状态下单位体积的质量,按式(1-3)计算:

$$\rho_0' = \frac{m}{V_0'} \qquad (1-3)$$

式中:ρ_0' 为散粒材料的堆积密度(g/cm³ 或 kg/m³);m 为散粒材料的质量(g 或 kg);V_0' 为散粒材料的体积(cm³ 或 m³)。

散粒材料在堆积状态下的体积,既包括颗粒内部的孔隙体积,又包括颗粒之间的空隙体积。测定散粒材料的堆积密度时,材料的质量是指在一定容积的容器内的材料质量,其堆积体积是指所用容器的容积。若以捣实体积计算时,则称紧密堆积密度。材料的含水状态也影响材料的堆积密度值。

在建筑工程中,进行材料用量、构件自重、配料计算以及确定堆放空间时,均需要用到材料的密度、表观密度和堆积密度等数据。常用建筑材料的密度、表观密度和堆积密度见表1-1。

表 1-1 常用建筑材料的密度、表观密度、堆积密度

材料名称	密度(g/cm³)	表观密度(kg/m³)	堆积密度(kg/m³)
钢材	7.80~7.90	7 850	
花岗岩	2.70~3.00	2 500~2 800	
石灰石	2.40~2.60	1 600~2 400	
砂	2.50~2.60		1 400~1 700
水泥	2.80~3.10		1 100~1 300
普通玻璃	2.50~2.60	2 500~2 600	
普通混凝土		2 000~2 800	
碎石或卵石	2.60~2.90	2 500~2 850	1 400~1 700
松木	1.55~1.60	400~800	
发泡塑料		20~50	

5. 密实度与孔隙率

密实度是指块状材料体积内被固体物质所充实的程度,也就是固体物质的体积占总体积的比例,用 D 表示,按式(1-4)计算:

$$D = \frac{V}{V_0} \times 100\% = \frac{\rho_0}{\rho} \times 100\% \qquad (1-4)$$

孔隙率是指块状材料体积内孔隙体积占材料总体积的百分率,用 P 表示,按式(1-5)计算:

$$P = \frac{V_0 - V}{V_0} \times 100\% = \left(1 - \frac{V}{V_0}\right) \times 100\% = \left(1 - \frac{\rho_0}{\rho}\right) \times 100\% \qquad (1-5)$$

密实度与孔隙率的关系可用式(1-6)来表示:

$$D + P = 1 \qquad (1-6)$$

材料的密实度和孔隙率是从不同方面反映材料的密实程度,通常采用孔隙率表示。孔隙率的大小直接反映了材料的致密程度。建筑材料的许多工程性质,如强度、吸水性、抗渗性、抗冻性、导热性等都与材料的致密程度有关。按孔隙的特征,材料的孔隙可分为开口孔隙和闭口孔隙两种;按孔隙的尺寸大小,材料的孔隙又可分为微孔、细孔及大孔三种。不同的孔隙对材料的性能影响各不相同。一般而言,孔隙率较小,且连通孔隙较少的材料,其吸水性较小,强度较高,抗冻性和抗渗性较好。

【工程实例1-1】　已知某种普通黏土砖 $\rho_0 = 1\,700\ \text{kg/m}^3$, $\rho = 2.5\ \text{g/cm}^3$。求其密实度和孔隙率。

解:依已知条件,可求其密实度为

$$D = \frac{\rho_0}{\rho} \times 100\% = \frac{1\,700}{2\,500} \times 100\% = 68\%$$

其孔隙率为

$$P = 1 - D = 1 - 68\% = 32\%$$

6. 材料的填充率与空隙率

填充率是指散粒材料在某容器的堆积体积内,被其颗粒填充的程度,用 D' 表示,按式(1-7)计算:

$$D' = \frac{V_0}{V_0'} \times 100\% = \frac{\rho_0'}{\rho_0} \times 100\% \qquad (1-7)$$

空隙率是指散粒材料在某容器的堆积体积内,颗粒之间的空隙体积占堆积体积的百分率,用 P' 表示,按式(1-8)计算:

$$P' = \frac{V_0' - V_0}{V_0'} \times 100\% = \left(1 - \frac{V_0}{V_0'}\right) \times 100\% = \left(1 - \frac{\rho_0'}{\rho_0}\right) \times 100\% \qquad (1-8)$$

填充率与空隙率的关系可用式(1-9)来表示:

$$D' + P' = 1 \qquad (1-9)$$

空隙率和填充率是从不同方面反映了散粒材料的颗粒之间相互填充的致密程度,通常采用空隙率表示。空隙率可作为控制混凝土骨料级配与计算砂率的依据。

二、材料与水有关的物理性质

1. 亲水性与憎水性

材料在空气中与水接触,根据其能否被水润湿,将材料分为亲水性材料和憎水性材料。

材料亲水性和憎水性可用润湿角 θ 表示。在材料、空气、水三相交界处,沿水滴表面作切线,切线与材料表面(水滴一侧)所得夹角 θ 称为润湿角,如图 1 - 4 所示。

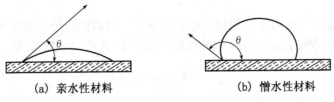

(a) 亲水性材料　　　　　　　　(b) 憎水性材料

图 1 - 4　材料的润湿角示意图

θ 越小,浸润性越强,当 θ 为零时,表示材料完全被水润湿。一般认为,当 $\theta \leqslant 90°$ 时,水分子之间的内聚力小于水分子与材料分子之间的吸引力,此种材料称为亲水性材料;当 $\theta > 90°$ 时,水分子之间的内聚力大于水分子与材料分子之间的吸引力,材料表面不易被水润湿,称此种材料为憎水性材料。

建筑工程中所用的混凝土、砂浆、砖石、木材等大多数材料属于亲水性材料,只有少数材料如沥青、石蜡、塑料等为憎水性材料。憎水性材料常用作防水、防潮及防腐材料,也可对亲水性材料进行表面处理,以降低其吸水性。

2. 吸水性

材料在水中吸收水分的性质称为吸水性。材料的吸水性强弱用吸水率表示,有质量吸水率与体积吸水率两种表示方法。

质量吸水率是指材料在吸水饱和时,内部所吸水分的质量占材料干燥质量的百分率,按式(1 - 10)计算:

$$W_{质} = \frac{m_{湿} - m_{干}}{m_{干}} \times 100\% \tag{1 - 10}$$

式中:$W_{质}$ 为材料的质量吸水率(%);$m_{湿}$ 为材料在吸水饱和状态下的质量(g);$m_{干}$ 为材料在干燥状态下的质量(g)。

轻质多孔的材料,因其质量吸水率往往超过 100%,常以体积吸水率表示其吸水性。

体积吸水率是指材料在吸水饱和时,其内部所吸收水分的体积占干燥材料自然体积的百分率,按式(1 - 11)计算:

$$W_{体} = \frac{m_{湿} - m_{干}}{V_0} \times \frac{1}{\rho_{水}} \times 100\% \tag{1 - 11}$$

式中:$W_{体}$ 为材料的体积吸水率(%);V_0 为干燥材料在自然状态下的体积(cm^3);$\rho_{水}$ 为水的密度(g/cm^3)。

质量吸水率与体积吸水率的关系为

$$W_{体} = W_{质} \cdot \rho_0 \cdot \frac{1}{\rho_{水}} \tag{1 - 12}$$

材料的吸水性不仅取决于材料的亲水性或憎水性,也与其孔隙率的大小及孔隙构造特征有关。密实材料及具有封闭孔隙的材料是不吸水的;具有粗大贯通孔的材料因其水分不宜留存,吸水率常小于孔隙率;而那些孔隙数量多且具有细小贯通孔的亲水性材料往往具有较大的吸水能力。一般没特别说明,材料的吸水率都指其质量吸水率。不同材料的吸水率变化很大,花岗岩为 $0.2\%\sim0.7\%$,普通混凝土为 $2\%\sim4\%$,烧结普通砖为 $8\%\sim15\%$。

3. 吸湿性

材料在潮湿空气中吸收水分的性质称为吸湿性。材料的吸湿性用含水率表示。含水率是指材料内部所含水的质量占材料干燥质量的百分率,按式(1-13)计算:

$$W_含=\frac{m_含-m_干}{m_干}\times100\%\qquad(1-13)$$

式中:$W_含$ 为材料的含水率(%);$m_含$ 为材料含水时的质量(g);$m_干$ 为材料在干燥状态下的质量(g)。

材料的吸湿性主要取决于材料的组成和构造。通常总表面积较大的粉状或颗粒状的材料及开口贯通孔隙率较大的亲水性材料具有较强的吸湿性。材料的吸水率是一个定值,而含水率是随环境而变化的。当空气湿度较大且温度较低时,材料的含水率就大,反之则小。材料所含水分与空气湿度相平衡时的含水率,称为平衡含水率。

材料含水后,其质量增加,导热性增大,强度降低,抗冻性能变差。所以,工程中某些部位的材料应采取有效的防护措施。

4. 耐水性

材料在长期饱和水作用下不被破坏,其强度也不显著降低的性质称为耐水性。材料的耐水性用软化系数表示,按式(1-14)计算:

$$K_软=\frac{f_饱}{f_干}\qquad(1-14)$$

式中:$K_软$ 为材料的软化系数;$f_饱$ 为材料在饱水状态下的抗压强度(MPa);$f_干$ 为材料在干燥状态下的抗压强度(MPa)。

软化系数的大小反映材料浸水后强度降低的程度,其取值范围在 $0\sim1$ 之间,其值越大,表明材料的耐水性越好。长期处于水中或潮湿环境的重要建筑物或构筑物必须选用软化系数大于 0.85 的材料;用于受潮湿较轻或次要结构的材料,则软化系数不宜小于 0.75。通常认为,软化系数大于 0.85 的材料是耐水性材料。

【工程实例 1-2】 某石材在气干、绝干、水饱和情况下测得的抗压强度分别为 174、178 和 165 MPa。求该石材的软化系数,并判断该石材能否用于水下工程。

解:依已知条件,可求该石材的软化系数为

$$K_软=\frac{f_饱}{f_干}=\frac{165}{178}\approx0.93$$

由于该石材的软化系数为 0.93,大于 0.85,故该石材可用于水下工程。

5. 抗渗性

材料抵抗有压液体(水或油)渗透的性质称为抗渗性。抗渗性常用渗透系数和抗渗等级表示。

渗透系数是指单位厚度的材料,在单位水压力作用下,单位时间内透过单位面积的水量。其表达式为

$$K=\frac{Qd}{AtH}\qquad(1-15)$$

式中:K 为渗透系数(cm/s);Q 为透水量(cm³);d 为试件厚度(cm);A 为透水面积(cm²);t 为透水时间(s);H 为静水压力水头(cm)。

K 值愈大,表示材料渗透的水量愈多,即抗渗性愈差。

对于混凝土和砂浆,其抗渗性常用抗渗等级表示。抗渗等级是以规定的试件,在标准试验方法下所能承受的最大静水压力来确定,以符号 Pn 表示,其中 n 表示材料所能承受最大水压力十倍的兆帕数,如 P4、P6、P8、P10 等,分别表示材料能承受 0.4、0.6、0.8 和 1.0 MPa 的水压而不渗水。

材料的抗渗性与其孔隙率和孔隙特征有关。材料的孔隙率越大,连通孔隙越多,其抗渗性越差;高密实材料或具有封闭孔隙的材料具有较高抗渗性。地下建筑、防水工程、水工构筑物等,均要求有较高的抗渗性。

6. 抗冻性

抗冻性是指材料在吸水饱和状态下,能经受多次冻结和融化作用(冻融循环)而不被破坏,强度也不显著降低的性能。

材料的抗冻性用抗冻等级表示。抗冻等级是以规定的试件,在规定试验条件下,其强度降低不超过 25%,且质量损失不超过 5%时所能承受的最大冻融循环次数来表示,用符号 Fn 表示,其中 n 为最大冻融循环次数,如 F50、F100、F150 等,分别表示材料抵抗 50、100 和 150 次冻融循环,强度降低和质量损失均未超过规定的程度。

影响材料抗冻性的因素有内因和外因。内因是指材料的组成、结构、构造、孔隙率的大小和孔隙特征、强度等;外因是指材料孔隙中充水的程度、冻结温度、冻结速度、冻结频率等。抗冻性良好的材料对于抵抗温度变化、干湿交替等破坏作用的性能也较强。所以,抗冻性是评价材料耐久性的一个重要指标。

三、材料的热工性质

1. 导热性

材料传导热量的性能称为导热性。材料的导热能力用导热系数表示,其物理意义是指单位厚度(1 m)的材料,当两个相对侧面温差为 1 K 时,在单位时间(1 s)内通过单位面积(1 m²)所传递的热量。其表达式为

$$\lambda = \frac{Q\delta}{At(T_2 - T_1)} \tag{1-16}$$

式中:λ 为材料的导热系数[W/(m·K)];Q 为传导的热量(J);A 为热传导面积(m²);δ 为材料厚度(m);t 为导热时间(s);$T_2 - T_1$ 为材料两侧的温差(K)。

影响材料导热性的因素有材料的成分、孔隙率、内部孔隙构造、含水率、导热时的温度等。

一般无机材料的导热系数大于有机材料;材料的孔隙率越大,导热系数越小;同类材料的导热系数随表观密度的减小而减小;微细而封闭孔隙组成的材料,其导热系数小,粗大而连通的孔隙组成的材料,其导热系数大;材料的含水率越大,导热系数越大;大多数建筑材料(金属除外)的导热系数随温度升高而增加。

材料的导热系数越小,绝热性能越好。材料受潮或冰冻后,绝热性能显著下降,其导热系数会大大提高。因此,绝热材料应经常处于干燥状态。

导热系数越小，材料的绝热性能越好，材料的保温隔热性能越强。一般将 λ 小于 0.23 W/(m·K) 的材料称为绝热材料。建筑材料导热系数的范围在 0.023～400 W/(m·K) 之间，数值变化很大，见表 1-2。

表 1-2 常用材料的导热系数和比热容

材料	导热系数 [W/(m·K)]	比热容 [J/(g·K)]	材料	导热系数 [W/(m·K)]	比热容 [J/(g·K)]
铜	370	0.38	松木(横纹—顺纹)	0.17～0.35	2.50
钢材	55	0.46	水	0.58	4.19
花岗岩	2.90	0.80	冰	2.20	2.05
普通混凝土	1.80	0.88	泡沫塑料	0.03	1.30
普通黏土砖	0.55	0.84	密闭空气	0.023	1.00

2. 热容量与比热容

材料加热时吸收热量、冷却时放出热量的性质，称为热容量。热容量的大小用比热容 c 表示。比热容是指单位质量(1 g)材料温度升高或降低 1 K 时，所吸收或放出的热量。其表达式为

$$c=\frac{Q}{m(T_2-T_1)} \tag{1-17}$$

式中：c 为材料的比热容[J/(g·K)]；Q 为材料吸收或放出的热量(J)；m 为材料的质量(g)；T_2-T_1 为材料受热或冷却后的温差(K)。

材料的比热容越大，本身能吸入或储存较多的热量，能在热流变动或采暖设备供热不均匀时缓和室内的温度波动，对保持室内温度稳定有良好的作用，并减少能耗。材料中比热容最大的是水，水的比热容为 4.19 J/(g·K)，因此蓄水的平屋顶能使室内冬暖夏凉，沿海地区的昼夜温差也较小。材料的导热系数和比热容是对建筑物进行热工计算的重要参数。几种常见材料的比热容见表 1-2。

3. 耐燃性

材料对火焰和高温的抵抗能力，称为材料的耐燃性。建筑装饰材料的耐燃性能按照《建筑内部装修设计防火规范》(GB 50222)的规定，分为不燃性(A)、难燃性(B1)、可燃性(B2)和易燃性(B3)四级。

(1) 不燃性(A)。在空气中受到火烧或高温作用时，不起火、不燃烧、不炭化的材料，如砖、天然石材、混凝土、砂浆、金属材料等。

(2) 难燃性(B1)。在空气中受到火烧或高温作用时，难起火、难燃烧、难碳化，当离开火源后燃烧或微烧立即停止的材料，如纸面石膏板、水泥石棉板、水泥刨花板等。

(3) 可燃性(B2)。在空气中受到火烧或高温作用时，立即起火或燃烧，且离开火源后仍继续燃烧或微烧的材料，如胶合板、纤维板、木材等。

(4) 易燃性(B3)。在空气中受到火烧或高温作用时，立即起火，并迅速燃烧，且离开火源后仍继续燃烧的材料，如部分未经阻燃处理的塑料、纤维织物等。

在装饰工程中，应根据建筑物的耐火等级和材料的使用部位，选用不同级别的耐燃

材料。

4. 耐火性

耐火性是指材料在火焰和高温作用下,保持其不被破坏、性能不明显下降的能力。材料的耐火性用耐火极限表示。耐火极限是指按规定方法,从材料受到火的作用起,直到材料失去支持能力、完整性被破坏或失去隔火作用的时间,以小时或分钟计。

一般耐燃的材料不一定耐火,而耐火的材料一般都耐燃。如钢材是不燃烧材料,但其耐火极限仅有 0.25 h,故钢材虽为重要的建筑结构材料,但其耐火性却较差,使用时须进行防火处理。

5. 耐急冷急热性

材料的耐急冷急热性又称材料的热抗震性,指材料抵抗急冷急热交替作用保持其原有性质的能力。

许多无机非金属材料(如瓷砖、玻璃)在急冷急热交替作用下,易产生巨大的温度应力,引起爆裂破坏。

四、材料的声学性能

1. 吸声性

材料吸收声音的能力称为材料的吸声性。评定材料吸声性能好坏的主要指标是吸声系数,用式(1-18)表示:

$$\alpha = \frac{E}{E_0} \tag{1-18}$$

式中:α 为材料的吸声系数;E 为吸收声功率(W);E_0 为入射声功率(W)。

当声波遇到材料表面时,一部分被反射,另一部分穿透材料,其余部分则传递给材料,在材料的孔隙中引起空气分子与孔壁的摩擦和黏滞阻力,使相当一部分声能转化为热能而被吸收。

材料的吸声性能不仅与声波的入射方向有关,而且与声波的频率有关。通常取 125、250、500、1 000、2 000 和 4 000 Hz 六个频率的平均吸声系数表示材料吸声的频率特征。材料的平均吸声系数大于 0.2 的材料称为吸声材料。材料的吸声系数越大,则其吸声性能越好。

材料的吸声性能与材料的厚度、孔隙特征、构造形态等有关。开放的互相连通的气孔越多,材料的吸声性能越好。常用的吸声材料有玻璃棉、矿棉、木丝板、穿孔石膏板等。

2. 隔声性

声波在建筑结构中的传播主要通过空气和固体来实现,因而隔声分为隔空气声和隔固体声。

(1)隔空气声。透射声功率与入射声功率的比值称为声透射系数,用符号 τ 表示。该值越大,则材料的隔声性越差。材料或构件的隔声能力用隔声量 R 来表示,其表达式为

$$R = \frac{1}{2}\lg(1/\tau) \tag{1-19}$$

式中:R 为隔声量(dB);τ 为声透射系数。

隔声量 R 越大,材料或构件的隔声性能越好。对于均质材料,隔声量符合"质量定律",即材料单位面积的质量越大或材料的体积密度越大,则材料的隔声效果越好。轻质材料的质量较小,隔声性较密实材料差。

(2) 隔固体声。固体声是由于振源撞击固体材料,引起固体材料受迫振动而发声,并向四周辐射声能。固体声在传播过程中,声能的衰减极少。隔绝固体声主要是吸收,这和吸声材料是一致的。隔绝固体声最有效的措施是在墙壁和承重梁之间、房屋的框架和墙壁及楼板之间加弹性衬垫,这些衬垫材料大多可以采用上述的吸声材料,如毛毡、软木等,在楼板上可加地毯、木地板等。

项目二　材料的力学性质

主要内容	知识目标	技能目标
材料的强度和强度等级,材料的弹性和塑性,材料的韧性和脆性,材料的硬度和耐磨性	掌握材料强度的概念、计算公式及影响因素,掌握材料的弹性和塑性、脆性和韧性的概念与区别,理解材料的变形、脆性和韧性对材料性能的影响	能够根据工程特点,正确分析工程不同部位对材料力学性能的要求,合理选择建筑材料

材料的力学性质主要是指材料在外力(外荷载)作用下,有关抵抗破坏和变形能力的性质。它对建筑物的正常使用、安全使用是至关重要的。

一、材料的强度和强度等级

1. 材料的强度

材料在外力作用下抵抗破坏的能力,称为材料的强度。

当材料承受外力作用时,内部就产生应力,随着外力逐渐增加,应力也相应增大,直至材料内部质点间的作用力不能再抵抗这种应力时,材料即破坏,此时的极限应力值就是材料的强度。

根据外力作用方式的不同,材料强度有抗拉、抗压、抗剪和抗弯(抗折)强度等,材料受力示意图如图 1-5 所示。

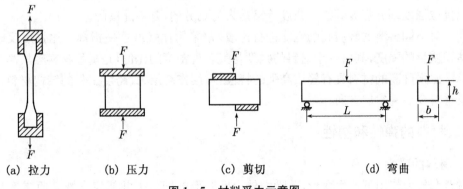

(a) 拉力　　(b) 压力　　(c) 剪切　　(d) 弯曲

图 1-5　材料受力示意图

在试验室采用破坏试验法测试材料的强度。按照国家标准规定的试验方法,将制作好的试件安放在材料试验机上,施加外力(荷载),直至破坏,根据试件尺寸和破坏时的荷载值,计算材料的强度。

材料的抗拉、抗压和抗剪强度计算式为

$$f = \frac{F}{A} \tag{1-20}$$

式中:f 为材料的强度(MPa);F 为破坏荷载(N);A 为受力截面面积(mm^2)。

材料的抗弯强度与试件受力情况、截面形状以及支承条件有关。通常是将矩形截面的条形试件放在两个支点上,中间作用一集中荷载。

材料抗弯强度的计算式为

$$f = \frac{3FL}{2bh^2} \qquad (1-21)$$

式中:f 为材料的抗弯强度(MPa);F 为破坏荷载(N);L 为试件两支点的间距(mm);b、h 分别为试件矩形截面的宽和高(mm)。

材料的强度主要取决于它的组成和结构。一般来说,材料的孔隙率越大,强度越低。另外,不同的受力形式或不同的受力方向,强度也不相同。

影响材料强度试验结果的因素有:

(1)试件的形状和大小。一般情况下,棱柱体试件的强度小于同样尺度的正方体的强度,大试件的强度小于小试件的强度。

(2)含水状况。含有水分的试件强度小于干燥试件的强度。

(3)表面状况。做抗压试验时,承压板与试件间摩擦越小,所测得强度值越低。

(4)温度。一般情况下,温度升高强度将降低,如沥青混凝土。但钢材在温度下降到某一负温时,其强度会突然下降很多。

(5)加荷速度。一般试验时,加荷速度越快,所测试件的强度越高。

2. 材料的强度等级

对以力学性质为主要性能指标的材料,通常按其强度值的大小划分为若干个强度等级,便于工程设计和施工选用。

脆性材料如水泥、混凝土、砖、砂浆等主要以抗压强度划分强度等级,而塑性材料如钢材主要以抗拉强度划分强度等级。强度等级是人为划分的,是不连续的。

为了对不同材料的轻质高强性能进行比较,常采用比强度这一指标。比强度反映材料单位体积质量的强度,其值等于材料的强度与其表观密度的比值,是衡量材料轻质高强性能的指标。比强度高的材料具有轻质高强的特性,可用作高层、大跨度工程的结构材料。轻质高强是材料今后的发展方向。

二、材料的弹性和塑性

1. 材料的弹性

材料在外力作用下产生变形,若除去外力后变形随即消失并能完全恢复原来形状的性质,称为弹性。这种可恢复的变形称为弹性变形。

弹性变形属可逆变形,其数值大小与外力成正比,其比例系数 E 称为材料的弹性模量。材料在弹性变形范围内,弹性模量 E 为常数,其值等于应力 σ 与应变 ε 的比值,用式(1-22)表示:

$$E = \frac{\sigma}{\varepsilon} \qquad (1-22)$$

式中:E 为材料的弹性模量(MPa);σ 为材料的应力(MPa);ε 为材料的应变,无量纲。

E 值是衡量材料抵抗变形能力的一个指标,E 越大,材料越不易变形。

2. 材料的塑性

材料在外力作用下产生变形,若除去外力后仍保持变形后的形状和尺寸,并且不产生裂缝的性质称为塑性。不能消失(恢复)的变形称为塑性变形。塑性变形为不可逆变形,是永久变形。

实际上纯弹性变形的材料是没有的,通常一些材料在受力不大时,仅产生弹性变形;受力超过一定极限后,即产生塑性变形。有些材料在受力时,如建筑钢材,当所受外力小于弹性极限时,仅产生弹性变形;而外力大于弹性极限后,则除了弹性变形外,还产生塑性变形。有些材料在受力后,弹性变形和塑性变形同时产生,当外力取消后,弹性变形会恢复,而塑性变形不能消失,如混凝土。

三、材料的脆性与韧性

1. 材料的脆性

材料在外力作用下,当外力达到一定限度后,材料无显著的塑性变形而突然断裂的性质称为脆性。在常温、静荷载下具有脆性的材料称为脆性材料。如:混凝土、砖、石、陶瓷等。脆性材料的抗压强度常比抗拉强度高很多倍,对抵抗冲击、承受振动荷载非常不利。

2. 材料的韧性

在冲击、振动荷载作用下,材料能够吸收较大的能量,同时也能产生一定的变形而不致破坏的性质称为韧性或冲击韧性。如建筑钢材、木材、塑料等就为韧性材料。路面、桥梁等受冲击、振动荷载及有抗震要求的结构工程应考虑材料的韧性。

四、材料的硬度与耐磨性

1. 材料的硬度

硬度是指材料表面能抵抗其他较硬物体压入或刻划的能力。不同材料的硬度测定方法不同,通常采用的有刻划法和压入法两种。刻划法常用于测定天然矿物的硬度。矿物硬度分为 10 级(莫氏硬度),其递增的顺序为:滑石 1;石膏 2;方解石 3;萤石 4;磷灰石 5;正长石 6;石英 7;黄玉 8;刚玉 9;金刚石 10。钢材、木材及混凝土等的硬度常用压入法测定。材料的硬度越大,则其耐磨性越好,但不易加工。工程中有时也可用硬度来间接推算材料的强度,如回弹法测定混凝土强度实际上是用回弹仪测定混凝土表面硬度,间接推算混凝土强度。

2. 材料的耐磨性

耐磨性是指材料表面抵抗磨损的能力。材料的耐磨性用磨损率来表示,可按式(1-23)计算:

$$N=\frac{m_1-m_2}{A} \tag{1-23}$$

式中:N 为材料的磨损率(g/cm^2);m_1 为材料磨损前的质量(g);m_2 为材料磨损后的质量(g);A 为试件受磨面积(cm^2)。

材料的耐磨性与材料的组成成分、结构、强度、硬度等有关。在建筑工程中,用于踏步、台阶、地面等部位的材料,应具有较高的耐磨性。一般来说,强度较高且密实的材料,其硬度较大,耐磨性较好。

项目三　材料的耐久性与装饰性

主要内容	知识目标	技能目标
材料的耐久性及其影响因素,材料的装饰性	掌握材料耐久性、装饰性的概念,理解影响材料耐久性的因素及材料装饰性的表现方法	能够根据环境条件和工程特点,正确分析工程不同部位对材料耐久性的要求,合理选择建筑材料

一、材料的耐久性

材料在使用过程中,能抵抗周围各种介质的侵蚀而不破坏,也不失去其原有性能的性质,称为耐久性。

影响材料耐久性的主要因素可归纳为内在因素和外在因素两个方面。

(1)内在因素主要包括材料的结构和构造性质、化学成分或组成性质等,其是影响材料耐久性的根本原因。当材料密实性较大时,耐久性通常较好;构造为开口贯通且孔隙较大的材料,耐久性通常较差;当材料的成分或组成易溶于水或其他液体,或易与其他物质产生化学反应时,材料的耐水性、耐蚀性等较差;无机矿物质脆性材料在温度剧变时,耐急冷急热性较差;晶体材料较同组成的非晶体材料的化学稳定性高;含不饱和键的有机材料,抗老化性较差。

(2)外在因素是指材料在使用过程中长期受到周围环境和各种自然因素的破坏作用,主要包括物理作用、化学作用、机械作用、生物作用和大气作用等。

物理作用包括材料的干湿变化、温度变化及冻融变化等。这些变化可引起材料的收缩和膨胀,长期而反复作用会使材料逐渐破坏。化学作用包括酸、碱、盐等物质的水溶液及气体对材料的侵蚀作用,使材料的组成成分发生质的变化,而引起材料的破坏,如水泥石的化学侵蚀、钢材的锈蚀等。机械作用包括冲击、疲劳荷载及各种气体、液体和固体引起的磨损或磨耗等。生物作用包括菌类、昆虫等的侵害作用,导致材料发生腐朽、虫蛀等而破坏,如木材及植物纤维材料的腐烂等。大气作用指在阳光、空气及辐射的作用下,材料逐渐老化、变质而破坏,如沥青、高分子材料的老化。

耐久性是材料的一项综合性质,因材料的组成和构造不同,其耐久性的内容也不同,所以无法用一个统一的指标去衡量所有材料的耐久性。如钢材的锈蚀破坏,石材、混凝土、砂浆、烧结普通黏土砖等无机非金属材料,主要是因冻融、风化、干湿变化等物理作用而破坏,当与水接触时,有可能因化学作用而破坏;沥青、塑料、橡胶等有机材料因老化而破坏。

在实际工程中,由于各种原因,建筑材料常会因耐久性不足而过早破坏,因此,耐久性是建筑材料的一项重要技术性质。只有深入了解并掌握建筑材料耐久性的本质,从材料、设计、施工、使用、维护等各方面共同努力,才能保证材料和结构的耐久性,延长工程的使用寿命。

二、材料的装饰性

材料的装饰性是装饰材料的主要性能之一。材料的装饰性是指材料的外观特性给人的心理感受效果。合理而艺术地使用装饰材料的外观效果能将建筑物的室内外环境装饰得层次分明、情趣盎然。材料的外观特性包括材料的色彩、光泽、质感、形状和尺寸等方面。

1. 色彩

色彩本质上属于材料对光反射所产生的一种效果，它是由材料本身及其所接受光谱共同决定的。建筑色彩是由颜色的基调、色相、明度、彩度等相互作用的结果。色彩对建筑物的装饰效果实质上是人的视觉对颜色的生理反应，这种反应能够对人的生理或心理产生影响，装饰材料的色彩就是利用这种影响达到所期望的艺术效果。对于同一种装饰材料来说，不同的颜色、甚至同一种颜色在深浅不同时也可以产生不同的艺术效果，如蓝色、绿色、紫罗兰使人联想到大海、森林、蓝天，给人一种宁静、清凉、寂静的感觉；红色、橙色、黄色使人联想到太阳、火焰，给人一种温暖、热烈的感觉。设计师在装饰设计时应充分考虑色彩给人的心理作用，创造出符合实际要求的空间环境。

2. 光泽

材料的光泽是有方向性的光线反射，对形成于材料表面的物体形象的清晰程度亦即反射光线的强弱起着决定性的作用。材料的光泽是材料表面的一种特性，在评定材料的外观时，其重要性仅次于颜色。

材料的光泽度与材料表面的平整程度、材料的性质、光线的投射及反射方向等因素有关。一般，釉面砖、磨光石材、镜面不锈钢等材料具有较高的光泽度，而毛面石材、无釉陶瓷等材料的光泽度较低。

3. 质感

质感是材料表面的粗细、软硬程度、凸凹不平、纹理构造、花纹图案、明暗色差等给人的一种综合感觉。如粗糙的混凝土或砖的表面，显得较为厚重、粗狂；平滑、细腻的玻璃和铝合金表面，显得较为轻巧、活泼。质感与材料的材质特性、表面的加工程度、施工方法以及建筑物的形体、立面风格等有关。因此，在选择装饰材料时，必须正确把握材料的特征，使其与建筑装饰的特点相吻合，从而赋予材料生命。

4. 形状和尺寸

材料的形状和尺寸能给人带来空间尺寸的大小和使用上是否舒适的感觉。块状材料有稳定感，而板状材料则有轻盈的视觉效果；设计人员在进行装饰设计时，一般要考虑人体尺寸的需要，对装饰材料的形状和尺寸做出合理的规定。同时，有些表面具有一定色彩或花纹图案的材料在进行拼花施工时，也要考虑其形状和尺寸，如拼花的大理石墙面和花岗岩地面等。在装饰设计和施工时，只有精心考虑材料的形状和尺寸，才能取得最佳的装饰效果。

复习思考题

一、填空题

1. 块状材料在自然状态下的总体积包括_____和_____两部分。材料内部的孔隙按常温、常压下水能否进入分为_____和_____。

2. 材料与水接触，按能否被水润湿，将材料分为_____和_____两大类。

3. 材料的抗冻性以材料在吸水饱和状态下所能抵抗的_____来表示。

4. 孔隙率越大，材料的导热系数越_____，材料的绝热性能越_____。

5. 散粒材料的总体积是由固体体积、_____和_____组成。

6. 材料与水有关的性质有亲水性与憎水性、_____、_____、吸湿性、_____和_____。

7. 根据外力作用方式的不同，材料强度有_____、_____、_____和_____等。

8. 同种材料的孔隙率越_____，其强度越高。当材料的孔隙一定时，_____孔隙越多，材料的保温性能越好。

9. 亲水性材料按含水情况分为干燥状态、_____、_____和气干状态。

10. 在水中或长期处于潮湿状态下使用的材料，应考虑材料的_____性。

11. 当孔隙率相同时，分布均匀而细小的封闭孔隙含量越大，则材料的吸水率_____、保温性能_____、耐久性_____。

12. 建筑装饰材料的耐燃性能按照《建筑内部装修设计防火规范》(GB 50222)的规定，分为_____、_____、_____和_____四级。

13. 材料的装饰性是指材料的外观特性给人的心理感受效果。材料的外观特性包括材料的_____、_____、_____、_____等方面。

14. 声波的传播主要通过_____和_____来实现，因而隔声分为_____和_____。

二、名词解释

① 材料的孔隙率；② 憎水性材料；③ 材料的弹性；④ 表观密度；⑤ 比热容

三、单项选择题

1. 材料在水中吸收水分的性质称为(   )。
   A. 吸水性　　　　B. 吸湿性　　　　C. 耐水性　　　　D. 渗透性

2. 材料的耐水性用(   )来表示。
   A. 渗透系数　　　B. 抗冻性　　　　C. 软化系数　　　D. 含水率

3. 孔隙率增大，材料的(   )一定降低。
   A. 密度　　　　　B. 抗冻性　　　　C. 表观密度　　　D. 憎水性

4. 评定钢材强度的基本指标是(   )。
   A. 抗压强度　　　B. 抗拉强度　　　C. 抗弯强度　　　D. 抗折强度

5. 某材料吸水饱和后为 110 g，比干燥时多了 10 g，此材料的吸水率等于(   )。

       A. 10％   B. 11.1％   C. 9.1％   D. 9.9％

6. 含水率为 10％的砂 220 g,其干燥后的质量是(　　)g。

       A. 209   B. 209.52   C. 210   D. 200

7. 以下四种材料中,属于憎水性材料的是(　　)。

       A. 花岗岩   B. 木材   C. 沥青   D. 混凝土

8. 材料的抗渗等级为 P6,说明该材料所能承受的最大水压力为(　　)。

       A. 6 MPa   B. 0.6 MPa   C. 60 MPa   D. 66 MPa

9. 对于同一种材料,密度、表观密度与堆积密度之间的关系是(　　)。

       A. 密度＞堆积密度＞表观密度   B. 密度＞表观密度＞堆积密度

       C. 堆积密度＞密度＞表观密度   D. 表观密度＞堆积密度＞密度

10. 一般而言,材料的导热系数是(　　)。

       A. 金属材料＞无机非金属材料＞有机材料

       B. 金属材料＞有机材料＞无机非金属材料

       C. 金属材料＜有机材料＜无机非金属材料

       D. 金属材料＜无机非金属材料＜有机材料

四、简述题

1. 某砖在干燥状态下的抗压强度为 20 MPa,当其在吸水饱和状态下抗压强度为 14 MPa。请问:此砖能否用于潮湿环境的建筑物?

2. 简述材料强度的概念及其影响强度测定的因素。

3. 试述材料的孔隙率和空隙率的概念及其区别。

4. 简述材料导热系数的物理意义及影响因素。

5. 简述材料的耐久性与其应用价值间的关系,能否认为材料的耐久性越高越好?

6. 软化系数是反映材料什么性质的指标? 为何要控制这个指标?

7. 简述材料的亲水性与憎水性在建筑工程中的应用。

8. 影响材料抗渗性的因素有哪些? 如何改善材料的抗渗性?

9. 保温、隔热材料为什么要注意防潮、防冻?

10. 材料孔隙率的大小和孔隙特征是如何影响密度、表观密度、抗渗性、抗冻性、导热性等性质的?

11. 什么是材料的装饰性? 材料的装饰性主要体现在哪些方面?

五、计算题

1. 某材料的表观密度为 1 820 kg/m³、孔隙率为 30％。试求该材料的密度。

2. 某岩石在气干、绝干、水饱和状态下测得的抗压强度分别为 172、178 和168 MPa。问:该岩石能否用于水下工程?

3. 某一块状材料的全干质量为 100 g,自然状态体积为 40 cm³,绝对密实状态下的体积为 33 cm³。试求该材料的密度、表观密度和密实度。

4. 烧结普通砖的尺寸为 240 mm×115 mm×53 mm,已知其孔隙率为 37％,干燥质量为 2 487 g,浸水饱和质量为 2 984 g。试求该砖的表观密度、密度、质量吸水率。

单元二 建筑石材

学习目标

1. 熟悉建筑中常用石材的品种、规格与应用。
2. 根据装饰工程要求，能够正确合理地选择石材。
3. 了解天然石材的形成。

石材是建筑史上应用最早的建筑材料，也是该领域中的重要组成部分。几千年的人类文明史上，石材被广泛地应用于庙宇、宫殿、陵墓以及现代高楼大厦、居室装饰中，如古埃及的金字塔、希腊的达提侬神庙、我国的西安碑林、故宫的石盘龙御道、天安门广场等。不管是历史遗迹、旅游胜地，还是豪华的都市，到处都有着华美而庄重、富丽而高雅的石材在闪耀着光辉而且永久不衰。

通过现代科技使纯朴的天然岩石尽显其潜在的艺术魅力，用石材替代能耗较大、保存较短、性能较低、造成污染多的其他材料，已成为不可逆转的趋势，它拉近了人和自然的距离。

项目一 岩石的基本知识

主要内容	知识目标	技能目标
岩石种类，石材的主要技术性质	理解石材的主要技术性质，了解石材的种类	能够根据石材的主要技术性质，合理地选择和使用石材

一、岩石种类

岩石是由各种不同地质作用所形成的天然矿物的集合体。组成岩石的矿物称造岩矿物。绝大多数岩石是由多种造岩矿物组成，比如花岗岩是由长石、石英、云母及某些暗色矿物组成；少数岩石是由一种矿物构成的，如石灰岩是由方解石矿物组成。由于不同地质条件的作用，各种造岩矿物在不同的地质条件下，形成不同类型的岩石，通常可分为三大类：岩浆岩、沉积岩和变质岩。

1. 岩浆岩

岩浆岩又称火成岩，它是因地壳变动，熔融的岩浆在地壳内部上升后冷却而形成的。岩浆岩是组成地壳的主要岩石，占地壳总质量的 89%。岩浆岩根据冷却条件的不同，又分为深成岩、喷出岩和火山岩三种。

1）深成岩

深成岩是地壳深处的岩浆在很大的覆盖压力下缓慢冷却形成的岩石。深成岩构造致密，表观密度大，抗压强度高，耐磨性好，吸水率小，抗冻性、耐水性和耐久性好。天然石材中的花岗岩属于典型的深成岩。

2) 喷出岩

喷出岩是熔融的岩浆喷出地表后,在压力降低并迅速冷却的条件下形成的岩石。当喷出岩形成较厚的岩层时,其性质类似深成岩;当喷出岩形成的岩层较薄时,则形成的岩石常呈多孔结构,性质近似于火山岩。建筑上常用的喷出岩有玄武岩、安山岩等。

3) 火山岩

火山岩又称火山碎屑岩,它是火山爆发时的岩浆被喷到空中,经急速冷却后落下而形成的碎屑岩石,如火山灰、浮石等。火山岩都是轻质多孔结构的材料,其中火山灰被大量用作水泥的混合料,而浮石可用作轻质骨料来配制轻骨料混凝土。

2. 沉积岩

沉积岩又叫水成岩,是由露出地表的岩石(母岩)风化后,经过风力搬迁、流水冲移而沉淀堆积,在离地表不太深处形成的岩石。沉积岩为层状结构,其各层的成分、结构、颜色、层厚等均不相同。与岩浆岩相比,沉积岩结构密实性较差、孔隙率大、表观密度小、吸水率大、强度较低、耐久性也较差。

沉积岩虽然只占地壳总质量的 5%,但在地球上分布极其广泛,约占地壳表面积的 75%。沉积岩一般藏于地表不太深处,易于开采。沉积岩用途广泛,其中最重要的是石灰岩。石灰岩是烧制石灰和水泥的主要原料,更是配制普通混凝土的重要组成材料。石灰岩还可用来修筑堤坝、铺筑道路,结构致密的石灰岩经切割、打磨抛光后,还可代替大理石板材使用。

3. 变质岩

变质岩是由原生的岩浆岩或沉积岩经过地壳内部高温、高压作用而形成的岩石。通常沉积岩变质后,性能变好,结构变得致密,坚实耐用,比如沉积岩中石灰岩变质为大理石;而岩浆岩变质后,性能反而变差,如花岗岩(深成岩)变质为片麻岩,易产生分层剥落,耐久性差。

二、石材的主要技术性质

1. 表观密度

天然石材按其表观密度分为重石和轻石两类。表观密度大于 1 800 kg/m³ 为重石,主要用于建筑物的基础、墙体、地面、路面、桥梁以及水工建筑物等。表观密度小于 1 800 kg/m³ 为轻石,可用来砌筑保暖房屋的墙体。

石材的表观密度与其矿物组成、孔隙率、含水率等有关。致密的石材,如花岗岩、大理石等,其表观密度接近于其密度,约为 2 500~3 100 kg/m³;而孔隙率大的火山灰、浮石等,其表观密度约为 500~1 700 kg/m³。石材表观密度越大,结构越致密,其抗压强度越高,吸水率越小,耐久性越好,导热性也越好。

2. 吸水性

石材的吸水性主要与其孔隙率和孔隙特征有关。孔隙特征相同的石材,孔隙率越大,吸水率也越高。深成岩以及许多变质岩孔隙率都很小,因而吸水率也很小。如花岗岩吸水率通常小于 0.5%,而多孔贝类石灰岩吸水率可高达 15%。石材吸水后强度降低,抗冻性变差,导热性增加,耐水性和耐久性下降。表观密度大的石材,孔隙率小,吸水率也小。

3. 耐水性

石材的耐水性用软化系数表示。软化系数是指石材在吸水饱和条件下的抗压强度与干燥条件下的抗压强度之比,反映石材的耐水性能。石材的耐水性分为高、中、低三等。软化系数大于 0.90 的石材称为高耐水性石材,软化系数在 0.70~0.90 的为耐水性石材,软化系数在 0.60~0.70 的为低耐水性石材。一般软化系数小于 0.80 的石材不允许用于重要建筑中。

4. 抗冻性

抗冻性是指石材抵抗冻融破坏的能力,是衡量石材耐久性的一个重要指标。石材的抗冻性与吸水率大小有密切关系。一般吸水率大的石材,抗冻性能较差。另外,抗冻性还与石材吸水饱和程度、冻结温度和冻融次数有关。

石材的抗冻性用冻融循环次数表示。石材在吸水饱水状态下,经过规定次数的反复冻融循环,若无贯穿裂纹,且质量损失不超过 5%,强度损失不大于 25%,则为抗冻性合格。根据能经受的冻融循环次数,可将石材分为 5、10、15、25、50、100 及 200 等标号。吸水率低于 0.5% 的石材,其抗冻性较高,无须进行抗冻性试验。

5. 抗压强度

天然石材的抗压强度取决于岩石的矿物组成、结构、构造特征、胶结物质的种类及均匀性等。如花岗岩的主要造岩矿物是石英、长石、云母和少量暗色矿物,若石英含量高,则强度高;若云母含量高,则强度低。

《砌体结构设计规范》(GB 50003—2011)规定,石材的强度等级可用边长为 70 mm 的立方体标准试件的抗压强度表示。抗压强度取三个试件破坏强度的平均值。天然石材的强度等级分为 MU100、MU80、MU60、MU50、MU40、MU30、MU20 等七个等级。

6. 耐火性

石材的耐火性取决于其化学成分及矿物组成。由于各种造岩矿物热膨胀系数不同,受热后体积变化不一致,将产生内应力而导致石材崩裂破坏。另外,在高温下,造岩矿物会产生分解或晶型转变,如含有石膏的石材,在 100 ℃ 以上时即开始破坏;含有石英和其他矿物结晶的石材,如花岗岩等,当温度在 573 ℃ 以上时,由于石英受热膨胀,强度会迅速下降。

7. 硬度

天然石材的硬度以莫氏或肖氏硬度表示,它主要取决于组成岩石的矿物硬度与构造。凡由致密、坚硬的矿物所组成的岩石,其硬度较高;结晶质结构硬度高于玻璃质结构;构造紧密的岩石硬度也较高。岩石的硬度与抗压强度有很好的相关性,一般抗压强度高的其硬度也大。岩石的硬度越大,其耐磨性和抗刻划性能越好,但表面加工越困难。

8. 耐磨性

石材耐磨性是指石材在使用条件下抵抗摩擦、边缘剪切以及撞击等复杂作用而不被磨损(耗)的性质。耐磨性是以单位面积磨耗量表示。

石材的耐磨性与岩石组成矿物的硬度及岩石的结构和构造有一定的关系。一般而言,岩石强度高,构造致密,则耐磨性也较好。通常,建筑上用于铺设地面的石材,要求具有较好的耐磨性。

9. 放射性

经检验表明:绝大多数天然石材中所含放射性物质的剂量很小,一般不会危及人体健康。但少数天然石材中放射性物质指标超标,在长期使用过程中会对环境造成污染,因此有必要加以控制。国标《建筑材料放射性核素限量》(GB 6566—2010)根据装饰装修材料放射性水平大小,将装饰装修材料划分为 A、B、C 三类,A 类装饰装修材料的使用范围不受限制;B 类装饰装修材料不可用于Ⅰ类民用建筑的内饰面,但可用于Ⅱ类民用建筑物、工业建筑内饰面及其他一切建筑的外饰面;C 类装饰装修材料只可用于建筑物的外饰面及室外其他用途。

项目二 砌筑与装饰石材

主要内容	知识目标	技能目标
砌筑用石材，天然装饰石材，人造装饰石材	熟悉装饰石材的品种、规格、性能与应用，了解砌筑石材的类型	根据装修工程的要求，能够合理地选择装饰石材

建筑石材分为砌筑用石材和建筑装饰石材。砌筑用石材是指用于砌筑基础、墙身、堤坝、挡土墙等砌体工程的石材。建筑装饰石材是指用于建筑上作为饰面材料的石材，包括天然装饰石材和人造装饰石材两大类。

一、砌筑用石材

用于砌筑工程的石材主要有以下类型：

1. 毛石

毛石指形状不规则的块石。根据其外形又分为乱毛石和平毛石两种。

（1）乱毛石。乱毛石形状不规则，一般在一个方向的尺寸达 300～400 mm，质量约为 20～30 kg，其中部厚度一般不小于 150 mm。主要用于砌筑基础、勒角、墙身、堤坝、挡土墙等。

（2）平毛石。平毛石是由乱毛石略经加工而成，形状较乱、毛石整齐，其形状基本上有六个面，但表面粗糙，中部厚度不小于 200 mm。主要用于砌筑基础、墙身、勒角、桥墩、涵洞等。

2. 料石

料石是指经人工凿琢或机械加工而成的规则六面体块石。按表面加工的平整度可分为四种：

（1）毛料石。表面不经加工或稍加修整的料石。

（2）粗料石。表面加工成凹凸深度不大于 20 mm 的料石。

（3）半细料石。表面加工成凹凸深度不大于 10 mm 的料石。

（4）细料石。表面加工成凹凸深度不大于 2 mm 的料石。

料石常用致密的砂岩、石灰岩、花岗岩等开凿而成。料石常用于砌筑墙身、地坪、踏步、柱、拱和纪念碑等；形状复杂的料石制品也可用于柱头、柱基、窗台板、栏杆和其他装饰等。

二、天然装饰石材

我国建筑装饰用的天然饰面石材资源丰富，主要为天然大理石、天然花岗岩和石灰岩，其中大理石有 300 多个品种，花岗岩有 150 多个品种。

1. 天然大理石

1）概念

大理石是地壳中原有的岩石（石灰岩或白云岩）经过地壳内高温高压作用形成的变质岩，主要由方解石、石灰石和白云石组成。

2）特点

大理石相对花岗岩来说质地较软，属于中硬石材，具有斑状结构。其主要成分为碳酸钙，约占 50% 以上，除此之外还含有氧化铁、二氧化硅、云母、石墨等杂质，因此大理石色彩常为红、绿、黄、棕或黑色,颜色是由其所含成分决定的(表 2-1)。大理石斑纹多样,千姿百态,朴素自然。其中不含杂质的大理石为洁白色,也称汉白玉,较为稀有,因此是大理石中的名贵品种,属于较为高级的装饰材料。我国云南大理因盛产大理石而驰名中外,大理石的名称也是因此来命名的。

表 2-1　大理石的颜色与所含成分的关系

颜色	白色	紫色	黑色	绿色	黄色	红褐色、紫红色、棕黄色	无色透明
所含成分	碳酸钙、碳酸镁	锰	碳或沥青物	钴化物	铬化物	锰及氧化铁的水化物	石英

大理石资源分布广泛,易于加工,耐磨、耐久性好,可以使用 100 年以上,有较高的抗压强度和良好的物理化学性能,但其化学稳定性差,不耐酸碱,当大理石中的碳酸钙遇到雨雪中的二氧化碳时,较容易形成酸,从而使表面失去光泽或出现斑点。但是少数的如艾叶青、汉白玉等杂质少的比较稳定耐久的品种也可以用于室外,而其他品种不宜用于室外,一般只用于室内装饰。因为大理石板材价格高,属高档装饰材料,一般常用于宾馆、展览馆、影剧院、商场、机场、车站等公共建筑的室内墙面、柱面、栏杆、窗台板、服务台面等部位。还常用于加工碑、塔、雕像等纪念性建筑物,也有在装饰等级较高的住宅用大理石做客厅的地面装饰,但由于大理石的耐磨性相对较差,故在人流较大的场所不宜作为地面装饰材料。另外,也可制作各种大理石石雕工艺品如壁画,还是家具镶嵌的珍贵材料。此外,由于大理石耐高温性极好,可作为橱柜的台面,但因大理石遇水打滑,故不能用在厨房和卫生间的地面。大理石开采、加工过程中产生的碎石、边角余料也常用于人造石、水磨石、石米、石粉的生产,可用于涂料、塑料、橡胶等行业的填料。

3) 大理石的主要品种

我国大理石矿产资源极其丰富,储量大、品种多,总储量居世界前列。我国常用大理石品种、产地及其花色特征见表 2-2。

表 2-2　常用大理石品种及特征

名称	产地	特征
汉白玉	北京房山、湖北黄石	玉白色,微有杂点和脉纹
晶白	湖北	白色晶粒,细致而均匀
雪花	山东莱州	白间淡灰色,有均匀中晶,有较多黄杂点
雪云	广东云浮	白和灰白相间
影晶白	江苏高资	乳白色,有微红至深赭色的脉纹
墨晶白	河北曲阳	玉白色,微晶,有黑色脉纹或斑点
风雪	云南大理	灰白间有深灰色晕带
冰琅	河北曲阳	灰白色均匀粗晶
黄花玉	湖北黄石	淡黄色,有较多稻黄色脉纹
凝脂	江苏宜兴	猪油色底,稍有深黄细脉,偶带透明杂晶

续表

名称	产地	特征
碧玉	辽宁连山关	嫩绿或深绿和白色絮状相渗
彩云	河北获鹿	浅翠绿色底,深浅绿絮状相渗,有紫斑或脉纹
斑绿	山东莱阳	灰白色底,有深草绿点斑状堆积
云灰	北京房山	白或浅灰底,有烟状或云状黑灰纹带
晶灰	河北曲阳	灰色微赭,均匀细晶,间有灰条纹或赭色斑
驼灰	江苏苏州	土灰色底,有深黄赭色浅色疏脉
裂玉	湖北大冶	浅灰带微红色底,有红色脉络或青灰色斑
海涛	湖北	浅灰底,有深浅间隔的青灰色条状斑带
象灰	浙江潭浅	象灰底,杂细晶斑,并有红黄色细纹络
艾叶青	北京房山	青底,深灰间白色叶状斑云,间有片状纹缕
残雪	河北铁山	灰白色,有黑色斑带
螺青	北京房山	深灰色底,满布青白相间螺纹状花纹
晚霞	北京顺义	石黄间土黄斑底,有深黄叠脉,间有黑晕
蟹青	河北	黄灰底,遍布深灰或黄色砾斑,间有白灰层
虎纹	江苏宜兴	赭色底,有流纹状石黄色经络
灰黄玉	湖北大冶	浅黑灰底,有焰红色、黄色和浅灰脉络
锦灰	湖北大冶	浅黑灰底,有红色和灰白色脉络
电花	浙江杭州	黑灰底,满布红色间有白色脉络
桃红	河北曲阳	桃红色,粗晶,有黑色缕纹或斑点
银河	湖北下陆	浅灰底,密布粉红脉络杂有黄脉
秋枫	江苏南京	灰红底,有血红晕脉
砾红	广东云浮	浅红底,满布白色大小碎石块状斑纹
橘络	浙江长兴	浅灰底,密布粉红和紫红叶脉
岭红	辽宁铁岭	紫红底
紫螺纹	安徽灵璧	灰红底,满布红灰相间的螺纹
螺红	宁金县	绛红底,夹有红灰相间的螺纹
红花玉	湖北大冶	肚红底,夹有大小浅红碎石块状斑纹
五花	江苏、河北	绛紫底,遍布深青灰色或紫色大小砾石
墨壁	河北获鹿	黑色,杂有少量浅黑陷斑或少量黄缕纹
墨叶	江苏苏州	黑色,间有少量白络或白斑
莱阳黑	山东莱阳	灰黑底,间有黑斑灰白色点
墨玉	贵州、广西	黑色
山水	山东平度	白色底,间有规律走向的灰黑色絮状条纹

4）大理石的主要分类、等级及标记

装饰工程中用的天然大理石板材是用大理石荒料经锯解、研磨、抛光等工序加工而成。按形状分为两种：普型板（PX），指正方形或长方形板材；圆弧板（HM），指装饰面轮廓线的曲率半径处处相同的板材。

《天然大理石建筑板材》（GB/T 19766—2005）规定，按照板材加工规格尺寸的精度和外观质量划分为优等品（A）、一等品（B）和合格品（C）三个质量等级。普型板规格尺寸允许偏差、平面度允许公差、角度允许公差见表 2-3，大理石板材正面的外观缺陷要求见表 2-4，并要求同一批板材的花纹色调应基本一致。

表 2-3 普型板规格尺寸允许偏差、平面度和角度允许公差（GB/T 19766—2005） mm

项目			允许偏差（公差）		
			优等品	一等品	合格品
规格尺寸允许偏差	长、宽		0 −1.0	0 −1.0	0 −1.5
	厚度	≤12	±0.5	±0.8	±1.0
		>12	±1.0	±1.5	±2.0
	干挂板材厚度		+2.0 0	+2.0 0	+3.0 0
平面度允许公差	板材长度 L	$L \leqslant 400$	0.2	0.3	0.5
		$400 < L \leqslant 800$	0.5	0.6	0.8
		$L > 800$	0.7	0.8	1.0
角度允许公差	板材长度 L	$L \leqslant 400$	0.3	0.4	0.5
		$L > 400$	0.4	0.5	0.7

表 2-4 大理石板材正面的外观缺陷要求（GB/T 19766—2005）

名称	规定内容	优等品	一等品	合格品
裂纹	长度超过 10 mm 的不允许条数（条）		0	
缺棱	长度不超过 8 mm，宽度不超过 1.5 mm（长度≤4 mm，宽度≤1 mm 不计），每米允许个数（个）	0	1	2
缺角	沿板材边长顺延方向，长度≤3 mm，宽度≤3 mm（长度≤2 mm，宽度≤2 mm 不计），每块板允许个数（个）			
色斑	面积不超过 6 cm²（面积小于 2 cm² 不计），每块板允许个数（个）			
砂眼	直径在 2 mm 以下		不明显	有，不影响装饰效果

天然大理石板材的标记顺序为：荒料产地地名、花纹色调特征描述、大理石；编号、类别、规格尺寸、等级、标准号。

例如，用房山汉白玉大理石荒料生产的规格尺寸为 600 mm×400 mm×20 mm、普型、优等品板材示例如下：

房山汉白玉大理石：M1101 PX 600×400×20 A GB/T 19766—2005。

2. 天然花岗岩

花岗岩是典型的深成岩，是全晶质岩石，其主要成分是石英、长石及少量暗色矿物和云母。按照花岗岩结晶颗粒的大小，分为细粒、中粒和斑状结晶结构。花岗岩的品质取决于矿物成分和结构，品质优良的花岗岩晶粒细且均匀，构造紧密，云母含量少，不含黄铁矿等杂质，光泽明亮，无风化迹象。建筑装饰材料中所说的花岗石也是广义的，是指具有装饰功能，并可磨平、抛光的各类岩浆岩及少量变质岩。这类岩石组织构造十分致密，表面经研磨抛光后富有光泽并呈现不同色彩的斑点状花纹。花岗岩的色彩有灰白、黄色、蔷薇色、红色、绿色和黑色等。

与其他石材相比，天然花岗岩表观密度大，抗压强度高，吸水率很低，材质硬度大（莫氏硬度 6～7），耐腐蚀性强，所以它是建造永久性建筑的高耐久性材料。

花岗岩装饰板材主要用作建筑室内外饰面材料以及重要的大型建筑物基础、踏步、栏杆、堤坝、桥梁、路面、街边石、城市雕塑等；还可用于酒吧台、收款台、展示台及家具等装饰。磨光花岗岩板材的装饰特点为华丽而庄重，粗面花岗岩板材的装饰特点为凝重而粗犷。可根据不同的使用场合选择不同物理性质及表面装饰效果的花岗岩。

1）天然花岗石板材分类、质量等级与标记

天然花岗岩板材是用花岗岩荒料经锯解、切削、表面进一步加工制成。按照形状分为普型板（PX）、毛光板（MG）、圆弧板（HM）及异型板（YX）；按照表面加工程度分为粗面板（CM）、细面板（YG）、镜面板（JM）；按用途分为一般用途板材（用于一般性装饰用途）和特殊用途板材（用于结构性承载用途或特殊功能要求）。

天然花岗岩板材按其加工质量和外观质量分为优等品（A）、一等品（B）和合格品（C）三个等级。

天然花岗岩板材的标记顺序为：名称、类别、规格尺寸、等级、标准号。

例如，用山东济南青花岗岩荒料加工的 600 mm×600 mm×20 mm、普型、镜面、优等品板材示例如下：

济南青花岗岩（G3701）PX JM 600×600×20 A GB/T 18601—2009。

2）花岗岩板材的规格和质量要求

规格板的尺寸系列见表 2-5，圆弧板、异形板和特殊要求的普型板规格尺寸由供需双方协商确定。

表 2-5 规格板的尺寸系列（GB/T 18601—2009） mm

边长系列	300、305、400、500、600、800、900、1 000、1 200、1 500、1 800，其中 300、305、600 为常用规格
厚度系列	10、12、15、18、20、25、30、35、40、50，其中 10、20 为常用规格

为确保装饰效果，用于同一工程的天然花岗岩板材的外观质量和花纹应基本一致，相同尺寸规格板材间的尺寸偏差不明显。但是，由于材质和加工水平等方面的差异，花岗岩板材的外观质量有可能产生较大差别，从而造成装饰效果和施工操作等方面的缺陷。因此，国家标准《天然花岗岩建筑板材》（GB/T 18601—2009）规定了天然花岗岩板材的质量标准。花岗岩普型板规格尺寸允许偏差、平面度和角度允许公差见表 2-6，花岗岩板材正面的外观

缺陷要求见表 2-7。

表 2-6 普型板规格尺寸允许偏差、平面度和角度允许公差（GB/T 18601—2009）　　　mm

项目			细面和镜面板材			粗面板材		
			优等品	一等品	合格品	优等品	一等品	合格品
尺寸允许偏差	长度、宽度		0 −1.0	0 −1.0	0 −1.5	0 −1.0	0 −1.0	0 −1.5
	厚度	≤12	±0.5	±1.0	+1.0 −1.5	—		
		>12	±1.0	±1.5	±2.0	+1.0 −2.0	±2.0	+2.0 −3.0
平面度允许公差	板材长度 L	L≤400	0.20	0.35	0.50	0.60	0.80	1.00
		400<L≤800	0.50	0.65	0.80	1.20	1.50	1.80
		L>800	0.70	0.85	1.00	1.50	1.80	2.00
角度允许公差	板材长度 L	L≤400	0.30	0.50	0.80	0.30	0.50	0.80
		L>400	0.40	0.60	1.00	0.40	0.60	1.00

表 2-7 花岗岩板材正面的外观缺陷要求（GB/T 18601—2009）

名称	缺陷含义	优等品	一等品	合格品
缺棱	长度≤10 mm,宽度≤1.2 mm(长度<5 mm,宽度<1.0 mm 不计),周边每米长允许个数(个)	0	1	2
缺角	沿板材边长,长度≤3 mm,宽度≤3 mm(长度≤2 mm,宽度≤2 mm 不计),每块板允许个数(个)			
裂纹	长度不超过两端顺延至板边总长度的 1/10(长度<20mm 的不计),每块板允许条数(条)			
色斑	面积≤15 mm×30 mm(面积<10 mm×10 mm 不计),每块板允许个数(个)		2	3
色线	长度不超过两端顺延至板边总长度的 1/10(长度<40 mm 的不计),每块板允许条数(条)			

注:干挂板材不允许有裂纹存在,毛光板外观缺陷不包括缺棱和缺角。

3) 我国天然花岗岩品种及产地

我国天然花岗岩蕴藏量丰富,花色种类繁多,可以满足不同工程的需求,主要品种及产地如表 2-8 所示。

表 2-8　国产主要花岗岩品种及产地

名称	产地	名称	产地	名称	产地
黑芝麻	福建莆田	菊花青	河南偃师	柳埠红	山东历城
黑芝麻	福建长乐	雪花青	河南偃师	青灰色	山东栖霞
左山红	福建惠安	云里梅	河南偃师	豆绿色	安徽太平
峰白石	福建惠安	五龙青	河南偃师	豆绿色	江西上高
笔山石	福建惠安	梅花红	河南偃师	白底黑点	江苏赣榆
大黑白点	福建同安	芝订白	河南淅川	白底黑点	江西星子
厦门白	福建厦门	绿色	河南淅川	白底黑点	山东掖县
厦门白	福建寿宁	墨黑色	河北平山	黑色	浙江洞头
灰白色	山东平度	墨黑色	山西大同	黑色	江西上高
灰白色	山东栖霞	墨玉	河北曲阳	黑色	江苏赣榆
灰白色	山东青岛	浅灰色	山东青岛	黑色	江苏东海
灰白色	湖南望城	浅灰色	江西上高	莱州青	山东莱州
黑底小红花	山东栖霞	泰山青	山东济南	红色	山西五台
田中石	福建惠安	泰山青	山东泰安	橘红色	山西五台
红花岗岩	四川石棉	济南青	山东济南	浅红色	安徽太平
红花岗岩	四川天全	长清花	山东济南	浅红色	安徽怀宁
黑白花	黑龙江汤原	泰安绿	山东泰安	浅红色	湖南桃江
黑金花	黑龙江汤原	黑底白花	江西南昌	浅绿色	江西上高
青底绿花	安徽宿县	黑白花	江西南昌	黄褐色	江西上高
红白	江苏东海	黑白	湖北桃江	灰紫色	江西上高
黑白细花	浙江文成	黑白	北京房山	浅红色	江西上高
灰黑色	浙江平阳	肉红色	浙江洞头	灰红	江苏东海
黑色细花	浙江洞头	肉红色	江西上高	雪花	江苏东海
黑底红花	山东莒南	肉红色	浙江瓯海	大芦花	江苏赣榆
肉红黑花	山东莒南	肉红色	安徽太平	紫红	北京昌平
绿色木纹	湖南桃江	白色	安徽怀远	南口红	北京昌平
粉红(白底)	北京昌平	浅红色	福建南安	五莲红	山东日照
粉红(白底)	河北涞水	浅红色	江西星子	五莲灰	山东日照
粉红(白底)	河北涞源	浅红色	江苏赣榆	五莲花	山东日照
红色(贵妃红)	山西灵邱	浅红色	北京密云	五莲红花锤	山东日照

　　花岗岩因含大量石英,耐火性差,石英在 573 ℃以上会发生晶态转变,产生体积膨胀,导致开裂破坏,所以不得用于高温场合。另外,石材属于脆性材料,加工好的石材在运输保管

中边角部位须加以保护，以免损坏。

三、人造装饰石材

建筑装饰工程中使用的石材，除了各种天然石材外，现在各种人造石材应用也逐渐增多。与天然石材相比，人造石材造价低、重量轻、耐腐蚀、耐污染、施工方便、花纹图案可根据需要人为控制，是现代建筑理想的装饰材料。但与天然石材相比，人造石材缺少了自然天成的纹理和质感，因此，视觉上略有生硬的感觉。

人造石材按生产所用原材料及生产工艺可分为四类：水泥型人造石材、树脂型人造石材、复合型人造石材和烧结型人造石材。

1. 水泥型人造石材

水泥型人造石材是以各种水泥作为黏结材料，砂为细骨料，天然碎石粒为粗骨料，经配料、搅拌、成形、加压蒸养、磨光、抛光等工序加工而成。通常所用的水泥为硅酸盐水泥，现在也用铝酸盐水泥作黏结材料，用它制成的人造石材具有表面光泽度高，花纹耐久，抗风化、耐火性、防潮性能均较好。这是因为铝酸盐水泥的主要矿物成分铝酸钙水化生成了氢氧化铝胶体，在凝结过程中，与光滑的模板表面接触，形成氢氧化铝凝胶层；与此同时，氢氧化铝胶体在硬化过程中不断填塞水泥石的毛细孔隙，形成致密结构。水泥型人造石材取材方便，价格低廉，但抗腐蚀性和装饰性较差。水磨石和各类花阶砖均属此类。

2. 树脂型人造石材

树脂型人造石材是以不饱和聚酯树脂为黏结剂，与石英砂、大理石、方解石粉及其他无机填料按一定比例配合，再加入固化剂、催化剂、颜料等，经混合搅拌、固化成形、脱模、烘干、表面抛光等工序加工而成。树脂型人造石材光泽度高，颜色鲜艳丰富，可加工性强，装饰效果好，是国内外目前使用最广泛的一种人造石材。

3. 复合型人造石材

复合型人造石材是以无机材料和有机高分子材料复合组成。用无机材料将填料黏结成形、养护后，再将坯体浸渍于有机单体中，使其在一定条件下聚合。无机胶结材料可用快硬水泥、白水泥、铝酸盐水泥以及半水石膏等。有机单体可以采用苯乙烯、甲基丙烯酸甲酯、醋酸乙烯、丙烯腈、二氯乙烯、丁二烯等，这些树脂可单独使用或组合起来使用，也可以与聚合物混合使用。该板材底层用低廉而性能稳定的无机材料，面层用聚酯和大理石粉制作，以获得最佳的装饰效果，而且造价较低。

4. 烧结型人造石材

烧结型人造石材的生产工艺与陶瓷的生产工艺相似，是将长石、石英、辉石、方解石粉和赤铁矿粉及少量高岭土等混合，一般用40%的黏土和60%的矿粉制成泥浆后，用泥浆法制备坯料，用半干压法成形，在窑炉中用1 000 ℃左右的高温烧结而成。因用黏土做胶黏剂，所以需要高温焙烧，因此能耗大，产品破损率高，造价高。

上述四种人造石材中，以树脂型人造石材最常用，其物理、化学性能最好，花纹容易设计，有重现性，适用多种用途，但价格相对较高。水泥型人造石材（俗称水磨石）最便宜，但抗腐蚀性能较差，容易出现微裂纹，只适合于作板材。复合型和烧结型人造石材由于生产工艺复杂，很少应用。

复习思考题

一、填空题

1. 为了保证人类健康，天然石材要进行_____检验。
2. 岩石按地质形成条件分为_____、_____和_____三大类。
3. 常用天然装饰石材有_____、_____和_____。

二、单项选择题

1. 学生去材料市场调查价格，面对下列四种材料，(　　)是人造石材。
   A. 花岗岩　　　　B. 水磨石　　　　C. 汉白玉　　　　D. 石灰岩
2. 花岗岩属于(　　)。
   A. 沉积岩　　　　B. 深成岩　　　　C. 变质岩　　　　D. 火成岩
3. 市场上用得最多的人造石材是(　　)。
   A. 树脂型　　　　B. 复合型　　　　C. 烧结型　　　　D. 水泥型
4. 大理石的主要成分是(　　)。
   A. 碳酸钙　　　　B. 氧化硅　　　　C. 氧化钙　　　　D. 氧化镁
5. 下列对大理石性质叙述错误的是(　　)。
   A. 洁白色的无杂质的为名贵产品　　　B. 属于硬石材
   C. 易风化，不宜用于室外　　　　　　D. 价格较高
6. 有关天然花岗岩的下列说法，(　　)错误。
   A. 深色品种名贵　　　　　　　　　B. 硬度大于大理石
   C. 天然环保、无毒无害　　　　　　D. 耐久性可以到上百年
7. 天然大理石除艾叶青、汉白玉等杂质少的比较稳定耐久的品种可以用于室外，而其他品种一般不宜用于室外，这究竟是为什么？下列叙述正确的是(　　)。
   A. 造价太高
   B. 花纹不美观
   C. 大理石在阳光照射下易褪色
   D. 容易风化，表面失去光泽或出现斑点

三、简述题

1. 简述火成岩、沉积岩、变质岩的形成、主要特征和种类。
2. 石材的主要技术性质有哪些？
3. 砌筑石材常用哪些类型？
4. 大理石饰面板为何不宜用于室外？
5. 花岗岩板材与大理石板材的主要区别有哪些？
6. 人造石材究竟分为几种？其各自特点是什么？

单元三　气硬性胶凝材料

学习目标

1. 掌握石灰、石膏、水玻璃的技术要求、主要性质及应用。
2. 理解石灰、石膏、水玻璃的凝结与硬化原理。
3. 了解石灰、石膏、水玻璃的原料与生产工艺。

建筑工程中，凡是经过一系列物理、化学作用，能将散粒材料或块状材料黏结成整体的材料称为胶凝材料。

胶凝材料按化学成分可分为无机胶凝材料和有机胶凝材料两大类。有机胶凝材料种类较多，在建筑工程中常用的有沥青、各类胶乳剂等。无机胶凝材料按凝结硬化的条件不同又分为气硬性胶凝材料和水硬性胶凝材料。气硬性胶凝材料只能在空气中凝结硬化，并保持和提高自身强度；水硬性胶凝材料不仅能在空气中凝结硬化，而且能在水中更好地凝结硬化，保持和提高自身强度。工程中常用的石灰、石膏、水玻璃属于气硬性胶凝材料，各种水泥均属于水硬性胶凝材料。

项目一　石　灰

主要内容	知识目标	技能目标
石灰的原料与生产，石灰的熟化与凝结硬化，石灰的技术标准，石灰的性质、应用及储存	掌握石灰的品种、技术要求、主要性质及应用，理解石灰的熟化与凝结硬化原理，了解石灰的原料与生产工艺	能够根据工程实际情况，结合石灰的性质，合理地使用石灰

石灰是工程中使用最早的气硬性胶凝材料之一。石灰具有原料来源广、生产工艺简单、成本低廉和使用方便等特点，因此至今仍被广泛应用于建筑工程中。

一、石灰的原料与生产

1. 石灰的原料

生产石灰的原料主要是含碳酸钙为主的天然岩石，如石灰石、白垩、白云质石灰石等，这些天然原料中的黏土杂质一般控制在 8% 以内。

石灰的另一来源是利用化学工业副产品。如用电石（碳化钙）制取乙炔的电石渣，其主要成分是 $Ca(OH)_2$，即消石灰。

2. 石灰的生产

由石灰石煅烧成生石灰，实际上是碳酸钙（$CaCO_3$）的分解过程，其反应式如下：

$$CaCO_3 \xrightarrow{900\sim1\,200\ ℃} CaO+CO_2\uparrow$$

由于窑内煅烧温度不均匀,产品中常含有少量的欠火石灰和过火石灰。欠火石灰含有未完全分解的碳酸钙内核,降低了石灰的产量;过火石灰表面有一层深褐色熔融物质,阻碍石灰的正常熟化;正火石灰质轻(表观密度为 $800\sim1\,000\ kg/m^3$)、色匀(白色或灰白色),工程性质优良。

石灰原料中常含有少量碳酸镁,煅烧时生成氧化镁。因此,氧化钙和氧化镁是石灰的主要成分。

二、石灰的熟化与硬化

1. 石灰的熟化

生石灰与水反应生成氢氧化钙,称为石灰的熟化。其反应式如下:

$$CaO+H_2O\rightarrow Ca(OH)_2+65\ kJ/mol$$

石灰熟化时放出大量的热,并且体积迅速膨胀 $1\sim2.5$ 倍。

熟化时根据加水量的多少,可得到石灰膏和消石灰粉。将生石灰放在化灰池中,用过量的水(约为生石灰体积的 $3\sim4$ 倍)消化成石灰水溶液,然后通过筛网,流入储灰坑内,随着水分的减少,逐渐形成石灰浆,最后形成石灰膏。为了消除过火石灰的危害,石灰浆应在储灰坑中"陈伏"两周以上。"陈伏"期间,石灰浆表面应保持有一层水分,与空气隔绝,以免碳化。

消石灰粉是由块状生石灰用适量的水熟化而成,加水量以使其充分消解而又不过湿成团为度。工地上常用分层喷淋法进行消化,目前多在工厂中用机械法将生石灰进行熟化成消石灰粉,再供利用。

应特别指出,块状生石灰必须充分熟化后方可用于工程中。若使用将块状生石灰直接破碎、磨细制得的生石灰粉,则可不预先熟化、陈伏而直接使用。这是因为磨细生石灰粉的细度高,水化反应速度可提高 $30\sim50$ 倍,且水化时体积膨胀均匀,避免了局部膨胀过大。使用磨细生石灰粉,克服了传统石灰硬化慢、强度低的特点(强度可提高约 2 倍),不仅提高了工效,而且节约了场地,改善了施工环境,但其成本较高。

2. 石灰的硬化

石灰的凝结硬化是干燥结晶和碳化两个交错进行的过程。

1) 干燥结晶

石灰浆体中的水分被砌体部分吸收及蒸发后,石灰胶粒更加紧密,同时氢氧化钙从饱和溶液中逐渐结晶析出,使石灰浆体凝结硬化,产生强度并逐步提高。

2) 碳化

浆体中的氢氧化钙与空气中的二氧化碳发生化学反应,生成碳酸钙,反应式如下:

$$Ca(OH)_2+CO_2+nH_2O=CaCO_3+(n+1)H_2O$$

碳酸钙与氢氧化钙两种晶体在浆体中交叉共生,构成紧密的结晶网,使石灰浆体逐渐变成坚硬的固体物质。

由于干燥结晶和碳化过程十分缓慢,且氢氧化钙易溶于水,故石灰不能用于潮湿环境及水下的工程部位。

三、石灰的分类和技术要求

1. 建筑生石灰的分类和技术要求

根据《建筑生石灰》(JC/T 479—2013)，按生石灰的加工情况分为生石灰块和生石灰粉；按生石灰的化学成分分为钙质石灰(氧化镁含量≤5%)和镁质石灰(氧化镁含量>5%)。根据化学成分的含量每类分成不同等级，见表3-1。

表 3-1 建筑生石灰的分类(JC/T 479—2013)

类别	名称	代号	说明
钙质石灰	钙质石灰90	CL 90	CL 90 中 CL 表示钙质石灰，90 表示生石灰中(CaO+MgO)百分含量
	钙质石灰85	CL 85	
	钙质石灰75	CL 75	
镁质石灰	镁质石灰85	ML 85	ML 85 中 ML 表示镁质石灰，85 表示生石灰中(CaO+MgO)百分含量
	镁质石灰80	ML 80	

建筑生石灰的化学成分应符合表3-2要求。

表 3-2 建筑生石灰的化学成分(JC/T 479—2013)　　　　%

名称	(CaO+MgO)	MgO	CO_2	SO_3
CL 90—Q CL 90—QP	≥90	≤5	≤4	≤2
CL 85—Q CL 85—QP	≥85	≤5	≤7	≤2
CL 75—Q CL 75—QP	≥75	≤5	≤12	≤2
ML 85—Q ML 85—QP	≥85	>5	≤7	≤2
ML 80—Q ML 80—QP	≥80	>5	≤7	≤2

注：Q——块状生石灰；QP——粉状生石灰。

建筑生石灰的物理性质应符合表3-3要求。

表 3-3 建筑生石灰的物理性质(JC/T 479—2013)

名称	产浆量/dm³/10g	细度	
		0.2mm 筛余量/%	90μm 筛余量/%
CL 90—Q CL 90—QP	≥26 —	— ≤2	— ≤7
CL 85—Q CL 85—QP	≥26 —	— ≤2	— ≤7

续表

名称	产浆量/dm³/10g	细度	
		0.2mm 筛余量/%	90μm 筛余量/%
CL 75—Q CL 75—QP	≥26	— ≤2	— ≤7
ML 85—Q ML 85—QP	—	— ≤2	— ≤7
ML 80—Q ML 80—QP	—	— ≤7	— ≤2

2. 建筑消石灰的分类和技术要求

根据《建筑消石灰》(JC/T 481—2013),按消石灰的化学成分分为钙质消石灰(氧化镁含量≤5%)和镁质消石灰(氧化镁含量>5%)。按扣除游离水和结合水后($CaO+MgO$)的百分含量每类分成不同等级,见表3-4。

表3-4 建筑消石灰的分类(JC/T 481—2013)

类别	名称	代号	说明
钙质消石灰	钙质消石灰 90	HCL 90	HCL 90 中 HCL 表示钙质消石灰,90 表示消石灰中($CaO+MgO$)百分含量
	钙质消石灰 85	HCL 85	
	钙质消石灰 75	HCL 75	
镁质消石灰	镁质消石灰 85	HML 85	HML 85 中 HML 表示镁质消石灰,85 表示消石灰中($CaO+MgO$)百分含量
	镁质消石灰 80	HML 80	

建筑消石灰的化学成分应符合表3-5要求。

表3-5 建筑消石灰的化学成分(JC/T 481—2013)　　　　　%

名称	($CaO+MgO$)	MgO	SO₃
HCL 90 HCL 85 HCL 75	≥90 ≥85 ≥75	≤5	≤2
HML 85 HML 80	≥85 ≥80	>5	≤2

注:表中数值以试样扣除游离水和化学结合水后的干基为基准。

建筑消石灰的物理性质应符合表3-6要求。

表 3 - 6 建筑消石灰的物理性质(JC/T 481—2013)

名称	游离水/%	安定性	细度	
			0.2mm 筛余量/%	90μm 筛余量/%
HCL 90				
HCL 85				
HCL 75	≤2	合格	≤2	≤7
HML 85				
HML 80				

四、石灰的性质与应用

1. 石灰的性质

1) 保水性和可塑性好

生石灰熟化为石灰浆时,生成了颗粒极细的(直径约 1 μm)呈胶体分散状态的氢氧化钙,表面吸附一层较厚的水膜,因而保水性好,水分不易泌出,并且水膜使颗粒间的摩擦力减小,故可塑性也较好。石灰的这一性质常被用来改善砂浆的保水性,以克服水泥砂浆保水性较差的缺点。

2) 硬化慢,强度低

从石灰浆体的硬化过程可以看出,由于空气中二氧化碳稀薄,碳化极为缓慢。碳化后形成紧密的 $CaCO_3$ 硬壳,不仅不利于 CO_2 向内部扩散,同时也阻止水分向外蒸发,致使 $CaCO_3$ 和 $Ca(OH)_2$ 结晶体生成缓慢,硬化强度不高。按 1∶3 配合比的石灰砂浆,其 28 d 的抗压强度只有 0.2~0.5 MPa,而受潮后,石灰溶解,强度更低。

3) 硬化时体积收缩大

石灰硬化时,蒸发大量游离水而引起显著收缩,产生裂缝。因此,石灰除调制石灰乳作薄层涂刷外,不宜单独使用。通常施工时常掺入一定量的骨料(如砂子等)或纤维材料(如麻刀、纸筋等),以提高抗拉强度,抵抗收缩引起的开裂。

4) 耐水性差

由于石灰硬化慢,在施工完成后相当长的时间内,石灰硬化体中大部分仍然是未碳化的 $Ca(OH)_2$,而 $Ca(OH)_2$ 易溶于水,如果长期受潮或被水浸泡,会使已硬化的石灰溃散。因此,石灰不宜用于潮湿环境或易受水浸泡的建筑部位。

2. 石灰的用途

1) 制作石灰乳

石灰膏或消石灰粉加入过量的水稀释成的石灰乳,是一种传统的室内粉刷涂料。目前已很少使用,大多用于临时建筑的室内粉刷。

2) 配制灰土和三合土

将消石灰粉与黏土拌合,称为石灰土(灰土),若再加入砂石或炉渣、碎砖等即成三合土。石灰常占灰土约 10%~30%(体积比),即一九、二八及三七灰土。石灰量过高,往往导致强度和耐水性降低。施工时,将灰土或三合土混合均匀并夯实,可使彼此黏结为一体,同时黏土等成分中含有的少量活性 SiO_2 和活性 Al_2O_3 等酸性氧化物,在石灰长期作用下反应,生成不溶性的水化硅酸钙和水化铝酸钙,使颗粒间的黏结力不断增强,灰土或三合土的强度及耐水性能也不断提高。因此,灰土和三合土广泛用作建筑物的基础、路面或地面的垫层。

3) 生产无熟料水泥和硅酸盐制品

石灰与活性混合材料(如粉煤灰、高炉矿渣等)混合,并掺入适量石膏等,磨细后可制成无熟料水泥。石灰与硅质材料(含 SiO_2 的材料,如粉煤灰、煤矸石、浮石等)必要时加入少量石膏,经高压或常压蒸汽养护,生成以硅酸钙为主要产物的混凝土。硅酸盐混凝土中主要的水化反应如下:

$$Ca(OH)_2 + SiO_2 + H_2O \longrightarrow CaO \cdot SiO_2 \cdot 2H_2O$$

硅酸盐混凝土按密实程度可分为密实和多孔两类。前者可生产墙板、砌块及砌墙砖(如灰砂砖),后者用于生产加气混凝土制品,如轻质墙板、砌块、各种隔热保温制品等。

4) 制作碳化石灰板

碳化石灰板是将磨细石灰、纤维状填料(如玻璃纤维)或轻质骨料搅拌成形,然后用二氧化碳进行人工碳化而成的一种轻质板材。为了减轻重量和提高碳化效果,多制成空心板。该制品表观密度小,导热系数低,主要用作非承重内隔墙板、天花板等。

五、石灰的储存

石灰在空气中存放时,会吸收空气中水分熟化成石灰粉,再碳化成碳酸钙而失去胶结能力,因此生石灰不易久存。另外,生石灰受潮熟化会放出大量的热,并且体积膨胀,所以储运石灰应注意安全。

项目二　建筑石膏

主要内容	知识目标	技能目标
建筑石膏的原料与生产,建筑石膏的凝结与硬化,石膏的主要性质与特点、应用与储存,石膏装饰制品	理解石膏的凝结与硬化的原理,掌握石膏的主要性质与特点,熟悉石膏装饰制品的规格与应用	能够根据所学的知识对石膏的应用及石膏制品的相关问题进行分析与解决,能合理地选择和使用石膏装饰制品

　　我国的石膏资源极其丰富,石膏的使用有着悠久的历史。石膏及石膏制品具有轻质、隔热、吸声、防火性好、装饰性强、容易加工等一系列优良性能,具有广阔的发展前景。

一、建筑石膏的原料与生产

　　生产建筑石膏的主要原料是天然二水石膏($CaSO_4 \cdot 2H_2O$)矿石(或称生石膏),也可以是一些富含硫酸钙的化学工业副产品,如磷石膏、脱硫石膏等。

　　根据建筑石膏的原料不同,建筑石膏分为:① 天然建筑石膏(代号为 N),以天然石膏为原料;② 脱硫建筑石膏(代号为 S),以烟气脱硫石膏为原料;③ 磷建筑石膏(代号为 P),以磷石膏为原料。目前世界上约90%的建筑石膏原料是天然石膏,由于环境与成本的因素,工业副产品建筑石膏的用量也日益增加。

　　将天然二水石膏或化工石膏经加热、煅烧、脱水、磨细,即得石膏胶凝材料。根据加热温度和压力的不同,可制得多种晶体结构、性能各异的石膏胶凝材料。建筑工程中最常用的石膏品种是建筑石膏,它是将原材料加热至 107~170 ℃温度下,煅烧成的 β 型半水石膏(也称熟石膏)经磨细而成的一种白色粉末状材料,反应式如下:

$$CaSO_4 \cdot 2H_2O \xrightarrow{107\sim170\,℃} \beta\text{-}CaSO_4 \cdot \frac{1}{2}H_2O + 1\frac{1}{2}H_2O$$

二、建筑石膏的凝结与硬化

　　建筑石膏的凝结与硬化示意图如图 3-1 所示。建筑石膏与适量的水混合后,起初形成均匀的石膏浆体,但紧接着石膏浆体失去塑性,成为坚硬的固体。这是因为半水石膏遇水后,将重新水化生成二水石膏,二水石膏溶解度比半水石膏小许多,所以二水石膏胶体微粒不断从过饱和溶液(即石膏浆体)中沉淀析出,放出热量并逐渐凝结硬化,反应式如下:

$$CaSO_4 \cdot \frac{1}{2}H_2O + 1\frac{1}{2}H_2O \longrightarrow CaSO_4 \cdot 2H_2O$$

三、建筑石膏的技术标准

　　根据国家标准《建筑石膏》(GB/T 9776—2008),建筑石膏将天然建筑石膏(N)、脱硫建筑石膏(S)、磷建筑石膏(P),每类按 2 h 强度(抗折)分为 3.0、2.0、1.6 三个等级。按产品名称、代号、等级及标准编号的顺序标记,例如,等级为 2.0 的天然建筑石膏标记为:建筑石膏

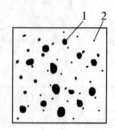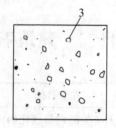

1—半水石膏;2—二水石膏胶体微粒;3—二水石膏晶体;4—交错的晶体

图 3-1　建筑石膏的凝结与硬化示意图

N 2.0 GB/T 9776—2008。建筑石膏的物理力学性能应符合表 3-7 的要求。

表 3-7　建筑石膏技术指标(GB/T 9776—2008)

等　级	细度,0.2 mm 方孔筛的筛余(%),不大于	凝结时间(min)		2 h 强度(MPa),不小于	
		初凝,不小于	终凝,不大于	抗折	抗压
3.0				3.0	6.0
2.0	10	3	30	2.0	4.0
1.6				1.6	3.0

四、建筑石膏的性质与特点

与水泥和石灰等无机胶凝材料比,石膏具有以下特征:

(1) 凝结硬化快。建筑石膏一般在加水后的 3~5 min 内即可初凝,30 min 内即达到终凝。为满足施工操作的要求,可加入缓凝剂,以降低半水石膏的溶解度和溶解速度。常用的缓凝剂有硼砂、柠檬酸等。

(2) 凝结硬化时体积微膨胀。建筑石膏硬化过程中体积略有膨胀,其体积膨胀率为 0.05%~0.15%。这使得石膏制品表面光滑细腻,尺寸精确,轮廓清晰,形体饱满,容易浇注出纹理细致的浮雕花饰,装饰效果好。

(3) 孔隙率高、表观密度小、强度低。建筑石膏水化反应的理论需水量只占半水石膏质量的 18.6%,但在使用中,为满足施工要求的可塑性,往往要加 60%~80% 的水,由于多余水分蒸发,在内部形成大量孔隙,孔隙率可达 50%~60%。因此,表观密度小(800~1 000 kg/m³),强度低。

(4) 有较好的功能性。石膏制品孔隙率高,且均为微细的毛细孔,因此导热系数小[一般为 0.121~0.205 W/(m·K)],隔热保温性好,吸声性强,吸湿性大,使其具有一定的调温、调湿功能。

(5) 具有良好的防火性。建筑石膏与水作用转变为 $CaSO_4 \cdot 2H_2O$,硬化后的石膏制品含有占其总质量 20.93% 的结合水,遇火时,结合水吸收热量后大量蒸发,在制品表面形成水蒸气幕,隔绝空气,缓解石膏制品本身温度的升高,有效地阻止火的蔓延。

(6) 耐水性和抗冻性差。建筑石膏硬化后有很强的吸湿性和吸水性,在潮湿条件下,晶粒间的结合力减弱,导致强度下降,其软化系数仅为 0.2~0.3。另外,石膏浸泡在水中,由于二水石膏微溶于水,也会使其强度下降。若石膏制品吸水后受冻,会因水分结冰膨胀而破坏。

五、建筑石膏的应用与储运

建筑石膏可以用作生产水泥、粉刷石膏以及生产各种石膏板材(如纸面石膏板、装饰石膏板等)、石膏花饰、石膏抹面灰浆、墙面刮腻子、模型制作、石膏浮雕制品、石膏板隔墙及吊顶等工程。石膏装饰制品具有色彩鲜艳、品种多样、造型美观、施工简单等优点,是公用和住宅建筑物的墙面和顶棚常用的装饰制品。

建筑石膏在储运过程中,应防止受潮及混入杂物。储存期不宜超过三个月,超过三个月,强度将降低 30% 左右,超过储存期限的石膏应重新进行质量检验,以确定其等级。

储存板材时应按不同品种、规格及等级在室内分类、水平堆放,底层应用垫条与地面隔开,堆高不超过 300 mm。在储存和运输过程中,应防止板材受潮和碰损。

六、石膏装饰制品

在装饰工程中,建筑石膏和高强石膏往往先加工成各式制品,然后镶贴、安装在基层或龙骨支架上。石膏装饰制品主要有装饰板、装饰吸声板、装饰线角、花饰、装饰浮雕壁画、画框、挂饰及建筑艺术造型等。

1. 装饰石膏板

装饰石膏板是以建筑石膏为主要原料,掺入适量纤维增强材料和外加剂,与水一起搅拌成均匀的料浆,经浇注成形、干燥而成的不带护面纸的装饰板材。

1) 产品分类

(1) 分类。根据板材正面形状和防潮性能的不同,其分类及代号见表 3-8。

表 3-8　装饰石膏板产品的分类和代号(JC/T 799—2007)

分类	普通板			防潮板		
	平板	孔板	浮雕板	平板	孔板	浮雕板
代号	P	K	D	FP	FK	FD

(2) 形状。装饰石膏板为正方形,按其棱边断面形式有直角形和倒角形两种。

(3) 规格。装饰石膏板的规格为两种:500 mm×500 mm×9 mm,600 mm×600 mm×11 mm。其他形状和规格的板材,由供需双方商定。

(4) 产品标记。产品按下列顺序标记:名称、类型、规格、标准号。

如:板材尺寸为 600 mm×600 mm×11 mm 的防潮孔板,标记为:装饰石膏板 FK 600 JC/T 799—2007。

2) 技术要求

(1) 外观质量。装饰石膏板正面不应有影响装饰效果的气孔、污痕、裂纹、缺角、色彩不均和图案不完整等缺陷。

(2) 板材尺寸允许偏差、不平度和直角偏离度。板材尺寸允许偏差、不平度和直角偏离度应不大于表 3-9 的规定。

表 3-9 板材尺寸允许偏差、不平度和直角偏离度(JC/T 799—2007)   mm

项目	指标
边长	+1 −2
厚度	±1.0
不平度	2.0
直角偏离度	2

(3) 物理力学性能。装饰石膏板的物理力学性能应符合表 3-10 的要求。

表 3-10 物理力学性能(JC/T 799—2007)

序号	项目		指标					
			P、K、FP、FK			D、FD		
			平均值	最大值	最小值	平均值	最大值	最小值
1	单位面积质量 (kg/m³)，不大于	厚度 9 mm	10.0	11.0	—	13.0	14.0	—
		厚度 11 mm	12.0	13.0	—	—	—	—
2	含水率(%)，不大于		2.5	3.0	—	2.5	3.0	—
3	吸水率(%)，不大于		8.0	9.0	—	8.0	9.0	—
4	断裂荷载(N)，不小于		147	—	132	167	—	150
5	受潮挠度(mm)，不大于		10	12	—	10	12	—

注:D 和 FD 的厚度为棱边厚度。

3) 装饰石膏板的应用

装饰石膏板的表面细腻,色彩、花纹图案丰富,浮雕板和孔板具有较强的立体感,质感亲切,给人以清新柔和感,并且具有质轻、强度较高、保温、吸声、防火、不燃、调节室内湿度等特点。主要用于室内墙壁装饰和吊顶装饰以及隔墙等,如宾馆、饭店、餐厅、礼堂、影剧院、会议室、医院、幼儿园、候机(车)室等的吊顶、墙面工程。湿度较大的场所应使用防潮板。

2. 嵌装式装饰石膏板

嵌装式装饰石膏板是带有嵌装企口的装饰石膏板,其背面四边加厚,正面可为平面、带孔或带浮雕图案。同时,嵌装式装饰石膏板在安装时只需嵌固在龙骨上,不再需要另行固定,整个施工全部为装配化,并且任意部位的板材均可随意拆卸和更换,极大地方便了施工。

嵌装式装饰石膏板分为普通嵌装式装饰石膏板(代号为 QP)和吸声用嵌装式装饰石膏板(代号为 QS)两种。吸声用嵌装式装饰石膏板主要用于吸声要求较高的建筑装饰,如影剧院、礼堂、音乐厅、会议室等。

3. 纸面石膏板

以建筑石膏和护面纸为主要原料,掺加适量纤维、外加剂等,经料浆配制、成形、切割、干燥而成的轻质薄板即为纸面石膏板。纸面石膏板按其耐水、耐火性能分为普通纸面石膏板、耐火纸面石膏板、耐水纸面石膏板及耐水耐火纸面石膏板。

普通纸面石膏板(代号 P)是以建筑石膏为主要原料,掺入适量纤维增强材料和外加剂等,在与水搅拌后,浇注于护面纸的面纸和背纸之间,并与护面纸牢固地黏结在一起的建筑板材。

耐水纸面石膏板(代号 S)是以建筑石膏为主要原料,掺入适量纤维增强材料和耐水外加剂等,在与水搅拌后,浇注于耐水护面纸的面纸和背纸之间,并与耐水护面纸牢固地黏结在一起,旨在改善防水性能的建筑板材。

耐火纸面石膏板(代号 H)是以建筑石膏为主要原料,掺入无机耐火纤维增强材料和外加剂等,在与水搅拌后,浇注于护面纸的面纸和背纸之间,并与护面纸牢固地黏结在一起,旨在提高防火性能的建筑板材。

耐水耐火纸面石膏板(代号 SH)是以建筑石膏为主要原料,掺入耐水外加剂和无机耐火纤维增强材料等,在与水搅拌后,浇注于耐水护面纸的面纸和背纸之间,并与耐水护面纸牢固地黏结在一起,旨在改善防水性能和提高防火性能的建筑板材。

1) 规格尺寸

板材的公称长度为 1 500、1 800、2 100、2 400、2 440、2 700、3 000、3 300、3 600 和 3 660 mm。

板材的公称宽度为 600、900、1 200 和 1 220 mm。

板材的公称厚度为 9.5、12.0、15.0、18.0、21.0 和 25.0 mm。

纸面石膏板按棱边形状分为矩形(代号 J)、倒角形(代号 D)、楔形(代号 C)和圆形(代号 Y)四种。

2) 技术要求

(1) 外观质量。纸面石膏板板面应平整,不应有影响使用的波纹、沟槽、亏料、漏料和划伤、破损、污痕等缺陷。

(2) 尺寸偏差。纸面石膏板的尺寸偏差应符合表 3-11 的规定。

表 3-11　尺寸偏差(GB/T 9775—2008)　　　　　　　　　　　mm

项目	长度	宽度	厚度	
			9.5	≥12.0
尺寸偏差	−6～0	−5～0	±0.5	±0.6

(3) 对角线长度差。板材应切割成矩形,两对角线长度差应不大于 5 mm。

(4) 楔形棱边断面尺寸。对于棱边形状为楔形的板材,楔形棱边宽度应为 30～80 mm,楔形棱边深度应为 0.6～1.9 mm。

(5) 面密度。板材的面密度应不大于表 3-12 的规定。

表 3-12　面密度(GB/T 9775—2008)

板材厚度(mm)	面密度(kg/m²)
9.5	9.5
12.0	12.0

续表

板材厚度(mm)	面密度(kg/m^2)
15.0	15.0
18.0	18.0
21.0	21.0
25.0	25.0

（6）断裂荷载。板材的断裂荷载应不小于表 3-13 的规定。

表 3-13　断裂荷载(GB/T 9775—2008)

板材厚度(mm)	断裂荷载(N)			
	纵向		横向	
	平均值	最小值	平均值	最小值
9.5	400	360	160	140
12.0	520	460	200	180
15.0	650	580	250	220
18.0	770	700	300	270
21.0	900	810	350	320
25.0	1 100	970	420	380

（7）硬度。板材的棱边硬度和断头硬度应不小于 70 N。

（8）抗冲击性。经冲击后，板材背面应无径向裂纹。

（9）护面纸与芯材黏结性。护面纸与芯材应不剥离。

（10）吸水率(仅适用于耐水纸面石膏板和耐水耐火纸面石膏板)。板材的吸水率应不大于 10%。

（11）表面吸水量(仅适用于耐水纸面石膏板和耐水耐火纸面石膏板)。板材的表面吸水量应不大于 160 g/m^2。

（12）遇火稳定性(仅适用于耐火纸面石膏板和耐水耐火纸面石膏板)。板材的遇火稳定性时间应不少于 20 min。

3）纸面石膏板的应用

纸面石膏板具有质轻、抗弯和抗冲击性高等优点，此外防火、保温、隔热、抗震性好，并具有较好的隔声性，良好的可加工性(可锯、可钉、可刨)，且易于安装，施工速度快，劳动强度小，还可以调节室内温度和湿度。

普通纸面石膏板适用于办公楼、影剧院、饭店、宾馆、候车室、住宅等建筑的室内吊顶、墙面、隔断、内隔墙等的装饰，表面需进行饰面再处理(如刮腻子、刷乳胶漆或贴壁纸等)，但仅适用于干燥环境中，不宜用于厨房、卫生间以及空气湿度大于 70% 的潮湿环境中。

耐水纸面石膏板具有较高的耐水性，其他性能与普通纸面石膏板相同，主要适用于厨房、卫生间、厕所等潮湿场所以及空气相对湿度大于 70% 的潮湿环境中，其表面也需进行饰面再处理。

耐火纸面石膏板具有较高的防火性能,其他性能与普通纸面石膏板相同。

4. 艺术装饰石膏制品

艺术装饰石膏制品是以优质建筑石膏粉为基料,配以纤维增强材料、胶黏剂等,加水拌制成均匀的料浆,浇注在具有各种造型、图案、花纹的模具内,经硬化、干燥、脱模而成。制品主要包括浮雕艺术石膏线角、线板、花角、灯圈、壁炉、罗马柱、圆柱、方柱、麻花柱、灯座、花饰等。在色彩上,可利用优质建筑石膏本身洁白高雅的色彩,造型上可洋为中用,古为今用,大可将石膏这一传统材料赋予新的装饰内涵。

1) 浮雕艺术石膏线角、线板、花角

浮雕艺术石膏线角、线板和花角具有表面光洁、颜色洁白高雅、花形和线条清晰、立体感强、尺寸稳定、强度高、无毒、防火、施工方便等优点,广泛用于高档宾馆、饭店、写字楼和居民住宅的吊顶装饰,是一种造价低廉、装饰效果好、调节室内湿度和防火的理想装饰装修材料,可直接用粘贴石膏腻子和螺钉进行固定安装。

2) 浮雕艺术石膏灯圈

作为一种良好的吊顶装饰材料,浮雕艺术石膏灯圈与灯饰作为一个整体,表现出相互烘托、相得益彰的装饰气氛。石膏灯圈外形一般加工成圆形板材,也可根据室内装饰设计要求和用户的喜好制作成椭圆形或花瓣形,其直径有 500～1 800 mm 等多种,板厚一般为 10～30 mm。室内吊顶装饰的各种吊挂灯或吸顶灯,配以浮雕艺术石膏灯圈,使人进入一种高雅美妙的装饰意境。

3) 石膏花饰、壁挂、花台

石膏花饰是按设计方案先制作阴模(软模),然后浇入石膏麻丝料浆成形,再经硬化、脱模、干燥而成的一种装饰板材,板厚一般为 15～30 mm。石膏花饰的花形图案、品种规格很多,表面可为石膏天然白色,也可以制成描金、象牙白色、暗红色、淡黄色等多种彩绘效果,用于建筑物室内顶棚或墙面装饰。建筑石膏还可以制作成浮雕壁挂,表面可涂饰不同色彩的涂料,也是室内装饰的新型艺术制品。

项目三　水玻璃

主要内容	知识目标	技能目标
水玻璃的生产,水玻璃的硬化,水玻璃的特性及水玻璃的应用	掌握水玻璃的硬化、主要性质及应用,理解水玻璃的硬化原理,了解水玻璃的生产工艺	能够根据工程实际情况,结合水玻璃的性质,合理地使用水玻璃

水玻璃俗称泡花碱,是由碱金属氧化物和二氧化硅结合而成的一种水溶性碱金属硅酸盐物质。根据碱金属氧化物种类的不同,常见的水玻璃品种有硅酸钠水玻璃($Na_2O \cdot nSiO_2$)和硅酸钾水玻璃($K_2O \cdot nSiO_2$)。工程中常用的是硅酸钠液态水玻璃,是由固体水玻璃溶解于水而得,因所含杂质不同而呈青灰色、黄绿色。水玻璃以无色透明的液体为佳。

一、水玻璃的生产

硅酸钠水玻璃的主要原料是石英砂、纯碱或含碳酸钠的原料。其生产方法有干法生产和湿法生产两种,多为干法生产。

湿法生产是将石英砂和氢氧化钠水溶液在压蒸锅($0.2 \sim 0.3$ MPa)内用蒸汽加热溶解而成的水玻璃溶液。

干法生产是将石英砂和碳酸钠磨细拌匀,在 $1\,300 \sim 1\,400$ ℃温度下熔融,生成硅酸钠,冷却后即为固态水玻璃,其反应式如下:

$$Na_2CO_3 + nSiO_2 \xrightarrow{1\,300 \sim 1\,400\ ℃} Na_2O \cdot nSiO_2 + CO_2 \uparrow$$

将固态水玻璃在 $0.3 \sim 0.8$ MPa 的压蒸锅内加热溶解可得无色、淡黄或青灰色透明或半透明的胶状水玻璃,即液态水玻璃。

水玻璃分子式中 SiO_2 与碱金属氧化物的摩尔数比值 n,称为水玻璃模数。水玻璃模数一般在 $1.5 \sim 3.5$ 之间,水玻璃模数与其黏度、溶解度有密切关系。水玻璃模数越大,水玻璃中胶体组分越多,水玻璃黏性越大,越难溶于水。模数为 1 时,能在常温下溶解于水中;模数为 2 时,只能在热水中溶解;模数大于 3 时,要在 0.4 MPa 以上的蒸汽中才能溶解。相同模数的水玻璃,其密度和黏度越大,硬化速度越快,硬化后的黏结力与强度越高。工程中常用水玻璃的模数为 $2.6 \sim 2.8$。

二、水玻璃的硬化

液体水玻璃在空气中吸收 CO_2,形成无定形硅酸凝胶,并逐渐干燥而硬化,其化学反应式为

$$Na_2O \cdot nSiO_2 + CO_2 + mH_2O \longrightarrow Na_2CO_3 + nSiO_2 \cdot mH_2O$$

因空气中 CO_2 浓度较低,上述反应过程进行得非常缓慢,为加速硬化,常加入促硬剂氟硅酸钠(Na_2SiF_6),促使硅酸凝胶析出速度加快。氟硅酸钠的掺加不可过多,也不能过少。掺量过多,会引起凝结快,给施工带来困难;掺量过少,不仅硬化速度慢、强度低,而且未反

应的水玻璃易溶于水,导致耐水性差,其适宜掺量为水玻璃质量的 $12\%\sim15\%$。另外,需要特别注意的是,氟硅酸钠有毒性,操作时要十分小心,注意安全。

三、水玻璃特性

1. 黏结力强

水玻璃硬化后具有较高的黏结强度、抗拉强度和抗压强度。用水玻璃配制的水玻璃混凝土抗压强度可达 $15\sim40$ MPa,水玻璃胶泥的抗拉强度可达 2.5 MPa。此外,水玻璃硬化后析出的硅酸凝胶还可堵塞毛细孔隙,防止水分渗透。

2. 耐酸性好

硬化后水玻璃的主要成分是硅酸凝胶,所以它能抵抗大多数无机酸和有机酸的侵蚀,尤其是在强氧化酸中仍有较高的化学稳定性,但水玻璃不耐碱性介质侵蚀。

3. 耐热性高

水玻璃硬化后形成 SiO_2 无定形硅酸凝胶,在高温下强度并不降低,甚至有所增加,因此具有良好的耐热性能。

四、水玻璃的应用

1. 作为灌浆材料,加固地基

将模数为 $2.5\sim3.0$ 的液体水玻璃与氯化钙溶液交替灌入地基中,两种溶液反应生成硅酸凝胶,能包裹土壤颗粒并填充其孔隙,起胶结作用。另外,硅酸凝胶因吸收地下水经常处于膨胀状态,阻止水分的渗透,因而不仅可以提高地基的承载力,而且可以提高其不透水性。用这种方法加固的砂土地基,抗压强度可达 $3\sim6$ MPa。

2. 配制耐酸、耐热混凝土和砂浆

以水玻璃为胶凝材料,加入促硬剂、耐酸粉、耐酸骨料,可配制成耐酸混凝土和砂浆,常用于冶金、化工、金属等行业的防腐蚀工程。

利用水玻璃的耐热性,用它与促硬剂、耐热的填料、骨料等配制成耐热混凝土和耐热砂浆,用于高炉基础、热工设备基础和围护结构等耐热工程。

3. 作为涂刷或浸渍材料

将液体水玻璃涂刷天然石材、混凝土等建筑材料以及建筑物的表面,能提高密实性、不透水性和抗风化能力,用浸渍法处理多孔材料也可达到相同的效果。此外,用水玻璃涂刷钢筋混凝土中的钢筋,可起到一定的阻锈作用;调制液体水玻璃时,可加入耐碱颜料和填料,兼有饰面效果。

4. 修补裂缝、堵漏

将液体水玻璃、粒化高炉矿渣粉、砂和促硬剂按一定比例配合成砂浆,直接压入砖墙裂缝内,可起到黏结和增强的作用。用水玻璃配制各种促凝剂,掺入水泥浆、砂浆或混凝土中,用于堵漏、抢修。在水玻璃中加入 $2\sim5$ 种矾,可配成二矾或多矾快凝防水剂,可用于堵漏、填缝及局部抢修。

复习思考题

一、填空题

1. 石灰石的主要成分是_____，生石灰的主要成分是_____，消石灰的主要成分是_____。

2. 建筑石膏凝结硬化的速度_____，硬化后孔隙率_____，强度_____，导热系数_____，耐水性_____，体积有_____。

3. 石灰的凝结硬化过程主要包括_____和_____两个过程。

4. 装饰石膏板根据其正面形状和防潮性能的不同分为_____、_____、_____、_____、_____、_____。

5. 纸面石膏板按其耐水、耐火性能分为_____、_____、_____、_____。

6. 水玻璃 $Na_2O \cdot nSiO_2$ 中的 n 称为_____，该值越大，水玻璃的黏性越_____。

二、单项选择题

1. (　　)属于水硬性胶凝材料。

　　A. 石灰　　　　　　B. 水泥　　　　　　C. 石膏　　　　　　D. 沥青

2. 石灰膏在储灰池中"陈伏"的目的是(　　)。

　　A. 充分熟化　　　　B. 增加产浆量　　　C. 减少收缩　　　　D. 降低发热量

3. 建筑石膏的主要成分是(　　)。

　　A. $CaSO_4 \cdot 2H_2O$　　B. $CaSO_4$　　　　C. $CaSO_4 \cdot \frac{1}{2}H_2O$　　D. $Ca(OH)_2$

4. 水玻璃中常加入(　　)作为促硬剂。

　　A. Na_2SiF_6　　　　B. Na_2SO_4　　　　C. $NaHSO_4$　　　　D. $NaOH$

三、判断题

1. 气硬性胶凝材料只能在空气中硬化，水硬性胶凝材料只能在水中硬化。　　　(　　)

2. 建筑石膏最突出的技术性质是凝硬化快，且在硬化时体积略有膨胀。　　　　(　　)

3. 石灰"陈伏"是为了降低熟化时的放热量。　　　　　　　　　　　　　　　(　　)

4. 石灰硬化时收缩较大，一般不宜单独使用。　　　　　　　　　　　　　　(　　)

四、简答题

1. 什么是胶凝材料、气硬性胶凝材料、水硬性胶凝材料？

2. 生石膏和建筑石膏的成分分别是什么？石膏浆体是如何凝结硬化的？

3. 为什么说建筑石膏是功能性较好的建筑材料？

4. 建筑石灰按加工方法不同可分为哪几种？它们的主要化学成分各是什么？

5. 什么是欠火石灰和过火石灰？它们对石灰的使用有什么影响？

6. 试从石灰浆体硬化原理来分析石灰为什么是气硬性胶凝材料。

7. 石灰是气硬性胶凝材料，耐水性较差，但为什么拌制的灰土、三合土却具有一定的耐水性？

8. 水玻璃的主要性质和用途有哪些？

9. 水玻璃的硬化有何特点？

单元四 水 泥

学习目标

1. 掌握通用硅酸盐水泥、装饰水泥的品种、性能及应用。
2. 熟悉水泥的验收和储存的相关知识。
3. 理解水泥的凝结与硬化,水泥石的腐蚀与防止措施。
4. 能熟练进行水泥技术指标的检测。
5. 了解其他品种水泥的特点及应用。

水泥是一种水硬性无机胶凝材料,是工程建设中最重要的建筑材料之一,常用来拌制砂浆和混凝土,广泛用于房屋建筑、道路、交通、水利、海港、矿山等工程。

水泥的品种繁多,按其矿物组成可分为硅酸盐系列水泥、铝酸盐系列水泥、硫铝酸盐系列水泥、铁铝酸盐系列水泥等,其中硅酸盐系列水泥的生产量最大,应用最为广泛。按水泥的用途和特性可分为通用水泥、专用水泥和特性水泥。其中通用水泥是指大量用于一般土木建筑工程的水泥,如通用硅酸盐水泥,包括硅酸盐水泥、普通硅酸盐水泥、矿渣硅酸盐水泥、火山灰质硅酸盐水泥、粉煤灰硅酸盐水泥和复合硅酸盐水泥;专用水泥是指有专门用途的水泥,如大坝水泥、油井水泥、砌筑水泥等;而特性水泥是指某种性能比较突出的水泥,如快硬硅酸盐水泥、抗硫酸盐水泥、膨胀水泥、装饰水泥等。

项目一 通用硅酸盐水泥

主要内容	知识目标	技能目标
硅酸盐水泥,掺混合材料的硅酸盐水泥,水泥石的腐蚀与防止,水泥的验收与储存	掌握通用硅酸盐水泥的技术要求、特点及工程应用,熟悉水泥的验收与储存,了解水泥的生产工艺及其他品种水泥的特性和应用	能够进行水泥细度检测,水泥标准稠度用水量、安定性及凝结时间检测,水泥胶砂强度检测

基础知识

一、硅酸盐水泥

凡由硅酸盐水泥熟料、不超过 5% 的石灰石或粒化高炉矿渣、适量石膏磨细制成的水硬性胶凝材料,称为硅酸盐水泥。其中不掺加混合材料的称Ⅰ型硅酸盐水泥,代号 P·Ⅰ;在硅酸盐水泥熟料粉磨时,掺加不超过水泥质量5%石灰石或粒化高炉矿渣混合材料的称Ⅱ型硅酸盐水泥,代号为P·Ⅱ。

1. 硅酸盐水泥的生产与矿物组成

1) 硅酸盐水泥的生产

硅酸盐水泥的生产是以适当比例的石灰质原料(如石灰岩)、黏土质原料(如黏土、黏土质岩),再配以少量校正材料(如铁矿粉、砂岩)共同磨细制成生料,将生料在水泥窑中经过1 400～1 450 ℃的高温煅烧至部分熔融,冷却后得到硅酸盐水泥熟料,最后加适量石膏和不超过水泥质量5%的石灰石或粒化高炉矿渣混合材料(生产P·Ⅱ型时掺加)共同磨细,即可得到硅酸盐水泥。水泥的生产过程可概括为"两磨一烧",其工艺流程如图4-1所示。

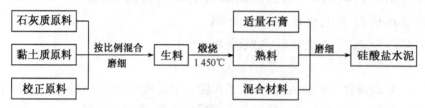

图4-1　硅酸盐水泥生产工艺

2) 水泥熟料的矿物组成

硅酸盐水泥熟料的主要矿物成分有4种,其名称及含量范围见表4-1。

除4种主要矿物成分外,硅酸盐水泥熟料中还含有少量游离氧化钙、游离氧化镁及碱类物质(K_2O 及 Na_2O)等有害成分。

表4-1　硅酸盐水泥熟料的主要矿物成分

矿物名称	分子式	缩写形式	含量(%)
硅酸三钙	$3CaO \cdot SiO_2$	C_3S	37～60
硅酸二钙	$2CaO \cdot SiO_2$	C_2S	15～37
铝酸三钙	$3CaO \cdot Al_2O_3$	C_3A	7～15
铁铝酸四钙	$4CaO \cdot Al_2O_3 \cdot Fe_2O_3$	C_4AF	10～18

2. 硅酸盐水泥的凝结硬化

1) 硅酸盐水泥的水化特性及水化产物

水泥与水发生的化学反应,简称为水泥的水化反应。硅酸盐水泥熟料矿物的水化反应如下:

$$2(3CaO \cdot SiO_2) + 6H_2O = 3CaO \cdot 2SiO_2 \cdot 3H_2O + 3Ca(OH)_2$$
$$2(2CaO \cdot SiO_2) + 4H_2O = 3CaO \cdot 2SiO_2 \cdot 3H_2O + Ca(OH)_2$$
$$3CaO \cdot Al_2O_3 + 6H_2O = 3CaO \cdot Al_2O_3 \cdot 6H_2O$$
$$4CaO \cdot Al_2O_3 \cdot Fe_2O_3 + 7H_2O = 3CaO \cdot Al_2O_3 \cdot 6H_2O + CaO \cdot Fe_2O_3 \cdot H_2O$$

从上述反应式可知,硅酸盐水泥熟料的水化产物分别是水化硅酸钙(凝胶体)、氢氧化钙(晶体)、水化铝酸钙(晶体)和水化铁酸钙(凝胶体)。在完全水化的水泥石中,水化硅酸钙约占70%,氢氧化钙约占20%。通常认为,水化硅酸钙凝胶体对水泥石的强度和其他性质起着决定性的作用。

四种熟料矿物水化反应时所表现的水化特性见表 4-2。

表 4-2 硅酸盐水泥熟料的水化特性

名称		C_3S	C_2S	C_3A	C_4AF
水化反应速度		快	慢	最快	快
水化热		大	小	最大	中
强度	早期	高	低	低	低
	后期		高		

硅酸盐水泥是几种熟料矿物的混合物,熟料的比例不同,水泥性质即发生相应的变化,可制成不同性能的水泥。如提高 C_3S 含量,可制成高强水泥;提高 C_3S 和 C_3A 含量,可制成快硬水泥;降低 C_3S 和 C_3A 含量、提高 C_2S 含量,可制得中、低热水泥;提高 C_4AF 含量、降低 C_3A 含量,可制成道路水泥。

由于铝酸三钙的水化反应极快,使水泥产生瞬时凝结,为了便于施工,在生产硅酸盐水泥时需掺加适量的石膏,达到调节凝结时间的目的。石膏和铝酸三钙的水化产物水化铝酸钙发生反应,生成水化硫铝酸钙针状晶体(钙矾石),反应式如下:

$$3CaO \cdot Al_2O_3 \cdot 6H_2O + 3CaSO_4 \cdot 2H_2O + 19H_2O = 3CaO \cdot Al_2O_3 \cdot 3CaSO_4 \cdot 31H_2O$$

水化硫铝酸钙难溶于水,生成时附着在水泥颗粒表面,能减缓水泥的水化反应速度。

2) 硅酸盐水泥的凝结硬化

水泥水化后,生成各种水化产物,随着时间推延,水泥浆的塑性逐渐失去,而成为具有一定强度的固体,这一过程称为水泥的凝结硬化。硅酸盐水泥的凝结硬化是一个非常复杂的物理、化学变化过程。对于水泥的凝结硬化机理,目前学术界尚不统一,一般把水泥的凝结硬化分为三个阶段。

(1)溶解期。水泥加水拌合后,水化反应首先从水泥颗粒表面开始,水化生成物迅速溶解于周围水体。新的水泥颗粒表面与水接触,继续水化反应,水化产物继续生成并不断溶解,如此继续,水泥颗粒周围的水体很快达到饱和状态,形成溶胶结构,如图 4-2(a)、(b)所示。

(2)凝结期。溶液饱和后,继续水化的产物逐渐增多并发展成为网状凝胶体(水化硅酸钙、水化铁酸钙胶体中分布有大量的氢氧化钙、水化铝酸钙及水化硫铝酸钙晶体)。随着凝胶体逐渐增多,水泥浆体产生絮凝并开始失去塑性,如图 4-2(c)所示。

(3)硬化期。凝胶体的形成与发展,使水泥的水化反应越来越困难。随着水化反应继续缓慢地进行,水化产物不断生成并填充在浆体的毛细孔中,随着毛细孔的减少,浆体逐渐硬化,如图 4-2(d)所示。

3) 水泥石结构

硬化后的水泥石是由凝胶体、结晶体、未水化的水泥颗粒、水(自由水和吸附水)和孔隙(毛细孔和凝胶孔)构成。水泥石是一个由固、液、气三相构成的非均质体。水泥石的性质主要取决于这些组成的性质、它们的相对含量以及它们之间的相互作用。

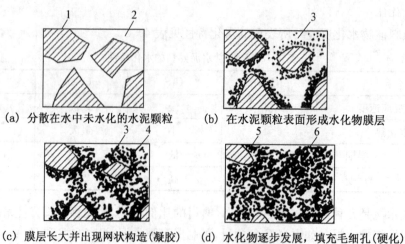

(a) 分散在水中未水化的水泥颗粒   (b) 在水泥颗粒表面形成水化物膜层

(c) 膜层长大并出现网状构造(凝胶)   (d) 水化物逐步发展,填充毛细孔(硬化)

1—水泥颗粒;2—水分;3—凝胶;4—晶体;5—水泥颗粒的未水化内核;6—毛细孔

图 4-2　水泥凝结硬化过程示意

4)影响硅酸盐水泥水化、凝结硬化的因素

(1)矿物组成。熟料各矿物的水化特性是不同的,它们相对含量的变化将导致不同的凝结硬化特性。比如:当水泥中 C_3A 含量高时,水化速度快,但强度不高;而 C_2S 含量高时,水化速率慢,早期强度低,后期强度高。

(2)细度。水泥颗粒越细,比表面积越大,与水反应的机会增多,水化反应加快,从而加速水泥的凝结、硬化,提高早期强度。

(3)拌合水量。水泥水化反应理论用水量约占水泥质量的 23%。加水太少,水化反应不能充分进行;加水太多,难以形成网状构造的凝胶体,延缓甚至不能使水泥浆凝结硬化。

(4)养护温度和湿度。保持合适的环境温度和湿度,使水泥水化反应不断进行的措施,称为养护。水泥的水化反应随温度升高,反应加快。负温条件下,水化反应停止,甚至水泥石结构有冻坏的可能。水泥水化反应必须在潮湿的环境中才能进行,潮湿的环境能保证水泥浆体中的水分不蒸发,水化反应得以维持。

(5)龄期。从水泥加水拌合之日起至实测性能之日止,所经历的养护时间称为龄期。硅酸盐水泥早期强度增长较快,后期逐渐减慢。水泥加水后,起初 3～7 d 强度发展快,28 d 后显著减慢。但是,只要维持适当的温度和湿度,水泥强度在几个月、几年,甚至几十年后还会持续增长。

3. 硅酸盐水泥的技术性质

国家标准《通用硅酸盐水泥》(GB 175—2007)对其物理、化学性能指标等均做了明确规定。

1)化学性质

水泥的化学性质指标主要控制水泥中有害的化学成分,要求其不超过一定的限量,否则可能对水泥的性质和质量带来危害。通用硅酸盐水泥化学指标应符合表 4-3 的规定。

表 4-3　通用硅酸盐水泥化学指标(GB 175—2007)　　　　%

品种	代号	不溶物	烧失量	三氧化硫	氧化镁	氯离子
硅酸盐水泥	P·Ⅰ	≤0.75	≤3.0	≤3.5	≤5.0a	≤0.06c
	P·Ⅱ	≤1.50	≤3.5			
普通硅酸盐水泥	P·O	—	≤5.0			
矿渣硅酸盐水泥	P·S·A	—	—	≤4.0	≤6.0b	
	P·S·B	—	—		—	
火山灰质硅酸盐水泥	P·P	—	—	≤3.5	≤6.0b	
粉煤灰硅酸盐水泥	P·F	—	—			
复合硅酸盐水泥	P·C	—	—			
备　注	a. 如果水泥压蒸试验合格,则水泥中氧化镁的含量允许放宽至6.0% b. 如果水泥中氧化镁的含量大于6.0%时,需进行水泥压蒸安定性试验并合格 c. 当有更低要求时,该指标由买卖双方协商确定					

由于水泥中的碱与某些碱活性骨料发生化学反应会引起混凝土膨胀破坏。因此,使用活性骨料或用户要求提供低碱水泥时,水泥中碱含量应不大于0.60%或由供需双方商定。水泥中碱含量按 $Na_2O+0.658K_2O$ 的计算值表示。

2) 物理性质

(1) 细度。一般认为,水泥粒径在 40 μm 以下的颗粒才具有较高的活性。细度与水泥的水化速度,凝结硬化速度,早期强度和空气硬化收缩量等成正比,与成本及储存期成反比。

国家标准规定:硅酸盐水泥的细度用比表面积表示,其比表面积应不小于 300 m^2/kg。

(2) 标准稠度用水量。由于加水量的多少对水泥的一些技术性质(如凝结时间等)的测定值影响很大,故测定这些性质时,必须在一个规定的稠度下进行,这个规定的稠度称为标准稠度。水泥净浆达到标准稠度时,所需的拌合水量占水泥质量的百分比,称为标准稠度用水量。水泥熟料矿物的成分和细度不相同时,其标准稠度用水量也不相同。

(3) 凝结时间。水泥的凝结时间分初凝时间和终凝时间。初凝时间是指从水泥加水拌合至标准稠度的水泥净浆开始失去塑性所用的时间;终凝时间是指从水泥加水拌合至标准稠度的水泥净浆完全失去塑性的时间。

水泥的凝结时间对工程施工具有重要意义。为使混凝土和砂浆在施工中有足够的时间进行搅拌、运输、浇注、砌筑,要求初凝时间不能过早。初凝后希望混凝土或砂浆尽快形成强度,以加速施工进度,因此要求终凝时间不应过长。国家标准规定:硅酸盐水泥初凝时间不小于 45 min,终结时间不大于 6.5 h。

(4) 体积安定性。水泥的体积安定性是指水泥在凝结硬化过程中体积变化的均匀性。如果在凝结硬化过程中,水泥石内部产生不均匀的体积变化,将会产生破坏应力,使水泥石产生裂缝、翘曲、疏松和崩溃等现象,甚至完全破坏。

引起安定性不良的主要原因是熟料中含有过多的游离氧化镁、游离氧化钙或掺入石膏过多。因上述物质均在水泥硬化后开始或继续进行水化反应,其反应产物体积膨胀而使水泥石开裂。

国家标准规定,硅酸盐水泥的体积安定性用沸煮法检验必须合格。用沸煮法只能检测出游离氧化钙含量过多导致的体积安定性不良;而由于游离氧化镁含量过多导致的体积安定性不良必须用压蒸法才能检验出来;石膏掺量过多导致的体积安定性不良,则需长时间在温水中浸泡才能发现。由于后两种原因引起的体积安定性不良都不易检验,所以,实际工程中通常仅用沸煮法检验水泥中游离氧化钙含量是否过多;对于游离氧化镁、三氧化硫的含量,要求水泥生产厂家严格控制,见表 4-3。

(5) 强度及强度等级。《水泥胶砂强度检验方法(ISO 法)》(GB/T 17671—1999)规定,以水泥∶标准砂∶水＝1∶3.0∶0.5 的配合比,用标准制作方法制成 40 mm×40 mm×160 mm 的标准试件,经标准养护,测定其达到规定龄期(3 d 和 28 d)的抗折和抗压强度。

根据硅酸盐水泥 3 d 和 28 d 抗折和抗压强度,将硅酸盐水泥划分为 42.5、42.5R、52.5、52.5R、62.5、62.5R 六个强度等级,其中代号 R 表示早强型水泥,各强度等级水泥各龄期的强度值应不低于表 4-4 的规定。

表 4-4　通用硅酸盐水泥各龄期的强度要求(GB 175—2007)

品　种	强度等级	抗压强度(MPa)		抗折强度(MPa)	
		3 d	28 d	3 d	28 d
硅酸盐水泥	42.5	17.0	42.5	3.5	6.5
	42.5R	22.0		4.0	
	52.5	23.0	52.5	4.0	7.0
	52.5R	27.0		5.0	
	62.5	28.0	62.5	5.0	8.0
	62.5R	32.0		5.5	
普通硅酸盐水泥	42.5	17.0	42.5	3.5	6.5
	42.5R	22.0		4.0	
	52.5	23.0	52.5	4.0	7.0
	52.5R	27.0		5.0	
矿渣硅酸盐水泥 火山灰质硅酸盐水泥 粉煤灰硅酸盐水泥 复合硅酸盐水泥	32.5	10.0	32.5	2.5	5.5
	32.5R	15.0		3.5	
	42.5	15.0	42.5	3.5	6.5
	42.5R	19.0		4.0	
	52.5	21.0	52.5	4.0	7.0
	52.5R	23.0		4.5	

(6) 水化热。水泥在水化反应时放出的热量称为水化热。水泥的水化热大部分在水化早期(3~7 d)放出,后期逐渐减少。不同品种的水泥,水化热的大小也不同。水化热对小尺寸混凝土构件的冬季和寒冷地区施工有利,但对大型房屋基础、构筑物和堤坝等大体积混凝土工程不利。这是由于水泥水化释放的热量积聚在大体积混凝土内部,散发非常缓慢,混凝

土表面与内部产生较大温差,引起局部拉应力过大,导致混凝土产生裂缝,因此大体积混凝土应使用低热水泥。

凡符合化学指标(表4-3)、凝结时间、安定性和强度(表4-4)要求的硅酸盐水泥,为合格品;凡不符合化学指标(表4-3)、凝结时间、安定性和强度(表4-4)中任何一项技术要求的硅酸盐水泥,为不合格品。不合格品,不得在重要工程或工程的重要部位使用。

4. 硅酸盐水泥的性能与应用

(1)强度高。硅酸盐水泥具有凝结硬化快、早期强度高以及强度等级高的特性,因此可用于地上、地下和水中重要结构的高强及高性能混凝土工程,也可用于有早强要求的混凝土工程。

(2)抗冻性好。硅酸盐水泥水化放热量高,早期强度也高,因此可用于冬季施工及严寒地区遭受反复冻融的工程。

(3)抗碳化性能好。硅酸盐水泥水化生成物中有$20\%\sim25\%$的$Ca(OH)_2$,因此水泥石中碱度不易降低,抗碳化性能好,对钢筋有保护作用。

(4)水化热高。因为硅酸盐水泥中熟料含量大,水化热高,所以不宜用于大体积混凝土工程。

(5)耐腐性差。由于硅酸盐水泥石中含有较多的易被腐蚀的氢氧化钙和水化铝酸钙,因此其耐腐蚀性差,不宜用于水利工程、海水作用和矿物水作用的工程。

(6)不耐高温。当水泥石受热温度到$250\sim300\ ℃$时,水泥石中的水化物开始脱水,水泥石收缩,强度开始下降;当温度达$700\sim800\ ℃$时,强度降低更多,甚至破坏。水泥石中的氢氧化钙在$547\ ℃$以上开始脱水分解成氧化钙,当氧化钙遇水,则因熟化而发生膨胀导致水泥石破坏。因此,硅酸盐水泥不宜用于有耐热要求的混凝土工程以及高温环境。

二、掺混合材料的硅酸盐水泥

掺混合材料的硅酸盐水泥是指由硅酸盐水泥熟料、适量石膏及混合材料共同磨细所制成的水硬性胶凝材料。在水泥熟料中加入混合材料后,可以改善水泥的性能,调节水泥的强度,增加品种,提高质量,降低成本,扩大水泥的使用范围,同时可以综合利用工业废料和地方材料。

根据混合材料的种类和数量,掺混合材料的硅酸盐水泥分为普通硅酸盐水泥、矿渣硅酸盐水泥、火山灰质硅酸盐水泥、粉煤灰硅酸盐水泥和复合硅酸盐水泥。

1. 混合材料

混合材料分为两大类:活性混合材料和非活性混合材料。

1)活性混合材料

磨细的混合材料与石灰、石膏或硅酸盐水泥在一起,加水拌合后在常温下能生成具有胶凝性的水化产物,且具有水硬性,这种混合材料称为活性混合材料。活性混合材料有粒化高炉矿渣、火山灰质混合材料和粉煤灰等。

(1)粒化高炉矿渣。粒化高炉矿渣是将炼铁高炉的熔融矿渣,经急速冷却而成的松软颗粒,粒径一般为$0.5\sim5$ mm。高炉矿渣的化学成分主要为氧化钙、氧化硅、氧化铝,约占90%以上,具有较高的化学潜能。

磨细的粒化高炉矿渣单独与水拌合时,反应极慢,但在氢氧化钙溶液中就能发生水化,在饱和的氢氧化钙溶液中反应更快。通常称以氢氧化钙液相来激发矿渣活性的物料为碱性激发剂。在含有氢氧化钙的碱性介质中,加入一定数量的硫酸钙,就能使矿渣的潜在活性较充分地发挥出来,产生的强度比单独加氢氧化钙高得多,这一类物质称为硫酸盐激发剂。碱性激发剂能与矿渣颗粒反应生成水化硅酸钙与水化铝酸钙,而硫酸盐激发剂能进一步与矿渣中活性氧化铝化合,生成水化硫铝酸钙。

（2）火山灰质混合材料。火山灰质混合材料是指具有火山灰性的天然或人工矿物质材料。火山灰质混合材料中含有较多的活性氧化硅及活性氧化铝,能与石灰在常温下反应,生成水化硅酸钙及水化铝酸钙。

火山灰质混合材料品种较多,按其成因可以分为天然和人工两类。天然的主要有火山灰、凝灰岩、浮石、沸石岩、硅藻土等,人工的主要有煤矸石、烧页岩、烧黏土、硅质渣、硅粉等。

（3）粉煤灰混合材料。火力发电厂以煤为燃料发电,煤粉燃烧后,从烟气中收集下来的灰渣被称为粉煤灰,又称飞灰。它的粒径一般为 $0.001 \sim 0.05$ mm。粉煤灰的化学成分中以 SiO_2、Al_2O_3 为主,约占 70% 以上。由于煤粉在高温下瞬间燃烧,急速冷却,所以粉煤灰中玻璃体矿物常占到相当比例,这是粉煤灰具有较高火山灰活性的重要原因之一。粉煤灰所含颗粒大多为玻璃态实心或空心的球形体,表面比较致密,因此可使拌合物之间的内摩擦力减小,从而减少拌合水量,降低水胶比,对水泥石强度有利。

2）非活性混合材料

非活性混合材料是指不具有活性或活性很低的人工或天然矿物材料。这类材料磨成细粉后,无论是碱性激发剂还是硫酸盐类激发剂都不能使其发生水化反应生成水硬性物质。将非活性混合材料掺入到水泥中,主要是为了提高产量、调节水泥强度等级、降低水化热等。常用的非活性混合材料有:磨细石英砂、石灰石粉、慢冷矿渣及高硅质炉灰等。

2. 普通硅酸盐水泥

1）定义

凡由硅酸盐水泥熟料、$>5\%$ 且 $\leqslant 20\%$ 的活性混合材料、适量石膏磨细制成的水硬性胶凝材料,称为普通硅酸盐水泥(简称普通水泥),代号 P·O。

活性混合材料的掺加量为 $>5\%$ 且 $\leqslant 20\%$,其中允许用不超过水泥质量 8% 的非活性混合材料或不超过水泥质量 5% 的窑灰代替。

2）技术要求

（1）普通硅酸盐水泥的化学指标见表 4-3。

（2）普通硅酸盐水泥的细度、体积安定性要求与硅酸盐水泥相同。

（3）凝结时间。普通硅酸盐水泥的初凝时间不得早于 45 min,终凝时间不得迟于 10 h。

（4）强度等级。普通硅酸盐水泥强度等级分为 42.5、42.5R、52.5、52.5R 四个强度等级,各强度等级水泥各龄期的强度值应不低于表 4-4 的规定。

3）普通水泥的主要性能及应用

普通水泥与硅酸盐水泥的区别在于其混合材料的掺量略有变化。由于混合材料的掺量变化幅度不大,在性质上差别也不大,但普通水泥在早强、强度等级、水化热、抗冻性、抗碳化能力上略有降低,耐热性、耐腐蚀性略有提高。普通水泥与硅酸盐水泥的应用范围大致相同,由于性能上有一点差异,普通水泥比硅酸盐水泥应用更广泛。

3. 矿渣硅酸盐水泥、火山灰质硅酸盐水泥、粉煤灰硅酸盐水泥

1) 定义

(1) 矿渣硅酸盐水泥。凡由硅酸盐水泥熟料和粒化高炉矿渣、适量石膏磨细制成的水硬性胶凝材料,称为矿渣硅酸盐水泥(简称矿渣水泥),代号 P·S。水泥中粒化高炉矿渣掺加量按质量百分比计为>20%且≤70%,并分为 A 型和 B 型。A 型矿渣掺量>20%且≤50%,代号 P·S·A;B 型矿渣掺量>50%且≤70%,代号 P·S·B。

(2) 火山灰质硅酸盐水泥。凡由硅酸盐水泥熟料和火山灰质混合材料、适量石膏磨细制成的水硬性胶凝材料,称为火山灰质硅酸盐水泥(简称火山灰水泥),代号 P·P。水泥中火山灰质混合材料掺量按质量百分比计为>20%且≤40%。

(3) 粉煤灰硅酸盐水泥。凡由硅酸盐水泥熟料和粉煤灰、适量石膏磨细制成的水硬性胶凝材料,称为粉煤灰硅酸盐水泥(简称粉煤灰水泥),代号 P·F。水泥中粉煤灰掺量按质量百分比计为>20%且≤40%。

2) 技术要求

三种掺混合材料水泥的技术要求如下:

(1) 化学指标。三种水泥的化学指标见表 4-3。

(2) 细度。三种水泥的细度以筛余百分数表示,要求 80 μm 方孔筛的筛余不大于 10% 或 45 μm 方孔筛的筛余不大于 30%。

(3) 凝结时间、安定性。三种水泥的凝结时间、安定性要求与普通水泥相同。

(4) 强度等级。三种水泥的强度等级分为 32.5、32.5R、42.5、42.5R、52.5、52.5R 六个强度等级,各强度等级水泥各龄期的强度值应不低于表 4-4 的规定。

3) 矿渣水泥、火山灰水泥、粉煤灰水泥的水化特点

以上三种水泥的水化特点是二次水化,即水化分为两步进行:首先是熟料矿物水化,此时所生成的水化产物与硅酸盐水泥相同;然后是混合材料的水化。混合材料中的活性 SiO_2 和 Al_2O_3 与熟料矿物水化析出的 $Ca(OH)_2$ 作用生成水化硅酸钙和水化铝酸钙,水化铝酸钙与石膏作用,生成水化硫铝酸钙。

4) 矿渣水泥、火山灰水泥、粉煤灰水泥的共性

(1) 凝结硬化慢,早期强度低,但后期强度较高。由于这三种水泥的熟料含量较少,早强的熟料矿物含量也相应减少,而二次水化反应在熟料水化之后才开始进行,因此这三种水泥均不适合有早期要求的混凝土工程。

(2) 抗腐蚀能力强。三种水泥水化后的水泥石中,易遭受腐蚀的成分相应减少,究其原因:一是二次水化反应消耗了易被腐蚀的 $Ca(OH)_2$,致使水泥石中的 $Ca(OH)_2$ 含量减少;二是熟料含量少,水化铝酸钙的含量也减少。因此,这三种水泥的抗腐蚀能力均比硅酸盐水泥和普通水泥强,适用于水工、海港等受软水和硫酸盐腐蚀的混凝土工程。

(3) 水化热低。这三种水泥中熟料少,放热量高的矿物成分 C_3S 和 C_3A 的含量也少,水化放热速度慢,放热量低,适用于大体积混凝土工程。

(4) 硬化时对湿热敏感性强。这三种水泥对养护温度很敏感,低温情况下凝结硬化速度显著减慢,所以不宜进行冬季施工。另外,在湿热条件下(如采用蒸汽养护)这三种水泥凝结硬化速度大大加快,可获得比硅酸盐水泥更为明显的强度增长效果,所以适宜蒸汽养护生产预制构件。

（5）抗碳化能力差。这三种水泥石的碳化速度较快，对防止混凝土中钢筋锈蚀不利；又因碳化造成水化产物的分解，使硬化的水泥石表面产生"起粉"现象。所以，不宜用于二氧化碳浓度较高的环境。

（6）抗冻性差。由于这三种水泥掺入了较多的混合材料，使水泥需水量增加，水分蒸发后造成毛细孔通道粗大和增多，对抗冻不利，不宜用于严寒地区，特别是严寒地区水位经常变动的部位。

5）矿渣水泥、火山灰水泥、粉煤灰水泥的特性

（1）矿渣水泥的耐热性好。由于硬化后，矿渣水泥石中的氢氧化钙含量减少，而矿渣本身又耐热，因此矿渣水泥适宜用于高温环境。由于矿渣水泥中的矿渣不容易磨细，其颗粒平均粒径大于硅酸盐水泥的粒径，磨细后又是多棱角形状，因此矿渣水泥保水性差、易泌水、抗渗性差。

（2）火山灰水泥具有较高的抗渗性和耐水性。火山灰颗粒较细，比表面积大，可使水泥石结构密实，又因在水化过程中产生较多的水化硅酸钙，可增加结构致密程度，因此适用于有抗渗要求的混凝土工程。火山灰水泥在干燥环境下易产生干缩裂缝，二氧化碳使水化硅酸钙分解成碳酸钙和氧化硅的粉状物，即发生"起粉"现象，所以火山灰水泥不宜用于干燥地区的混凝土工程。

（3）粉煤灰水泥具有抗裂性好的特性。粉煤灰颗粒呈球形玻璃态结构，吸水力弱，干缩小，裂缝也少，抗裂性好。因此，适用于抗裂要求的大体积混凝土工程。

4. 复合硅酸盐水泥

1）定义

凡由硅酸盐水泥熟料、两种或两种以上规定的混合材料、适量石膏磨细制成的水硬性胶凝材料，称为复合硅酸盐水泥（简称复合水泥），代号 P·C。

混合材料由两种或两种以上的活性或非活性混合材料组成，其总掺加量按质量百分比计应＞20％且≤50％，其中允许用不超过水泥质量8％的窑灰代替部分混合材料。掺矿渣时混合材料掺量不得与矿渣硅酸盐水泥重复。

2）技术要求

（1）化学指标。复合水泥的化学指标与火山灰水泥、粉煤灰水泥相同，见表4-3。

（2）细度、凝结时间、安定性、强度等级。复合水泥的细度、凝结时间、安定性、强度等级要求与火山灰水泥、粉煤灰水泥、矿渣水泥相同。

3）复合水泥的特点及应用

复合水泥是一种新型的通用水泥，是掺有两种或两种以上混合材料的水泥，其特性取决于所掺混合材料的种类、掺量及相对比例。主要的混合材料除矿渣、火山灰和粉煤灰外，还有粒化精炼铬铁渣、粒化增钙液态渣、新开辟的活性混合材料（如化铁炉渣等）、非活性混合材料（如石灰石、矿岩、窑灰）。

混合材料互掺可以弥补单一混合材料的不足，如矿渣与粉煤灰互掺，可减少矿渣的泌水现象，使水泥石更密实。复合水泥既有矿渣水泥、火山灰水泥和粉煤灰水泥水化热低的特性，又有普通水泥早期强度高的特性。但是，复合水泥的性能一般受所用耦合材料性能的影响，使用时应针对工程的性质加以选用。

凡符合化学指标（表4-3）、凝结时间、安定性和强度（表4-4）要求的掺混合材料的硅

酸盐水泥,为合格品;凡不符合化学指标(表4-3)、凝结时间、安定性和强度(表4-4)中任何一项技术要求的,为不合格品。不合格品,不得在重要工程或工程的重要部位使用。

硅酸盐水泥、普通水泥、矿渣水泥、火山灰水泥、粉煤灰水泥和复合水泥是土木工程中广泛使用的水泥品种,主要用来配制混凝土,这些水泥可根据表4-5来选用。

表4-5　通用硅酸盐水泥的选用

混凝土工程特点及所处环境条件			优先选用	可以选用	不宜选用
普通混凝土	1	在一般环境中的混凝土	普通水泥	矿渣水泥、火山灰水泥粉煤灰水泥、复合水泥	
	2	在干燥环境中的混凝土	普通水泥	矿渣水泥	火山灰水泥、粉煤灰水泥
	3	在高湿环境中或长期处于水中的混凝土	矿渣水泥、火山灰水泥、粉煤灰水泥、复合水泥	普通水泥	
	4	厚大体积的混凝土	矿渣水泥、火山灰水泥、粉煤灰水泥、复合水泥		硅酸盐水泥、普通水泥
有特殊要求的混凝土	1	要求快硬、高强(>C40)的混凝土	硅酸盐水泥	普通水泥	矿渣水泥、火山灰水泥、粉煤灰水泥、复合水泥
	2	严寒地区的露天混凝土,寒冷地区处于水位升降范围内的混凝土	普通水泥	矿渣水泥(强度等级>32.5)	火山灰水泥、粉煤灰水泥
	3	严寒地区处于水位升降范围内的混凝土	普通水泥(强度等级>42.5)		矿渣水泥、火山灰水泥、粉煤灰水泥、复合水泥
	4	有抗渗要求的混凝土	普通水泥、火山灰水泥		矿渣水泥
	5	有耐磨性要求的混凝土	硅酸盐水泥、普通水泥	矿渣水泥(强度等级>32.5)	火山灰水泥、粉煤灰水泥
	6	受侵蚀介质作用的混凝土	矿渣水泥、火山灰水泥、粉煤灰水泥、复合水泥		硅酸盐水泥

三、水泥石的腐蚀与防止

水泥硬化后,在通常的使用条件下,可以有较好的耐久性,但在某些腐蚀性介质的长期作用下,水泥石将会发生一系列物理、化学变化,使水泥石的结构遭到破坏,强度逐渐降低,甚至全部溃裂破坏,这种现象称为水泥石的腐蚀。几种主要的侵蚀作用如下:

1) 软水腐蚀

软水是指重碳酸盐含量较少的水,如蒸馏水、冷凝水、雨水、雪水等。水泥石长期处于软水中,氢氧化钙易被水溶解,使水泥石中的石灰浓度逐渐降低,当浓度低于其他水化产物赖以稳定存在的极限浓度时,其他水化产物,如水化硅酸钙、水化铝酸钙等,也将被溶解。在流动及有压水的作用下,溶解物不断被水流带走,水泥石结构遭到破坏。

当水中含较多的钙离子(如重碳酸盐)时,则它会与水泥石中的 $Ca(OH)_2$ 发生反应,生成几乎不溶于水的碳酸钙:

$$Ca(OH)_2 + Ca(HCO_3)_2 = 2CaCO_3 + 2H_2O$$

生成的碳酸钙沉积在水泥石孔隙中,提高水泥石的密实度,并阻止外界水分的侵入和内部氢氧化钙的析出。

2) 酸类腐蚀

(1) 碳酸腐蚀。在雨水、泉水及某些工业废水中常溶解有较多的 CO_2,当含量超过一定浓度时,将会对水泥石产生破坏作用,其反应式如下:

$$Ca(OH)_2 + CO_2 + H_2O = CaCO_3 + 2H_2O$$
$$CaCO_3 + CO_2 + H_2O = Ca(HCO_3)_2$$

上述第二个反应式是可逆反应,若水中含有较多的碳酸,超过平衡浓度时,上式向右进行,水泥石中的 $Ca(OH)_2$ 经过上述的两个反应式转变为 $Ca(HCO_3)_2$ 而溶解,进而导致其他水泥水化产物溶解,使水泥石结构破坏;若水中含有较少的碳酸,低于平衡浓度时,反应进行到第一个反应为止,对水泥石并不起破坏作用。

(2) 一般酸性腐蚀。在工业污水和地下水中常含有无机酸和有机酸,各种酸对水泥石都有不同程度的腐蚀作用,他们与水泥石中的 $Ca(OH)_2$ 作用后生成的化合物或溶于水或体积膨胀而导致破坏。

例如,盐酸与水泥石中的 $Ca(OH)_2$ 作用生成极易溶于水的氯化钙,导致溶出性化学侵蚀,方程式如下:

$$2HCl + Ca(OH)_2 = CaCl_2 + 2H_2O$$

硫酸与水泥石中的 $Ca(OH)_2$ 作用,反应式如下:

$$H_2SO_4 + Ca(OH)_2 = CaSO_4 \cdot 2H_2O$$

生成的二水硫酸钙直接在水泥石孔隙中结晶膨胀,或者再与水泥石中的水化铝酸钙作用,生成高硫型水化硫铝酸钙。生成的高硫型水化硫铝酸钙含有大量的结晶水,体积膨胀1.5倍以上,由于是在已经硬化的水泥石中发生这种反应,因而对已硬化的水泥石起极大的破坏作用。

3) 盐类腐蚀

(1) 硫酸盐腐蚀。在海水、盐沼水、地下水及某些工业废水中常含有硫酸钠、硫酸钙、硫酸镁等硫酸盐,硫酸盐与水泥石中的氢氧化钙发生反应,均能生成石膏。石膏与水泥石中的水化铝酸钙反应,生成水化硫铝酸钙。石膏和水化硫铝酸钙在水泥石孔隙中产生结晶膨胀,使水泥石结构破坏。

(2) 镁盐腐蚀。在海水及某些地下水中常含有大量的镁盐,水泥石长期处于这种环境中,发生如下反应:

$$MgSO_4 + Ca(OH)_2 + 2H_2O = CaSO_4 \cdot 2H_2O + Mg(OH)_2$$
$$MgCl_2 + Ca(OH)_2 = CaCl_2 + Mg(OH)_2$$

生成的氯化钙易溶解于水,氢氧化镁松软无胶结力,尤其是二水石膏($CaSO_4 \cdot 2H_2O$),会继续产生硫酸盐的腐蚀。因此,硫酸镁对水泥石的破坏极大,起着双重腐蚀作用。

4）强碱的腐蚀

一般情况下,水泥石能抵抗碱类的侵蚀,但若长期处于较高浓度的含碱溶液中则将发生缓慢腐蚀,主要包括化学腐蚀和物理析晶引起的腐蚀两种。化学腐蚀是指强碱溶液与水泥石中水泥水化产物发生化学反应,生成的产物胶结力差,且易为碱液溶析。结晶侵蚀是指碱液渗入水泥石孔隙,然后又在空气中干燥呈结晶析出,由结晶产生压力所引起的膨胀裂缝。

5）腐蚀的防止

（1）根据环境介质的侵蚀特性,合理选择水泥品种。如掺混合材料的硅酸盐水泥具有较强的抗溶出性侵蚀能力,抗硫酸盐硅酸盐水泥抵抗硫酸盐侵蚀的能力较强。

（2）提高水泥石的密实度。可通过降低水胶比、合理选择骨料、掺外加剂、改善施工方法等措施,提高水泥石的密实度,从而提高水泥石的抗腐蚀性能。

（3）表面设置保护层。当水泥石与较强的腐蚀性介质接触使用时,根据不同的腐蚀性介质,在混凝土或砂浆表面覆盖塑料、沥青、环氧树脂、耐酸陶瓷和耐酸石料等耐腐蚀性强且不透水的保护层,使水泥石与腐蚀性介质相隔离,起保护作用。

四、水泥的验收与储存

1. 包装、标志与验收

水泥可以散装或袋装,袋装水泥每袋净含量为 50 kg,且应不少于标志质量的 99％；随机抽取 20 袋总质量（含包装袋）应不少于 1 000 kg。其他包装形式由供需双方协商确定,但有关袋装质量要求应符合上述规定。水泥包装袋应符合 GB 9774 的规定。

水泥包装袋上应清楚标明:执行标准、水泥品种、代号、强度等级、生产者名称、生产许可证标志(QS)及编号、出厂编号、包装日期、净含量。包装袋两侧应根据水泥的品种采用不同的颜色印刷水泥名称和强度等级,硅酸盐水泥和普通硅酸盐水泥采用红色,矿渣硅酸盐水泥采用绿色；火山灰质硅酸盐水泥、粉煤灰硅酸盐水泥和复合硅酸盐水泥采用黑色或蓝色。散装发运时应提交与袋装标志相同内容的卡片。

交货时水泥的质量验收可抽取实物试样以其检验结果为依据,也可以生产者同编号水泥的检验报告为依据。采取何种方法验收由买卖双方商定,并在合同或协议中注明。卖方有告知买方验收方法的责任。当无书面合同或协议,或未在合同、协议中注明验收方法的,卖方应在发货票上注明"以本厂同编号水泥的检验报告为验收依据"字样。

以抽取实物试样的检验结果为验收依据时,买卖双方应在发货前或交货地共同取样和签封。取样方法按 GB 12573 进行,取样数量为 20 kg,缩分为两等份。一份由卖方保存 40 d,一份由买方按本标准规定的项目和方法进行检验。

在 40 d 以内,买方检验认为产品质量不符合本标准要求、而卖方又有异议时,则双方应将卖方保存的另一份试样送省级或省级以上国家认可的水泥质量监督检验机构进行仲裁检验。水泥安定性仲裁检验时,应在取样之日起 10 d 以内完成。

以生产者同编号水泥的检验报告为验收依据时,在发货前或交货时买方在同编号水泥中取样,双方共同签封后由卖方保存 90 d,或认可卖方自行取样、签封并保存 90 d 的同编号水泥的封存样。

在 90 d 内,买方对水泥质量有疑问时,则买卖双方应将共同认可的试样送省级或省级以上国家认可的水泥质量监督检验机构进行仲裁检验。

2. 储存与保管

水泥在运输和保管期间,不得受潮和混入杂质,不同品种、不同强度等级的水泥应分别储运,不得混杂。水泥储存过久,强度会有所降低,因此国家标准规定:水泥出厂超过三个月(快硬硅酸盐水泥超过一个月)时,应进行复验,并按复验结果使用。

水泥一般应入库存放。水泥仓库应保持干燥,库房地面应高出室外地面 30 cm,离开窗户和墙壁 30 cm 以上。袋装水泥堆垛不宜过高,以免下部水泥受压结块,一般为 10 袋,如存放时间短,库房紧张,也不宜超过 15 袋;袋装水泥露天临时储存时,应选择地势高、排水条件好的场地,并认真做好上盖下垫,以防水泥受潮。若使用散装水泥,可用水泥储存罐存放。

职业技能活动

实训一 水泥试样的取样

1. 检测依据

《通用硅酸盐水泥》(GB 175—2007)、《水泥取样方法》(GB/T 12573—2008)、《水泥细度检验方法 筛析法》(GB/T 1345—2005)、《水泥标准稠度用水量、凝结时间、安定性检验方法》(GB/T 1346—2011)、《水泥胶砂强度检验方法(ISO 法)》(GB/T 17671—1999)等。

2. 水泥试验的一般规定

(1) 取样方法:水泥按同品种、同强度等级进行编号和取样。袋装水泥和散装水泥应分别进行编号和取样,每一编号为一取样单位。编号根据水泥厂年生产能力按国家标准进行。取样应有代表性,可连续取,亦可从 20 个以上不同部位取等量样品,总量不得少于 12 kg。

(2) 取得的水泥试样应通过 0.9 mm 方孔筛,充分混合均匀,分成两等份,一份进行水泥各项性能试验,一份密封保存 3 个月,供做仲裁检验时使用。

(3) 试验室用水必须是洁净的淡水。

(4) 筛析法测定水泥细度时对试验室的温、湿度没有要求;水泥比表面积测定时要求试验室的相对湿度不大于 50%;其他试验要求试验室的温度应保持在(20±2) ℃,相对湿度不低于 50%;湿气养护箱温度为(20±1) ℃,相对湿度不小于 90%;养护水的温度为(20±1) ℃。

(5) 水泥试样、标准砂、拌合水、仪器和用具的温度均应与试验室温度相同。

实训二 水泥细度检测

1. 检测依据

《水泥细度检验方法 筛析法》(GB/T 1345—2005)。

2. 检测目的

检验水泥颗粒粗细程度,评判水泥质量。

3. 仪器设备(负压筛法)

(1) 负压筛析仪:由筛座、负压筛、负压源及收尘器组成。筛座由转速(30±2) r/min 的喷气嘴、负压表、微电机及壳体组成,如图 4-3 所示。

(2) 天平:称量 100 g,感量 0.01 g。

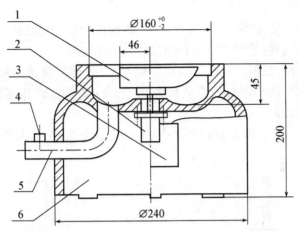

1—喷气嘴；2—微电机；3—控制板开口；4—负压表接口；5—负压源及收尘器接口；6—壳体

图4-3 负压筛析仪筛座示意图

4. 检测步骤(负压筛法)

(1) 试验前把负压筛放在筛座上，盖上筛盖，接通电源，检查控制系统，调节负压至4 000～6 000 Pa范围内。

(2) 称取水泥试样精确至0.01 g，80 μm筛析试验称取25 g；45 μm筛析试验称取10 g。将试样置于洁净的负压筛中，放在筛座上，盖上筛盖。

(3) 启动负压筛析仪，连续筛析2 min，在此期间若有试样黏附于筛盖上，可轻轻敲击筛盖使试样落下。

(4) 筛毕，取下筛子，倒出筛余物，用天平称量筛余物的质量，精确至0.01 g。

5. 结果计算与评定

水泥试样筛余百分数按式(4-1)计算(精确至0.1%)：

$$F=\frac{R_t}{W}\times100\%。 \tag{4-1}$$

式中：F为水泥试样筛余百分数(%)；R_t为水泥筛余物的质量(g)；W为水泥试样的质量(g)。

合格评定时，每个样品应称取两个试样分别筛析，取筛余平均值为筛析结果。如两次筛余结果绝对误差大于0.5%时(筛余值大于5.0%时可放至1.0%)应再做一次试验，取两次相近结果的算术平均值作为最终结果。

实训三 水泥标准稠度用水量、凝结时间及安定性检测

一、水泥标准稠度用水量测定(标准法)

1. 检测依据

《水泥标准稠度用水量、凝结时间、安定性检验方法》(GB/T 1346—2011)。

2. 检测目的

测定水泥净浆达到标准稠度时的用水量，为水泥凝结时间和安定性试验做好准备。

3. 仪器设备

（1）水泥净浆搅拌机：由搅拌锅、搅拌叶片、传动机构和控制系统组成。搅拌叶片做旋转方向相反的公转和自转，控制系统可自动控制或手动控制。

（2）标准法维卡仪：如图4-4所示，由金属滑竿［下部可旋接测标准稠度用试杆或试锥、测凝结时间用试针，滑动部分的总质量为（300±1）g］、底座、松紧螺丝、标尺和指针组成。标准法采用金属圆模。

（3）其他仪器：天平，最大称量不小于1 000 g，分度值不大于1 g；量筒，精度为±0.5 mL。

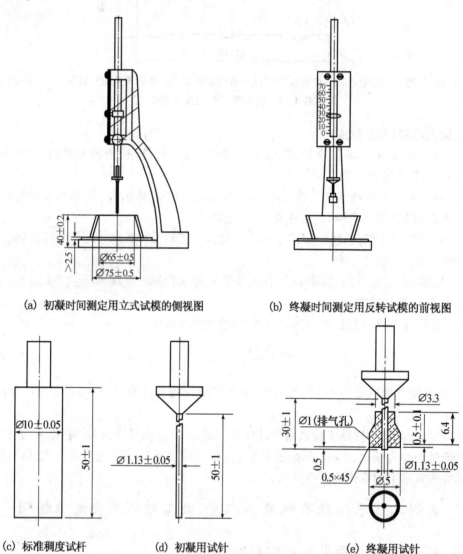

(a) 初凝时间测定用立式试模的侧视图　　(b) 终凝时间测定用反转试模的前视图

(c) 标准稠度试杆　　(d) 初凝用试针　　(e) 终凝用试针

图4-4　测定水泥标准稠度和凝结时间用维卡仪及配件示意图

4. 检测步骤

（1）调整维卡仪并检查水泥净浆搅拌机。维卡仪上的金属棒能自由滑动，并调整至试杆接触玻璃板时的指针对准零点。搅拌机运行正常，并用湿布将搅拌锅和搅拌叶片擦湿。

（2）称取水泥试样 500 g，拌合水量按经验确定并用量筒量好。

（3）将拌合水倒入搅拌锅内，然后在 5～10 s 内将水泥试样加入水中。将搅拌锅放在锅座上，升至搅拌位，启动搅拌机，先低速搅拌 120 s，停 15 s，再快速搅拌 120 s，然后停机。

（4）拌合结束后，立即取适量水泥浆一次性将其装入置于玻璃底板上的试模中，浆体超过试模上端，用宽约 25 mm 的直边刀轻轻拍打超出试模部分的浆体 5 次以排除浆体中的孔隙，然后在试模上表面约 1/3 处，略倾斜于试模分别向外轻轻锯掉多余净浆，再从试模边沿轻抹顶部一次，使净浆表面光滑。在锯掉多余净浆和抹平的操作过程中，注意不要压实净浆。

抹平后迅速将试模和底板移到维卡仪上，将其中心定在试杆下，降低试杆直至与水泥净浆表面接触，拧紧螺丝 1～2 s 后，突然放松，使试杆垂直自由地沉入水泥净浆中。

（5）在试杆停止沉入或释放试杆 30 s 时记录试杆距底板之间的距离，升起试杆后，立即擦净。整个操作应在搅拌后 1.5 min 内完成。

5. 结果计算与评定

以试杆沉入净浆并距底板（6±1）mm 的水泥净浆为标准稠度水泥净浆。标准稠度用水量（P）以拌合标准稠度水泥净浆的水量除以水泥试样总质量的百分数为结果。

二、水泥凝结时间测定

1. 检测目的

测定水泥的初凝时间和终凝时间，评定水泥质量。

2. 仪器设备

（1）湿气养护箱：温度控制在（20±1）℃，相对湿度＞90％；

（2）其他设备同标准稠度用水量测定试验。

3. 检测步骤

（1）称取水泥试样 500 g，按标准稠度用水量制备标准稠度水泥净浆，装模（装模方法同标准稠度用水量）和刮平后，立即放入湿气养护箱中。记录水泥全部加入水中的时间作为凝结时间的起始时间。

（2）初凝时间的测定。首先调整凝结时间测定仪，使其试针接触玻璃板时的指针对准零点。

试模在湿气养护箱中养护至加水后 30 min 时进行第一次测定。测定时，从养护箱中取出圆模放到试针下，降低试针与水泥净浆表面接触，拧紧螺丝 1～2 s 后，突然放松，试针垂直自由地沉入水泥净浆。观察试针停止下沉或释放试针 30 s 时指针的读数。临近初凝时，每隔 5 min 测定一次，当试针沉至距底板（4±1）mm 时为水泥达到初凝状态。

（3）终凝时间的测定。为了准确观察试针沉入的状况，在试针上安装一个环形附件。在完成水泥初凝时间测定后，立即将试模连同浆体以平移的方式从玻璃板取下，翻转 180°，直径大端向上、小端向下放在玻璃板上，再放入湿气养护箱中继续养护，临近终凝时间时，每隔 15 min 测定一次。当试针沉入试体 0.5 mm 时，即环形附件开始不能在试体上留下痕迹时，为水泥达到终凝状态。

（4）测定注意事项。测定时应注意，在最初测定的操作时应轻轻扶持金属柱，使其徐徐下落，以防试针撞弯，但结果以自由下落为准；在整个测试过程中试针沉入的位置至少要距试模内壁 10 mm。临近初凝时,每隔 5 min(或更短时间)测定一次,临近终凝时每隔 15 min (或更短时间)测定一次,到达初凝时应立即重复一次。当两次结论相同时才能确定到达初凝状态,到达终凝时,需要在试体另外两个不同点测试,确认结论相同才能确定到达终凝状态。每次测定不能让试针落入原针孔,每次测定后,须将试针擦净并将试模放回湿气养护箱内,整个测试过程要防止试模受振。

4. 结果计算与评定

(1) 由水泥全部加入水中至初凝状态的时间为水泥的初凝时间,用"min"表示。

(2) 由水泥全部加入水中至终凝状态的时间为水泥的终凝时间,用"min"表示。

三、水泥体积安定性的测定

1. 检测目的

检验水泥是否由于游离氧化钙含量过多造成了体积安定性不良,以评定水泥质量。

2. 仪器设备

(1) 沸煮箱:箱内装入的水应保证在(30 ± 5) min 内由室温加热至沸腾状态,并保持(180 ± 5) min,整个试验过程中不需补充水量。

(2) 雷氏夹:如图 4-5 所示,由铜质材料制成。当一根指针的根部先悬挂在一根尼龙丝上,另一根指针的根部再挂上 300 g 的砝码时,两根指针针尖的距离增加应在(17.5 ± 2.5) mm 范围内,即 $2x=(17.5\pm2.5)$ mm,去掉砝码后针尖的距离能恢复至挂砝码前的状态,如图 4-6 所示。

(3) 雷氏夹膨胀测定仪:如图 4-7 所示,标尺最小刻度为 0.5 mm。

(4) 其他设备同标准稠度用水量试验。

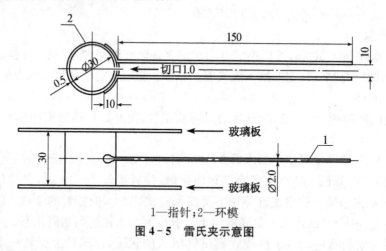

1—指针;2—环模

图 4-5 雷氏夹示意图

3. 检测步骤

(1) 测定前准备工作。每个试样需成形两个试件,每个雷氏夹需配备两个边长或直径约 80 mm、厚度 4~5 mm 的玻璃板,凡与水泥净浆接触的玻璃板和雷式夹内表面都要稍稍涂上一层油。

(2) 将预先准备好的雷式夹放在已稍擦油的玻璃板上,并立即将已制好的标准稠度水泥净浆一次装满雷氏夹,装浆时一只手轻轻扶持雷式夹,另一只手用宽约 25 mm 的直边刀

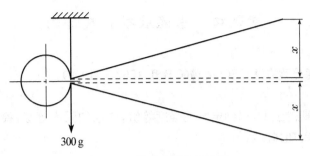

图 4-6 雷氏夹受力示意图

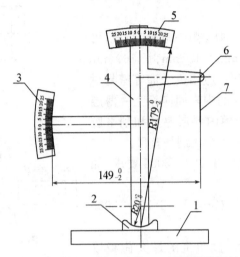

1—底座；2—模子座；3—测弹性标尺；4—立柱；5—测膨胀值标尺；6—悬臂；7—悬丝

图 4-7 雷氏夹膨胀测定仪

在浆体表面轻轻插捣 3 次，然后抹平，盖上稍涂油的玻璃板，接着立即将试件移至湿气养护箱内养护(24±2) h。

(3) 调整好沸煮箱内的水位，使能保证在整个沸煮过程中都超过试件，不需中途添补试验用水，同时又能保证在(30±5) min 内升至沸腾。

(4) 脱去玻璃板取下试件，先测量雷氏夹指针尖端间的距离(A)，精确至 0.5 mm，接着将试件放入沸煮箱水中的试件架上，指针朝上，然后在(30±5) min 之内加热至沸腾并恒沸(180±5) min。

(5) 沸煮结束后，立即放掉沸煮箱中的热水，打开箱盖，待箱体冷却至室温，取出试件。用雷氏夹膨胀测定仪测量雷氏夹两指针尖端间的距离(C)，精确至 0.5 mm。

4. 结果计算与评定

当两个试件煮后增加距离(C−A)的平均值不大于 5.0 mm 时，即认为水泥安定性合格。当两个试件煮后增加距离(C−A)的平均值大于 5.0 mm 时，应用同一样品立即重做一次试验。以复检结果为准。

实训四　水泥胶砂强度检测

1. 检测依据

《水泥胶砂强度检验方法(ISO法)》(GB/T 17671—1999)。

2. 检测目的

测定水泥各龄期的强度,以确定水泥强度等级,或已知强度等级,检验强度是否满足国家标准所规定的各龄期强度数值。

3. 仪器设备

(1) 行星式搅拌机:应符合 JC/T 681—2005 要求,如图 4-8 所示。

(2) 试模:由三个水平的模槽(三联模)组成,可同时成形三条截面为 40 mm×40 mm、长 160 mm 的菱形试体。在组装试模时,应用黄干油等密封材料涂覆模型的外接缝,试模的内表面应涂上一薄层模型油或机油。为控制试模内料层厚度和刮平胶砂,应备有两个播料器和一个金属刮平直尺。

(3) 振实台:应符合 JC/T 682—2005 要求,如图 4-9 所示。

(4) 抗折强度试验机:应符合 JC/T 724—2005 要求,如图 4-10 所示。

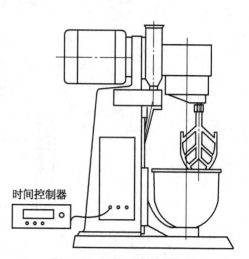

图 4-8　胶砂搅拌机示意图

(5) 抗压强度试验机:试验机的最大荷载以 200~300 kN 为佳,在较大的 4/5 量程范围内记录的荷载应有±1%精度,并具有按(2 400±200) N/s 速率加荷的能力。

(6) 抗压夹具。应符合 JC/T 683—2005 要求,受压面积为 40 mm×40 mm。

(7) 其他。称量用的天平精度应为±1 g,滴管精度应为±1 mL。

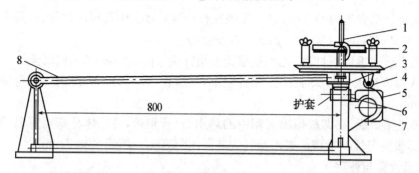

1—卡具;2—模套;3—凸头;4—随动轮;5—凸轮;6—止动器;7—同步电机;8—臂杆

图 4-9　振实台示意图

4. 检测步骤

1) 制作水泥胶砂试件

(1) 水泥胶砂试件是由水泥、中国 ISO 标准砂、拌合用水按 1∶3∶0.5 的比例拌制而

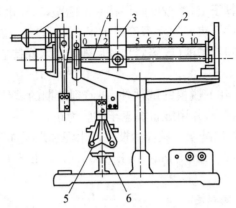

1—平衡砣；2—大杠杆；3—游动砝码；4—丝杆；5—抗折夹具；6—手轮

图4-10　抗折强度试验机示意图

成。一锅胶砂可成形三条试体，每锅材料用量见表4-6。按规定称量好各种材料。

表4-6　每锅胶砂的材料用量

材料	水泥	中国 ISO 标准砂	水
用量(g)	450±2	1 350±5	225±1

(2) 将水加入胶砂搅拌锅内，再加入水泥，把锅放在固定架上，升至固定位置，然后启动机器，低速搅拌30 s，在第二个30 s开始时，同时均匀地加入标准砂，高速搅拌30 s。停90 s，在第一个15 s内用一胶皮刮具将叶片上和锅壁上的胶砂刮入锅中间。在高速下继续搅拌60 s。各阶段的搅拌时间误差应在±1 s内。

(3) 将试模内壁均匀涂刷一层机油，并将空试模和模套固定在振实台上。

(4) 胶砂制备后应立即成形，用勺子将搅拌锅内的水泥胶砂分两层装模。装第一层时，每个槽约放300 g胶砂，并用大播料器垂直架在模套顶部沿每个模槽来回一次将料层播平，接着振动60次，再装第二层胶砂，用小播料器播平，再振动60次。

(5) 移走模套，取下试模，用金属直尺以近似90°的角度架在试模模顶的一端，然后沿试模长度方向以横向锯割动作慢慢向另一端移动，一次将超过试模部分的胶砂刮去，并用同一直尺以近乎水平的情况下将试件表面抹平。

2) 水泥胶砂试件的养护

(1) 脱模前的处理和养护。去掉试模四周的胶砂，立即放入雾室或湿箱的水平架上养护，湿空气应能与试模各边接触。养护时不应将试模放在其他试模上。一直养护到规定的脱模时间时取出脱模。脱模前，用防水墨汁或颜料笔对试件编号。两个以上龄期的试件，在编号时应将同一试模中的三条试件分在两个以上龄期内。

(2) 脱模。脱模可用塑料锤或橡皮榔头或专门的脱模器，应非常小心。对于24 h龄期的，应在破形试验前20 min内脱模。对于24 h以上龄期的，应在成形后20～24 h之间脱模。

(3) 水中养护。将脱模后已做好标记的试件立即水平或竖直放在(20±1)℃水中养护，水平放置时刮平面应朝上。

试件放在不易腐烂的箅子上,并彼此间保持一定间距,以让水与试件的六个面接触。养护期间试件之间间隔或试件上表面的水深不得小于 5 mm。每个养护池只养护同类型的水泥试件。最初用自来水装满养护池(或容器),随后随时加水保持适当的恒定水位,不允许在养护期间全部换水。

除 24 h 龄期或延迟至 48 h 脱模的试件外,任何到龄期的试件应在破形前 15 min 从水中取出。揩去试件表面沉积物,并用湿布覆盖至试验为止。

(4) 水泥胶砂试件的养护龄期。试件龄期是从水泥加水搅拌开始起算。不同龄期的强度试验在下列时间里进行:24 h±15 min,48 h±30 min,72 h ±45 min,7 d±2 h,>28 d±8 h。

3) 水泥胶砂试件的强度测定

(1) 抗折强度试验。将试件安放在抗折夹具内,试件的侧面与试验机的支撑圆柱接触,试件长轴垂直于支撑圆柱。启动试验机,以(50±10) N/s 的速度均匀地加荷直至试件断裂。

(2) 抗压强度试验。抗折强度试验后的六个断块试件保持潮湿状态,并立即进行抗压试验。将断块试件放入抗压夹具内,并以试件的侧面作为受压面。启动试验机,以(2 400±200) N/s 的速度进行加荷,直至试件破坏。

5. 结果计算与评定

1) 抗折强度

(1) 每个试件的抗折强度 f_{tm} 按式(4-2)计算,精确至 0.1 MPa。

$$f_{tm}=\frac{3FL}{2b^3}=0.002\,34F \qquad (4-2)$$

式中:F 为折断时施加于棱柱体中部的荷载(N);L 为支撑圆柱体之间的距离(mm),$L=100$ mm;b 为棱柱体截面正方形的边长(mm),$b=40$ mm。

(2) 以一组三个试件抗折结果的平均值作为试验结果。当三个强度值中有超出平均值±10%时,应剔除后再取平均值作为抗折强度试验结果。计算精确至 0.1 MPa。

2) 抗压强度

(1) 每个试件的抗压强度 f_c 按式(4-3)计算,精确至 0.1 MPa。

$$f_c=\frac{F}{A}=0.000\,625F \qquad (4-3)$$

式中:F 为试件破坏时的最大抗压荷载(N);A 为受压部分面积(mm²)(40 mm×40 mm=1 600 mm²)。

(2) 以一组三个棱柱体上得到的六个抗压强度测定值的算术平均值作为试验结果。如六个测定值中有一个超出六个平均值的±10%,就应剔除这个结果,而以剩下五个的平均值作为结果。如果五个测定值中再有超过它们平均值±10%的,则此组结果作废。计算精确至 0.1 MPa。

项目二　装饰水泥

主要内容	知识目标	技能目标
白色硅酸盐水泥,彩色硅酸盐水泥,装饰水泥的应用	掌握白色硅酸盐水泥和彩色硅酸盐水泥的技术性质、特点及工程应用	能够根据装饰工程需要,合理选择和使用装饰水泥

白色水泥和彩色水泥属于特种水泥,其水硬性物质也是以硅酸盐为主。白色水泥和彩色水泥由于生产原料和工艺的特殊性,所以价格比一般水泥要高得多,通常不在结构工程中使用,而用于装饰工程。

一、白色硅酸盐水泥

由氧化铁含量少的白色硅酸盐水泥熟料、适量石膏及 $0\sim10\%$ 的石灰石或窑灰,磨细制成的水硬性胶凝材料,称为白色硅酸盐水泥,简称白水泥,代号为 P·W。

1. 生产原理

白水泥与普通水泥的生产方法基本相同,主要区别在于着色的氧化铁含量少,因而色白。普通水泥熟料呈灰色,其主要原因是由于氧化铁含量相对较高($3\%\sim4\%$);而白水泥熟料中氧化铁含量较少($0.35\%\sim0.40\%$)。因此,白水泥的生产特点主要是降低氧化铁的含量。此外,锰、铬、钛等氧化物也会导致水泥白度的降低,也应严格控制其含量。

2. 技术性质

《白色硅酸盐水泥》(GB/T 2015—2005)规定,白水泥中三氧化硫含量应不超过 3.5%;白水泥的细度为 80 μm 方孔筛的筛余应不大于 10%;初凝时间应不早于 45 min,终凝时间应不得迟于 10 h;沸煮法检验安定性必须合格;水泥白度值应不低于 87;白水泥分为 32.5、42.5 和 52.5 三个强度等级,各强度等级水泥各龄期强度应不低于表 4-7 中的规定。同时规定,凡三氧化硫、初凝时间、安定性中任一项不符合本标准规定或强度低于最低等级的指标时为废品;凡细度、终凝时间、强度和白度任一项不符合本标准规定时为不合格品;水泥包装标志中水泥品种、生产者名称和出厂编号不全的也属于不合格品。

表 4-7　白色硅酸盐水泥强度要求(GB/T 2015—2005)

强度等级	抗压强度(MPa)		抗折强度(MPa)	
	3 d	28 d	3 d	28 d
32.5	12.0	32.5	3.0	6.0
42.5	17.0	42.5	3.5	6.5
52.5	22.0	52.5	4.0	7.0

二、彩色硅酸盐水泥

彩色水泥按其化学成分可分为彩色硅酸盐水泥、彩色硫铝酸盐水泥和彩色铝酸盐水泥三种。其中彩色硫铝酸盐水泥和彩色铝酸盐水泥属于早强型水泥;彩色硅酸盐水泥产量最大,应用最广,故仅介绍彩色硅酸盐水泥。

彩色硅酸盐水泥简称彩色水泥,按生产方式可分为以下两大类:

1. 间接法生产

间接法是指白色硅酸盐水泥或普通水泥在粉磨时(或现场使用时)将彩色颜料掺入,混匀成为彩色水泥。制造红、褐、黑色较深的彩色水泥,一般用硅酸盐水泥熟料;浅色的彩色水泥用白色硅酸盐水泥熟料。常用的颜料有氧化铁(红、黄、褐红)、氧化锰(黑、褐色)、氧化铬(绿色)、赭石(赭色)、群青(蓝色)和炭黑(黑色)等。颜料必须着色性强,不溶于水,分散性好,耐碱性强,对光和大气稳定性好,掺入后不能显著降低水泥的强度。此法较简单,水泥色彩较均匀,色泽较多,但颜料用量较大。

2. 直接法生产

直接法是指在白水泥生料中加入着色物质,煅烧成彩色水泥熟料,然后再加适量石膏磨细制成彩色水泥。着色物质为金属氧化物或氢氧化物。如加入 Cr_2O_3 或 $Cr(OH)_3$ 可制得绿色水泥;加 CaO,在还原气氛中可制得浅蓝色水泥,而在氧化气氛中则制得玫瑰红色水泥。颜色深浅随着色剂掺量($0.1\%\sim2.0\%$)而变化。此法着色剂用量少,有时可用工业副产品,成本较低,但存在一些缺点:目前生产的色泽有限,窑内气氛变化会造成熟料颜色不均匀;由彩色熟料磨制成的彩色水泥,在使用过程中,会因彩色熟料矿物的水化易出现"白霜"使颜色变淡。

《彩色硅酸盐水泥》(JC/T 870—2000)规定,彩色硅酸盐水泥中三氧化硫含量应不超过 4.0%;细度为 $80\ \mu m$ 方孔筛的筛余应不大于 6.0%;初凝时间应不早于 $1\ h$,终凝时间应不得迟于 $10\ h$;沸煮法检验安定性必须合格;分为 27.5、32.5 和 42.5 三个强度等级,各强度等级水泥各龄期强度应不低于表 $4-8$ 中的规定。另外,色差和颜色耐久性应符合规范规定。

《彩色硅酸盐水泥》(JC/T 870—2000)规定,凡三氧化硫、初凝时间、安定性中任一项不符合本标准规定时为废品;凡细度、终凝时间、色差、颜色耐久性任一项不符合本标准规定或强度低于商品强度等级规定的指标时,均为不合格品。水泥包装标志中水泥品种、强度等级、颜色、工厂名称和出厂编号不全的也属于不合格品。

表 4-8　彩色硅酸盐水泥强度要求(JC/T 870—2000)

强度等级	抗压强度(MPa)		抗折强度(MPa)	
	3 d	28 d	3 d	28 d
27.5	7.5	27.5	2.0	5.0
32.5	10.0	32.5	2.5	5.5
42.5	15.0	42.5	3.5	6.5

三、装饰水泥的应用

白色水泥和彩色水泥主要用于建筑物内外表面的装饰,它既可配制彩色水泥浆,用于建筑物的粉刷,又可配制彩色砂浆,制作具有一定装饰效果的水刷石、水磨石、水泥地面砖、人造大理石等。

（1）配制彩色水泥浆。彩色水泥浆是以各种彩色水泥为基料，掺入适量氧化钙促凝剂和皮胶液胶结料配制成的刷浆材料。可作为彩色水泥涂料，用于建筑物内外墙、天棚和柱子的粉刷，还广泛应用于贴面装饰工程的擦缝和勾缝工序，具有很好的辅助装饰效果。

（2）配制彩色水泥砂浆。彩色水泥砂浆是以各种彩色水泥与细骨料配制而成的装饰材料，主要用于建筑物内、外墙装饰。

彩色砂浆可呈现各种色彩、线条和花样，具有特殊的表面装饰效果。骨料多用白色、彩色或浅色的天然砂、石屑（大理石、花岗岩等）、陶瓷碎粒或特制的塑料色粒，有时为使表面获得闪光效果，可加入少量的云母片、玻璃片或长石等。在沿海地区，也有在饰面砂浆中加入少量的小贝壳，使表面产生银色闪光。

（3）配制彩色混凝土。彩色混凝土是以白色、彩色水泥为胶凝材料，加入适当品种的骨料制得白色、彩色混凝土，根据不同的施工工艺可达到不同的装饰效果。也可制成各种制品，如彩色砌块、彩色水泥砖等。

（4）制作各种彩色水磨石、人造大理石等。

项目三 其他品种水泥

主要内容	知识目标	技能目标
铝酸盐水泥,快硬硫铝酸盐水泥,道路硅酸盐水泥及砌筑水泥	掌握铝酸盐水泥、快硬硫铝酸盐水泥、道路硅酸盐水泥、砌筑水泥的技术性质、特点及工程应用	能够根据工程特点和所处环境条件,结合水泥特性,合理地选择和使用其他品种水泥

随着现代工程的日益发展,通用水泥的性能已不能完全满足各类工程的要求,因此,一些具有特殊性能(如快硬性、膨胀性等)的水泥被采用。本部分主要介绍铝酸盐水泥、快硬硫铝酸盐水泥、道路硅酸盐水泥、砌筑水泥。

一、铝酸盐水泥

铝酸盐水泥是以石灰石和矾土为主要原料,配制成适当成分的生料,烧至全部或部分熔融所得以铝酸钙为主要矿物的熟料,经磨细制成的水硬性胶凝材料,代号 CA。由于熟料中氧化铝含量大于 50%,因此又称高铝水泥,是一种快硬、高强、耐腐蚀、耐热的水泥。

1. 铝酸盐水泥的组成

(1) 化学组成。铝酸盐水泥熟料的主要化学成分为氧化钙、氧化铝、氧化硅,还有少量的氧化铁及氧化镁、氧化钛等。铝酸盐水泥按 Al_2O_3 含量分为四类,见表 4 - 9。

(2) 铝酸盐水泥的矿物组成。铝酸盐水泥的矿物组成主要有铝酸一钙、二铝酸一钙、硅铝酸二钙、七铝酸十二钙,还有少量的硅酸二钙,其各自与水作用时的特点见表 4 - 10。质量优良的铝酸盐水泥,其矿物组成一般是以铝酸一钙和二铝酸一钙为主。

表 4 - 9 铝酸盐水泥的分类(GB 201—2000) %

类型	Al_2O_3	SiO_2	Fe_2O_3	$R_2O(Na_2O+0.658K_2O)$	S	Cl
CA - 50	≥50,<60	≤8.0	≤2.5			
CA - 60	≥60,<68	≤5.0	≤2.0	≤0.4	≤0.1	≤0.1
CA - 70	≥68,<77	≤1.0	≤0.7			
CA - 80	≥77	≤0.5	≤0.5			

表 4 - 10 铝酸盐水泥矿物水化反应特点

矿物名称	化学成分	简式	特性
铝酸一钙	$CaO \cdot Al_2O_3$	CA	硬化快,早期强度高,后期增长率不高
二铝酸一钙	$CaO \cdot 2Al_2O_3$	CA_2	硬化慢,早期强度低,后期强度高
硅铝酸二钙	$2CaO \cdot Al_2O_3 \cdot SiO_2$	C_2AS	活性很差,惰性矿物
七铝酸十二钙	$12CaO \cdot 7Al_2O_3$	$C_{12}A_7$	凝结迅速,强度不高

2. 铝酸盐水泥的技术要求

(1) 细度。比表面积不小于 $300 \text{ m}^2/\text{kg}$ 或 $45 \mu\text{m}$ 筛筛余量不大于 20%，由供需双方商定，在无约定的情况下发生争议时，以比表面积为准。

(2) 凝结时间。要求见表 4-11。

表 4-11　铝酸盐水泥凝结时间（GB 201—2000）

水泥类型	凝结时间	
	初凝时间(min)，不小于	终凝时间(h)，不大于
CA-50、CA-70、CA-80	30	6
CA-60	60	18

(3) 强度等级。各类型铝酸盐水泥的不同龄期强度值不得低于表 4-12 中的规定。

表 4-12　铝酸盐水泥的强度要求（GB 201—2000）

类型	抗压强度(MPa)				抗折强度(MPa)			
	6 h	1 d	3 d	28 d	6 h	1 d	3 d	28 d
CA-50	20	40	50	—	3.0	5.5	6.5	—
CA-60	—	20	45	85	—	2.5	5.0	10.0
CA-70	—	30	40	—	—	5.0	6.0	—
CA-80	—	25	30	—	—	4.0	5.0	—

3. 铝酸盐水泥的性质及应用

(1) 快硬早强、高温下后期强度下降。由于铝酸盐水泥硬化快、早期强度高，适用于紧急抢修工程及早强要求的特殊工程。但是铝酸盐水泥硬化后产生的密实度较大的 CAH_{10} 和 C_2AH_8 在较高温度下（大于 $25 ℃$）晶形会转变，形成水化铝酸三钙 C_3AH_6，碱度很高，孔隙很多，在湿热条件下更为剧烈，使强度降低，甚至引起结构破坏。因此，铝酸盐水泥不宜在高温、高湿环境及长期承载的结构工程中使用。

(2) 水化热高，放热快。铝酸盐水泥 1 d 可放出水化热总量的 $70\%\sim80\%$，而硅酸盐水泥放出同样热量则需要 7 d，如此集中的水化放热作用使铝酸盐水泥适合低温季节，特别是寒冷地区的冬季施工混凝土工程，但不适于大体积混凝土工程。

(3) 耐热性强。从铝酸盐水泥的水化特性上看，铝酸盐水泥不宜在温度高于 $30 ℃$ 的环境下施工和长期使用，但高于 $900 ℃$ 的环境下可用于配制耐热混凝土。这是由于温度在 $700 ℃$ 时，铝酸盐水泥与骨料之间便发生固相反应，烧结结合代替了水化结合，即瓷性胶结代替了水硬胶结，这种烧结结合作用随温度的升高而更加明显，因此，铝酸盐水泥可作为耐热混凝土的胶结材料，配制 $1\,200\sim1\,400 ℃$ 的耐热混凝土和砂浆，用于窑炉衬砖等。

(4) 耐腐蚀性强。铝酸盐水泥水化时不放出 $Ca(OH)_2$，而水泥石结构又很致密，因此适宜用于耐酸和抗硫酸盐腐蚀要求的工程。

值得注意的是，在施工过程中，铝酸盐水泥不得与硅酸盐水泥、石灰等能析出 $Ca(OH)_2$ 的胶凝材料混合使用，否则会引起瞬凝现象，使施工无法进行，强度大大降低，铝酸盐水泥也不得与未硬化的硅酸盐水泥混凝土接触使用。

二、快硬硫铝酸盐水泥

快硬硫铝酸盐水泥是硫铝酸盐水泥的一种,是以适当成分的生料,经煅烧得到以无水硫铝酸钙和硅酸二钙为主要矿物成分的硫铝酸盐水泥熟料,加入适量石膏和少量的石灰石,磨细制成的具有早期强度高的水硬性胶凝材料。

快硬硫铝酸盐水泥的技术要求:细度为比表面积不小于 350 m²/kg;初凝时间不大于 25 min,终凝时间不小于 180 min;以 3 d 抗压强度分为 42.5、52.5、62.5、72.5 四个强度等级,各龄期强度不得低于表 4-13 中的规定。

表 4-13 快硬硫铝酸盐水泥强度要求(GB 20472—2006)

强度等级	抗压强度(MPa)			抗折强度(MPa)		
	1 d	3 d	28 d	1 d	3 d	28 d
42.5	30.0	42.5	45.0	6.0	6.5	7.0
52.5	40.0	52.5	55.0	6.5	7.0	7.5
62.5	50.0	62.5	65.0	7.0	7.5	8.0
72.5	55.0	72.5	75.0	7.5	8.0	8.5

快硬硫铝酸盐水泥具有早期强度高、抗硫酸盐腐蚀的能力强、抗渗性好、水化热大、耐热性差的特点,因此适用于冬季施工、抢修、修补及有硫酸盐腐蚀的工程。

三、道路硅酸盐水泥

国家标准《道路硅酸盐水泥》(GB 13693—2005)规定,由道路硅酸盐水泥熟料、适量石膏、可加入规范规定的混合材料、磨细制成的水硬性胶凝材料,称为道路硅酸盐水泥(简称道路水泥),代号 P·R。

1. 道路硅酸盐水泥熟料的要求

道路硅酸盐水泥熟料要求铝酸三钙($3CaO \cdot Al_2O_3$)的含量应不超过 5.0%;铁铝酸四钙($4CaO \cdot Al_2O_3 \cdot Fe_2O_3$)的含量应不低于 16.0%;游离氧化钙(CaO)的含量,旋窑生产应不大于 1.0%;立窑生产应不大于 1.8%。

2. 技术要求

水泥的比表面积一般控制在 300~450 m²/kg;初凝时间不得早于 1.5 h,终凝时间不得迟于 10 h;体积安定性用沸煮法检验必须合格;28 d 干缩率不得大于 0.10%;28 天磨耗量不得大于 3.00 kg/m²;强度分为 32.5,42.5 和 52.5 三个强度等级,各龄期强度不得低于表 4-14 规定的数值。

表 4-14 道路水泥各龄期强度值(GB 13693—2005)

强度等级	抗压强度(MPa)		抗折强度(MPa)	
	3 d	28 d	3 d	28 d
32.5	16.0	32.5	3.5	6.5
42.5	21.0	42.5	4.0	7.0
52.5	26.0	52.5	5.0	7.5

3. 性质与应用

道路水泥是一种早期强度高(尤其是抗折强度高)、耐磨性好、干缩性小、抗冲击性好、抗冻性和抗硫酸性比较好的专用水泥,它适用于道路路面、机场道面、城市广场等工程。

四、砌筑水泥

凡由一种或一种以上的水泥混合材料,加入适量硅酸盐水泥熟料和石膏,经磨细制成的和易性较好的水硬性胶凝材料,称为砌筑水泥,代号 M。

水泥中混合材料掺加量按质量百分比计应大于 50%,允许掺入适量的石灰石或窑灰。

1. 技术要求

按照《砌筑水泥》(GB/T 3183—2003)规定,砌筑水泥的细度为 80 μm 方孔筛的筛余不大于 10%;初凝时间不早于 60 min,终凝时间不得迟于 12 h;体积安定性用沸煮法检验必须合格;保水率应不低于 80%;砌筑水泥分为 12.5、22.5 两个强度等级,各强度等级水泥各龄期强度不低于表 4 - 15 中的规定。

表 4 - 15　砌筑水泥强度要求(GB/T 3183—2003)

强度等级	抗压强度(MPa)		抗折强度(MPa)	
	7 d	28 d	7 d	28 d
12.5	7.0	12.5	1.5	3.0
22.5	10.0	22.5	2.0	4.0

2. 性质与应用

砌筑水泥是低强度水泥,硬化慢,但和易性好,特别适合配制砂浆,也可用于基础垫层混凝土或蒸养混凝土砌块等,不能应用于结构混凝土。

复习思考题

一、填空题

1. 常用的活性混合材料的种类有_____、_____、_____。

2. 水泥石的腐蚀主要有_____、_____、_____和_____的侵蚀。

3. 水泥的凝结时间包括_____时间和_____时间。

4. 硅酸盐水泥熟料的主要矿物组成为_____、_____、_____和铁铝酸四钙。

5. 硅酸盐水泥的初凝时间为_____,终凝时间为_____。

6. 复合硅酸盐水泥的初凝时间为_____,终凝时间为_____。

7. 装饰水泥主要有_____和_____两种。

8. 在硅酸盐水泥中掺入适量的石膏,其目的是对水泥起_____作用。

9. 矿渣水泥与硅酸盐水泥相比,其早期强度_____,水化热_____,抗蚀性_____,抗冻性_____。

二、单项选择题

1. 水泥颗粒越细,凝结硬化速度越( ),早期强度越( )。

    A. 快、低   B. 慢、高   C. 快、高   D. 慢、低

2. ( )属于水硬性胶凝材料。

    A. 石灰   B. 水泥   C. 石膏   D. 沥青

3. 硅酸盐水泥的主要强度组成是( )。

    A. 硅酸三钙、硅酸二钙   B. 硅酸三钙、铝酸三钙

    C. 硅酸二钙、铝酸三钙   D. 铝酸三钙、铁铝酸四钙

4. 判定水泥净浆标准稠度的依据是试杆下沉至距底板( )。

    A. (4 ± 1) mm   B. (5 ± 1) mm   C. (6 ± 1) mm   D. (7 ± 1) mm

5. 规范规定,普通硅酸盐水泥的终凝时间不得大于( )。

    A. 6.0 h   B. 6.5 h   C. 10 h   D. 12 h

6. 石膏对硅酸盐水泥石的腐蚀是一种( )腐蚀。

    A. 溶解型   B. 溶出型   C. 膨胀型   D. 松散无胶结型

7. 提高水泥熟料中( )的含量,可制得高强度等级的硅酸盐水泥。

    A. C_2S B. C_3S C. C_3A D. C_4AF

8. 道路硅酸盐水泥的特点是( )。

    A. 抗压强度高   B. 抗折强度高   C. 抗压强度低   D. 抗折强度低

9. 水泥胶砂强度试验时测得28 d抗压破坏荷载分别为61、63、57、58、61和51 kN。则该水泥28 d的胶砂强度为( )。

    A. 36.6 MPa   B. 36.5 MPa   C. 37.0 MPa   D. 37.5 MPa

三、名词解释

① 水泥的凝结时间;② 水泥的细度;③ 水泥体积安定性;④ 硅酸盐水泥;⑤ 水泥石的腐蚀。

四、简答题

1. 硅酸盐水泥熟料的主要矿物组成有哪些？它们加水后各表现出什么性质？

2. 硅酸盐水泥的水化产物有哪些？它们的性质各是什么？

3. 生产硅酸盐水泥时，为什么必须掺入适量石膏？石膏掺量太少或太多时，将产生什么情况？

4. 有甲、乙两厂生产的硅酸盐水泥熟料，其矿物组成如下：

生产厂	熟料矿物组成（%）			
	硅酸三钙	硅酸二钙	铝酸三钙	铁铝酸四钙
甲厂	52	21	10	17
乙厂	45	30	7	18

若用上述两厂熟料分别制成硅酸盐水泥，试分析比较它们的强度增长情况和水化热等性质有何差异。简述理由。

5. 为什么要规定水泥的凝结时间？什么是初凝时间和终凝时间？

6. 什么是水泥的体积安定性？产生安定性不良的原因是什么？

7. 为什么生产硅酸盐水泥时掺入适量石膏对水泥无腐蚀作用，而水泥石处在硫酸盐的环境介质中则易受腐蚀？

8. 什么是活性混合材料和非活性混合材料？它们掺入硅酸盐水泥中各起什么作用？活性混合材料产生水硬性的条件是什么？

9. 某工地仓库存有白色粉末状材料，可能为磨细生石灰，也可能是建筑石膏或白色水泥。问：可用什么简易办法来辨别？

10. 在下列混凝土工程中，试分别选用合适的水泥品种，并说明选用的理由。

(1) 低温季节施工的，中等强度的现浇楼板、梁、柱。

(2) 采用蒸汽养护的混凝土预制构件。

(3) 紧急抢修工程。

(4) 厚大体积的混凝土工程。

(5) 有硫酸盐腐蚀的地下工程。

(6) 热工窑炉基础工程。

(7) 大跨度预应力混凝土工程。

单元五　混凝土

学习目标

1. 理解混凝土对各组成材料的要求,混凝土的主要技术性质及其影响因素。
2. 能熟练进行混凝土原材料、混凝土拌合物及硬化混凝土技术指标的检测。
3. 能熟练进行普通混凝土配合比设计及混凝土强度评定。
4. 掌握装饰混凝土的种类、材料组成及成形工艺。

项目一　混凝土概述

主要内容	知识目标	技能目标
混凝土的分类及混凝土的优缺点	掌握混凝土的概念,了解混凝土的分类及混凝土的优缺点	能够理解混凝土的优缺点,以便在建筑工程和装饰工程中合理使用混凝土

由胶凝材料、细骨料、粗骨料、水以及必要时掺入的化学外加剂、掺合料,按适当比例配合,经均匀拌合,密实成型及养护硬化而成的具有一定强度和耐久性的人造石材,称为混凝土。由于组成混凝土的胶凝材料、细骨料和粗骨料的品种很多,因此混凝土的种类繁多。

一、混凝土的分类

1. 按胶凝材料分类

混凝土按所用胶凝材料分为水泥混凝土、石膏混凝土、水玻璃混凝土、硅酸盐混凝土、沥青混凝土、聚合物水泥混凝土、聚合物浸渍混凝土等。

2. 按表观密度分类

(1) 重混凝土。重混凝土是指表观密度大于 $2\,800\ kg/m^3$ 的混凝土,一般采用密度很大的重质骨料,如重晶石、铁矿石、钢屑等配制而成,具有防射线功能。

(2) 普通混凝土。普通混凝土是指表观密度为 $2\,000\sim2\,800\ kg/m^3$、以水泥为胶凝材料、以天然砂石为骨料配制而成的混凝土。普通混凝土是建筑工程中应用最广、用量最大的混凝土,主要用作建筑工程的承重结构材料。

(3) 轻混凝土。轻混凝土是指表观密度不大于 $1\,950\ kg/m^3$ 的混凝土。轻混凝土按组成材料可分为轻骨料混凝土、多孔混凝土、大孔混凝土三类;按用途可分为结构用、保温用和结构兼保温用混凝土。

3. 按用途分类

混凝土按其用途可分为结构混凝土、防水混凝土、耐热混凝土、道路混凝土、耐酸混凝土、装饰混凝土、大体积混凝土、膨胀混凝土、防辐射混凝土等。

4. 按生产工艺和施工方法分类

混凝土按其生产工艺可分为预拌混凝土（商品混凝土）和现场拌制混凝土；按其施工方法可分为泵送混凝土、喷射混凝土、碾压混凝土、离心混凝土、挤压混凝土、真空吸水混凝土等。

5. 按强度分类

混凝土按其强度高低可分为普通混凝土、高强混凝土和超高强混凝土。普通混凝土的强度等级一般在 C60 级以下；高强混凝土的强度等级大于或等于 C60 级；超高强混凝土的抗压强度在 100 MPa 以上。

二、混凝土的优缺点

1. 优点

（1）原料资源丰富，造价低廉。普通混凝土组成材料中，按体积计算约 70% 以上为天然砂、石子，因此可就地取材，降低了成本。

（2）良好的可塑性。可以根据需要浇注成任意形状的构件，即混凝土具有良好的可加工性。

（3）配制灵活，适应性强。按照工程要求和使用环境的不同，不需要采取更多的工艺措施，只需改变混凝土各组成材料的品种和比例，就能配制出不同品种和技术性能的混凝土。

（4）抗压强度高。混凝土硬化后的强度一般为 20～40 MPa，可高达 80～100 MPa，是一种较好的结构材料。

（5）能和钢筋协同工作。混凝土与钢筋有着牢固的握裹力，且两者线膨胀系数大致相同，复合而成钢筋混凝土能互补优劣，混凝土强度得到增强。而混凝土对钢筋还有良好的保护作用，大大拓宽了混凝土的应用范围。

（6）耐久性好。性能良好的混凝土具有很高的抗冻性、抗渗性及耐腐蚀性等，通常能使用几十年，甚至数百年。混凝土一般不需维护和保养，即使需要也很简单，故日常维修费很低。

（7）耐火性好。普通混凝土的耐火性远比木材、塑料和钢材好，可耐数小时的高温作用而仍保持其力学性能，有利于及时扑救火灾。

（8）装饰性好。如果混凝土施工时采取适当的工艺方法和措施，在其表面形成一定的造型、线形、质感或色泽，就可使混凝土展现出独特的装饰效果。

2. 缺点

（1）自重大。混凝土的表观密度大约为 2 400 kg/m³，造成在建筑工程中形成肥梁、胖柱、厚基础的现象，对高层、大跨度建筑不利，不利于提高有效承载能力，也给施工安装带来一定困难。

（2）抗拉强度低。混凝土是一种脆性材料，抗拉强度约为抗压强度的 1/10～1/20，因此受拉易产生脆性破坏。

（3）硬化较缓慢，生产周期长。混凝土浇筑成形受气候（温度、湿度）影响，同时需要较长时间养护才能达到一定的强度。

（4）导热系数大，保温隔热性能差。普通混凝土的导热系数约为 1.4 W/(m·K)，是砖的两倍，保温隔热性能差。

此外，混凝土的质量受原材料质量、施工工艺、施工人员、施工条件和气温的变化等方面的影响因素较多，难以得到精确控制。但随着混凝土技术的不断发展，混凝土的不足正在不断被克服。

项目二　普通混凝土的组成材料

主要内容	知识目标	技能目标
普通混凝土的组成材料,混凝土用砂石骨料的性能检测	掌握普通混凝土对组成材料的要求,理解粗、细骨料的技术性能指标含义	能够进行混凝土粗、细骨料的取样与主要性能指标的检测

基础知识

普通混凝土是以水泥、砂、石子、水以及必要时掺入的化学外加剂、掺合料为原料,经搅拌、成形、养护、硬化而成的一种人造石材。其中,砂、石称为骨料,主要起骨架作用,砂子填充石子的空隙,砂、石构成的坚硬骨架可抑制由于水泥浆硬化和水泥石干缩而产生的收缩。水泥与水形成水泥浆,水泥浆包裹在骨料表面并填充其空隙。在混凝土硬化前,水泥浆主要起润滑作用,赋予混凝土拌合物一定的流动性,以便于施工;水泥浆硬化后主要起胶结作用,将砂、石骨料胶结成为一个坚实的整体,并使混凝土具有一定的强度。

一、水泥

水泥是混凝土中重要的组成材料,且价格相对较贵。配制混凝土时,水泥的选择直接关系到混凝土的耐久性和经济性,其主要包括品种和强度等级的选择。

1. 品种的选择

配制普通混凝土的水泥品种,应根据混凝土的工程特点及所处的环境条件,结合水泥的性能,且考虑当地生产的水泥品种情况等,进行合理地选择,这样不仅可以保证工程质量,而且可以降低成本。水泥品种的选择参考表 4－5。

2. 强度等级的选择

水泥强度等级应根据混凝土设计强度等级进行选择。原则上,水泥的强度等级应与混凝土的强度等级相适应,即配制高强度等级的混凝土选用高强度等级水泥,配制低强度等级的混凝土选用低强度等级水泥。对于一般的混凝土,水泥强度等级宜为混凝土强度等级的 1.5～2.0 倍。配制高强度混凝土时,水泥强度等级为混凝土强度等级的 1 倍左右。

当用低强度等级水泥配制较高强度等级混凝土时,水泥用量过大、水胶比过小而使拌合物流动性差,造成施工困难,不易成形密实,不但不经济,而且显著增加混凝土的水化热和干缩。

当用高强度等级的水泥配制较低强度等级混凝土时,水泥用量偏小,水胶比偏大,混凝土拌合物的和易性与耐久性较差。为了保证混凝土的和易性、耐久性,可以掺入一定数量的外掺料,如粉煤灰,但掺量必须经过试验确定。

二、细骨料

砂是混凝土中的细骨料,是指粒径在 4.75 mm 以下的颗粒。按产源分为天然砂和机制砂两大类。

天然砂是指自然生成的,经人工开采和筛分的粒径小于 4.75 mm 的岩石颗粒,包括河砂、湖砂、山砂、淡化海砂,但不包括软质、风化的岩石颗粒。山砂和海砂含杂质较多,拌制的混凝土质量较差。河砂颗粒坚硬、含杂质较少,拌制的混凝土质量较好,在工程中应用普遍。

机制砂是指经除土处理,经机械破碎、筛分制成的,粒径小于 4.75 mm 的岩石、矿山尾矿或工业废渣颗粒,但不包括软质、风化的颗粒,俗称人工砂。

砂按照技术要求,将其分为Ⅰ类、Ⅱ类、Ⅲ类。

建设用砂的一般要求:用矿山尾矿、工业废渣生产的机制砂有害物质除应符合表 5-8 的规定外,还应符合我国环保和安全相关标准和规范,不应对人体、生物、环境及混凝土、砂浆性能产生有害影响;砂的放射性应符合 GB 6566 的规定。

建设用砂的技术要求有下列几个方面:

1. 颗粒级配和粗细程度

砂的颗粒级配是指各粒级的砂按比例搭配的情况。粗细程度是指各粒级的砂搭配在一起后的平均粗细程度。

颗粒级配较好的砂,颗粒之间搭配适当,大颗粒之间的空隙由小一级颗粒填充,这样颗粒之间逐级填充,能使砂的空隙率达到最小,从而达到节约水泥的目的;或者在水泥用量一定的情况下可提高混凝土拌合物的和易性。砂颗粒总的来说越粗,则其总表面积较小,包裹砂颗粒表面的水泥浆数量可减少,也可达到节约水泥的目的。因此,在选择砂时,既要考虑砂的级配,又要考虑砂的粗细程度。

砂的颗粒级配和粗细程度采用筛分法测定。筛分试验采用的标准砂筛,由七个标准筛及底盘组成,筛孔尺寸分别为 9.50、4.75、2.36、1.18、0.60、0.30 和 0.15 mm。称取烘干至恒量的砂 500 g,将砂倒入按筛孔尺寸从大到小排列的标准砂筛中,按规定方法进行筛分后,称量各号筛的筛余量,并分别计算出各号筛的分计筛余百分率和累计筛余百分率,具体计算方法见表 5-1。

表 5-1 分计筛余百分率和累计筛余百分率的计算

筛孔尺寸(mm)	筛余量(g)	分计筛余百分率(%)	累计筛余百分率(%)
4.75	m_1	a_1	$A_1=a_1$
2.36	m_2	a_2	$A_2=a_1+a_2$
1.18	m_3	a_3	$A_3=a_1+a_2+a_3$
0.60	m_4	a_4	$A_4=a_1+a_2+a_3+a_4$
0.30	m_5	a_5	$A_5=a_1+a_2+a_3+a_4+a_5$
0.15	m_6	a_6	$A_6=a_1+a_2+a_3+a_4+a_5+a_6$

建设用砂按 0.60 mm 筛的累计筛余百分率(A_4)大小划分为三个级配区,砂的颗粒级配应符合表 5-2 中的规定,砂的级配类别应符合表 5-3 中的规定。对于砂浆用砂,4.75 mm 筛孔的累计筛余量应为 0。砂的实际颗粒级配,除 4.75 和 0.60 mm 筛档外,可以略有超出,但各级累计筛余超出值总和应不大于 5%。

表5-2 砂的颗粒级配区(GB/T 14684—2011)

砂的分类	天然砂			机制砂		
级配区	1区	2区	3区	1区	2区	3区
方筛孔	累计筛余百分率(%)					
9.50 mm	0	0	0	0	0	0
4.75 mm	10～0	10～0	10～0	10～0	10～0	10～0
2.36 mm	35～5	25～0	15～0	35～5	25～0	15～0
1.18 mm	65～35	50～10	25～0	65～35	50～10	25～0
0.60 mm	85～71	70～41	40～16	85～71	70～41	40～16
0.30 mm	95～80	92～70	85～55	95～80	92～70	85～55
0.15 mm	100～90	100～90	100～90	97～85	94～80	94～75

表5-3 级配类别(GB/T 14684—2011)

类别	Ⅰ	Ⅱ	Ⅲ
级配区	2区	1、2、3区	

为了更直观地反映砂的颗粒级配,可根据表5-2中的规定绘出级配区曲线,天然砂的级配区曲线如图5-1所示。

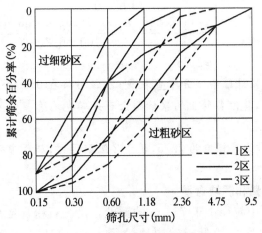

图5-1 天然砂的级配区曲线

配制混凝土时,宜优先选择2级配区砂,使混凝土拌合物获得良好的和易性。当采用1区砂时,由于砂颗粒偏粗,配制的混凝土流动性大,但黏聚性和保水性较差,因此应当提高砂率,以保证混凝土拌合物的和易性;当采用3区砂时,由于颗粒偏细,配制的混凝土黏聚性和保水性较好,但流动性较差,因此应适当减小砂率,以保证混凝土硬化后的强度。

砂的粗细程度,用细度模数表示。细度模数 M_x 的计算如下:

$$M_x = \frac{(A_2 + A_3 + A_4 + A_5 + A_6) - 5A_1}{100 - A_1} \tag{5-1}$$

式中：M_x 为细度模数；A_1、A_2、A_3、A_4、A_5、A_6 分别为 4.75、2.36、1.18、0.60、0.30 和 0.15 mm 筛的累计筛余百分率(%)。

混凝土用砂按细度模数的大小分为粗砂、中砂和细砂三种：粗砂，$M_x=3.7\sim3.1$；中砂，$M_x=3.0\sim2.3$；细砂，$M_x=2.2\sim1.6$。

【工程实例 5-1】 某工程用天然砂，用 500 g 烘干砂进行筛分试验，测得各号筛的筛余量如表 5-4 所示。试评定该砂的级配和粗细程度。

表 5-4　烘干砂的各筛筛余量

筛孔尺寸(mm)	筛余量(g)	分计筛余百分率(%)	累计筛余百分率(%)
4.75	31	$a_1=6.2$	$A_1=6.2$
2.36	42	$a_2=8.4$	$A_2=6.2+8.4=14.6$
1.18	53	$a_3=10.6$	$A_3=6.2+8.4+10.6=25.2$
0.60	198	$a_4=39.6$	$A_4=6.2+8.4+10.6+39.6=64.8$
0.30	102	$a_5=20.4$	$A_5=6.2+8.4+10.6+39.6+20.4=85.2$
0.15	70	$a_6=14.0$	$A_6=6.2+8.4+10.6+39.6+20.4+14.0=99.2$
筛底	4		

解　(1) 计算细度模数：

$$M_x=\frac{(A_2+A_3+A_4+A_5+A_6)-5A_1}{100-A_1}$$

$$=\frac{(14.6+25.2+64.8+85.2+99.2)-5\times6.2}{100-6.2}$$

$$\approx2.75$$

(2) 根据计算出的累计筛余百分率查表 5-2，该砂样在 0.60 mm 筛上的累计筛余百分率 $A_4=64.8$，落在 2 区，其他各筛上的累计筛余百分率也均落在 2 区规定的范围内，故可判定该砂为 2 区砂。

(3) 结果评定：此砂细度模数为 2.75，属于 2 级配区砂，属于中砂且级配良好，可用于配制混凝土。

2. 含泥量、石粉含量和泥块含量

含泥量是指天然砂中粒径小于 75 μm 的颗粒含量。石粉含量是指机制砂中粒径小于 75 μm 的颗粒含量。泥块含量是指砂中原粒径大于 1.18 mm，经水浸洗、手捏后小于 600 μm 的颗粒含量。

机制砂在生产时会产生一定的石粉，虽然石粉与天然砂中的泥均是指粒径小于 75 μm 的颗粒，但石粉的成分、粒径分布和泥在砂中所起的作用不同。

天然砂的含泥量影响砂与水泥石的黏结，使混凝土达到一定流动性的需水量增加，混凝土的强度降低，耐久性变差，同时硬化后的干缩性较大。机制砂颗粒坚硬、多棱角，拌制的混凝土在同样条件下比天然砂的和易性差，而机制砂中适量的石粉可弥补机制砂形状和表面特征引起的不足，起到完善砂级配的作用。天然砂中含泥量和泥块含量应符合表 5-5 中的规定。

表 5 - 5　天然砂的含泥量和泥块含量(GB/T 14684—2011)

项目	指标		
	Ⅰ	Ⅱ	Ⅲ
含泥量(按质量计,%)	≤1.0	≤3.0	≤5.0
泥块含量(按质量计,%)	0	≤1.0	≤2.0

机制砂亚甲蓝 MB 值≤1.40 或快速法试验合格时,石粉含量和泥块含量应符合表 5 - 6 中的规定;机制砂亚甲蓝 MB 值>1.40 或快速法试验不合格时,石粉含量和泥块含量应符合表 5 - 7 中的规定。

表 5 - 6　机制砂的石粉含量和泥块含量(亚甲蓝 MB 值≤1.40 或快速法试验合格)

类别	Ⅰ	Ⅱ	Ⅲ
亚甲蓝 MB 值	≤0.5	≤1.0	≤1.4 或合格
石粉含量(按质量计,%)	≤10.0		
泥块含量(按质量计,%)	0	≤1.0	≤2.0

表 5 - 7　机制砂的石粉含量和泥块含量(亚甲蓝 MB 值>1.40 或快速法试验不合格)

类别	Ⅰ	Ⅱ	Ⅲ
石粉含量(按质量计,%)	≤1.0	≤3.0	≤5.0
泥块含量(按质量计,%)	0	≤1.0	≤2.0

3. 有害物质

砂中如含有云母、轻物质、有机物、硫化物及硫酸盐、氯化物、贝壳,其限量应符合表 5 - 8 中的规定。

表 5 - 8　有害物质限量(GB/T 14684—2011)

类别	Ⅰ	Ⅱ	Ⅲ
云母(按质量计,%)	≤1.0	≤2.0	
轻物质(按质量计,%)	≤1.0		
有机物	合格		
硫化物及硫酸盐(按 SO_3 质量计,%)	≤0.5		
氯化物(以氯离子质量计,%)	≤0.01	≤0.02	≤0.06
贝壳(按质量计,%)	≤3.0	≤5.0	≤8.0

注:贝壳限量仅适用于海砂,其他砂种不作要求。

4. 坚固性

砂的坚固性是指砂在自然风化和其他外界物理化学因素作用下抵抗破裂的能力。采用硫酸钠溶液法进行试验,砂的质量损失应符合表 5 - 9 中的规定;机制砂除了要满足表 5 - 9 中的规定外,压碎指标还应满足表 5 - 10 中的规定。

表 5 - 9　坚固性指标(GB/T 14684—2011)

类别	Ⅰ	Ⅱ	Ⅲ
质量损失(%)		≤8	≤10

表 5 - 10　压碎指标(GB/T 14684—2011)

类别	Ⅰ类	Ⅱ类	Ⅲ类
单级最大压碎指标(%)	≤20	≤25	≤30

5. 表观密度、松散堆积密度和空隙率

《建设用砂》(GB/T 14684—2011)规定:砂表观密度应不小于 2 500 kg/m³,松散堆积密度应不小于 1 400 kg/m³,空隙率应不大于44%。

三、粗骨料

粗骨料是指粒径大于 4.75 mm 的岩石颗粒,常用的粗骨料有卵石和碎石两种。卵石是由自然风化、水流搬运和分选、堆积形成的,粒径大于 4.75 mm 的岩石颗粒,按产源不同分为山卵石、河卵石和海卵石等,其中河卵石应用较多。碎石是由天然岩石、卵石或矿山废石经机械破碎、筛分制成的,粒径大于 4.75 mm 的岩石颗粒。

卵石、碎石按技术要求分为Ⅰ类、Ⅱ类、Ⅲ类。

卵石、碎石的一般要求:用矿山废石生产的碎石有害物质除应符合表 5 - 14 的规定外,还应符合我国环保和安全相关标准和规范,不应对人体、生物、环境及混凝土、砂浆性能产生有害影响;卵石、碎石的放射性应符合 GB 6566 中的规定。

建设用卵石、碎石的技术要求如下:

1. 最大粒径及颗粒级配

1) 最大粒径

粗骨料的最大粒径是指公称粒级的上限值。当粗骨料的粒径增大时,其表面积随之减小。因此,达到一定流动性时包裹其表面的水泥砂浆数量减小,可节约水泥。试验研究证明,当粗骨料的最大粒径小于 150 mm 时,最大粒径增大,水泥用量明显减少;但当最大粒径大于 150 mm 时,对节约水泥并不明显。因此,在大体积混凝土中条件许可时,应尽量采用较大粒径。在水利、海港等大型工程中最大粒径常采用 120 或 150 mm;在房屋建筑工程中,由于构件尺寸小,一般最大粒径只用到 40 或 60 mm。具体工程中,粗骨料最大粒径受结构形式、配筋疏密和施工条件的限制,根据《混凝土结构工程施工质量验收规范》(GB 50204)的规定:混凝土的粗骨料最大粒径不得超过构件截面最小尺寸的 1/4,且不得超过钢筋间最小净距的 3/4。对于混凝土实心板,粗骨料最大粒径不宜超过板厚 1/3,且最大粒径不得超过 40 mm。对于泵送混凝土,最大粒径应符合表 5 - 57 的要求。

2) 颗粒级配

石子级配按供应情况分为连续粒级(连续级配)和单粒级两种。

连续级配是指颗粒从大到小连续分级,其中每一粒级的石子都占适当的比例。连续级配中大颗粒形成的空隙由小颗粒填充,颗粒大小搭配合理,可提高混凝土的密实性,因此采用连续级配拌制的混凝土和易性较好,且不易产生分层、离析现象,在工程中应用较广泛。

单粒级石子能避免连续粒级中的较大颗粒在堆放及装卸过程中的离析现象,一般不单独使用,主要用于组合成满足要求的连续粒级,或与连续粒级混合使用,用以改善级配或配成较大粒度的连续级配。另有一种间断级配,是指筛除某些中间粒级的颗粒,大颗粒之间的空隙直接由粒径小很多的颗粒填充,由于缺少中间粒级而为不连续的级配。间断级配的颗粒相差大,空隙率大幅度降低,拌制混凝土时可节约水泥;但混凝土拌合物易产生离析现象,造成施工较困难。间断级配适用于配制采用机械拌合、振捣的低塑性及干硬性混凝土。

石子的颗粒级配应通过筛分试验确定。卵石、碎石的颗粒级配应符合国家标准《建设用卵石、碎石》(GB/T 14685—2011)的规定,具体规定如表 5-11 所示。

表 5-11　碎石或卵石的颗粒级配(GB/T 14685—2011)

级配情况	公称粒级(mm)	累计筛余(%)											
		方孔筛(mm)											
		2.36	4.75	9.50	16.0	19.0	26.5	31.5	37.5	53.0	63.0	75.0	90
连续粒级	5~16	95~100	85~100	30~60	0~10	0							
	5~20	95~100	90~100	40~80	—	0~10	0						
	5~25	95~100	90~100	—	30~70	—	0~5	0					
	5~31.5	95~100	90~100	70~90	—	15~45	—	0~5	0				
	5~40		95~100	70~90	—	30~65	—	0~5	0				
单粒粒级	5~10	95~100	80~100	0~15	0								
	10~16	—	95~100	80~100	0~15	0							
	10~20	—	95~100	85~100	—	0~15	0						
	16~25	—	—	95~100	55~70	25~40	0~10	0					
	16~31.5	—	95~100	85~100	—	—	0~10		0				
	20~40	—	—	95~100	—	80~100	—	—	0~10	0			
	40~80	—	—	—	—	95~100	—	—	70~100	30~60	0~10	0	

2. 含泥量和泥块含量

含泥量是指卵石、碎石中粒径小于 75 μm 的颗粒含量;泥块含量是指卵石、碎石中原粒径大于 4.75 mm,经水浸洗、手捏后小于 2.36 mm 的颗粒含量。卵石、碎石中的含泥量和泥块含量应符合表 5-12 中的规定。

表 5-12　含泥量和泥块含量(GB/T 14685—2011)

类别	Ⅰ	Ⅱ	Ⅲ
含泥量(按质量计,%)	≤0.5	≤1.0	≤1.5
泥块含量(按质量计,%)	0	≤0.2	≤0.5

3. 针、片状颗粒含量

卵石、碎石颗粒的长度大于该颗粒所属相应粒级的平均粒径 2.4 倍者为针状颗粒,厚度小于平均粒径 0.4 倍者为片状颗粒。平均粒径是指该粒级上、下限粒径的平均值。针、片状颗粒易折断,还会使石子的空隙率增大,对混凝土的和易性及强度影响很大。卵石、碎石的针、片状颗粒含量应符合表 5-13 中的规定。

表 5-13 针、片状颗粒含量(GB/T 14685—2011)

类别	Ⅰ	Ⅱ	Ⅲ
针、片状颗粒总含量(按质量计,%)	≤5	≤10	≤15

4. 有害物质

卵石、碎石中有害物质限量应符合表 5-14 中的规定。

表 5-14 有害物质限量(GB/T 14685—2011)

类别	Ⅰ	Ⅱ	Ⅲ
有机物	合格	合格	合格
硫化物及硫酸盐(按 SO_3 质量计,%)	≤0.5	≤1.0	≤1.0

5. 强度及坚固性

1)强度

为保证混凝土的强度要求,粗骨料应质地致密、具有足够的强度。碎石、卵石的强度用岩石抗压强度和压碎指标表示。在选择采石场或对粗骨料强度有严格要求或对质量有争议时,宜用岩石抗压强度检验。对经常性的生产质量控制则用压碎指标值检验较为方便。

(1)岩石抗压强度。岩石的抗压强度测定,采用碎石母岩,制成 50 mm×50 mm×50 mm 的立方体试件或 $\varnothing$50 mm×50 mm 的圆柱体试件,在水饱和状态下,所测定的抗压强度:火成岩应不小于 80 MPa,变质岩应不小于 60 MPa,水成岩应不小于 30 MPa。

(2)压碎指标。压碎指标检验是将一定质量气干状态下 9.5~19.0 mm 的石子装入标准圆模内,在压力机上按 1 kN/s 速度均匀加荷至 200 kN 并稳定 5 s,卸载后称取试样质量 G_1,然后用孔径为 2.36 mm 的筛筛除被压碎的颗粒,称出剩余在筛上的试样质量 G_2,按式(5-2)计算压碎指标 Q_c:

$$Q_c = \frac{G_1 - G_2}{G_1} \times 100\%$$ (5-2)

卵石、碎石的压碎指标越小,则表示石子抵抗压碎的能力越强。卵石、碎石的压碎指标应符合表 5-15 中的规定。

表 5-15 压碎指标(GB/T 14685—2011)

类别	Ⅰ	Ⅱ	Ⅲ
碎石压碎指标(%)	≤10	≤20	≤30
卵石压碎指标(%)	≤12	≤14	≤16

2）坚固性

坚固性是指卵石、碎石在自然风化和其他外界物理化学因素作用下抵抗破裂的能力,采用硫酸钠溶液法进行试验,卵石、碎石的质量损失应符合表 5-16 中的规定。

表 5-16　坚固性指标(GB/T 14685—2011)

类别	I	II	III
质量损失(%)	≤5	≤8	≤12

6. 表观密度、连续级配松散堆积空隙率

卵石、碎石的表观密度应不小于 2 600 kg/m³;连续级配松散堆积空隙率应符合表 5-17中的规定。

表 5-17　连续级配松散堆积空隙率(GB/T 14685—2011)

类别	I	II	III
空隙率(%)	≤43	≤45	≤47

7. 吸水率

卵石、碎石的吸水率应符合表 5-18 的规定。

表 5-18　吸水率(GB/T 14685—2011)

类别	I	II	III
吸水率(%)	≤1.0	≤2.0	≤2.0

8. 碱集料反应

经碱集料反应试验后,试件应无裂缝、酥裂、胶体外溢等现象,在规定的试验龄期膨胀率应小于 0.10%。

四、混凝土用水

混凝土用水是指混凝土拌合用水和混凝土养护用水的总称,包括饮用水、地表水、地下水、再生水、混凝土企业设备洗刷水和海水等。地表水指存在于江、河、湖、塘、沼泽和冰川等水体中的水。地下水指存在于岩石缝隙或土壤孔隙中可以流动的水。再生水指污水经适当再生工艺处理后具有使用功能的水。

《混凝土用水标准》(JGJ 63—2006)规定,混凝土用水应满足以下要求:

(1) 符合现行国家标准《生活饮用水卫生标准》(GB 5749)要求的饮用水,可以不经检验,直接作为混凝土用水。

(2) 符合以下要求的其他水,也可作为混凝土用水。

① 混凝土拌合用水水质要求应符合表 5-19 中的规定。对于设计使用年限为 100 年的结构混凝土,氯离子含量不得超过 500 mg/L;对使用钢丝或经热处理钢筋的预应力混凝土,氯离子含量不得超过 350 mg/L。

表 5-19 混凝土拌合用水水质要求(JGJ 63—2006)

项目	预应力混凝土	钢筋混凝土	素混凝土
pH 值,≥	5.0	4.5	4.5
不溶物(mg/L),≤	2 000	2 000	5 000
可溶物(mg/L),≤	2 000	5 000	10 000
Cl^-(mg/L),≤	500	1 000	3 500
SO_4^{2-}(mg/L),≤	600	2 000	2 700
碱含量(mg /L),≤	1 500	1 500	1 500

注:碱含量按 $Na_2O+0.658K_2O$ 计算值来表示。采用非碱活性骨料时,可不检验碱含量。

② 地表水、地下水、再生水的放射性应符合现行国家标准《生活饮用水卫生标准》(GB 5749)中的规定。

③ 被检验水样应与饮用水样进行水泥凝结时间对比试验。对比试验的水泥初凝时间差及终凝时间差均不应大于 30 min;同时,初凝和终凝时间应符合现行国家标准《通用硅酸盐水泥》(GB 175)中的规定。

④ 被检验水样应与饮用水样进行水泥胶砂强度对比试验,被检验水样配制的水泥胶砂 3 d 和 28 d 强度不应低于饮用水配制的水泥胶砂 3 d 和 28 d 强度的 90%。

⑤ 混凝土拌合用水不应有漂浮明显的油脂和泡沫,不应有明显的颜色和异味。

⑥ 混凝土企业设备洗刷水不宜用于预应力混凝土、装饰混凝土、加气混凝土和暴露于腐蚀环境的混凝土;不得用于使用碱活性或潜在碱活性骨料的混凝土。

⑦ 未经处理的海水严禁用于钢筋混凝土和预应力混凝土。

⑧ 在无法获得水源的情况下,海水可用于素混凝土,但不宜用于装饰混凝土。

(3) 混凝土养护用水应满足以下要求。

① 混凝土养护用水可不检验不溶物和可溶物,其他检验项目应符合上述第(2)项中①、②条的规定。

② 混凝土养护用水可不检验水泥凝结时间和水泥胶砂强度。

注意,混凝土养护用水要求可略低于混凝土拌合用水要求,即满足混凝土拌合用水要求也就满足了混凝土养护用水要求。

职业技能活动

实训一 砂、石试样的取样与处理

1. 检测依据

《建设用砂》(GB/T 14684—2011)、《建设用卵石、碎石》(GB/T 14685—2011)等。

2. 取样方法

(1) 在料堆上取样时,取样部位应均匀分布。取样前先将取样部位表层铲除,然后从不同部位随机抽取大致等量的砂 8 份(石子 15 份),组成一组样品。

（2）从皮带运输机上取样时，应用与皮带机等宽的接料器从皮带运输机头部出料处全断面定时抽取大致等量的砂 4 份（石子 8 份），组成一组样品。

（3）从火车、汽车、货船上取样时，从不同部位和深度随机抽取大致等量的砂 8 份（石 16 份），组成一组样品。

3. 取样数量

单项试验的最少取样数量应符合表 5-20 和 5-21 中的规定。做几项试验时，如确能保证试样经一项试验后不致影响另一试验的结果，可用同一试样进行几项不同的试验。

表 5-20　砂单项试验取样数量（GB/T 14684—2011）　　　　　　　　　　　　kg

序号	检验项目	最少取样质量	序号	检验项目		最少取样质量
1	颗粒级配	4.4	10	贝壳含量		9.6
2	含泥量	4.4	11	坚固性	天然砂	8.0
3	石粉含量	6.0			机制砂	20.0
4	泥块含量	20.0	12	表观密度		2.6
5	云母含量	0.6	13	松散堆积密度与空隙率		5.0
6	轻物质含量	3.2	14	碱集料反应		20.0
7	有机物含量	2.0	15	放射性		6.0
8	硫化物与硫酸盐含量	0.6	16	饱和面干吸水率		4.4
9	氯化物含量	4.4				

表 5-21　石子单项试验取样数量（GB/T 14685—2011）

序号	试验项目	最大粒径（mm）							
		9.5	16.0	19.0	26.5	31.5	37.5	63.0	75.0
		最少取样数量（kg）							
1	颗粒级配	9.5	16.0	19.0	25.0	31.5	37.5	63.0	80.0
2	含泥量	8.0	8.0	24.0	24.0	40.0	40.0	80.0	80.0
3	泥块含量	8.0	8.0	24.0	24.0	40.0	40.0	80.0	80.0
4	针、片状颗粒含量	1.2	4.0	8.0	12.0	20.0	40.0	40.0	40.0
5	有机物含量								
6	硫化物和硫酸盐含量	按试验要求的粒级和数量取样							
7	坚固性								
8	岩石抗压强度	随机选取完整石块锯切或钻取成试验用样品							
9	压碎指标	按试验要求的粒级和数量取样							
10	表观密度	8.0	8.0	8.0	8.0	12.0	16.0	24.0	24.0
11	堆积密度与空隙率	40.0	40.0	40.0	40.0	80.0	80.0	120.0	120.0
12	碱集料反应	20.0	20.0	20.0	20.0	20.0	20.0	20.0	20.0

续表

序号	试验项目	最大粒径(mm)							
		9.5	16.0	19.0	26.5	31.5	37.5	63.0	75.0
		最少取样数量(kg)							
13	吸水率	2.0	4.0	8.0	12.0	20.0	40.0	40.0	40.0
14	放射性	6.0							
15	含水率	按试验要求的粒级和数量取样							

4. 试样处理

1) 砂试样处理

(1) 用分料器法:将样品在潮湿状态下拌和均匀,然后通过分料器,取接料斗中的其中一份再次通过分料器。重复上述过程,直至把样品缩分到试验所需量为止。

(2) 人工四分法:将所取样品置于平板上,在潮湿状态下拌和均匀,并堆成厚度约为20 mm的"圆饼"状,然后沿互相垂直的两条直径把"圆饼"分成大致相等的四份,取其中对角的两份重新拌匀,再堆成"圆饼"。重复上述过程,直至把样品缩分到试验所需量为止。

堆积密度、机制砂坚固性检验所用试样可不经缩分,在拌匀后直接进行试验。

2) 石子试样处理

将所取样品置于平板上,在自然状态下拌和均匀,并堆成锥体,然后沿互相垂直的两条直径把锥体分成大致相等的四份,取其中对角线的两份重新拌匀,再堆成锥体。重复上述过程,直至把样品缩分至试验所需量为止。

堆积密度试验所用试样可不经缩分,在拌匀后直接进行试验。

实训二　砂颗粒级配检测

1. 检测目的

测定混凝土用砂的颗粒级配和粗细程度。

2. 仪器设备

(1) 鼓风干燥箱:能使温度控制在(105±5)℃;

(2) 天平:称量1 000 g,感量1 g;

(3) 方孔筛:孔径为 150 μm、300 μm、600 μm、1.18 mm、2.36 mm、4.75 mm 及9.50 mm 的筛各一只,并附有筛底和筛盖;

(4) 摇筛机,见图5-2;

(5) 搪瓷盘、毛刷等。

3. 检测步骤

1) 试样制备

按规定取样,筛除大于 9.50 mm 的颗粒(并计算出筛余百分率),并将试样缩分至约 1 100 g,放在干燥箱中于(105±5)℃下烘干至恒量,待冷却至室温后,分为大致相等的两份备用。

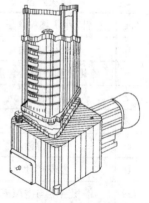

图5-2　摇筛机

2）筛分

称取试样 500 g，精确至 1 g。将试样倒入按孔径大小从上到下组合的套筛（附筛底）上，置套筛于摇筛机上，摇 10 min；取下套筛，按筛孔大小顺序逐个用手筛，筛至每分钟通过量小于试样总量 0.1% 为止。通过的试样并入下一号筛中，并和下一号筛中的试样一起过筛，这样顺序过筛，直至各号筛全部筛完为止。

称取各号筛的筛余量，精确至 1 g，试样在各号筛上的筛余量不得超过按式（5-3）计算出的量：

$$G = \frac{A \times \sqrt{d}}{200} \tag{5-3}$$

式中：G 为在一个筛上的筛余量（g）；A 为筛面面积（mm²）；d 为筛孔尺寸（mm）。

超过时应按下列方法之一处理：

（1）将该粒级试样分成少于按式（5-3）计算出的量，分别筛分，并以筛余量之和作为该号筛的筛余量。

（2）将该粒级及以下各粒级的筛余混合均匀，称出其质量，精确至 1 g。再用四分法缩分为大致相等的两份，取其中一份，称出其质量，精确至 1 g，继续筛分。计算该粒级及以下各粒级的分计筛余量时应根据缩分比例进行修正。

4. 结果计算与评定

（1）计算分计筛余百分率：各号筛上的筛余量与试样总质量之比，计算精确至 0.1%。

（2）计算累计筛余百分率：该号筛的分计筛余百分率加上该号筛以上各分计筛余百分率之和，精确至 0.1%。筛分后，如每号筛的筛余量与筛底的剩余量之和同原试样质量之差超过 1% 时，应重新试验。

（3）砂的细度模数按式（5-1）计算，精确至 0.01。

（4）累计筛余百分率取两次试验结果的算术平均值，精确至 1%。细度模数取两次试验结果的算术平均值，精确至 0.1；如两次试验的细度模数之差超过 0.20 时，应重新试验。

（5）根据各号筛的累计筛余百分率，采用修约值比较法评定试样的颗粒级配。

实训三　砂表观密度检测

1. 检测目的

测定砂的表观密度，评定砂的质量，为混凝土配合比设计提供依据。

2. 仪器设备

（1）鼓风干燥箱：能使温度控制在（105±5）℃；

（2）天平：称量 1 000 g，感量 0.1 g；

（3）容量瓶：500 mL；

（4）搪瓷盘、干燥器、滴管、毛刷、温度计等。

3. 检测步骤

（1）按规定取样，并将试样缩分至约 660 g，放在干燥箱中于（105±5）℃下烘干至恒量，待冷却至室温后，分为大致相等的两份备用。

（2）称取试样 300 g，精确至 0.1 g。将试样装入容量瓶，注入冷开水至接近 500 mL 的刻度处,用手旋转摇动容量瓶,使砂样充分摇动,排除气泡,塞紧瓶盖,静置 24 h。然后用滴管小心加水至容量瓶 500 mL 刻度处,塞紧瓶塞,擦干瓶外水分,称出其质量,精确至 1 g。

(3) 倒出瓶内水和试样,洗净容量瓶,再向容量瓶内注水至 500 mL 刻度处,塞紧瓶塞,擦干瓶外水分,称出其质量,精确至 1 g。

4. 结果计算与评定

(1) 砂的表观密度按式(5-4)计算,精确至 10 kg/m^3:

$$\rho_0 = \left(\frac{G_0}{G_0 + G_2 - G_1} - \alpha_t \right) \times \rho_w \tag{5-4}$$

式中:ρ_0、ρ_w 分别为砂的表观密度和水的密度(kg/m^3);G_0、G_1、G_2 分别为烘干试样的质量,试样、水及容量瓶的总质量,水及容量瓶的总质量(g);α_t 为水温对表观密度影响的修正系数,见表5-22。

表 5-22 不同水温对砂(碎石和卵石)的表观密度影响的修正系数

水温(℃)	15	16	17	18	19	20	21	22	23	24	25
α_t	0.002	0.003	0.003	0.004	0.004	0.005	0.005	0.006	0.006	0.007	0.008

(2) 表观密度取两次试验结果的算术平均值,精确至 10 kg/m^3;如两次试验结果之差大于 20 kg/m^3,应重新试验。

(3) 采取修约值比较法进行评定。

实训四 砂堆积密度与空隙率检测

1. 检测目的
测定砂的堆积密度,计算砂的空隙率,为混凝土配合比设计提供依据。

2. 仪器设备
(1) 鼓风干燥箱:能使温度控制在(105±5)℃;

(2) 天平:称量 10 kg,感量 1 g;

(3) 容量筒:圆柱形金属筒,内径 108 mm,净高 109 mm,壁厚 2 mm,筒底厚约 5 mm,容积为 1 L;

(4) 方孔筛:孔径为 4.75 mm 的筛一只;

(5) 垫棒:直径 10 mm、长 500 mm 的圆钢;

(6) 直尺、漏斗或料勺、搪瓷盘、毛刷等。

3. 检测步骤
(1) 试样制备。按规定取样,用搪瓷盘装取试样约 3 L,放在干燥箱中于(105±5)℃下烘干至恒量,待冷却至室温后,筛除大于 4.75 mm 的颗粒,分为大致相等的两份备用。

(2) 松散堆积密度测定。取试样一份,用漏斗或料勺将试样从容量筒中心上方 50 mm 处徐徐倒入,让试样以自由落体下落,当容量筒上部试样呈锥体且容量筒四周溢满时,即停止加料。然后用直尺沿筒口中心线向两边刮平(试验过程中应防止触动容量筒),称出试样和容量筒总质量,精确至 1 g。

(3) 紧密堆积密度测定。取试样一份,分两次装入容量筒。装完第一层后(约计稍高于

1/2),在筒底垫放一根直径为 10 mm 的圆钢,将筒按住,左右交替颠击地面各 25 次。然后装入第二层,第二层装满后用同样方法颠实(但筒底所垫钢筋的方向应与第一层时的方向垂直)后,再加试样直至超过筒口,然后用直尺沿筒口中心线向两边刮平,称出试样和容量筒总质量,精确至 1 g。

4. 结果计算与评定

(1) 松散或紧密堆积密度按式(5-5)计算,精确至 10 kg/m³:

$$\rho_0' = \frac{G_1 - G_2}{V} \tag{5-5}$$

式中:ρ_0' 为松散堆积密度或紧密堆积密度(kg/m³);G_1 为试样和容量筒总质量(g);G_2 为容量筒的质量(g);V 为容量筒的容积(L)。

(2) 空隙率按式(5-6)计算,精确至 1%:

$$P' = \left(\frac{1-\rho_0'}{\rho_0}\right) \times 100\% \tag{5-6}$$

式中:P' 为空隙率(%);ρ_0' 为试样的松散(或紧密)堆积密度(kg/m³);ρ_0 为试样的表观密度(kg/m³)。

(3) 堆积密度取两次试验结果的算术平均值,精确至 10 kg/m³。空隙率取两次试验结果的算术平均值,精确至 1%。

(4) 采取修约值比较法进行评定。

实训五　砂中含泥量检测

1. 检测目的

测定砂的含泥量,评定砂的质量。

2. 仪器设备

(1) 鼓风干燥箱:能使温度控制在(105±5)℃;

(2) 天平:称量 1 000 g,感量 0.1 g;

(3) 方孔筛:孔径为 75 μm 和 1.18 mm 的筛各一只;

(4) 容器:要求淘洗试样时,保持试样不溅出(深度大于 250 mm);

(5) 搪瓷盘、毛刷等。

3. 检测步骤

(1) 按规定取样,并将试样缩分至约 1 100 g,置于温度为(105±5)℃的干燥箱中烘干至恒量,待冷却至室温后,分为大致相等的两份备用。

(2) 称取试样 500 g,精确至 0.1 g。将试样倒入淘洗容器中,注入清水,使水面高于试样面约 150 mm,充分搅拌均匀后,浸泡 2 h,然后用手在水中淘洗试样,使尘屑、淤泥和黏土与砂粒分离,将浑水缓缓倒入 1.18 mm 及 75 μm 的套筛上(1.18 mm 筛放在 75 μm 筛上面),滤去小于 75 μm 的颗粒。试验前筛子的两面应先用水润湿,在整个过程中应小心防止砂粒流失。

(3) 向容器中注入清水,重复上述操作,直至容器内的水目测清澈为止。

(4) 用水淋洗剩余在筛上的细粒,并将 75 μm 筛放在水中(使水面略高出筛中砂粒的上表面)来回摇动,以充分洗掉小于 75 μm 的颗粒。然后将两只筛的筛余颗粒和清洗容器中已经洗净的试样一并倒入搪瓷盘,置于温度(105±5)℃的干燥箱中烘干至恒量,待冷却至室温后,称出其质量,精确至 0.1 g。

4. 结果计算与评定

(1) 含泥量按式(5-7)计算,精确至 0.1%:

$$Q_a = \frac{G_0 - G_1}{G_0} \times 100\% \tag{5-7}$$

式中:Q_a 为含泥量(%);G_0 为试验前烘干试样的质量(g);G_1 为试验后烘干试样的质量(g)。

(2) 含泥量取两个试样的试验结果算术平均值作为测定值。采用修约值比较法进行评定。

实训六 砂中泥块含量检测

1. 检测目的

测定砂的泥块含量,评定砂的质量。

2. 仪器设备

(1) 鼓风干燥箱:能使温度控制在(105±5)℃;

(2) 天平:称量 1 000 g,感量 0.1 g;

(3) 方孔筛:孔径为 600 μm 和 1.18 mm 的筛各一只;

(4) 容器:要求淘洗试样时,保持试样不溅出(深度大于 250 mm);

(5) 搪瓷盘、毛刷等。

3. 检测步骤

(1) 按规定取样,并将试样缩分至约 5 000 g,置于温度为(105±5)℃的干燥箱中烘干至恒量,待冷却至室温后,筛除小于 1.18 mm 的颗粒,分为大致相等的两份备用。

(2) 称取试样 200 g,精确至 0.1 g。将试样倒入淘洗容器中,注入清水,使水面高于试样面约 150 mm,充分搅拌均匀后,浸泡 24 h。然后用手在水中捻碎泥块,再把试样放在 600 μm 筛上,用水淘洗,直至容器内的水目测清澈为止。

(3) 保留下来的试样小心地从筛中取出,装入搪瓷盘后,放在干燥箱中于(105±5)℃下烘干至恒量,待冷却至室温后,称出其质量,精确至 0.1 g。

4. 结果计算与评定

(1) 泥块含量按式(5-8)计算,精确至 0.1%:

$$Q_b = \frac{G_1 - G_2}{G_1} \times 100\% \tag{5-8}$$

式中:Q_b 为泥块含量(%);G_1 为 1.18 mm 筛筛余试样的质量(g);G_2 为试验后烘干试样的质量(g)。

(2) 泥块含量取两次试验结果的算术平均值,精确至 0.1%。

(3) 采用修约值比较法进行评定。

实训七 石子颗粒级配检测

1. 检测目的

测定石子的颗粒级配及粒级规格,作为混凝土配合比设计的依据。

2. 仪器设备

(1) 鼓风干燥箱:能使温度控制在(105±5) ℃;

(2) 天平:称量 10 kg,感量 1 g;

(3) 方孔筛:孔径为 2.36、4.75、9.50、16.0、19.0、26.5、31.5、37.5、53.0、63.0、75.0 及 90 mm 的筛各一只,并附有筛底和筛盖,筛框内径为 300 mm;

(4) 摇筛机、搪瓷盘、毛刷等。

3. 检测步骤

(1) 按规定取样,并将试样缩分至略大于表 5-23 规定的数量,烘干或风干后备用。

表 5-23 石子颗粒级配试验所需试样数量(GB/T 14685—2011)

最大粒径(mm)	9.5	16.0	19.0	26.5	31.5	37.5	63.0	75.0
最少试样质量(kg)	1.9	3.2	3.8	5.0	6.3	7.5	12.6	16.0

(2) 根据试样的最大粒径,称取按表 5-23 规定数量的试样一份,精确到 1 g。将试样倒入按孔径大小从上到下组合的套筛上,然后进行筛分。

(3) 将套筛置于摇筛机上,摇 10 min,取下套筛,按孔径大小顺序再逐个用手筛,筛至每分钟通过量小于试样总量 0.1% 为止。通过的颗粒并入下一号筛中,并和下一号筛中的试样一起过筛,这样顺序进行,直至各号筛全部筛完为止。当筛余颗粒的粒径大于 19.0 mm 时,在筛分过程中,允许用手指拨动颗粒。

(4) 称出各号筛的筛余量,精确至 1 g。

4. 结果计算与评定

(1) 计算分计筛余百分率:各号筛的筛余量与试样总质量之比,精确至 0.1%。

(2) 计算累计筛余百分率:该号筛及以上各筛的分计筛余百分率之和,精确至 1%。筛分后,如每号筛的筛余量与筛底的筛余量之和同原试样质量之差超过 1% 时,应重新试验。

(3) 根据各号筛的累计筛余百分率,采用修约值比较法评定该试样的颗粒级配。

实训八 石子表观密度检测

1. 检测目的

测定石子的表观密度,作为评定石子质量和混凝土配合比设计的依据。

2. 仪器设备

1) 液体比重天平法

(1) 鼓风干燥箱:能使温度控制在(105±5) ℃;

(2) 天平:称量 5 kg,感量 5 g;

(3) 吊篮:直径和高度均为 150 mm,由孔径为 1~2 mm 的筛网或钻有 2~3 mm 孔洞的耐锈蚀金属板制成;

(4) 方孔筛:孔径为 4.75 mm 的筛一只;

(5) 盛水容器:有溢流孔;

(6) 温度计、搪瓷盘、毛巾等。

2) 广口瓶法

(1) 鼓风干燥箱:能使温度控制在(105±5)℃;

(2) 天平:称量 2 kg,感量 1 g;

(3) 广口瓶:1 000 mL,磨口;

(4) 方孔筛:孔径为 4.75 mm 的筛一只;

(5) 玻璃片、温度计、搪瓷盘、毛巾等。

3. 检测步骤

1) 液体比重天平法

(1) 按规定取样,并将试样缩分至略大于表 5-24 规定的数量,风干后筛除小于 4.75 mm 的颗粒,然后洗刷干净,分为大致相等的两份备用。

表 5-24　石子表观密度试验所需试样数量(GB/T 14685—2011)

最大粒径(mm)	<26.5	31.5	37.5	63.0	75.0
最少试样质量(kg)	2.0	3.0	4.0	6.0	6.0

(2) 将一份试样装入吊篮,并浸入盛水的容器内,水面至少高出试样表面 50 mm。浸泡 24 h 后,移放到称量用的盛水容器中,并用上下升降吊篮的方法排除气泡(试样不得露出水面)。吊篮每升降一次约 1 s,升降高度为 30~50 mm。

(3) 测量水温后(此时吊篮应全浸在水中),称出吊篮及试样在水中的质量,精确至 5 g,称量时盛水容器中水面的高度由容器的溢水孔控制。

(4) 提起吊篮,将试样倒入搪瓷盘,在干燥箱中于(105±5)℃下烘干至恒量,待冷却至室温后,称出其质量,精确至 5 g。

(5) 称出吊篮在同样温度水中的质量,精确至 5 g。称量时盛水容器的水面高度仍由容器的溢水孔控制。

2) 广口瓶法

本方法不宜用于测定最大粒径大于 37.5 mm 的碎石或卵石的表观密度。

(1) 按规定取样,并将试样缩分至略大于表 5-24 规定的数量,风干后筛除小于 4.75 mm 的颗粒,然后洗刷干净,分为大致相等的两份备用。

(2) 将试样浸水饱和,然后装入广口瓶中。装试样时,广口瓶应倾斜放置,注入饮用水,用玻璃片覆盖瓶口。以上下左右摇晃的方法排除气泡。

(3) 气泡排尽后,向瓶中添加饮用水,直至水面凸出瓶口边缘。然后用玻璃片沿瓶口迅速滑行,使其紧贴瓶口水面。擦干瓶外水分后,称出试样、水、瓶和玻璃片总质量,精确至 1 g。

(4) 将瓶中试样倒入搪瓷盘,放在干燥箱中于(105±5)℃下烘干至恒量,待冷却至室温后,称出其质量,精确至 1 g。

(5) 将瓶洗净并重新注入饮用水,用玻璃片紧贴瓶口水面,擦干瓶外水分后,称出水、瓶和玻璃片总质量,精确至 1 g。

4. 结果计算与评定

(1) 表观密度按式(5-9)计算,精确至 $10\ kg/m^3$:

$$\rho_0 = \left(\frac{G_0}{G_0+G_2-G_1} - \alpha_t\right) \times \rho_w \tag{5-9}$$

式中:ρ_0 为石子的表观密度(kg/m^3);G_0 为烘干后试样的质量(g);G_1 为吊篮及试样在水中的质量(液体比重天平法)或试样、水、瓶、玻璃片的总质量(广口瓶法)(g);G_2 为吊篮在水中的质量(液体比重天平法)或水、瓶、玻璃片的总质量(广口瓶法)(g);ρ_w 为水的密度,$1\,000\ kg/m^3$;α_t 为水温对表观密度影响的修正系数,见表 5-22。

(2) 表观密度取两次试验结果的算术平均值,如两次试验结果之差大于 $20\ kg/m^3$,应重新试验。对颗粒材质不均匀的试样,如两次试验结果之差超过 $20\ kg/m^3$,可取 4 次试验结果的算术平均值。

(3) 采用修约值比较法进行评定。

实训九 石子堆积密度与空隙率检测

1. 检测目的

测定石子的堆积密度和空隙率,作为混凝土配合比设计的依据。

2. 仪器设备

(1) 天平:称量 10 kg,感量 10 g;称量 50 或 100 kg,感量 50 g 各一台;

(2) 容量筒:容量筒规格按石子最大粒径依据表 5-25 选用;

(3) 垫棒(直径 16 mm、长 600 mm 的圆钢)、直尺、小铲等。

表 5-25 容量筒的规格要求(GB/T 14685—2011)

最大粒径(mm)	容量筒容积(L)	容量筒规格(mm)		筒壁厚度(mm)
		内径	净高	
9.5,16.0,19.0,26.5	10	208	294	2
31.5,37.5	20	294	294	3
53.0,63.0,75.0	30	360	294	4

3. 检测步骤

(1) 按规定取样,烘干或风干后,拌匀并把试样分成大致相等的两份备用。

(2) 松散堆积密度测定。取试样一份,用小铲将试样从容量筒口中心上方 50 mm 处徐徐倒入,让试样以自由落体落下,当容量筒上部试样呈堆体且容量筒四周溢满时,即停止加料。除去凸出容量口表面的颗粒,并以合适的颗粒填入凹陷部分,使表面稍凸起部分和凹陷部分的体积大致相等(试验过程应防止触动容量筒),称出试样和容量筒总质量。

(3) 紧密堆积密度测定。取试样一份分三次装入容量筒。装完第一层后,在筒底垫放一根直径为 16 mm 的圆钢,将筒按住,左右交替颠击地面各 25 次,再装入第二层,第二层装满后用同样方法颠实(但筒底所垫钢筋的方向与第一层时的方向垂直),然后装入第三层,第三层装满后用同样方法颠实(但筒底所垫钢筋的方向与第一层时的方向平行)。试样装填完毕,再加试样直至超过筒口,用钢尺沿筒口边缘刮去高出的试样,并用适合的颗粒填平凹陷部分,使表面稍凸起部分与凹陷部分的体积大致相等。称取试样和容量筒的总质量,精确至10 g。

4. 结果计算与评定

(1) 松散或紧密堆积密度按式(5-10)计算,精确至10 kg/m³:

$$\rho_0' = \frac{G_1 - G_2}{V} \qquad (5-10)$$

式中:ρ_0'为松散堆积密度或紧密堆积密度(kg/m³);G_1为容量筒和试样的总质量(g);G_2为容量筒的质量(g);V为容量筒的容积(L)。

(2) 空隙率按式(5-11)计算,精确至1%:

$$P' = \left(\frac{1 - \rho_0'}{\rho_0}\right) \times 100\% \qquad (5-11)$$

式中:P'为空隙率(%);ρ_0'为松散(或紧密)堆积密度(kg/m³);ρ_0为表观密度(kg/m³)。

(3) 堆积密度取两次试验结果的算术平均值,精确至10 kg/m³。空隙率取两次试验结果的算术平均值,精确至1%。

(4) 采用修约值比较法进行评定。

实训十　石子压碎指标检测

1. 检测目的

测定石子的压碎指标,评定石子的质量。

2. 仪器设备

(1) 压力试验机:量程300 kN,示值相对误差2%;

(2) 压碎指标测定仪(圆模):见图5-3;

(3) 天平:称量10 kg,感量1 g;

(4) 方孔筛:孔径分别为2.36、9.50及19.0 mm的筛各一只;

(5) 垫棒:直径10 mm、长500 mm的圆钢。

3. 检测步骤

(1) 按规定取样,风干后筛除大于19.0 mm及小于9.50 mm的颗粒,并去除针、片状颗粒,分为大致相等的三份备用。当试样中粒径在9.50~19.0 mm之间的颗粒不足时,允许将粒径大于19.0 mm的颗粒破碎成粒径在9.50~19.0 mm之间的颗粒用作压碎指标试验。

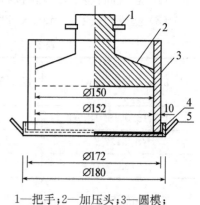

1—把手;2—加压头;3—圆模;
4—底盘;5—手把

图5-3　压碎指标测定仪

(2) 称取试样3 000 g,精确至1 g。将试样分两层装入圆模(置于底盘上)内,每装完一层试样后,在底盘下面垫放一直径为10 mm的圆钢,将筒按住,左右交替颠击地面各25次,两层颠实后,平整模内试样表面,盖上压头。当圆模装不下3 000 g试样时,以装至距圆模上口10 mm为准。

(3) 把装有试样的圆模置于压力试验机上,开动压力试验机,按1 kN/s速度均匀加荷至200 kN并稳荷5 s,然后卸荷。取下加压头,倒出试样,用孔径2.36 mm的筛筛除被压碎的细粒,称出留在筛上的试样质量,精确至 1 g。

4. 结果计算与评定

(1) 压碎指标按式(5-12)计算,精确至 0.1%:

$$Q_e = \frac{G_1 - G_2}{G_1} \times 100\% \qquad (5-12)$$

式中:Q_e 为压碎指标值(%);G_1 为试样的质量(g);G_2 为压碎试验后筛余的试样质量(g)。

(2) 压碎指标取 3 次试验结果的算术平均值,精确至 1%。

(3) 采用修约值比较法进行评定。

实验十一　石子针、片状颗粒含量检测

1. 检测目的

测定石子的针、片状颗粒含量,评定石子的质量。

2. 仪器设备

(1) 针状归准仪与片状归准仪分别见图 5-4 和 5-5;

(2) 天平:称量 10 kg,感量 1 g;

(3) 方孔筛:孔径为 4.75、9.50、16.0、19.0、26.5、31.5 及 37.5 mm 的筛各一只。

3. 检测步骤

(1) 按规定取样,并将试样缩分至略大于表 5-26 规定的数量,烘干或风干后备用。

表 5-26　针、片状颗粒含量试验所需试样数量(GB/T 14685—2011)

最大粒径(mm)	9.5	16.0	19.0	26.5	31.5	37.5	63.0	75.0
最少试样质量(kg)	0.3	1.0	2.0	3.0	5.0	10.0	10.0	10.0

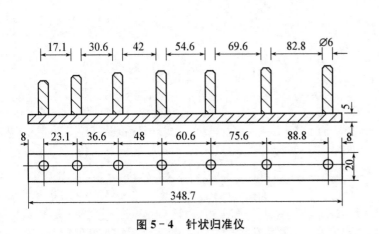

图 5-4　针状归准仪

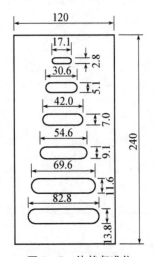

图 5-5　片状归准仪

(2) 根据试样的最大粒径,按表 5-26 的规定称取试样一份,精确到 1 g,然后按表5-27规定的粒级对石子进行筛分。

表 5-27 针、片状颗粒含量试验的粒级划分及其相应的规准仪孔宽或间距　　　mm

石子粒级	4.75~9.50	9.50~16.0	16.0~19.0	19.0~26.5	26.5~31.5	31.5~37.5
片状规准仪相对应孔宽	2.8	5.1	7.0	9.1	11.6	13.8
针状规准仪相对应间距	17.1	30.6	42.0	54.6	69.6	82.8

(3) 按表 5-27 规定的粒级分别用规准仪逐粒检验,凡颗粒长度大于针状规准仪上相应间距者,为针状颗粒;颗粒厚度小于片状规准仪上相应孔宽者,为片状颗粒。称出其总质量,精确至 1 g。

(4) 石子粒径大于 37.5 mm 的碎石或卵石可用卡尺检验针、片状颗粒,卡尺卡口的设定宽度应符合表 5-28 的规定。

表 5-28 大于 37.5 mm 颗粒针、片状颗粒含量的粒级划分及其相应的卡尺卡口设定宽度　　　mm

石子粒级	37.5~53.0	53.0~63.0	63.0~75.0	75.0~90.0
检验片状颗粒的卡尺卡口设定宽度	18.1	23.2	27.6	33.0
检验针状颗粒的卡尺卡口设定宽度	108.6	139.2	165.6	198.0

4. 结果计算与评定

(1) 针、片状颗粒含量按式(5-13)计算,精确至 1%:

$$Q_c = \frac{G_2}{G_1} \times 100\% \qquad (5-13)$$

式中:Q_c 为针、片状颗粒含量(%);G_1 为试样的质量(g);G_2 为试样中所含针、片状颗粒的总质量(g)。

(2) 采用修约值比较法进行评定。

项目三　普通混凝土的技术性质

主要内容	知识目标	技能目标
混凝土拌合物的和易性，混凝土的强度，混凝土的耐久性，混凝土外加剂和矿物掺合料	掌握混凝土的技术性质，熟悉混凝土外加剂、矿物掺合料的特性及应用，理解影响混凝土技术性质的因素	能够进行混凝土拌合物的拌合与现场取样，混凝土拌合物的和易性、表观密度检测，混凝土立方体抗压强度检测

基础知识

混凝土在未凝结硬化以前，称为混凝土拌合物。它必须具有良好的和易性，便于施工，以保证能获得良好的浇筑质量。混凝土拌合物凝结硬化以后，应具有足够的强度，以保证建筑物能安全地承受设计荷载；并应具有与所处环境相适应的耐久性。

一、混凝土拌合物的和易性

1. 和易性的概念

和易性是指混凝土拌合物易于施工操作（拌合、运输、浇注、捣实），并能获得质量均匀、成型密实的混凝土的性能。和易性是一项综合技术性能，包括流动性、黏聚性和保水性三个方面的含义。

1）流动性（稠度）

流动性是指混凝土拌合物在本身自重或施工机械振捣作用下，能产生流动，并均匀密实地填满模板的性能。其大小直接影响施工时振捣的难易和成形的质量。

2）黏聚性

黏聚性是指混凝土拌合物各组成材料之间具有一定的黏聚力，在运输和浇注过程中不致产生离析和分层现象。它反映了混凝土拌合物保持整体均匀性的能力。

3）保水性

保水性是混凝土拌合物在施工过程中，保持水分不易析出，不至于产生严重泌水现象的能力。有泌水现象的混凝土拌合物，分泌出来的水分易形成透水的开口连通孔隙，影响混凝土的密实性而降低混凝土的质量。

混凝土拌合物的流动性、黏聚性和保水性，三者之间是对立统一的关系。流动性好的拌合物，黏聚性和保水性往往较差；而黏聚性、保水性好的拌合物，一般流动性可能较差。在实际工程中，应尽可能达到三者统一，既要满足混凝土施工时要求的流动性，同时也具有良好的黏聚性和保水性。

2. 和易性的测定方法

目前，尚没有能够全面反映混凝土拌合物和易性的测定方法。通常是测定拌合物的流动性，同时辅以直观经验评定黏聚性和保水性。对塑性和流动性混凝土拌合物，采用坍落度与坍落扩展度法测定;对干硬性混凝土拌合物,用维勃稠度法测定。

1) 坍落度与坍落扩展度法

坍落度与坍落扩展度法适用于骨料最大粒径不大于 40 mm、坍落度不小于 10 mm 的混凝土拌合物稠度测定。

坍落度测定方法是将混凝土拌合物按规定的方法装入坍落度筒内,分层插实,装满刮平,垂直向上提起坍落度筒,拌合物因自重而向下坍落,其下落的距离(以 mm 为单位)即为该拌合物的坍落度值,以 T 表示,如图 5-6 所示。

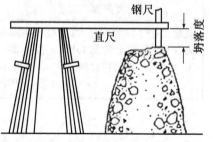

图 5-6　坍落度测定示意

在测定坍落度的同时,应检查混凝土拌合物的黏聚性及保水性。黏聚性的检查方法是用捣棒在已坍落的拌合物锥体一侧轻轻敲打,若锥体缓慢下沉,表示黏聚性良好;如果锥体倒塌、部分崩裂或出现离析现象,则表示黏聚性不好。保水性以混凝土拌合物中稀浆析出的程度评定,提起坍落度筒后,如有较多稀浆从底部析出,拌合物锥体因失浆而骨料外露,表示拌合物的保水性不好。如提起坍落筒后,无稀浆析出或仅有少量稀浆从底部析出,则表示混凝土拌合物保水性良好。

坍落度在 10～220 mm 对混凝土拌合物的稠度具有良好的反应能力,但当坍落度大于 220 mm 时,由于粗骨料堆积的偶然性,坍落度就不能很好地代表拌合物的稠度,需做坍落扩展度试验。

坍落扩展度试验是在坍落度试验的基础上,当坍落度值大于 220 mm 时,用钢尺测量混凝土扩展后最终的最大直径和最小直径,在最大直径和最小直径的差值小于 50 mm 时,用其算术平均值作为其坍落扩展度值。

按国家标准《混凝土质量控制标准》(GB 50164—2011)的规定,混凝土拌合物的坍落度、扩展度等级划分见表 5-29。

表 5-29　混凝土拌合物的坍落度、维勃稠度、扩展度等级划分(GB 50164—2011)

坍落度等级划分		维勃稠度等级划分		扩展度等级划分	
等级	坍落度(mm)	等级	维勃稠度(s)	等级	扩展直径(mm)
S1	10～40	V0	≥31	F1	≤340
S2	50～90	V1	30～21	F2	350～410
S3	100～150	V2	20～11	F3	420～480
S4	160～210	V3	10～6	F4	490～550
S5	≥220	V4	5～3	F5	560～620
				F6	≥630

2) 维勃稠度法

维勃稠度法适用于骨料最大粒径不大于 40 mm,维勃稠度值在 5～30 s 之间的混凝土拌合物稠度测定。

用维勃稠度仪测定,如图5-7所示。将混凝土拌合物按标准方法装入维勃稠度测定仪容器的坍落度筒内;缓慢垂直提起坍落度筒;将透明圆盘置于拌合物锥体顶面;开启振动台,并启动秒表计时,测出至透明圆盘底面完全被水泥浆布满所经历的时间(以 s 计),即为维勃稠度值。维勃稠度值越大,混凝土拌合物越干稠。

混凝土拌合物的维勃稠度等级划分见表5-29。

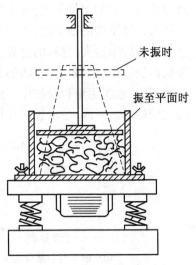

未振时

振至平面时

图5-7　维勃稠度测定示意

3. 流动性(稠度)的选择

混凝土拌合物坍落度的选择,应根据施工条件、构件截面尺寸、配筋情况、施工方法等来确定。一般,构件截面尺寸较小、钢筋较密,或采用人工拌合与振捣时,坍落度应选择大些。反之,如构件截面尺寸较大、钢筋较疏,或采用机械振捣时,坍落度应选择小些。混凝土浇筑时的坍落度,宜按表5-30选用。

表5-30　混凝土浇筑时的坍落度

项次	结构种类	坍落度(mm)
1	基础或地面等的垫层,无配筋的大体积结构或配筋稀疏的结构	10~30
2	板、梁和大型及中型截面的柱子等	30~50
3	配筋密列的结构(如薄壁、斗仓、筒仓、细柱等)	50~70
4	配筋特密的结构	70~90

注:1. 本表系采用机械振捣时的坍落度,当采用人工振捣时可适当增大。

2. 轻骨料混凝土拌合物,坍落度宜较表中数值减少 10~20 mm。

4. 影响和易性的主要因素

1) 水泥浆数量和单位用水量

在混凝土骨料用量、水胶比一定的条件下,填充在骨料之间的水泥浆数量越多,水泥浆对骨料的润滑作用较充分,混凝土拌合物的流动性增大。但增加水泥浆数量过多,不仅浪费水泥,而且会使拌合物的黏聚性、保水性变差,产生分层、泌水现象。水泥浆过少,则不能填满骨料空隙或不能很好包裹骨料表面,不宜成形。因此,水泥浆的数量应以满足流动性要求为准。

混凝土中的用水量对拌合物的流动性起决定性的作用。实践证明,在骨料一定的条件下,为了达到拌合物流动性的要求,所加的拌合水量基本是一个固定值,即使水泥用量在一定范围内改变(每立方米混凝土增减 50~100 kg),也不会影响流动性。这一法则在混凝土学中称为固定加水量法则。必须指出,在施工中为了保证混凝土的强度和耐久性,不允许采用单纯增加用水量的方法来提高拌合物的流动性,应在保持水胶比一定时,同时增加水和胶凝材料的数量,骨料绝对数量一定但相对数量减少,使拌合物满足施工要求。

2) 砂率

砂率是指混凝土拌合物中砂的质量占砂、石子总质量的百分数。单位体积混凝土中,在水泥浆量一定的条件下,若砂率过小,砂不能填满石子之间的空隙,或填满后不能保证石子之间有足够厚度的砂浆层,不仅会降低拌合物的流动性,而且还会影响拌合物的黏聚性和保水性。若砂率过大,骨料的总表面积及空隙率会增大,包裹骨料表面的水泥浆数量减少,水泥浆的润滑作用减弱,拌合物的流动性变差。因此,砂率不能过小也不能过大,应选取合理砂率,即在水泥用量和水胶比一定的条件下,拌合物的黏聚性、保水性符合要求,同时流动性最大的砂率。同理,在水胶比和坍落度不变的条件下,水泥用量最小的砂率也是合理砂率。

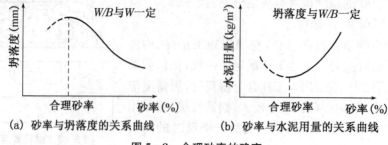

图 5-8　合理砂率的确定

3)原材料品种及性质

水泥的品种、颗粒细度,骨料的颗粒形状、表面特征、级配,外加剂等对混凝土拌合物的和易性都有影响。采用矿渣水泥拌制的混凝土流动性比用普通水泥拌制的混凝土流动性小,且保水性差;水泥颗粒越细,混凝土流动性越小,但黏聚性及保水性较好。卵石拌制的混凝土拌合物比碎石拌制的流动性好;河砂拌制的混凝土流动性好;级配好的骨料,混凝土拌合物的流动性也好。加入减水剂和引气剂可明显提高拌合物的流动性;引气剂能有效地改善混凝土拌合物的保水性和黏聚性。

4)施工方面

混凝土拌制后,随时间的延长和水分的减少而逐渐变得干稠,流动性减小。施工中环境的温度、湿度变化,搅拌时间及运输距离的长短,称料设备及振捣设备的性能等都会对混凝土和易性产生影响。因此,施工中为保证混凝土具有良好的和易性,必须根据环境温湿度变化采取相应的措施。

二、混凝土的强度

混凝土的强度包括抗压强度、抗拉强度、抗剪强度和抗弯强度等,其中抗压强度最高,因此混凝土主要用于承受压力的工程部位。

1. 立方体抗压强度与强度等级

按照《普通混凝土力学性能试验方法标准》(GB/T 50081—2002)的规定,混凝土立方体抗压强度是指制作以边长为 150 mm 的标准立方体试件,成形后立即用不透水的薄膜覆盖表面,在温度为(20±5)℃的环境中静置一昼夜至两昼夜,然后在标准养护条件下[温度为(20±2)℃,相对湿度95%以上]或在温度为(20±2)℃的不流动的 $Ca(OH)_2$ 饱和溶液中,养护至 28 d 龄期(从搅拌加水开始计时),采用标准试验方法测得的混凝土极限抗压强度,用 f_{cu} 表示。

立方体抗压强度测定采用的标准试件尺寸为 150 mm×150 mm×150 mm。也可根据粗骨料的最大粒径选择尺寸为 100 mm×100 mm×100 mm 和 200 mm×200 mm×200 mm 的非标准试件,但强度测定结果必须乘以换算系数,具体见表 5-31。

表 5-31 混凝土试件尺寸选择与强度的尺寸换算系数

试件种类	试件尺寸(mm)	粗骨料最大粒径(mm)	换算系数
标准试件	150×150×150	≤40	1.00
非标准试件	100×100×100	≤31.5	0.95
	200×200×200	≤60	1.05

混凝土强度等级是根据混凝土立方体抗压强度标准值划分的级别,采用符号 C 和混凝土立方体抗压强度标准值($f_{cu,k}$)表示。主要有 C15、C20、C25、C30、C35、C40、C45、C50、C55、C60、C65、C70、C75、C80 十四个强度等级。

混凝土立方体抗压强度标准值($f_{cu,k}$)系指按标准方法制作养护的边长为 150 mm 的立方体试件,在规定龄期用标准试验方法测得的、具有 95% 保证率的抗压强度值。

2. 轴心抗压强度

轴心抗压强度,是以 150 mm×150 mm×300 mm 的棱柱体试件为标准试件,在标准养护条件下养护 28 d,测得的抗压强度,以 f_{cp} 表示。

在钢筋混凝土结构设计中,计算轴心受压构件时都采用轴心抗压强度作为计算依据,因为其接近于混凝土构件的实际受力状态。混凝土轴心抗压强度值比同截面的立方体抗压强度要小,在结构设计计算时,一般取 $f_{cp} = (0.63 \sim 0.67) f_{cu,k}$。

3. 抗拉强度

混凝土的抗拉强度采用劈裂抗拉试验法测得,但其值较低,一般为抗压强度的 1/10~1/20。在工程设计时,一般不考虑混凝土的抗拉强度,但混凝土的抗拉强度对抵抗裂缝的产生具有重要意义,在结构设计中,混凝土抗拉强度是确定混凝土抗裂度的重要指标。

4. 影响混凝土抗压强度的因素

影响混凝土抗压强度的因素很多,包括原材料的质量、材料用量之间的比例关系、施工方法(拌合、运输、浇筑、养护)以及试验条件(龄期、试件形状与尺寸、试验方法、温度及湿度)等。

1)胶凝材料强度和水胶比

混凝土中的水泥和活性矿物掺合料总称为胶凝材料。胶凝材料强度的大小直接影响着混凝土强度的高低。在配合比相同的条件下,所用的胶凝材料强度越高,配制的混凝土强度也越高。当胶凝材料强度相同时,混凝土的强度主要取决于水胶比,水胶比越大,混凝土的强度越低。这是因为胶凝材料中水泥水化时所需的化学结合水,一般只占水泥质量 23% 左右,但在实际拌制混凝土时,为了获得必要的流动性,常需要加入较多的水,约占水泥质量的 40%~70%。多余的水分残留在混凝土中形成水泡,蒸发后形成气孔,使混凝土密实度降低,强度下降。但是,如果水胶比过小,拌合物过于干硬,在一定的捣实成形条件下,无法保证浇筑质量,混凝土中将出现较多的蜂窝、孔洞,强度也将下降。试验证明,混凝土强度随水胶比的增大而降低,其规律呈曲线关系;而与胶水比呈直线关系。

根据工程实践经验,应用数理统计方法,可建立混凝土强度与胶凝材料强度及胶水比等因素之间的线性经验公式：

$$f_{cu} = \alpha_a \cdot f_b (B/W - \alpha_b)。 \tag{5-14}$$

式中：f_{cu} 为混凝土 28 d 龄期的抗压强度值（MPa）；f_b 为胶凝材料 28 d 抗压强度（MPa）；B/W 为混凝土胶水比，即水胶比的倒数；α_a、α_b 为回归系数，与水泥、骨料的品种有关。

强度公式适用于流动性混凝土和低流动性混凝土，不适用于干硬性混凝土。对流动性混凝土而言，只有在原材料相同、工艺措施相同的条件下 α_a、α_b 才可视为常数。因此，必须结合工地的具体条件，如施工方法及材料的质量等，进行不同水胶比的混凝土强度试验，求出符合当地实际情况的 α_a、α_b，这样既能保证混凝土的质量，又能取得较好的经济效果。若无试验条件，可按《普通混凝土配合比设计规程》（JGJ 55—2011）提供的经验数值：采用碎石时，$\alpha_a = 0.53$，$\alpha_b = 0.20$；采用卵石时，$\alpha_a = 0.49$，$\alpha_b = 0.13$。

强度公式可解决两个问题：一是混凝土配合比设计时，估算应采用的 W/B 值；二是混凝土质量控制过程中，估算混凝土 28 d 可以达到的抗压强度。

2）骨料的种类和级配

骨料中有害杂质过多且品质低劣时，将降低混凝土的强度。骨料表面粗糙，则与水泥石黏结力较大，混凝土强度高。骨料级配好、砂率适当，能组成密实的骨架，混凝土强度也较高。

3）养护温度和湿度

混凝土浇筑成形后，所处的环境温度对混凝土的强度影响很大。混凝土的硬化，在于水泥的水化作用，周围温度升高，水泥水化速度加快，混凝土强度发展也就加快。反之，温度降低时，水泥水化速度降低，混凝土强度发展将相应迟缓。当温度降至冰点以下时，混凝土的强度停止发展，并且由于孔隙内水分结冰而引起膨胀，使混凝土的内部结构遭受破坏。混凝土早期强度低，更容易冻坏。湿度适当时，水泥水化能顺利进行，混凝土强度得到充分发展。如果湿度不够，会影响水泥水化作用的正常进行，甚至停止水化。这不仅严重降低混凝土的强度，而且水化作用未能完成，使混凝土结构疏松，渗水性增大，或形成干缩裂缝，从而影响其耐久性。

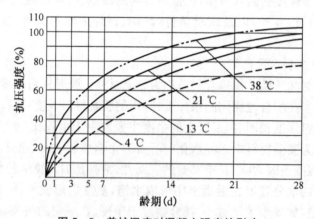

图 5-9 养护温度对混凝土强度的影响

《混凝土结构工程施工质量验收规范》（GB 50204）规定，对已浇注完毕的混凝土，应在 12 h 内加以覆盖和浇水。覆盖可采用锯末、塑料薄膜、麻袋片等。对于硅酸盐水泥、普通硅酸盐水泥或矿渣硅酸盐水泥拌制的混凝土,浇水养护时间不得少于 7 d;对掺缓凝型外加剂或有抗渗要求的混凝土不得少于 14 d,浇水次数应能保持混凝土表面长期处于潮湿状态。当日平均气温低于 5 ℃时,不得浇水。

4)硬化龄期

混凝土在正常养护条件下,其强度将随着龄期的增长而增长。最初 7~14 d 内,强度增长较快,28 d 达到设计强度。以后增长缓慢,但若保持足够的温度和湿度,强度的增长将延续几十年。普通水泥制成的混凝土,在标准条件下,混凝土强度的发展大致与其龄期的对数成正比关系(龄期不小于 3 d),如式(5-15)所示:

$$\frac{f_n}{f_{28}} = \frac{\lg n}{\lg 28°}$$
（5-15）

式中:f_n 为 n d($n \geqslant 3$)龄期混凝土的抗压强度(MPa);f_{28} 为 28 d 龄期混凝土的抗压强度(MPa)。

5)混凝土外加剂与掺合料

在混凝土中掺入早强剂,可提高混凝土早期强度;掺入减水剂,可提高混凝土强度;掺入一些掺合料,可配制高强度混凝土。详细内容见混凝土外加剂和掺合料部分。

6)施工工艺

混凝土的施工工艺包括配料、拌合、运输、浇筑、振捣、养护等工序,每一道工序对其质量都有影响。若配料不准确、误差过大,搅拌不均匀,拌合物运输过程中产生离析,振捣不密实,养护不充分等均会降低混凝土强度。因此,在施工过程中,一定要严格遵守施工规范,确保混凝土的强度。

三、混凝土的耐久性

硬化后的混凝土除了具有设计要求的强度外,还应具有与所处环境相适应的耐久性。混凝土的耐久性是指混凝土抵抗环境条件的长期作用,并保持其稳定良好的使用性能和外观完整性,从而维持混凝土结构安全、正常使用的能力。混凝土的耐久性主要包括抗冻性、抗渗性、抗侵蚀性、抗碳化及碱骨料反应等。

1. 抗渗性

抗渗性是指混凝土抵抗压力水、油等液体渗透的性能。混凝土的抗渗性主要与其密实度及内部孔隙的大小和构造特征有关。

混凝土的抗渗性用抗渗等级(P)表示,即以 28 d 龄期的标准试件,按标准试验方法进行试验所能承受的最大水压力(MPa)来确定。混凝土的抗渗等级有 P6、P8、P10、P12 及以上等级。如抗渗等级 P6,表示混凝土能抵抗 0.6 MPa 的静水压力而不发生渗透。

2. 抗冻性

混凝土的抗冻性是指混凝土在含水饱和状态下能经受多次冻融循环而不破坏,同时强度也不严重降低的性能。混凝土受冻后,混凝土中水分受冻结冰,体积膨胀,当膨胀力超过其抗拉强度时,混凝土将产生微细裂缝,反复冻融使裂缝不断扩展,混凝土强度降低甚至破坏,影响建筑物的安全。

混凝土的抗冻性用抗冻等级表示。抗冻等级是以 28 d 龄期的混凝土标准试件,在饱和水状态下,承受反复冻融循环,以强度损失不超过 25% 且质量损失不超过 5% 时,混凝土所能承受的最大冻融循环次数来表示。混凝土抗冻等级划分为：F50、F100、F150、F200、F250和F300等，分别表示混凝土能够承受反复冻融循环次数为50、100、150、200、250和300。

混凝土的抗冻性主要决定于混凝土的孔隙率、孔隙特征及吸水饱和程度等因素。孔隙率较小且具有封闭孔隙的混凝土，其抗冻性较好。

3. 抗侵蚀性

当混凝土所处环境中含有侵蚀性介质时，混凝土便会遭受侵蚀。侵蚀介质对混凝土的侵蚀主要是对水泥石的侵蚀，其侵蚀机理详见单元四水泥部分。随着混凝土在地下工程、海岸与海洋工程等恶劣环境中的应用，对混凝土的抗侵蚀性提出了更高的要求。

混凝土的抗侵蚀性与所用水泥品种、混凝土的密实程度和孔隙特征等有关，密实和孔隙封闭的混凝土，环境水不易侵入，抗侵蚀性较强。

4. 抗碳化

混凝土的碳化是指混凝土内水泥石中的氢氧化钙与空气中的二氧化碳，在湿度适宜时发生化学反应，生成碳酸钙和水，碳化也称中性化。碳化是二氧化碳由表及里向混凝土内部逐渐扩散的过程。碳化引起水泥石化学组成及组织结构的变化，对混凝土的碱度、强度和收缩产生影响。

碳化对混凝土性能既有有利的影响，也有不利的影响。其不利影响首先是碱度降低减弱了对钢筋的保护作用。这是因为混凝土中水泥水化生成大量的氢氧化钙，使钢筋处在碱性环境中而在表面生成一层钝化膜，保护钢筋不易腐蚀。但当碳化深度穿透混凝土保护层而达钢筋表面时，钢筋钝化膜被破坏而发生锈蚀，此时产生体积膨胀，致使混凝土保护层产生开裂，开裂后的混凝土更有利于二氧化碳、水、氧等有害介质的进入，加剧了碳化的进行和钢筋的锈蚀，最后导致混凝土产生顺筋开裂而破坏。另外，碳化作用会增加混凝土的收缩，引起混凝土表面产生拉应力而出现微细裂缝，从而降低混凝土的抗拉、抗折强度及抗渗性能。

碳化作用对混凝土也有一些有利影响，即碳化作用产生的碳酸钙填充了水泥石的孔隙，以及碳化时放出的水分有助于未水化水泥的水化，从而可提高混凝土碳化层的密实度，对提高抗压强度有利。

影响碳化速度的主要因素有环境中二氧化碳的浓度、水泥品种、水胶比、环境湿度等。二氧化碳浓度高，碳化速度快；当环境中的相对湿度在50%～75%，碳化速度最快，当相对湿度小于25%或大于100%时，碳化将停止；水胶比愈小，混凝土愈密实，二氧化碳和水不易侵入，碳化速度就慢；掺混合材料的水泥碱度降低，碳化速度随混合材料掺量的增多而加快。

5. 碱骨料反应

碱骨料反应是指水泥、外加剂等混凝土组成物及环境中的碱与骨料中碱活性矿物在潮湿环境下缓慢发生并导致混凝土开裂破坏的膨胀反应。常见的碱骨料反应有碱-氧化硅反应、碱-硅酸盐反应、碱-碳酸盐反应三种类型。碱骨料反应后，会在骨料表面形成复杂的碱硅酸凝胶，吸水后凝胶不断膨胀而使混凝土产生膨胀性裂纹，严重时会导致结构破坏。碱骨料反应的发生必须具备三个条件：一是水泥、外加剂等混凝土原材料中碱的含量必须高；二是骨料中含有一定的碱活性成分；三是要有潮湿环境。因此，为了防止碱骨料反应，应严格控制水泥等混凝土原材料中碱的含量和骨料中碱活性物质的含量。

6. 提高混凝土耐久性的措施

混凝土所处的环境和使用条件不同,其耐久性的要求也不相同,但影响耐久性的因素却有许多相同之处,混凝土的密实程度是影响耐久性的主要因素,其次是原材料的性质、施工质量等。提高混凝土耐久性的主要措施有:

1) 合理选择混凝土的组成材料

(1) 应根据混凝土的工程特点和所处的环境条件合理选择水泥品种。

(2) 选择质量良好、技术要求合格的骨料。

2) 提高混凝土制品的密实度

(1) 严格控制混凝土的水胶比、最低强度等级和最小胶凝材料用量。混凝土的最大水胶比和最低强度等级应根据混凝土结构所处的环境类别(表5-32),按表5-33确定。混凝土的最小胶凝材料用量应符合表5-34中的规定。

(2) 选择级配良好的骨料及合理砂率值,保证混凝土的密实度。

(3) 掺入适量减水剂,可减少混凝土的单位用水量,提高混凝土的密实度。

(4) 严格按操作规程进行施工操作,加强搅拌、合理浇注、振捣密实、加强养护,确保施工质量,提高混凝土制品的密实度。

表5-32　混凝土结构的环境类别(GB 50010—2010)

环境类别	条件
一	室内干燥环境; 无侵蚀性静水浸没环境
二(a)	室内潮湿环境; 非严寒和非寒冷地区的露天环境; 非严寒和非寒冷地区与无侵蚀性的水或土壤直接接触的环境; 严寒和寒冷地区的冰冻线以下与无侵蚀性的水或土壤直接接触的环境
二(b)	干湿交替环境; 水位频繁变动环境; 严寒和寒冷地区的露天环境; 严寒和寒冷地区冰冻线以上与无侵蚀性的水或土壤直接接触的环境
三(a)	严寒和寒冷地区冬季水位变动区环境; 受除冰盐影响环境; 海风环境
三(b)	盐渍土环境; 受除冰盐作用环境; 海岸环境
四	海水环境
五	受人为或自然的侵蚀性物质影响的环境

注:1. 室内潮湿环境是指构件表面经常处于结露或湿润状态的环境。

2. 严寒和寒冷地区的划分应符合国家现行标准《民用建筑热工设计规范》(GB 50176)的有关规定。

3. 海岸环境和海风环境宜根据当地情况,考虑主导风向及结构所处迎风、背风部位等因素的影响,由调查研究和工程经验确定。

4. 受除冰盐影响环境为受到除冰盐盐雾影响的环境;受除冰盐作用环境指被除冰盐溶液溅射的环境以及使用除冰盐地区的洗车房、停车楼等建筑。

表 5－33　结构混凝土材料的耐久性基本要求（GB 50010—2010）

环境等级	最大水胶比	最低强度等级	最大氯离子含量（%）	最大碱含量（kg/m³）
一	0.60	C20	0.30	不限制
二(a)	0.55	C25	0.20	
二(b)	0.50(0.55)	C30(C25)	0.15	
三(a)	0.45(0.50)	C35(C30)	0.15	3.0
三(b)	0.40	C40	0.10	

注：1. 本表适用于设计使用年限为 50 年的混凝土结构，对设计使用年限为 100 年的混凝土结构应符合 GB 50010—2010 的相应规定。

2. 氯离子含量系指其占胶凝材料总量的百分比。

3. 预应力构件混凝土中的最大氯离子含量为 0.06%；最低混凝土强度等级应按表中的规定提高两个等级。

4. 素混凝土构件的水胶比及最低强度等级的要求可适当放松。

5. 有可靠工程经验时，二类环境中的最低混凝土强度等级可降低一个等级。

6. 处于严寒和寒冷地区二(b)、三(a)类环境中的混凝土应使用引气剂，并可采用括号中的有关参数。

7. 当使用非碱活性骨料时，对混凝土中的碱含量可不作限制。

表 5－34　混凝土的最小胶凝材料用量（JGJ 55—2011）

最大水胶比	最小胶凝材料用量（kg/m³）		
	素混凝土	钢筋混凝土	预应力混凝土
0.60	250	280	300
0.55	280	300	300
0.50	320		
≤0.45	330		

注：配制 C15 及其以下强度等级的混凝土不受此表限制。

3）改善混凝土的孔隙结构

在混凝土中掺入适量引气剂，可改善混凝土内部的孔隙结构，可以提高混凝土的抗渗性、抗冻性及抗侵蚀性。

四、混凝土外加剂

在拌制混凝土过程中掺入的不超过水泥质量的 5%（特殊情况除外），用以改善混凝土性能的化学物质，称为混凝土外加剂。

混凝土外加剂在掺量较少的情况下，可以明显改善混凝土的性能，包括改善混凝土拌合物和易性、调节凝结时间、提高混凝土强度及耐久性等。混凝土外加剂在工程中的应用越来越广泛，已逐渐成为混凝土中必不可少的第五种组成材料。

根据国家标准《混凝土外加剂定义、分类、命名与术语》（GB/T 8075—2005）的规定，混凝土外加剂按照其主要使用功能分为四类：

（1）改善混凝土拌合物流变性能的外加剂，包括各种减水剂和泵送剂等。

（2）调节混凝土凝结时间、硬化性能的外加剂，包括缓凝剂、早强剂和速凝剂等。

（3）改善混凝土耐久性的外加剂，包括引气剂、防水剂和阻锈剂等。

（4）改善混凝土其他性能的外加剂，包括膨胀剂、防冻剂、着色剂等。

1. 减水剂

减水剂是指在混凝土坍落度基本相同的条件下，能减少拌合用水量的外加剂。根据减水剂的作用效果及功能不同，减水剂可分为普通减水剂、高效减水剂、早强减水剂、缓凝减水剂、引气减水剂、缓凝高效减水剂等。

1）减水剂的作用机理

常用的减水剂属于离子型表面活性剂。当表面活性剂溶于水后，受水分子的作用，亲水基团吸引水分子，溶于水中；憎水基团则吸附于固相表面，溶解于油类或指向空气中，作定向排列，降低了水的表面张力。

在水泥加水拌合形成水泥浆的过程中，由于水泥为颗粒状材料，其比表面积较大，颗粒之间容易吸附在一起，把一部分水包裹在颗粒之间而形成絮凝状结构，包裹的水分不能起到增大流动性的作用，因此混凝土拌合物流动性降低。

当水泥浆中加入表面活性剂后，一方面表面活性剂在水泥颗粒表面作定向排列使水泥颗粒表面带有同种电荷，这种排斥力远远大于水泥颗粒之间的分子引力，使水泥颗粒分散，絮凝状结构中包裹的水分释放出来，混凝土拌合用水的作用得到充分发挥，拌合物的流动性明显提高，其原理如图 5-10 所示。另一方面，表面活性剂的极性基与水分子产生缔合作用，使水泥颗粒表面形成一层溶剂化水膜，阻止了水泥颗粒之间直接接触，起到润滑作用，改善了拌合物的流动性。

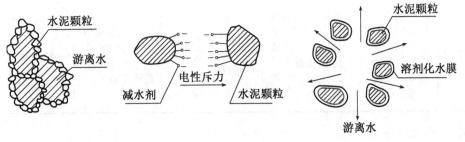

图 5-10　减水剂的作用示意

2）减水剂的作用效果

在混凝土中掺入减水剂后，具有以下技术经济效果：

（1）提高混凝土强度。在混凝土中掺入减水剂后，可在混凝土拌合物坍落度基本不变的情况下，减少混凝土的单位用水量 5%～25%（普通型 5%～15%，高效型 10%～30%），从而降低了混凝土水胶比，提高混凝土强度。

（2）提高混凝土拌合物的流动性。在混凝土各组成材料用量一定的条件下，加入减水剂能明显提高混凝土拌合物的流动性，一般坍落度可提高 100～200 mm。

（3）节约水泥。在混凝土拌合物坍落度、强度一定的情况下，拌合用水量减少的同时，水泥用量也可以减少，可节约水泥 5%～20%。

（4）改善混凝土拌合物的其他性能。掺入减水剂后，可以减少混凝土拌合物的泌水、离析现象；延缓拌合物的凝结时间；减缓水泥水化放热速度；显著提高混凝土硬化后的抗渗性和抗冻性,提高混凝土的耐久性。

3)常用的减水剂

减水剂是目前应用最广的外加剂,按化学成分分为木质素系减水剂、萘系减水剂、树脂系减水剂、糖蜜系减水剂及腐殖酸系减水剂等。各系列减水剂的主要品种、性能及适用范围见表5-35。

表5-35 常用减水剂的品种及性能

种类	木质素	萘系	树脂系	糖蜜系	腐殖酸系
类别	普通减水剂	高效减水剂	早强减水剂(高效减水剂)	缓凝减水剂	普通减水剂
主要品种	木质素磺酸钙(木钙粉、M型减水剂)、木质素磺酸钠等	NNO、NF、FDN、UNF、JN、MF等	FG-2,ST、TF	长城牌、天山牌	腐殖酸
适宜掺量	0.2%~0.3%	0.2%~1%	0.5%~2%	0.2%~0.3%	0.3%
减水率	10%左右	15%以上	20%~30%	6%~10%	8%~10%
早强效果	一般	显著	显著(7 d可达28 d强度)	一般	有早强型、缓凝型两种
缓凝效果	1~3 h	一般	一般	3 h以上	一般
引气效果	1%~2%	部分品种<2%	一般	一般	一般
适用范围	一般混凝土工程及大模板、滑模、泵送、大体积及夏季施工的混凝土工程	适用于所有混凝土工程,特别适用于配制高强混凝土及大流动性混凝土	因价格较高,宜用于有特殊要求的混凝土工程	大体积混凝土工程及滑模、夏季施工的混凝土工程	一般混凝土工程

4)减水剂的掺法

(1)先掺法。将粉状减水剂与水泥先混合后再与骨料和水一起搅拌。其优点是使用较为方便;缺点是当减水剂中有较粗颗粒时,难以与水泥相互分散均匀而影响其使用效果。先掺法主要适用于容易与水泥均匀分散的粉状减水剂。

(2)同掺法。先将减水剂溶解于水溶液中,再以此溶液拌制混凝土。优点是计量准确且易搅拌均匀,使用方便,它最适合于可溶性较好的减水剂。

(3)滞水法。在混凝土已经搅拌一段时间(1~3 min)后再掺加减水剂。其优点是可更充分发挥减水剂的作用效果,但该法需要延长搅拌时间,影响生产效率。

(4)后掺法。混凝土初次拌合时不掺加减水剂,待其在运输途中或运至施工现场分一次或几次加入,再经二次或多次搅拌,成为混凝土拌合物。其优点是可减少、抑制混凝土拌合物在长距离运输过程中的分层、离析和坍落度损失,充分发挥减水剂的使用效果,但增加了搅拌次数,延长了搅拌时间。该法特别适用于远距离运输的商品混凝土。

2. 早强剂

早强剂是指掺入混凝土中能够提高混凝土早期强度,对后期强度无明显影响的外加剂。

早强剂可在不同温度下加速混凝土强度发展,多用于要求早拆模、抢修工程及冬季施工的工程。

　　工程中常用早强剂的品种主要有无机盐类、有机物类和复合早强剂。常用早强剂的品种、掺量等见表 5-36。

表 5-36　常用早强剂的品种、掺量及作用效果

种类	无机盐类早强剂	有机物类早强剂	复合早强剂
主要品种	氯化钙、硫酸钠	三乙醇胺、三异丙醇胺、尿素等	二水石膏+亚硝酸钠+三乙醇胺
适宜掺量	氯化钙 1%～2%;硫酸钠 0.5%～2%	0.02%～0.05%	2%二水石膏+1%亚硝酸钠+0.05%三乙醇胺
作用效果	氯化钙:可使 2～3 d 强度提高 40%～100%,7 d 强度提高 25%		能使 3 d 强度提高 50%
注意事项	氯盐会锈蚀钢筋,掺量必须符合有关规定	对钢筋无锈蚀作用	早强效果显著,适用于严格禁止使用氯盐的钢筋混凝土

3. 引气剂

　　引气剂是指在混凝土搅拌过程中能引入大量均匀分布、稳定而封闭的微小气泡而改善混凝土性能的外加剂。引气剂具有降低固-液-气三相表面张力,并使气泡排开水分而吸附于固相表面的能力。在搅拌过程中使混凝土内部的空气形成大量孔径约为 0.05～0.25 mm 的微小气泡,均匀分布于混凝土拌合物中,可改善混凝土拌合物的流动性。同时也改善了混凝土内部孔隙的特征,显著提高混凝土的抗冻性和抗渗性。但混凝土含气量的增加,会降低混凝土的强度。通常,混凝土中含气量每增加 1%,其抗压强度可降低 4%～6%。引气剂的掺量应根据混凝土含气量要求来确定,一般混凝土的含气量为 3.0%～6.0%。

　　工程中常用的引气剂为松香热聚物,其掺量为水泥用量的 0.01%～0.02%。

4. 缓凝剂

　　缓凝剂是指能延缓混凝土凝结时间,并对混凝土后期强度发展无不利影响的外加剂。兼有缓凝和减水作用的外加剂称为缓凝减水剂。

　　常用的缓凝剂是糖钙、木钙,它具有缓凝及减水作用。其次有羟基羟酸及其盐类,有柠檬酸、酒石酸钾钠等。无机盐类有锌盐、硼酸盐。此外,还有胺盐及其衍生物、纤维素醚等。

　　缓凝剂适用于要求延缓混凝土凝结时间的施工中,如在气温高、运距长的情况下,可防止混凝土拌合物发生过早坍落度损失;又如分层浇筑的混凝土,为防止出现冷缝,也常加入缓凝剂。另外,在大体积混凝土中为了延长放热时间,也可掺入缓凝剂。

5. 速凝剂

　　能使混凝土迅速凝结硬化的外加剂称为速凝剂。速凝剂的主要种类有无机盐类和有机物类。常用的速凝剂是无机盐类,产品型号有红星 1 型、711 型、782 型等。

　　通常,速凝剂的主要成分是铝酸钠或碳酸钠等盐类。当混凝土中加入速凝剂后,其中的铝酸钠、碳酸钠等盐类在碱性溶液中迅速与水泥中的石膏反应生成硫酸钠,并使石膏丧失原有的缓凝作用,导致水泥中的 C_3A 迅速水化,促进溶液中水化物晶体的快速析出,从而使混

凝土中水泥浆迅速凝固。

速凝剂主要用于矿山井巷、隧道、基坑等工程的喷射混凝土或喷射砂浆施工。

6. 防冻剂

能使混凝土在负温下硬化,并在规定养护条件下达到预期性能的外加剂,称为防冻剂。常用的防冻剂是由多组分复合而成的,其主要组分有防冻组分、减水组分、早强组分等。

防冻组分是复合防冻剂中的重要组分,按其成分可分为 3 类:

(1)氯盐类:常用的有氯化钙、氯化钠。由于氯化钙参与水泥的水化反应,不能有效地降低混凝土中液相的冰点,故常与氯化钠复合使用,通常采用配比为氯化钙：氯化钠=2：1。

(2)氯盐阻锈类:氯盐与阻锈剂复合而成。阻锈剂有亚硝酸钠、铬酸盐、磷酸盐、聚磷酸盐等,其中亚硝酸钠阻锈效果最好,故被广泛应用。

(3)无氯盐类:有硝酸盐、亚硝酸盐、碳酸盐、尿素、乙酸盐等。

复合防冻剂中的减水组分、引气组分、早强组分则分别采用前面所述的减水剂、引气剂、早强剂。

7. 泵送剂

泵送剂是指能改善混凝土拌合物泵送性能的外加剂。所谓泵送性能,就是混凝土拌合物具有能顺利通过输送管道、不阻塞、不离析、黏塑性良好的性能。泵送剂是由减水剂、缓凝剂、引气剂等多组分复合而成。

泵送剂具有高流化、黏聚、润滑、缓凝之功效,适合制作高强或流态型的混凝土,适用于工业与民用建筑物及其他构筑物的泵送施工的混凝土,适用于滑模施工,也适用于水下灌注桩混凝土。

五、矿物掺合料

矿物掺合料是指以氧化硅、氧化铝为主要成分,在混凝土中可以代替部分水泥、改善混凝土性能,且掺量不小于 5% 的具有火山灰活性的粉体材料,也称为矿物外加剂,是混凝土的第六组分。

矿物掺合料分为活性和非活性两类。活性掺合料应用较为广泛,多数为工业废料,既可以取得良好的技术效果,也有利于环保、节能。常用的矿物掺合料有:粉煤灰、硅粉、超细矿渣及各种天然的火山灰质材料粉末,如凝灰岩粉、沸石粉等。

1. 粉煤灰

粉煤灰又称飞灰,是由燃烧煤粉的锅炉烟气中收集到的细粉末,其颗粒多呈球形,表面光滑。粉煤灰按煤种分为 F 类和 C 类。F 类粉煤灰是指由无烟煤或烟煤煅烧收集的粉煤灰。C 类粉煤灰是指由褐煤或次烟煤煅烧收集的粉煤灰,其氧化钙含量一般大于 10%。

粉煤灰的化学成分主要有 SiO_2、Al_2O_3、Fe_2O_3 等,其中 SiO_2 和 Al_2O_3 两者含量之和常在 60% 以上,是决定粉煤灰活性的主要成分。当粉煤灰掺入混凝土时,粉煤灰具有火山灰活性作用,它吸收氢氧化钙后生成硅酸钙凝胶,成为胶凝材料的一部分,微珠球状颗粒,具有增大混凝土拌合物流动性、减少泌水、改善混凝土和易性的作用。粉煤灰水化反应很慢,它在混凝土中长期以固体颗粒形态存在,具有填充骨料空隙的作用,可提高混凝土的密实性。此外,混凝土中加入粉煤灰还可以起到节约水泥、降低混凝土水化热、抑制碱-骨料反应等作用。

国家标准《用于水泥和混凝土中的粉煤灰》(GB/T 1596—2005)将粉煤灰分为Ⅰ级、Ⅱ级、Ⅲ级三个等级,见表5-37。

表5-37　拌制混凝土和砂浆用粉煤灰技术要求

项目		技术要求		
		Ⅰ级	Ⅱ级	Ⅲ级
细度(45 μm方孔筛筛余)(%),≤	F类粉煤灰	12.0	25.0	45.0
	C类粉煤灰			
需水量比(%),≤	F类粉煤灰	95	105	115
	C类粉煤灰			
烧失量(%),≤	F类粉煤灰	5.0	8.0	15.0
	C类粉煤灰			
含水量(%),≤	F类粉煤灰	1.0		
	C类粉煤灰			
三氧化硫(%),≤	F类粉煤灰	3.0		
	C类粉煤灰			
游离氧化钙(%),≤	F类粉煤灰	1.0		
	C类粉煤灰	4.0		
安定性 雷式夹沸煮后增加距离(mm),≤	C类粉煤灰	5.0		

混凝土中掺入粉煤灰的效果与粉煤灰的掺入方式有关。常用的方式有等量取代水泥法、超量取代水泥法、粉煤灰代砂法。

当掺入粉煤灰等量取代水泥时,称为等量取代水泥法。此时,由于粉煤灰活性较低、混凝土早期及28 d龄期强度较低,但随着龄期的延长,掺粉煤灰混凝土强度可逐步赶上基准混凝土(不掺粉煤灰,其他配合比一样的混凝土)。由于混凝土内水泥用量的减少,可节约水泥并减少混凝土发热量,还可以改善混凝土的和易性,提高混凝土抗渗性,故常用于大体积混凝土。

为了保持混凝土28 d强度及和易性不变,常采用超量取代水泥法,即粉煤灰的掺入量大于所取代的水泥量,多出的粉煤灰取代同体积的砂,混凝土内石子用量及用水量基本不变。

当掺入粉煤灰时仍保持混凝土水泥用量不变,则混凝土黏聚性及保水性将显著优于基准混凝土,此时,可减少混凝土中砂的用量,称为粉煤灰代砂法。由于粉煤灰具有火山灰活性,混凝土强度将高于基准混凝土,混凝土和易性及抗渗性等都有显著改善。

混凝土中掺入粉煤灰时,常与减水剂或引气剂等外加剂同时掺用,称为双掺技术。减水剂的掺入可以克服某些粉煤灰增大混凝土需水量的缺点;引气剂的掺用,可以解决粉煤灰混凝土抗冻性较低的问题;在低温条件下施工时,宜掺入早强剂或防冻剂;阻锈剂可以改善粉煤灰混凝土抗碳化性能,防止钢筋锈蚀。

2. 硅粉

硅粉也称硅灰,是从冶炼硅铁和其他硅金属工厂的废烟气中回收的副产品,其主要成分为二氧化硅。硅粉颗粒极细、活性很高,是一种较好地改善混凝土性能的掺合料。硅粉呈灰白色,无定形二氧化硅含量一般为 85%～96%,其他氧化物的含量都很少。硅粉粒径为 0.1～1.0 μm,比表面积为 20 000～25 000 m²/kg,密度为 2 100～2 200 kg/m³,松散堆积密度为 250～300 kg/m³。在混凝土中掺入硅粉后,可取得如下的效果:

1) 改善混凝土拌合物和易性

由于硅粉颗粒极细,比表面积大,需水量为普通水泥的 130%～150%,故混凝土流动性随硅粉掺量的增加而减小。为了保持混凝土流动性,必须掺用高效减水剂。硅粉的掺入,能显著改善混凝土的黏聚性及保水性,使混凝土完全不离析和几乎不泌水,故适宜配制高流态混凝土、泵送混凝土及水下灌注混凝土。掺硅粉后,混凝土含气量略有减小。为了保持混凝土含气量不变,必须增加引气剂用量。当硅粉掺量为 10% 时,一般引气剂用量需增加 2 倍左右。

2) 配制高强混凝土

硅粉的活性很高,当与高效减水剂配合掺入混凝土时,硅粉与氢氧化钙反应生成水化硅酸钙凝胶体,填充水泥颗粒间的空隙,改善界面结构及黏结力,可显著提高混凝土强度。一般硅粉掺量为 5%～15%(有时为了某些特殊目的,也可掺入 20%～30%)时,且在选用 52.5 MPa 以上的高强度等级水泥、品质优良的粗骨料及细骨料、掺入适量的高效减水剂的条件下,可配制出 28 d 强度达到 100 MPa 的超高强混凝土。为了保证硅粉在水泥浆中充分地分散,当硅粉掺量增多时,高效减水剂的掺量也必须相应地增加,否则混凝土强度不会提高。

3) 改善混凝土的孔隙结构,提高耐久性

混凝土中掺入硅粉后,虽然水泥石的总孔隙与不掺时基本相同,但其大孔减少,超微细孔隙增加,改善了水泥石的孔隙结构。因此,掺硅粉的混凝土耐久性显著提高,抗冻性也明显提高。

硅粉混凝土的抗冲磨性随硅粉掺量的增加而提高。它比其他抗冲磨材料具有价廉、施工方便等优点,故适用于水工建筑物的抗冲刷部位及高速公路路面。硅粉混凝土抗侵蚀性较好,适用于要求抗溶出性侵蚀及抗硫酸盐侵蚀的工程。硅粉还具有抑制碱骨料反应及防止钢筋锈蚀的作用。硅粉的应用研究始于 20 世纪 70 年代,目前已经普及到世界各国。我国自 20 世纪 80 年代开始研究和应用硅粉,并很快取得大量理想的成果。今后,随着硅粉回收工作的开展,产量将逐渐提高,硅粉的应用将更加普遍。

3. 沸石粉

沸石粉是由天然沸石岩磨细而成的,含有大量活性的二氧化硅和三氧化铝,能与水泥水化析出的氢氧化钙反应,生成胶凝材料。沸石作为一种价廉且容易开采的天然矿物,用来配制高性能混凝土具有较普遍的适用性和经济性。

沸石粉用作混凝土掺合料主要有以下几方面的效果:提高混凝土强度,配制高强度混凝土;提高拌合物的裹浆量;沸石粉高性能混凝土的早期强度较低,后期强度因火山灰反应使浆体的密实度增加而有所提高;能够有效抑制混凝土的碱骨料反应,并可提高混凝土的抗碳化和抗钢筋锈蚀耐久性;因沸石粉的吸水量较大,需同时掺加高效减水剂或与粉煤灰复合以改善混凝土的和易性。

4. 超细矿渣

硅粉是理想的超细微颗粒矿物质掺合料,但其资源有限,因此多采用超细粉磨的粒化高炉矿渣(简称超细矿渣)作为超细微粒掺合料,用以配制高强、超高强混凝土。粒化高炉矿渣经超细粉磨后具有很高的活性和极大的表面能,可以弥补硅粉资源的不足,满足配制不同性能要求的高性能混凝土的需求。超细矿渣的比表面积一般大于 450 m^2/kg,可等量替代15%～50%的水泥,掺入混凝土中可收到以下几方面的效果:

(1) 采用高强度等级水泥及优质粗、细骨料并掺入高效减水剂时,可配制出高强混凝土及超高强混凝土。

(2) 所配制出的混凝土干缩率大大减小,抗冻、抗渗性能提高,混凝土的耐久性得到显著改善。

(3) 混凝土拌合物的和易性明显改善,可配出大流动性且不离析的泵送混凝土。

超细矿渣的生产成本低于水泥,使用其作为掺合料可以获得显著的经济效益。根据国内外经验,使用超细矿渣掺合料配制高强或超高强混凝土是行之有效、比较经济实用的技术途径,是当今混凝土技术发展的趋势之一。

5. 其他掺合料

除上述几种掺合料外,可以用作混凝土掺合料的还有天然火山灰质材料和某些工业副产品以及再生骨料,如火山灰、凝灰岩、钢渣、磷矿渣等。此外,碾压混凝土中还可以掺入适量的非活性掺合料(如石灰石粉、尾矿粉等),以改善混凝土的和易性,提高混凝土的密实性及硬化混凝土的某些性能。再生骨料的研究和利用是解决城市改造与拆除重建建筑废料、减少环境建筑垃圾、变废为宝的途径之一。将拆除建筑物的废料,如混凝土、砂浆、砖瓦等经加工而成的再生粗骨料[《混凝土用再生粗骨料》(GB/T 25177—2010)],可以代替全部或部分石子配制混凝土,其强度、变形性能视再生粗骨料代替石子的比率有所不同。

总之,作为混凝土活性掺合料的天然火山灰质材料和工业副产品,必须具有足够的活性且不能含过量的对混凝土有害的杂质。掺合料需经磨细并通过试验确定其合适掺量及其对混凝土性能的影响。

职业技能活动

实训一　水泥混凝土拌合物的拌合与现场取样

1. 检测依据

《普通混凝土拌合物性能试验方法标准》(GB/T 50080—2002)、《普通混凝土力学性能试验方法标准》(GB/T 50081—2002)等。

2. 仪器设备

(1) 搅拌机:容量 50～100 L,转速为 18～22 r/min;

(2) 拌合板(盘):1.5 m×2.0 m;

(3) 天平:称量 5 kg、感量 1 g,称量 50 kg、感量 50 g,各一台;

（4）拌合铲、盛器、抹布等。

3. 试验室试样制备

按所选混凝土配合比备料。拌合时试验室温度应保持在（20±5）℃，所用材料的温度与试验室温度保持一致。

1）人工拌合

（1）干拌。拌合前应将拌合板及拌合铲清洗干净，并保持表面润湿。将砂平摊在拌合板上，再倒入水泥，用铲自拌合板一端翻拌至另一端，重复几次直至拌匀；加入石子，再翻拌至少三次至均匀为止。

（2）湿拌。将混合均匀的干料堆成锥形，将中间扒成凹坑，倒入已称量好的水（外加剂一般先溶于水），小心拌合，至少翻拌六次，每翻拌一次后，用铁铲将全部拌合物铲切一次，直至拌合均匀。

（3）拌合时间控制。拌合从加水完毕时算起，应在 10 min 内完成。

2）机械拌合

（1）预拌。拌合前应将搅拌机冲洗干净，并预拌少量同种混凝土拌合物或水胶比相同的砂浆，使搅拌机内壁挂浆后将剩余料卸出。

（2）拌合。将称好的石料、胶凝材料、砂料、水（外加剂一般先溶于水）依次加入搅拌机，开动搅拌机搅拌 2～3 min。

（3）将拌好的混凝土拌合物卸在拌合板上，刮出黏结在搅拌机上的拌合物，用人工翻拌 2～3 次，使之均匀。

（4）材料用量以质量计。称量精度：水泥、掺合料、水和外加剂为±0.5%；骨料为±1%。

4. 现场取样

（1）同一组混凝土拌合物的取样应从同一盘混凝土或同一车混凝土中取样。取样量应多于试验所需量的 1.5 倍，且宜不少于 20 L。

（2）混凝土拌合物的取样应具有代表性，宜采用多次采样的方法。一般在同一盘混凝土或同一车混凝土中的约 1/4 处、1/2 处和 3/4 处之间分别取样，从第一次取样到最后一次取样不宜超过 15 min，然后人工搅拌均匀。

（3）从取样完毕到开始做各项性能试验不宜超过 5 min。

实训二　混凝土拌合物和易性检测

1. 检测目的

测定混凝土拌合物的和易性，为混凝土配合比设计、混凝土拌合物质量评定提供依据。

2. 仪器设备

1）坍落度与坍落扩展度法

（1）坍落度筒：为底部内径（200±2）mm，顶部内径（100±2）mm，高度（300±2）mm 的截圆锥形金属筒，内壁必须光滑，如图5-11所示；

（2）捣棒：直径 16 mm、长 650 mm 的钢棒，端部应磨圆；

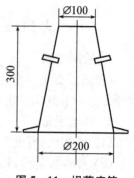

图 5-11　坍落度筒

（3）小铲、钢尺、漏斗、抹刀等。

2）维勃稠度法

（1）维勃稠度仪：由振动台、容器、旋转架、坍落度筒四部分组成，如图 5-12 所示；

（2）其他，同坍落度法。

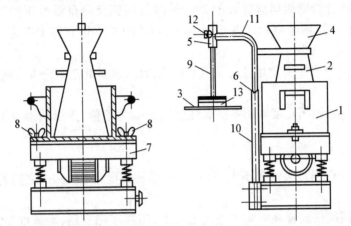

1—容器；2—坍落度筒；3—透明圆盘；4—喂料斗；5—套筒；6—定位螺丝；

7—振动台；8—固定螺丝；9—测杆；10—支柱；11—旋转架；12—测杆螺丝；13—荷重块

图 5-12 混凝土拌合物维勃稠度测定仪

3. 检测步骤

1）坍落度与坍落扩展度法

本方法适用于骨料最大粒径不大于 40 mm、坍落度值不小于 10 mm 的混凝土拌合物稠度测定。

（1）润湿坍落度筒及底板，在坍落度筒内壁和底板上应无明水。底板应放置在坚实水平面上，并把筒放在底板中心，然后用脚踩住两边的脚踏板，使坍落度筒在装料时保持位置固定。

（2）把按要求取样或制作的混凝土拌合物用小铲分三层均匀地装入筒内，使捣实后每层高度为筒高的 1/3 左右。每层用捣棒插捣 25 次，插捣应沿螺旋方向由外向中心进行，各次插捣应在截面上均匀分布。插捣筒边混凝土时，捣棒可以稍稍倾斜。插捣底层时，捣棒应贯穿整个深度；插捣第二层和顶层时，捣棒应插透本层至下一层的表面；浇灌顶层时，混凝土应灌到高出筒口。插捣过程中，如混凝土沉落到低于筒口，则应随时添加。顶层插捣完毕后，刮去多余的混凝土，并用抹刀抹平。

（3）清除筒边底板上的混凝土后，垂直平稳地提起坍落度筒。坍落度筒的提离过程应在 5~10 s 内完成；从开始装料到提起坍落度筒的整个过程应不间断地进行，并应在 150 s 内完成。

（4）提起坍落度筒后，测量筒高与坍落后混凝土试体最高点之间的高度差，即为该混凝土拌合物的坍落度值。坍落度筒提离后，如混凝土发生崩坍或一边剪坏现象，则应重新取样另行测定；如第二次试验仍出现上述现象，则表示该混凝土和易性不好，应予记录备查。

（5）观察坍落后的混凝土试体的黏聚性及保水性。黏聚性的检查方法是用捣棒在已坍落的混凝土锥体侧面轻轻敲打，此时如果锥体逐渐下沉，则表示黏聚性良好；如果锥体倒塌、部分崩裂或出现离析现象,则表示黏聚性不好。保水性以混凝土拌合物稀浆析出的程度来评定,坍落度筒提起后如有较多的稀浆从底部析出,锥体部分的混凝土也因失浆而骨料外露,则表明此混凝土拌合物的保水性不好;如坍落度筒提起后无稀浆或仅有少量稀浆自底部析出,则表示此混凝土拌合物的保水性良好。

(6) 当混凝土拌合物的坍落度大于 220 mm 时,用钢尺测量混凝土扩展后最终的最大直径和最小直径,在这两个直径之差小于 50 mm 的条件下,用其算术平均值作为坍落扩展度值;否则,此次试验无效。

如果发现粗骨料在中央集堆或边缘有水泥浆析出,表示此混凝土拌合物抗离析性不好,应予记录。

(7) 混凝土拌合物坍落度和坍落扩展度值以 mm 为单位,测量精确至 1 mm,结果表达修约至 5 mm。

2) 维勃稠度法

本方法适用于骨料最大粒径不大于 40 mm、维勃稠度在 5~30 s 之间的混凝土拌合物稠度测定。

(1) 将维勃稠度仪放置在坚实水平的地面上,用湿布把容器、坍落度筒、喂料斗内壁及其他用具润湿。

(2) 将喂料斗提到坍落度筒上方扣紧,校正容器位置,使其中心与喂料中心重合,然后拧紧固定螺丝。

(3) 把按要求取样或制作的混凝土拌合物用小铲分三层经喂料斗装入坍落度筒内,装料及插捣的方法同坍落度法。

(4) 把喂料斗转离,垂直地提起坍落度筒,此时应注意不使混凝土试体产生横向的扭动。

(5) 把透明圆盘转到混凝土圆台体顶面,放松测杆螺丝,降下圆盘,使其轻轻地接触到混凝土顶面。

(6) 拧紧定位螺丝,并检查测杆螺丝是否已完全放松。

(7) 在开启振动台的同时用秒表计时,当振动到透明圆盘的底面被水泥浆布满的瞬间停止计时,并关闭振动台。由秒表读出的时间(s)即为该混凝土拌合物的维勃稠度值,精确至 1 s。

实训三　混凝土拌合物表观密度检测

1. 检测目的

测定混凝土拌合物的表观密度,以计算 1 m³ 混凝土的实际材料用量之用。

2. 仪器设备

(1) 容量筒:金属制成的圆筒,对骨料最大粒径不大于 40 mm 的拌合物采用容积为 5 L 的容量筒,其内径与内高均为(186±2) mm,筒壁厚为 3 mm;骨料最大粒径大于 40 mm 时,容量筒的内径与内高均应大于骨料最大粒径的 4 倍。容量筒上缘及内壁应光滑平整,顶面与底面应平行,并与圆柱体的轴垂直。

(2) 天平:称量 50 kg,感量 50 g。

(3) 捣棒、小铲、金属直尺、振动台等。

3. 检测步骤

(1) 用湿布把容量筒内外擦干净，称出容量筒质量，精确至 50 g。

(2) 混凝土的装料及捣实方法应根据拌合物的稠度而定。坍落度不大于 70 mm 的混凝土用振动台振实为宜，大于 70 mm 的用捣棒捣实为宜。

采用捣棒捣实时，应根据容量筒的大小决定分层与插捣次数；用 5 L 容量筒时，混凝土拌合物应分两层装入，每层的插捣次数应为 25 次；用大于 5 L 的容量筒时，每层混凝土的高度不应大于 100 mm，每层插捣次数应按每 10 000 mm² 截面不小于 12 次计算。各次插捣应由边缘向中心均匀地插捣，插捣底层时捣棒应贯穿整个深度，插捣第二层时，捣棒应插透本层至下一层的表面；每一层捣完后用橡皮锤轻轻沿容器外壁敲打 5～10 次，进行振实，直至拌合物表面插捣孔消失并不见大气泡为止。

采用振动台振实时，应一次将混凝土拌合物灌到高出容量筒口。装料时可用捣棒稍加插捣，振动过程中如混凝土低于筒口，应随时添加混凝土，振动至表面出浆为止。

(3) 用金属直尺沿筒口将多余的混凝土拌合物刮去，表面如有凹陷应填平。将容量筒外壁擦净，称出混凝土试样与容量筒的总质量，精确至 50 g。

4. 结果计算与评定

混凝土拌合物表观密度按式(5-16)计算，精确至 10 kg/m³：

$$\rho_h = \left(\frac{m_2 - m_1}{V}\right) \times 1\,000 \tag{5-16}$$

式中：ρ_h 为表观密度(kg/m³)；m_1 为容量筒质量(kg)；m_2 为容量筒与试样总质量(kg)；V 为容量筒容积(L)。

实训四　混凝土立方体抗压强度检测

1. 检测目的

测定混凝土立方体抗压强度，评定混凝土的质量。

2. 仪器设备

(1) 压力试验机：精度不低于±1%，试件破坏荷载应大于压力机全量程的 20% 且小于压力机全量程的 80%。试验机应具有加荷速度指示装置或加荷速度控制装置，并应能均匀、连续地加荷。

(2) 试模：应符合《混凝土试模》(JG 237—2008)的规定，由铸铁、钢或工程塑料制成，应具有足够的刚度并拆装方便。试模尺寸应根据骨料最大粒径按表 5-31 选择。

(3) 捣棒、振动台、养护室、抹刀、金属直尺等。

3. 检测步骤

1) 试件制作

(1) 混凝土抗压强度试验以三个试件为一组，每一组试件所用的混凝土拌合物应从同一盘或同一车运输的混凝土中取出，或在试验室拌制。

(2) 制作试件前，应先检查试模，拧紧螺栓并清刷干净，并在试模的内表面涂一薄层矿物油脂或其他不与混凝土发生反应的脱模剂。

(3) 取样或试验室拌制的混凝土应在拌制后最短的时间内成形，一般不宜超过 15 min。成形前，应将混凝土拌合物至少用铁锹再来回翻拌三次。

　　（4）试件成型方法应根据混凝土拌合物的稠度和施工方法而定。坍落度不大于 70 mm 的混凝土宜用振动台振实；大于 70 mm 的宜用捣棒人工捣实；检验现浇混凝土或预制构件的混凝土，试件成型方法宜与实际采用的方法相同。

　　① 振动台振实成形。将混凝土拌合物一次装入试模，装料时应用抹刀沿各试模壁插捣，并使混凝土拌合物高出试模口，然后将试模放在振动台上。开动振动台，振动至表面出浆为止，不得过振。

　　② 人工捣实成形。将混凝土拌合物分两层装入试模，每层的装料厚度大致相等。每装一层进行插捣，每层插捣次数应按每 10 000 mm² 截面不小于 12 次，插捣应按螺旋方向从边缘向中心均匀进行。在插捣底层混凝土时，捣棒应达到试模底部；插捣上层时，捣棒应贯穿上层后插入下层 20～30 mm；插捣时捣棒应保持垂直，不得倾斜。然后用抹刀沿试模内壁插拔数次。插捣后用橡皮锤轻轻敲击试模四周，直至拌合物表面插捣孔消失为止。

　　③ 插入式振捣棒振实成形。将混凝土拌合物一次装入试模，装料时应用抹刀沿各试模壁插捣，并使混凝土拌合物高出试模口。宜用直径为 $\varnothing$25 mm 的插入式振捣棒，插入试模振捣时，振捣棒距试模底板 10～20 mm 且不得触及试模底板，振动应持续到表面出浆为止，且应避免过振，以防止混凝土离析，一般振捣时间为 20 s。振捣棒拔出时要缓慢，拔出后不得留有孔洞。

　　（5）振实（或捣实）后，用金属直尺刮除试模上口多余的混凝土，待混凝土临近初凝时，用抹刀抹平。

　　2）试件养护

　　（1）试件成形后应立即用不透水的薄膜覆盖表面。

　　（2）采用标准养护的试件，应在温度为（20±5）℃情况下静置一昼夜至二昼夜，然后编号、拆模。拆模后的试件应立即放在温度为（20±2）℃、相对湿度为 95% 以上的标准养护室内养护，或在温度为（20±2）℃的不流动的 $Ca(OH)_2$ 饱和溶液中养护。标准养护室内的试件应放在支架上，彼此间隔为 10～20 mm，试件表面应保持潮湿，并不得被水直接冲淋。

　　（3）同条件养护试件的拆模时间可与实际构件的拆模时间相同，拆模后，试件仍需保持同条件养护。

　　（4）标准养护龄期为 28 d（从搅拌加水开始计时）。

　　3）抗压强度试验

　　（1）试件从养护地点取出后应及时进行试验，将试件表面与上下承压板面擦干净。

　　（2）将试件安放在压力机的下压板或垫块上，试件的承压面应与成形时的顶面垂直。试件的中心应与试验机下压板中心对准。开动试验机，当上压板与试件或钢垫板接近时，调整球座，使接触均衡。

　　（3）在试验过程中应连续均匀地加荷。加荷速度为：混凝土强度等级 ＜C30 时，为 0.3～0.5 MPa/s；混凝土强度等级 ≥C30 且 ＜C60 时，为 0.5～0.8 MPa/s；混凝土强度等级 ≥C60 时，为 0.8～1.0 MPa/s。

　　（4）当试件接近破坏开始急剧变形时，应停止调整试验机油门，直至试件破坏。然后记录破坏荷载。

　　4. 结果计算与评定

　　（1）混凝土立方体抗压强度按式（5-17）计算，精确至 0.1 MPa：

$$f_{cu} = \frac{P}{A} \tag{5-17}$$

式中：f_{cu}为混凝土立方体试件抗压强度（MPa）；P为试件破坏荷载（N）；A为试件承压面积（mm^2）。

（2）以三个试件测值的算术平均值作为该组试件的抗压强度值。三个测值中的最大值或最小值中，如有一个与中间值的差值超过中间值的15%时，则把最大值及最小值一并舍去，取中间值作为该组试件的抗压强度值；如最大值和最小值与中间值的差值均超过中间值的15%，则该组试件的试验结果无效。

（3）当混凝土强度等级＜C60时，用非标准试件测得的强度值均应乘以尺寸换算系数（见表5-31）。当混凝土强度等级≥C60时，宜采用标准试件；使用非标准试件时，尺寸换算系数应由试验确定。

项目四 普通混凝土的配合比设计

主要内容	知识目标	技能目标
普通混凝土配合比设计的基本要求,配合比设计的三个重要参数,配合比设计的基本规定,配合比设计的方法与步骤	掌握普通混凝土配合比设计的方法与步骤,理解混凝土配合比设计的三个重要参数的含义与确定方法	能够进行普通混凝土计算配合比的确定;试配、调整,确定试拌配合比;强度及耐久性复核,确定设计配合比;施工配合比换算

基础知识

混凝土配合比是指混凝土中各组成材料用量之间的比例关系。常用的表示方法有两种:① 以 1 m³ 混凝土中各组成材料的质量来表示,如 1 m³ 混凝土中水泥 300 kg、水 180 kg、砂子 600 kg、石子 1 200 kg;② 以各组成材料相互间的质量比来表示,通常以水泥质量为 1,将上例换算成质量比为水泥∶砂子∶石子=1∶2.0∶4.0,水胶比=0.60。

一、配合比设计的基本要求

混凝土配合比设计的任务,就是根据原材料的技术性能及施工条件,确定出能满足工程所要求的各项技术指标,并符合经济原则的各组成材料的用量。具体地说,混凝土配合比设计的基本要求包括以下几方面:

(1)满足混凝土结构设计所要求的强度等级。

(2)满足施工所要求的混凝土拌合物的和易性。

(3)满足混凝土的耐久性,如抗冻等级、抗渗等级和抗侵蚀性等。

(4)在满足各项技术性质的前提下,使各组成材料经济合理,尽量节约水泥,降低混凝土成本。

二、配合比设计的三个重要参数

1)水胶比

水胶比是混凝土中水与胶凝材料质量的比值,是影响混凝土强度和耐久性的主要因素。其确定原则是在满足工程要求的强度和耐久性的前提下,尽量选择较大值,以节约水泥。

2)砂率

砂率是指混凝土中砂子质量占砂石总质量的百分比。砂率是影响混凝土拌合物和易性的重要指标。砂率的确定原则是在保证混凝土拌合物黏聚性和保水性要求的前提下,尽量取小值。

3)单位用水量

单位用水量是指 1 m³ 混凝土的用水量,反映混凝土中水泥浆与骨料之间的比例关系。在混凝土拌合物中,水泥浆的多少显著影响混凝土的和易性,同时也影响其强度和耐久性。

其确定原则是在混凝土拌合物达到流动性要求的前提下取较小值。

水胶比、砂率、单位用水量是混凝土配合比设计的三个重要参数,其选择是否合理,将直接影响混凝土的性能和成本。

三、配合比设计的基本规定

(1) 混凝土配合比设计应采用工程实际使用的原材料;配合比设计所采用的细骨料含水率应小于0.5%,粗骨料含水率应小于0.2%。

(2) 混凝土的最大水胶比应符合现行国家标准《混凝土结构设计规范》(GB 50010)的规定,见表5-33。

(3) 除配制C15及其以下强度等级的混凝土外,混凝土的最小胶凝材料用量应符合表5-34的规定。

(4) 矿物掺合料在混凝土中的掺量应通过试验确定。采用硅酸盐水泥或普通硅酸盐水泥时,钢筋混凝土中矿物掺合料最大掺量宜符合表5-38的规定;预应力混凝土中矿物掺合料最大掺量宜符合表5-39的规定。对基础大体积混凝土,粉煤灰、粒化高炉矿渣粉和复合掺合料的最大掺量可增加5%。采用掺量大于30%的C类粉煤灰的混凝土应以实际使用的水泥和粉煤灰掺量进行安定性检验。

表5-38　钢筋混凝土中矿物掺合料最大掺量(JGJ 55—2011)

矿物掺合料种类	水胶比	最大掺量(%)	
		采用硅酸盐水泥时	采用普通硅酸盐水泥时
粉煤灰	≤0.40	45	35
	>0.40	40	30
粒化高炉矿渣粉	≤0.40	65	55
	>0.40	55	45
钢渣粉	—	30	20
磷渣粉	—	30	20
硅灰	—	10	10
复合掺合料	≤0.40	65	55
	>0.40	55	45

注:1. 采用其他通用硅酸盐水泥时,宜将水泥混合材掺量20%以上的混合材量计入矿物掺合料。

　　2. 复合掺合料各组分的掺量不宜超过单掺时的最大掺量。

　　3. 在混合使用两种或两种以上矿物掺合料时,矿物掺合料总掺量应符合表中复合掺合料的规定。

表5-39 预应力混凝土中矿物掺合料最大掺量(JGJ 55—2011)

矿物掺合料种类	水胶比	最大掺量(%)	
		采用硅酸盐水泥时	采用普通硅酸盐水泥时
粉煤灰	≤0.40	35	30
	>0.40	25	20
粒化高炉矿渣粉	≤0.40	55	45
	>0.40	45	35
钢渣粉	—	20	10
磷渣粉	—	20	10
硅灰	—	10	10
复合掺合料	≤0.40	55	45
	>0.40	45	35

注:1. 采用其他通用硅酸盐水泥时,宜将水泥混合材掺量20%以上的混合材量计入矿物掺合料。

2. 复合掺合料各组分的掺量不宜超过单掺时的最大掺量。

3. 在混合使用两种或两种以上矿物掺合料时,矿物掺合料总掺量应符合表中复合掺合料的规定。

(5)混凝土拌合物中水溶性氯离子最大含量应符合表5-40的要求,其测试方法应符合现行行业标准《水运工程混凝土试验规程》JTJ 270中混凝土拌合物中氯离子含量的快速测定方法的规定。

表5-40 混凝土拌合物中水溶性氯离子最大含量(JGJ 55—2011)

环境条件	水溶性氯离子最大含量(%,水泥用量的质量百分比)		
	钢筋混凝土	预应力混凝土	素混凝土
干燥环境	0.30	0.06	1.00
潮湿但不含氯离子的环境	0.20		
潮湿而含有氯离子的环境、盐渍土环境	0.10		
除冰盐等侵蚀性物质的腐蚀环境	0.06		

(6)长期处于潮湿或水位变动的寒冷和严寒环境以及盐冻环境的混凝土应掺用引气剂。引气剂掺量应根据混凝土含气量要求经试验确定,混凝土最小含气量应符合表5-41的规定,最大含气量不宜超过7.0%。

表5-41 掺用引气剂的混凝土最小含气量(JGJ 55—2011)

粗骨料最大公称粒径(mm)	混凝土最小含气量(%)	
	潮湿或水位变动的寒冷和严寒环境	盐冻环境
40.0	4.5	5.0
25.0	5.0	5.5
20.0	5.5	6.0

注:含气量为气体占混凝土体积的百分比。

（7）对于有预防混凝土碱骨料反应设计要求的工程，宜掺用适量粉煤灰或其他矿物掺合料，混凝土中最大碱含量不应大于 3.0 kg/m^3；对于矿物掺合料碱含量，粉煤灰碱含量可取实测值的 $1/6$，粒化高炉矿渣粉碱含量可取实测值的 $1/2$。

四、配合比设计的方法与步骤

1. 计算配合比的确定

1）确定混凝土的配制强度（$f_{cu,0}$）

为了使所配制的混凝土在工程中使用时其强度标准值具有不小于 95% 的强度保证率，配合比设计时的混凝土配制强度应高于设计要求的强度标准值。混凝土配制强度应按下列规定确定。

（1）当混凝土的设计强度等级小于 C60 时，配制强度应按式（5-18）计算：

$$f_{cu,0} \geqslant f_{cu,k} + 1.645\sigma \tag{5-18}$$

式中：$f_{cu,0}$ 为混凝土配制强度（MPa）；$f_{cu,k}$ 为混凝土立方体抗压强度标准值，即混凝土的设计强度等级值（MPa）；σ 为混凝土强度标准差（MPa）。

式（5-18）中 σ 的大小表示施工单位的管理水平，σ 越低，说明混凝土施工质量越稳定。混凝土强度标准差应按照下列规定确定：

当具有近 1~3 个月的同一品种、同一强度等级混凝土的强度资料时，且试件组数不小于 30 时，其混凝土强度标准差 σ 应按式（5-19）计算：

$$\sigma = \sqrt{\dfrac{\sum\limits_{i=1}^{n} f_{cu,i}^2 - n m_{f_{cu}}^2}{n-1}} \tag{5-19}$$

式中：σ 为混凝土强度标准差（MPa）；$f_{cu,i}$ 为第 i 组的试件强度（MPa）；$m_{f_{cu}}$ 为 n 组试件的强度平均值（MPa）；n 为试件组数，n 值应大于或等于 30。

对于强度等级不大于 C30 的混凝土，当混凝土强度标准差 σ 计算值不小于 3.0 MPa 时，应按式（5-19）计算结果取值；当混凝土强度标准差 σ 计算值小于 3.0 MPa 时，应取 3.0 MPa。

对于强度等级大于 C30 且小于 C60 的混凝土，当混凝土强度标准差 σ 计算值不小于 4.0 MPa 时，应按式（5-19）计算结果取值；当混凝土强度标准差 σ 计算值小于 4.0 MPa 时，应取 4.0 MPa。

当没有近期的同一品种、同一强度等级混凝土强度资料时，其强度标准差 σ 可按表 5-42 取值。

表 5-42　混凝土强度标准差（JGJ 55—2011）

强度等级	≤C20	C25~C45	C50~C55
标准差 σ（MPa）	4.0	5.0	6.0

（2）当设计强度等级不小于 C60 时，配制强度应按式（5-20）计算：

$$f_{cu,0} \geqslant 1.15 f_{cu,k} \tag{5-20}$$

2) 确定混凝土水胶比(W/B)

(1) 满足强度要求的水胶比。当混凝土强度等级小于 C60 级时，混凝土水胶比宜按式(5-21)计算：

$$W/B = \frac{\alpha_a f_b}{f_{cu,0} + \alpha_a \alpha_b f_b} \tag{5-21}$$

式中：W/B 为混凝土水胶比；α_a、α_b 为回归系数，根据工程所使用的原材料，通过试验建立的水胶比与混凝土强度关系式来确定，当不具备上述试验统计资料时，可按表 5-43 选用；f_b 为胶凝材料 28 d 胶砂抗压强度(MPa)，可实测，且试验方法应按现行国家标准《水泥胶砂强度检验方法(ISO 法)》(GB/T 17671)执行，当无实测值时，可按式(5-22)确定。

表 5-43 回归系数 α_a、α_b 取值表(JGJ 55—2011)

粗骨料品种	碎石	卵石
α_a	0.53	0.49
α_b	0.20	0.13

当胶凝材料 28 d 胶砂抗压强度值(f_b)无实测值时，可按式(5-22)计算：

$$f_b = \gamma_f \gamma_s f_{ce} \tag{5-22}$$

式中：γ_f、γ_s 为粉煤灰影响系数和粒化高炉矿渣粉影响系数，可按表 5-44 选用；f_{ce} 为水泥 28 d 胶砂抗压强度(MPa)，可实测，当无实测值时也可按式(5-23)确定。

表 5-44 粉煤灰影响系数(γ_f)和粒化高炉矿渣粉影响系数(γ_s)(JGJ 55—2011)

种类		粉煤灰影响系数 γ_f	粒化高炉矿渣粉影响系数 γ_s
掺量(%)	0	1.00	1.00
	10	0.85~0.95	1.00
	20	0.75~0.85	0.95~1.00
	30	0.65~0.75	0.90~1.00
	40	0.55~0.65	0.80~0.90
	50	—	0.70~0.85

注：1. 采用Ⅰ级、Ⅱ级粉煤灰宜取上限值。

2. 采用 S75 级粒化高炉矿渣粉宜取下限值，采用 S95 级粒化高炉矿渣粉宜取上限值，采用 S105 级粒化高炉矿渣粉可取上限值加 0.05。

3. 当超出表中的掺量时，粉煤灰和粒化高炉矿渣粉影响系数应经试验确定。

当水泥 28 d 胶砂抗压强度(f_{ce})无实测值时，可按式(5-23)计算：

$$f_{ce} = \gamma_c \cdot f_{ce,g} \tag{5-23}$$

式中：$f_{ce,g}$ 为水泥强度等级值(MPa)；γ_c 为水泥强度等级值的富余系数，可按实际统计资料确定，当缺乏实际统计资料时，也可按表 5-45 选用。

表 5 - 45 水泥强度等级值的富余系数(γ_c)(JGJ 55—2011)

水泥强度等级值	32.5	42.5	52.5
富余系数	1.12	1.16	1.10

(2)满足耐久性要求的水胶比。根据表 5 - 32、5 - 33 查出满足混凝土耐久性的最大水胶比值。

同时满足强度、耐久性要求的水胶比,取以上两种方法求得的水胶比中的较小值。

3)确定用水量(m_{w0})和外加剂用量(m_{a0})

(1)每立方米干硬性或塑性混凝土的用水量应符合下列规定:

① 混凝土水胶比在 0.40~0.80 范围时,按表 5 - 46 和 5 - 47 选取。

② 混凝土水胶比小于 0.40 时,可通过试验确定。

表 5 - 46 干硬性混凝土的用水量(JGJ 55—2011) kg/m³

拌合物稠度		卵石最大公称粒径(mm)			碎石最大公称粒径(mm)		
项目	指标	10.0	20.0	40.0	16.0	20.0	40.0
维勃稠度(s)	16~20	175	160	145	180	170	155
	11~15	180	165	150	185	175	160
	5~10	185	170	155	190	180	165

表 5 - 47 塑性混凝土的用水量(JGJ 55—2011) kg/m³

拌合物稠度		卵石最大公称粒径(mm)				碎石最大公称粒径(mm)			
项目	指标	10.0	20.0	31.5	40.0	16.0	20.0	31.5	40.0
坍落度 (mm)	10~30	190	170	160	150	200	185	175	165
	35~50	200	180	170	160	210	195	185	175
	55~70	210	190	180	170	220	205	195	185
	75~90	215	195	185	175	230	215	205	195

注:1. 本表用水量系采用中砂时的取值。采用细砂时,每立方米混凝土用水量可增加 5~10 kg;采用粗砂时,则可减少 5~10 kg。

2. 掺用矿物掺合料或外加剂时,用水量应相应调整。

(2)掺外加剂时,每立方米流动性或大流动性混凝土的用水量(m_{w0})可按式(5 - 24)计算:

$$m_{w0} = m'_{w0}(1-\beta) \tag{5 - 24}$$

式中:m_{w0} 为计算配合比每立方米混凝土的用水量(kg/m³);m'_{w0} 为未掺外加剂时推定的满足实际坍落度要求的每立方米混凝土用水量(kg/m³),以表 5 - 47 中 90 mm 坍落度的用水量为基础,按每增大 20 mm 坍落度相应增加 5 kg/m³ 用水量来计算,当坍落度增大到 180 mm 以上时,随坍落度相应增加的用水量可减少;β 为外加剂的减水率(%),应经混凝土试验确定。

（3）每立方米混凝土中外加剂用量（m_{a0}）应按式（5-25）计算：

$$m_{a0} = m_{b0}\beta_a \qquad (5-25)$$

式中：m_{a0}为计算配合比每立方米混凝土中外加剂用量（kg/m³）；m_{b0}为计算配合比每立方米混凝土中胶凝材料用量（kg/m³）；β_a为外加剂掺量（％），应经混凝土试验确定。

　4）计算胶凝材料、矿物掺合料和水泥用量

（1）每立方米混凝土的胶凝材料用量（m_{b0}）应按式（5-26）计算：

$$m_{b0} = \frac{m_{w0}}{W/B} \qquad (5-26)$$

式中：m_{b0}为计算配合比每立方米混凝土中胶凝材料用量（kg/m³）；m_{w0}为计算配合比每立方米混凝土的用水量（kg/m³）；W/B为混凝土水胶比。

　将计算出的胶凝材料用量和表5-34规定的混凝土最小胶凝材料用量比较，取两者中大者作为每立方米混凝土中胶凝材料用量。

（2）每立方米混凝土的矿物掺合料用量（m_{f0}）应按式（5-27）计算：

$$m_{f0} = m_{b0}\beta_f \qquad (5-27)$$

式中：m_{f0}为计算配合比每立方米混凝土中矿物掺合料用量（kg/m³）；β_f为矿物掺合料掺量（％），β_f应通过试验确定或根据W/B和表5-38、5-39确定。

（3）每立方米混凝土的水泥用量（m_{c0}）应按式（5-28）计算：

$$m_{c0} = m_{b0} - m_{f0} \qquad (5-28)$$

式中：m_{c0}为计算配合比每立方米混凝土中水泥用量（kg/m³）。

　5）确定砂率（β_s）

（1）砂率应根据骨料的技术指标、混凝土拌合物性能和施工要求，参考既有历史资料确定。

（2）当缺乏砂率的历史资料时，混凝土砂率的确定应符合下列规定：

① 坍落度小于10 mm的混凝土，其砂率应经试验确定。

② 坍落度为10～60 mm的混凝土，其砂率可根据粗骨料品种、最大公称粒径及水胶比按表5-48选取。

③ 坍落度大于60 mm的混凝土，其砂率可经试验确定，也可在表5-48的基础上按坍落度每增大20 mm、砂率增大1％的幅度予以调整。

表5-48　混凝土砂率（JGJ 55—2011）　　　　　　　　　％

水胶比	卵石最大公称粒径（mm）			碎石最大公称粒径（mm）		
	10.0	20.0	40.0	16.0	20.0	40.0
0.40	26～32	25～31	24～30	30～35	29～34	27～32
0.50	30～35	29～34	28～33	33～38	32～37	30～35
0.60	33～38	32～37	31～36	36～41	35～40	33～38
0.70	36～41	35～40	34～39	39～44	38～43	36～41

注：1. 本表数值系中砂的选用砂率，对细砂或粗砂，可相应地减少或增大砂率。

　　2. 采用人工砂配制混凝土时，砂率可适当增大。

　　3. 只用一个单粒级粗骨料配制混凝土时，砂率应适当增大。

6) 计算粗骨料、细骨料用量(m_{g0}、m_{s0})

(1) 体积法。假定混凝土拌合物的体积等于各组成材料绝对体积及拌合物中所含空气的体积之和,用式(5-29)计算 1 m³ 混凝土拌合物的砂石用量:

$$
\begin{cases}
\dfrac{m_{c0}}{\rho_c} + \dfrac{m_{f0}}{\rho_f} + \dfrac{m_{g0}}{\rho_g} + \dfrac{m_{s0}}{\rho_s} + \dfrac{m_{w0}}{\rho_w} + 0.01\alpha = 1 \\
\beta_s = \dfrac{m_{s0}}{m_{s0} + m_{g0}} \times 100\%
\end{cases}
\tag{5-29}
$$

式中:ρ_c 为水泥密度(kg/m³),可按现行规范《水泥密度测定方法》(GB/T 208)测定,也可取 2 900~3 100 kg/m³;ρ_f 为矿物掺合料密度(kg/m³),可按现行规范《水泥密度测定方法》(GB/T 208)测定;ρ_g 为粗骨料的表观密度(kg/m³);ρ_s 为细骨料的表观密度(kg/m³);ρ_w 为水的密度(kg/m³),可取 1 000 kg/m³;α 为混凝土的含气量百分数,在不使用引气剂或引气型外加剂时,α 可取 1。

(2) 质量法。根据经验,如果原材料情况比较稳定,所配制的混凝土拌合物的表观密度将接近一个固定值。可先假设每立方米混凝土拌合物的质量为 m_{cp}(kg/m³),按式(5-30)计算:

$$
\begin{cases}
m_{f0} + m_{c0} + m_{s0} + m_{g0} + m_{w0} = m_{cp} \\
\beta_s = \dfrac{m_{s0}}{m_{s0} + m_{g0}} \times 100\%
\end{cases}
\tag{5-30}
$$

式中:m_{f0} 为计算配合比每立方米混凝土的矿物掺合料用量(kg/m³);m_{c0} 为计算配合比每立方米混凝土的水泥用量(kg/m³);m_{s0} 为计算配合比每立方米混凝土的细骨料用量(kg/m³);m_{g0} 为计算配合比每立方米混凝土的粗骨料用量(kg/m³);m_{w0} 为计算配合比每立方米混凝土的用水量(kg/m³);β_s 为砂率(%);m_{cp} 为每立方米混凝土拌合物的假定质量(kg/m³),可取 2 350~2 450 kg/m³。

2. 试拌配合比的确定

进行混凝土配合比试配时,应采用工程中实际使用的原材料,并应采用强制式搅拌机进行搅拌,搅拌方法宜与施工采用的方法相同。混凝土试配时,每盘混凝土的最小搅拌量应符合表 5-49 的规定,并不应小于搅拌机公称容量的 1/4 且不应大于搅拌机公称容量。

表 5-49 混凝土试配时的最小搅拌量(JGJ 55—2011)

骨料最大粒径(mm)	拌合物数量(L)
≤31.5	20
40	25

在计算配合比的基础上应进行试拌,以检查拌合物的性能。当试拌得出的拌合物坍落度或维勃稠度不能满足要求,或黏聚性和保水性不好时,应在保持计算水胶比不变的条件下,通过调整配合比其他参数使混凝土拌合物性能符合设计和施工要求,然后修正计算配合比,提出试拌配合比。

调整混凝土拌合物和易性的方法:若流动性太大,可在砂率不变的条件下,适当增加砂、石用量;若流动性太小,应在保持水胶比不变的条件下,增加适量的水和胶凝材料或外加剂;

黏聚性和保水性不良时,实质上是混凝土拌合物中砂浆不足或砂浆过多,可适当增大砂率或适当降低砂率,调整到和易性满足要求时为止。

试拌调整完成后,应测出混凝土拌合物的实际表观密度 $\rho_{c,t}(kg/m^3)$,并计算各组成材料调整后的拌合用量:水泥 m_{cb}、矿物掺合料 m_{fb}、水 m_{wb}、砂 m_{sb}、石子 m_{gb},则试拌配合比为

$$\begin{cases} m_{cj}=\dfrac{m_{cb}}{m_{cb}+m_{fb}+m_{wb}+m_{sb}+m_{gb}}\times\rho_{c,t} \\[2mm] m_{fj}=\dfrac{m_{fb}}{m_{cb}+m_{fb}+m_{wb}+m_{sb}+m_{gb}}\times\rho_{c,t} \\[2mm] m_{wj}=\dfrac{m_{wb}}{m_{cb}+m_{fb}+m_{wb}+m_{sb}+m_{gb}}\times\rho_{c,t} \\[2mm] m_{sj}=\dfrac{m_{sb}}{m_{cb}+m_{fb}+m_{wb}+m_{sb}+m_{gb}}\times\rho_{c,t} \\[2mm] m_{gj}=\dfrac{m_{gb}}{m_{cb}+m_{fb}+m_{wb}+m_{sb}+m_{gb}}\times\rho_{c,t} \end{cases} \qquad (5-31)$$

式中:m_{cj}、m_{fj}、m_{wj}、m_{sj}、m_{gj} 分别为试拌配合比每立方米混凝土的水泥用量、矿物掺合料用量、用水量、细骨料用量和粗骨料用量(kg/m^3);$\rho_{c,t}$ 为混凝土拌合物表观密度实测值(kg/m^3)。

3. 强度及耐久性复核,确定设计配合比(又称试验室配合比)

(1) 在试拌配合比的基础上应进行混凝土强度试验,并应符合下列规定:

① 应采用三个不同的配合比,其中一个应为试拌配合比,另外两个配合比的水胶比宜较试拌配合比分别增加和减少 0.05,用水量应与试拌配合比相同,砂率可分别增加和减少 1%。

② 进行混凝土强度试验时,拌合物性能应符合设计和施工要求。

③ 进行混凝土强度试验时,每个配合比应至少制作一组试件,并应标准养护到 28 d 或设计规定龄期时试压。

(2) 配合比调整应符合下述规定:

① 根据混凝土强度试验结果,宜绘制强度和胶水比的线性关系图或插值法确定略大于配制强度对应的胶水比。

② 在试拌配合比的基础上,用水量(m_w)和外加剂用量(m_a)应根据确定的水胶比作调整。

③ 胶凝材料用量(m_b)应以用水量乘以确定的胶水比计算得出。根据矿物掺合料的掺量,计算出矿物掺合料用量(m_f)和水泥用量(m_c)。

④ 粗骨料和细骨料用量(m_g 和 m_s)应根据用水量和胶凝材料用量进行调整。

(3) 混凝土拌合物表观密度和配合比校正系数的计算应符合下列规定:

① 配合比调整后的混凝土拌合物的表观密度应按式(5-32)计算:

$$\rho_{c,c}=m_c+m_f+m_w+m_s+m_g \qquad (5-32)$$

式中:$\rho_{c,c}$ 为混凝土拌合物的表观密度计算值(kg/m^3);m_c 为每立方米混凝土的水泥用量(kg/m^3);m_f 为每立方米混凝土的矿物掺合料用量(kg/m^3);m_w 为每立方米混凝土的用水量(kg/m^3);m_s 为每立方米混凝土的细骨料用量(kg/m^3);m_g 为每立方米混凝土的粗骨料用量(kg/m^3)。

② 混凝土配合比校正系数按式(5-33)计算：

$$\delta=\frac{\rho_{c,t}}{\rho_{c,c}} \tag{5-33}$$

式中：δ 为混凝土配合比校正系数；$\rho_{c,t}$ 为混凝土拌合物的表观密度实测值(kg/m^3)。

③ 当混凝土拌合物表观密度实测值与计算值之差的绝对值不超过计算值的 2% 时，按上述第(2)条得到的配合比(m_w、m_c、m_f、m_s、m_g)即为确定的设计配合比；当两者之差超过 2% 时应将配合比中每项材料用量均乘以校正系数 δ，即为确定的设计配合比。

(4) 配合比调整后，应测定拌合物水溶性氯离子含量，试验结果应符合表 5-40 的规定。

(5) 对耐久性有设计要求的混凝土应进行相关耐久性试验验证。

(6) 生产单位可根据常用材料设计出常用的混凝土配合比备用，并应在启用过程中予以验证或调整。遇有下列情况之一时，应重新进行配合比设计：

① 对混凝土性能有特殊要求时；

② 水泥、外加剂或矿物掺合料等原材料品种、质量有显著变化时。

4. 施工配合比确定

试验室配合比中的砂、石子均以干燥状态下的用量为准。施工现场的骨料一般采用露天堆放，其含水率随气候的变化而变化，因此施工时必须在设计配合比的基础上进行调整。

假定现场砂、石子的含水率分别为 $a\%$ 和 $b\%$，则施工配合比中 $1\ m^3$ 混凝土的各组成材料用量分别为

$$\begin{cases} m'_c=m_c \\ m'_f=m_f \\ m'_s=m_s(1+a\%) \\ m'_g=m_g(1+b\%) \\ m'_w=m_w-m_s \cdot a\%-m_g \cdot b\% \end{cases} \tag{5-34}$$

职业技能活动

实训一　混凝土配合比设计实例

【工程实例 5-2】　某教学楼工程，现浇钢筋混凝土梁，混凝土设计强度等级为 C30，施工要求坍落度为 30～50 mm(混凝土采用机械搅拌，机械振捣)，施工单位无历史统计资料。采用原材料情况如下：

水泥：强度等级为 42.5 的普通硅酸盐水泥，实测强度为 45.0 MPa，密度为 3 000 kg/m^3。

粉煤灰：F 类Ⅰ级粉煤灰，密度为 2 600 kg/m^3，掺加量经试验确定为 20%。

砂：中砂，$M_x=2.7$，表观密度 $\rho_s=2\ 650\ kg/m^3$。

石子：碎石，最大粒径 $D_{max}=40$ mm，表观密度 $\rho_g=2\ 700\ kg/m^3$。

水：自来水。

设计混凝土配合比(按干燥材料计算),并求施工配合比。已知施工现场砂的含水率为 3%,碎石含水率为 1%。

解 A. 计算配合比的确定

(1) 确定混凝土的配制强度($f_{cu,0}$)。查表 5-42,取标准差 $\sigma=5.0$,则

$$f_{cu,0}=f_{cu,k}+1.645\sigma=30+1.645\times5.0\approx38.2(MPa)$$

(2) 确定混凝土水胶比(W/B)。

① 满足强度要求的水胶比。

查表 5-44,$\gamma_f=0.80,\gamma_s=1.00$,则

$$f_b=\gamma_f\gamma_s f_{ce}=0.80\times1.00\times45.0=36.0(MPa)$$

$$W/B=\frac{\alpha_a f_b}{f_{cu,0}+\alpha_a\alpha_b f_b}=\frac{0.53\times36.0}{38.2+0.53\times0.20\times36.0}\approx0.45$$

② 满足耐久性要求的水胶比。根据表 5-32、5-33,查得一类环境,即室内干燥环境中的最大水胶比为 0.60。

因此,同时满足强度和耐久性要求的 $W/B=0.45$。

(3) 确定单位用水量(m_{w0})。

查表 5-47,按坍落度要求 30~50 mm,碎石最大粒径 40 mm,则 1 m³ 混凝土的用水量可选用 $m_{w0}=175$ kg/m³。

(4) 计算胶凝材料、矿物掺合料和水泥用量。

每立方米混凝土的胶凝材料用量(m_{b0}):

$$m_{b0}=\frac{m_{w0}}{W/B}=\frac{175}{0.45}\approx389\ (kg/m^3)$$

查表 5-34,混凝土最小胶凝材料用量为 280 kg/m³。所以取胶凝材料用量 $m_{b0}=389$ kg/m³。

每立方米混凝土的矿物掺合料用量(m_{f0}):

$$m_{f0}=m_{b0}\beta_f=389\times20\%\approx78(kg/m^3)$$

每立方米混凝土的水泥用量(m_{c0}):

$$m_{c0}=m_{b0}-m_{f0}=389-78=311(kg/m^3)$$

(5) 确定砂率(β_s)。

由 $W/B=0.45$,碎石最大粒径为 40 mm,查表 5-48,取 $\beta_s=32\%$。

(6) 计算砂、石子用量(m_{s0}、m_{g0})。

① 体积法。

$$\begin{cases}\dfrac{311}{3\,000}+\dfrac{78}{2\,600}+\dfrac{m_{s0}}{2\,650}+\dfrac{m_{g0}}{2\,700}+\dfrac{175}{1\,000}+0.01\times1=1\\[2mm]\dfrac{m_{s0}}{m_{s0}+m_{g0}}=0.32\end{cases}$$

解得 $m_{s0}\approx582(kg/m^3)$;$m_{g0}\approx1\,236(kg/m^3)$。

② 质量法。

假定 1 m³ 混凝土拌合物的质量 $m_{cp}=2\,400\ \mathrm{kg/m^3}$。则由式(5-30),得

$$m_{s0}+m_{g0}=m_{cp}-(m_{c0}+m_{f0}+m_{w0})$$
$$=2\,400-311-78-175$$
$$=1\,836(\mathrm{kg/m^3})$$
$$m_{s0}=(m_{s0}+m_{g0})\times\beta_s$$
$$=1\,836\times32\%$$
$$\approx588(\mathrm{kg/m^3})$$
$$m_{g0}=m_{cp}-(m_{c0}+m_{f0}+m_{w0})-m_{s0}$$
$$=1\,836-588$$
$$=1\,248(\mathrm{kg/m^3})$$

B. 试拌配合比的确定

按计算配合比试拌混凝土 25 L,其材料用量:水泥为 $311\times0.025\approx7.78(\mathrm{kg})$;粉煤灰为 1.95 kg;水为 4.38 kg;砂为 14.70 kg;石子为 31.20 kg。

通过试拌测得混凝土拌合物的黏聚性和保水性较好,坍落度为 20 mm,低于要求的30~50 mm,应在保持水胶比不变的条件下增加水和胶凝材料。经试验,水和胶凝材料分别增加5%(保持水胶比不变,需增加水泥 0.37 kg,粉煤灰 0.10 kg,水 0.22 kg),测得坍落度为40 mm,符合施工要求。实测拌合物的表观密度 $\rho_{c,t}=2\,390\ \mathrm{kg/m^3}$。试拌后各种材料的实际用量如下:

水泥,$m_{cb}=7.78+0.37=8.15(\mathrm{kg})$;

粉煤灰,$m_{fb}=1.95+0.10=2.05(\mathrm{kg})$;

水,$m_{wb}=4.38+0.22=4.60(\mathrm{kg})$;

砂,$m_{sb}=14.70\ \mathrm{kg}$;

石子,$m_{gb}=31.20\ \mathrm{kg}$。

由式(5-31)计算试拌配合比:

$$m_{cj}=\frac{m_{cb}}{m_{cb}+m_{fb}+m_{wb}+m_{sb}+m_{gb}}\times\rho_{c,t}$$
$$=\frac{8.15}{8.15+2.05+4.60+14.70+31.20}\times2\,390\approx321(\mathrm{kg/m^3})$$
$$m_{fj}=\frac{m_{fb}}{m_{cb}+m_{fb}+m_{wb}+m_{sb}+m_{gb}}\times\rho_{c,t}\approx81(\mathrm{kg/m^3})$$
$$m_{wj}=\frac{m_{wb}}{m_{cb}+m_{fb}+m_{wb}+m_{sb}+m_{gb}}\times\rho_{c,t}\approx181(\mathrm{kg/m^3})$$
$$m_{sj}=\frac{m_{sb}}{m_{cb}+m_{fb}+m_{wb}+m_{sb}+m_{gb}}\times\rho_{c,t}\approx579(\mathrm{kg/m^3})$$
$$m_{gj}=\frac{m_{gb}}{m_{cb}+m_{fb}+m_{wb}+m_{sb}+m_{gb}}\times\rho_{c,t}\approx1\,228(\mathrm{kg/m^3})$$

C. 强度复核,确定设计配合比

以试拌配合比的水胶比 0.45,另取 0.50 和 0.40 共 3 个水胶比的配合比,分别拌制混凝土,测得和易性均满足要求,并分别制作试块,实测 28 d 抗压强度见表5-50。

表 5-50　强度试验结果

试样	W/B	B/W	f_{cu}(MPa)
Ⅰ	0.40	2.50	42.5
Ⅱ	0.45	2.22	39.2
Ⅲ	0.50	2.00	36.4

据表 5-50 数据,作强度与胶水比线性关系图(图 5-13),求出与配制强度 $f_{cu,0}=$ 38.2 MPa 相对应的胶水比=2.15(水胶比 W/B=0.46),则符合强度要求的配合比为:用水量 $m_w=m_{wj}=181$ kg/m³,胶凝材料用量 $m_b=181×2.15≈389$ kg/m³,粉煤灰用量 $m_f=$ 389×20%≈78 kg/m³,水泥用量 $m_c=389-78=311$ kg/m³;按混凝土拌合物表观密度 2 390 kg/m³ 重新计算砂石用量(质量法),得砂用量 $m_s=582$ kg/m³,石子用量 $m_g=$ 1 238 kg/m³。

最后,实测出混凝土拌合物表观密度 $\rho_{c,t}=2\,400$ kg/m³,其计算表观密度:

$$\rho_{c,c}=m_w+m_c+m_f+m_s+m_g=181+311+78+582+1\,238=2\,390(\text{kg/m}^3)$$

因此,配合比校正系数 $\delta=2\,400/2\,390≈1.004$,两者之差不超过计算值的 2%,故可不再进行调整。设计配合比即为

$$m_c=311\ \text{kg/m}^3,m_f=78\ \text{kg/m}^3,m_w=181\ \text{kg/m}^3,m_s=582\ \text{kg/m}^3,m_g=1\,238\ \text{kg/m}^3。$$

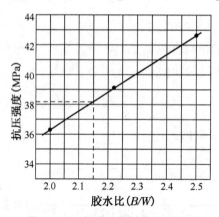

图 5-13　灰水比与强度关系曲线

D. 计算混凝土施工配合比

1 m³ 混凝土各材料用量如下:

水泥,$m_c'=m_c=311(\text{kg/m}^3)$;

粉煤灰,$m_f'=m_f=78(\text{kg/m}^3)$;

砂子,$m_s'=m_s(1+a\%)=582×(1+3\%)≈599(\text{kg/m}^3)$;

石子,$m_g'=m_g(1+b\%)=1\,238×(1+1\%)≈1\,250(\text{kg/m}^3)$;

水,$m_w'=m_w-m_s·a\%-m_g·b\%=181-582×3\%-1\,238×1\%≈151(\text{kg/m}^3)$。

项目五 混凝土的质量控制与强度评定

主要内容	知识目标	技能目标
混凝土的质量控制,混凝土强度的评定	掌握混凝土质量控制的内容、方法及混凝土强度的评定方法	能够进行混凝土质量的控制,能够进行混凝土强度的评定

基础知识

一、混凝土的质量控制

混凝土在施工过程中由于受原材料质量(如水泥的强度、骨料的级配及含水率等)的波动、施工工艺(如配料、拌合、运输、浇筑及养护等)的不稳定性、施工条件和气温的变化、施工人员的素质等因素的影响,因此在正常施工条件下,混凝土的质量总是波动的。

混凝土质量控制的目的就是分析掌握其质量波动规律,控制正常波动因素,发现并排除异常波动因素,使混凝土质量波动控制在规定范围内,以达到既保证混凝土质量又节约用料的目的。

1. 材料进场质量检验和质量控制

混凝土原材料包括水泥、骨料、掺合料、外加剂等,运至工地的原材料需具有出厂合格证和出厂检验报告,同时使用单位还应进行进场复验。

对于商品混凝土的原材料质量控制应在混凝土搅拌站进行。

2. 混凝土的配合比

混凝土施工前应委托具有相应资质的试验室进行混凝土配合比设计,并且首次使用的混凝土配合比应进行开盘鉴定,其工作性应满足设计配合比的要求。

混凝土拌制前,应测定砂、石含水率,并根据测试结果调整材料用量,提出施工配合比。

混凝土原材料每盘称量的偏差应符合表 5-51 的规定。

表 5-51 原材料每盘称量的允许偏差(GB 50164—2011)

材料名称	允许偏差
胶凝材料	±2%
粗、细骨料	±3%
拌合用水、外加剂	±1%

3. 混凝土强度的检验

现场混凝土质量检验以抗压强度为主,并以边长 150 mm 的立方体试件的抗压强度为标准。用于检查结构构件混凝土强度的试件,应在混凝土的浇筑地点随机抽取。取样与试块留置应符合下列规定:

（1）每拌制 100 盘且不超过 100 m³ 的同配合比的混凝土，取样不得少于一次。

（2）每工作班拌制的同一配合比的混凝土不足 100 盘时，取样不得少于一次。

（3）当一次连续浇筑超过 1 000 m³ 时，同一配合比的混凝土每 200 m³ 取样不得少于一次。

（4）对房屋建筑，每一楼层、同一配合比的混凝土，取样不得少于一次。

（5）每次取样应至少留置一组标准养护试件，同条件养护试件的留置组数应根据实际需要确定。每组 3 个试件应由同一盘或同一车的混凝土中取样制作。

4. 混凝土质量控制图

为了掌握分析混凝土质量波动情况，及时分析出现的问题，将水泥强度、混凝土坍落度、混凝土强度等检验结果绘制成质量控制图。

质量控制图的横坐标为按时间测得的质量指标子样编号，纵坐标为质量指标的特征值，中间一条横线为中心控制线，上、下两条线为控制界线，如图 5－14 所示。图中横坐标表示混凝土浇筑时间或试件编号，纵坐标表示强度测定值，各点表示连续测得的强度，中心线表示平均强度 $m_{f_{cu}}$，上、下控制线为 $m_{f_{cu}} \pm 3\sigma$。

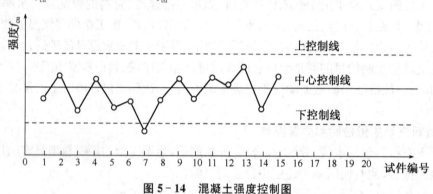

图 5－14 混凝土强度控制图

从质量控制图的变动趋势，可以判断施工是否正常。如果测得的各点几乎全部落在控制界限内，并且控制界限内的点子排列是随机的，即为施工正常。如果各点显著偏离中心线或分布在一侧，尤其是有些点超出上下控制线，说明混凝土质量均匀性已下降，应立即查明原因，加以控制。

二、混凝土强度的评定

1. 混凝土强度的波动规律

试验表明，混凝土强度的波动规律是符合正态分布的。即在施工条件相同的情况下，对同一种混凝土进行系统取样，测定其强度，以强度为横坐标，以某一强度出现的概率为纵坐标，可绘出强度概率正态分布曲线，如图 5－15 所示。正态分布的特点为：以强度平均值为对称轴，左右两边的曲线是对称的，距离对称轴越远的值，出现的概率越小，并逐渐趋近于零；曲线和横坐标之间的面积为概率的总和，等于 100％；对称轴两边，出现的概率相等，在对称轴两边的曲线上各有一个拐点，拐点距强度平均值的距离即为标准差。

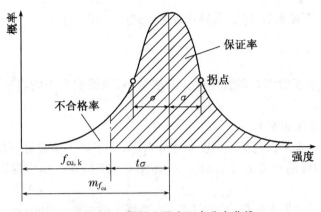

图 5-15 混凝土强度正态分布曲线

2. 混凝土强度数理统计参数

(1) 强度平均值 $m_{f_{cu}}$。混凝土强度平均值 $m_{f_{cu}}$ 可用式(5-35)计算:

$$m_{f_{cu}} = \frac{1}{n} \sum_{i=1}^{n} f_{cu,i} \tag{5-35}$$

式中: $m_{f_{cu}}$ 为统计周期内 n 组混凝土立方体试件的抗压强度平均值(MPa),精确到 0.1 MPa; $f_{cu,i}$ 为第 i 组混凝土立方体试件的抗压强度值(MPa),精确到 0.1 MPa; n 为统计周期内相同强度等级的试件组数, n 值不应小于 30。

在混凝土强度正态分布曲线图(图 5-15)中,强度平均值 $m_{f_{cu}}$ 处于对称轴上,也称样本平均值,可代表总体平均值。 $m_{f_{cu}}$ 仅代表混凝土强度总体的平均值,但不能说明混凝土强度的波动状况。

(2) 标准值(均方差) σ。标准差按式(5-36)计算,精确到 0.01 MPa:

$$\sigma = \sqrt{\frac{\sum_{i=1}^{n} (f_{cu,i} - m_{f_{cu}})^2}{n-1}} \tag{5-36}$$

式中: σ 为混凝土强度标准差(MPa)。

标准差是评定混凝土质量均匀性的主要指标,它在混凝土强度正态分布曲线图中表示分布曲线的拐点距离强度平均值的距离。 σ 值越大,说明其强度离散程度越大,混凝土质量也越不稳定(表 5-52)。

表 5-52　混凝土强度标准差(GB 50164—2011)　　　　　　　　　　　　　MPa

生产场所	强度标准差 σ		
	<C20	C20~C40	≥C45
预拌混凝土搅拌站 预制混凝土构件厂	≤3.0	≤3.5	≤4.0
施工现场搅拌站	≤3.5	≤4.0	≤4.5

注:预拌混凝土搅拌站和预制混凝土构件厂的统计周期可取一个月;施工现场搅拌站的统计周期可根据实际情况确定,但不宜超过三个月。

(3) 变异系数(离差系数)C_v。变异系数可由式(5-37)计算：

$$C_v = \frac{\sigma}{m_{f_{cu}}} \qquad (5-37)$$

C_v表示混凝土强度的相对离散程度。C_v值越小,说明混凝土的质量越稳定,混凝土生产的质量水平越高。

(4) 混凝土强度保证率P。

混凝土强度保证率是指混凝土强度总体分布中,大于或等于设计要求的强度等级值的概率,以正态分布曲线的阴影部分面积表示,如图5-15所示。强度保证率可按如下方法计算：

先根据混凝土设计要求的强度等级($f_{cu,k}$)、混凝土的强度平均值($m_{f_{cu}}$)、标准差(σ)或变异系数(C_v)计算出概率度t。

$$t = \frac{m_{f_{cu}} - f_{cu,k}}{\sigma} \text{或} t = \frac{m_{f_{cu}} - f_{cu,k}}{C_v m_{f_{cu}}} \qquad (5-38)$$

再根据t值,由表5-53查得强度保证率$P(\%)$。

表 5-53 不同 t 值的保证率 P

t	0.00	0.50	0.80	0.84	1.00	1.04	1.20	1.28	1.40	1.50	1.60
$P(\%)$	50.0	69.2	78.8	80.0	84.1	85.1	88.5	90.0	91.9	93.3	94.5
t	1.645	1.70	1.75	1.81	1.88	1.96	2.00	2.05	2.33	2.50	3.00
$P(\%)$	95.0	95.5	96.0	96.5	97.0	97.5	97.7	98.0	99.0	99.4	99.9

《混凝土强度检验评定标准》(GB/T 50107—2010)及《混凝土结构设计规范》(GB 50010—2010)规定,同批试件的统计强度保证率不得小于95%。

3. 混凝土强度检验评定标准

根据《混凝土强度检验评定标准》(GB/T 50107—2010)的规定,混凝土强度评定方法可分为统计方法和非统计方法两种。

1) 统计方法评定

(1) 当连续生产的混凝土,生产条件在较长时间内保持一致,且同一品种、同一强度等级混凝土的强度变异性保持稳定时,一个检验批的样本容量应为连续的3组试件,其强度应同时符合下列要求：

$$m_{f_{cu}} \geqslant f_{cu,k} + 0.7\sigma_0 \qquad (5-39)$$

$$f_{cu,min} \geqslant f_{cu,k} - 0.7\sigma_0 \qquad (5-40)$$

检验批混凝土立方体抗压强度的标准差应按式(5-41)计算：

$$\sigma_0 = \sqrt{\frac{\sum_{i=1}^{n} f_{cu,i}^2 - nm_{f_{cu}}^2}{n-1}} \qquad (5-41)$$

当混凝土强度等级不高于C20时,其强度的最小值尚应满足式(5-42)要求：

$$f_{cu,min} \geqslant 0.85 f_{cu,k} \qquad (5-42)$$

当混凝土强度等级高于 C20 时,其强度的最小值尚应满足式(5-43)要求:

$$f_{cu,min} \geqslant 0.90 f_{cu,k} \tag{5-43}$$

式(5-39~5-43)中:$m_{f_{cu}}$ 为同一检验批混凝土立方体抗压强度的平均值(MPa);$f_{cu,k}$ 为混凝土立方体抗压强度标准值(MPa);$f_{cu,min}$ 为同一检验批混凝土立方体抗压强度的最小值(MPa);σ_0 为检验批混凝土立方体抗压强度的标准差(MPa),当检验批混凝土强度标准差 σ_0 计算值小于 2.5 MPa 时,应取 2.5 MPa;$f_{cu,i}$ 为前一个检验期内同一品种、同一强度等级的第 i 组混凝土试件的立方体抗压强度代表值(MPa),该检验期不应少于 60 d,也不得大于 90 d;n 为前一检验期内的样本容量,在该期间内样本容量不应少于 45。

(2)当混凝土的生产条件在较长时间内不能保持一致,且混凝土强度变异性不能保持稳定时,或在前一个检验期内的同一品种、同一强度等级混凝土无足够多的数据用以确定检验批混凝土立方体抗压强度的标准差时,应由样本容量不少于 10 组的试件组成一个检验批,其强度应同时满足下列要求:

$$m_{f_{cu}} \geqslant f_{cu,k} + \lambda_1 \cdot S_{f_{cu}} \tag{5-44}$$

$$f_{cu,min} \geqslant \lambda_2 \cdot f_{cu,k} \tag{5-45}$$

同一检验批混凝土立方体抗压强度的标准差应按式(5-46)计算:

$$S_{f_{cu}} = \sqrt{\frac{\sum_{i=1}^{n} f_{cu,i}^2 - n m_{f_{cu}}^2}{n-1}} \tag{5-46}$$

式(5-44~5-46)中:$S_{f_{cu}}$ 为同一检验批混凝土立方体抗压强度的标准差(MPa),精确到 0.01 MPa,当检验批混凝土强度标准差 $S_{f_{cu}}$ 计算值小于 2.5 MPa 时,应取 2.5 MPa;n 为本检验期内的样本容量;λ_1,λ_2 为合格评定系数,按表 5-54 取用。

表 5-54　混凝土强度的合格评定系数

试件组数	10~14	15~19	≥20
λ_1	1.15	1.05	0.95
λ_2	0.90	0.85	

2)非统计方法评定

当用于评定的样本容量小于 10 组时,应采用非统计方法评定混凝土强度。

按非统计方法评定混凝土强度时,其强度应同时符合下列规定:

$$m_{f_{cu}} \geqslant \lambda_3 \cdot f_{cu,k} \tag{5-47}$$

$$f_{cu,min} \geqslant \lambda_4 \cdot f_{cu,k} \tag{5-48}$$

式中:λ_3,λ_4 为合格评定系数,按表 5-55 取用。

表 5-55 混凝土强度的非统计方法合格评定系数

混凝土强度等级	<C60	≥C60
λ_3	1.15	1.10
λ_4	0.95	

3）混凝土强度的合格性评定

混凝土强度应分批进行检验评定，当检验结果满足以上规定时，则该批混凝土强度应评定为合格；当不能满足上述规定时，该批混凝土强度应评定为不合格。对不合格批混凝土制成的结构或构件，可采用钻芯法或其他非破损检验方法进行进一步鉴定。对不合格的结构或构件，必须及时处理。

职业技能活动

实训一 混凝土强度评定实例

【工程实例 5-3】 ××广播电视音像资料馆于 2011 年开工建设，该工程地下两层，地上十七层，总建筑面积 41 264 m²。结构特点：基础采用满堂红筏板基础；地下室为混凝土板柱体系；地上结构为钢筋混凝土框架——剪力墙结构。该工程由××建设集团有限公司总承包，施工过程中为控制混凝土工程质量，承包单位严格按照规范施工，监理单位严格监督，以下数据是混凝土一个检验批（代表部位：基础底板、地下一层墙体、顶板）实测混凝土立方体抗压强度：37.5、46.9、45.3、49.4、49.5、41.3、38.4、46.5、52.3、46.2、44.0、44.1、37.3、41.8、47.3、42.7、37.8、54.5、55.8，单位均为 MPa。混凝土设计强度等级为 C30，试评定该检验批混凝土强度是否合格。

混凝土强度评定采用工程实际表格形式，见表 5-56。

表 5-56 混凝土强度统计评定

工程名称	××广播电视音像资料馆				强度等级			C30
施工单位	××建设集团有限公司				养护方法			标准养护
统计时段	自 2011 年 4 月 12 日 至 2011 年 6 月 10 日				代表部位			基础底板、地下一层墙体、顶板
试块组数 n	强度标准值 $f_{cu,k}$ (MPa)	平均值 $m_{f_{cu}}$ (MPa)	标准差 $S_{f_{cu}}$ (MPa)	最小值 $f_{cu,min}$ (MPa)	合格评定系数			
					λ_1	λ_2	λ_3	λ_4
19	30	45.2	5.55	37.3	1.05	0.85		
实测值 (MPa)	实测值 (MPa)	实测值 (MPa)	实测值 (MPa)	实测值 (MPa)	实测值 (MPa)		实测值 (MPa)	
37.5	38.4	37.3	55.8					
46.9	46.5	41.8						

续表

45.3	52.3	47.3		
49.4	46.2	42.7		
49.5	44.0	37.8		
41.3	44.1	54.5		
☑ 统计方法			☐ 非统计方法	
$f_{cu,k}+\lambda_1 \cdot S_{f_{cu}}$	$\lambda_2 \cdot f_{cu,k}$		$\lambda_3 \cdot f_{cu,k}$	$\lambda_4 \cdot f_{cu,k}$
35.8	25.5			
$m_{f_{cu}} \geqslant f_{cu,k}+\lambda_1 \cdot S_{f_{cu}}$	$f_{cu,min} \geqslant \lambda_2 \cdot f_{cu,k}$		$m_{f_{cu}} \geqslant \lambda_3 \cdot f_{cu,k}$	$f_{cu,min} \geqslant \lambda_4 \cdot f_{cu,k}$
45.2>35.8	37.3>25.5			

本批试块统计评定结论：

符合《混凝土强度检验评定标准》(GB/T 50107—2010)要求，合格。

统计人(签字)：××× 2011 年 6 月 11 日	审核人(签字)：××× 2011 年 6 月 11 日	批准人(签字)：××× 2011 年 6 月 11 日

项目六　装饰混凝土

主要内容	知识目标	技能目标
清水装饰混凝土,彩色混凝土,露骨料混凝土	掌握清水装饰混凝土、彩色混凝土、露骨料混凝土的组成、特点及工程应用	能够根据工程实际情况,合理地选择和使用装饰混凝土

装饰混凝土是充分利用混凝土塑性成形和材料构成的特点,使成形后的混凝土表面具有装饰性的线形、纹理、质感及色彩效果。它可以将结构与装饰融于一体,结构施工与装饰处理同时进行,既简化了施工工序,缩短了工期,又可以根据设计要求获得别具一格的装饰效果。

一、清水装饰混凝土

清水装饰混凝土是利用混凝土结构或构件的线条或几何外形的处理而获得装饰性。它具有简单、明快大方的立面装饰效果,也可以在成形时利用模板等在构件表面做出各种线形、图案、凸凹层次等,使立面质感更加丰富,从而获得艺术装饰效果。其成形工艺有以下三种:

1. 正打成形工艺

正打成形工艺多用于大板建筑的墙板预制,它是在混凝土墙板浇筑完毕、水泥初凝前后,在混凝土表面进行压印,使之形成各种线条和花饰。根据其表面的加工方法不同,有压印和挠刮两种方式。

压印工艺一般有凸纹和凹纹两种做法。凸纹是用刻有漏花图案的模具,在刚浇筑成形的壁板表面(也可在板上铺一层水泥砂浆)上压印,板面凸起的图形高度一般不超过10 mm。凹纹是用直径为5~10 mm的光圆钢筋焊接成设计图形,在新浇混凝土壁板表面压印而成。

挠刮工艺是在新浇筑的混凝土壁板上,用硬毛刷等工具挠刮形成一定的毛面质感。

2. 反打成形工艺

反打成形工艺是在浇筑混凝土的底面模板上做出凹槽,或在底模上加垫具有一定花纹、图案的衬模,拆模后使混凝土表面具有线形或立体装饰图案。衬模材料有硬木、钢材、玻璃钢、硬塑料、橡胶等。

反打工艺制品的图案和线条的凹凸感很强,质感很好,图案、花纹可选择性大,且可形成较大尺寸的线形,可振动成形也可压制成形。但要保证制品的质量,应注意两点:一是模板要有合理的脱模锥度,以防脱模时破坏图形棱角;二是选用性能良好的脱膜剂,以防在制品表面残留污渍,影响建筑立面的装饰效果。

3. 立模工艺

正打、反打成形工艺均为预制条件下的成形工艺。而立模工艺是在现浇混凝土墙面时做饰面处理,即采用带一定图案或线形的模板,组成直立支模现浇混凝土板,脱模后则显示出设计要求的墙面图案或线形,这种施工工艺使饰面效果更加逼真。

二、彩色混凝土

彩色混凝土是采用彩色水泥或白水泥为胶凝材料，或者在普通混凝土中掺入适量的着色剂，在一定的工艺条件下制得的混凝土。彩色混凝土分为整体着色混凝土和表面着色混凝土。彩色混凝土不仅装饰效果自然、庄重，而且色彩耐久性好，能抵抗大气环境的各种腐蚀作用。

彩色混凝土的装饰效果在于色彩，色彩效果的好与差，着色是关键，这与颜料性质、掺量和掺加方法有关。在混凝土中掺入适量的彩色外加剂、无机氧化物颜料和化学着色剂等着色料，或者干撒着色硬化剂等，均是使混凝土着色的常用方法。

（1）无机氧化物颜料。直接在混凝土中加入无机氧化物颜料，并按一定的投料顺序进行搅拌。

（2）化学着色剂。化学着色剂是一种水溶性金属盐类，将它渗入混凝土中并与之发生反应，在混凝土孔隙中生成难溶且抗磨性好的颜色沉淀物。这种着色剂中含有稀释的酸，能轻微腐蚀混凝土，从而使着色剂能渗透较深，且色调更加均匀。

化学着色剂的使用应在混凝土养护至少一个月以后进行。施加前应将混凝土表面的尘土、杂质清除干净，以免影响着色效果。

（3）干撒着色硬化剂。干撒着色硬化剂是一种表面着色方法。它是由细颜料、表面调节剂、分散剂等拌制而成，将其均匀干撒在新浇筑的混凝土表面即可着色，适用于混凝土板、地面、人行道、车道及其他水平表面的着色，但不适于在垂直的大面积墙面使用。

彩色混凝土是最近几年发展起来的新型装饰混凝土，虽然发展速度较快，但应用范围还不太广泛。由于经济条件的限制，整体着色的彩色混凝土应用很少，而在普通混凝土基材表面加做彩色饰面层，制成面层着色的彩色混凝土路面砖，已经得到广泛应用。彩色混凝土路面砖有多种色彩、线条和图案，可根据周围环境选择色彩组成最适合的图案，且原材料广泛，铺设简单，防滑性好，品种有普通路面砖、透水性路面砖、导盲块、植草路面砖、路沿石等多种类型，广泛应用于城市的人行道、广场等，美化和改善城市环境。

三、露骨料混凝土

露骨料混凝土是在混凝土硬化前或硬化后，通过一定工艺手段使混凝土骨料适当外露，以骨料的天然色泽和不同排列组合造型，达到天然、古朴的装饰效果。

露骨料混凝土常用的制作方法有水洗法、酸洗法、缓凝剂法、水磨法、抛丸法等。

（1）水洗法。水洗法用于正打工艺，它是在混凝土成形后、水泥终凝前，采用具有一定压力的射流水把面层水泥浆冲刷至露出骨料，使混凝土表面呈现石子的自然色彩。

（2）酸洗法。酸洗法是利用化学作用去掉混凝土表层水泥浆，使骨料外露。酸洗法通常选用一定浓度的盐酸，因其对混凝土有一定的破坏作用，故应用较少。

（3）缓凝剂法。现场施工采用立模工艺或预制反打工艺中，因工作面受模板遮挡不能及时冲洗水泥浆，就需要借助缓凝剂使表面的水泥不硬化，以便待脱模后再冲洗。缓凝剂在混凝土浇筑前涂刷于底模上。缓凝剂法也可用于正打工艺。

（4）水磨法。水磨法也即制作水磨石的方法，所不同的是水磨露骨料工艺一般不需另抹水泥石碴浆，而是直接在抹面硬化的混凝土表面磨至露出骨料。

（5）抛丸法。抛丸法是将混凝土制品以 1.5～2 m/min 的速度通过抛丸机室，室内抛丸机以 65～80 m/s 的线速度抛出铁丸，利用铁丸冲击力将混凝土表面的水泥浆皮剥离，露出骨料。

露骨料混凝土饰面关键在于石子的选择，在使用彩色石子时，配色要协调美观，只要石子的品种和色彩选择适当，就能获得良好的装饰性和耐久性。

项目七 其他品种混凝土

主要内容	知识目标	技能目标
高性能混凝土,轻骨料混凝土,泵送混凝土及防水混凝土	掌握高性能混凝土、轻骨料混凝土、泵送混凝土及防水混凝土的组成、特点及工程应用	能够根据工程实际情况,合理地选择和使用其他品种混凝土

一、高性能混凝土

1990 年 5 月,美国国家标准与技术研究所(NIST)和美国混凝土协会(NCI)首先提出了高性能混凝土的概念。目前,各国对高性能混凝土的定义尚有争议。综合各国学者的意见,高性能混凝土是以耐久性和可持续发展为基本要求,适应工业化生产与施工,具有高抗渗性、高体积稳定性(低干缩、低徐变、低温度应变率和高弹性模量)、良好工作性能(高流动性、高黏聚性,达到自密实)的混凝土。

虽然高性能混凝土是由高强混凝土发展而来,但高强混凝土并不就是高性能混凝土,不能将其混为一谈。高性能混凝土比高强混凝土具有更为有利于工程长期安全使用与便于施工的优异性能,它将会比高强混凝土有更为广阔的应用前景。

高性能混凝土在配制时通常应注意以下几个方面:

(1) 必须掺入与所用水泥具有相容性的高效减水剂,以降低水胶比,提高强度,并使其具有合适的工作性。

(2) 必须掺入一定量活性的细磨矿物掺合料,如硅灰、磨细矿渣、优质粉煤灰等。在配制高性能混凝土时,掺加活性磨细掺合料,可利用其微粒效应和火山灰活性,以增强混凝土的密实性,提高强度和耐久性。

(3) 选用合适的骨料,尤其是粗骨料的品质(如粗骨料的强度,针、片状颗粒含量,最大粒径等)对高性能混凝土的强度有较大影响。因此,用于高性能混凝土的粗骨料粒径不宜太大,在配制 60~100 MPa 的高性能混凝土时,粗骨料最大粒径不宜大于 19.0 mm。

高性能混凝土是水泥混凝土的发展方向之一,它符合科学的发展观,随着土木工程技术的发展,它将广泛地应用于桥梁工程、高层建筑、工业厂房结构、港口及海洋工程、水工结构等工程。

二、轻骨料混凝土

轻骨料混凝土是指用轻粗骨料、轻砂(或普通砂)、水泥和水配制而成的干表观密度不大于 1 950 kg/m³ 的混凝土。粗、细骨料均为轻骨料者,称为全轻混凝土;细骨料全部或部分采用普通砂者,称为砂轻混凝土。

轻骨料按其来源可分为:① 工业废料轻骨料,如粉煤灰、陶粒、自然煤矸石、膨胀矿渣珠、煤渣及轻砂;② 天然轻骨料,如浮石、火山渣及其轻砂;③ 人造轻骨料,如页岩陶粒、黏土陶粒、膨胀珍珠岩轻砂。

轻骨料混凝土的强度等级按立方体抗压强度标准值划分为：LC5.0、LC7.5、LC10、LC15、LC20、LC25、LC30、LC35、LC40、LC45、LC50、LC55 和 LC60。

强度等级为 LC5.0 的称为保温轻骨料混凝土，主要用于围护结构或热工结构的保温；强度等级≤LC15 的称为结构保温轻骨料混凝土，用于既承重又保温的围护结构；强度等级≥LC15 的称为结构轻骨料混凝土，用于承重构件或构筑物。

轻骨料混凝土的变形比普通混凝土大，弹性模量较小，极限应变大，利于改善构筑物的抗震性能。轻骨料混凝土的收缩和徐变比普通混凝土相应大 20%～50% 和 30%～60%，热膨胀系数比普通混凝土小 20%左右。

轻骨料混凝土的表观密度比普通混凝土减少 1/4～1/3，隔热性能改善，可使结构尺寸减小，增加建筑物使用面积，降低基础工程费用和材料运输费用，其综合效益良好。因此，轻骨料混凝土主要适用于高层和多层建筑、软土地基、大跨度结构、抗震结构、要求节能的建筑等。

三、泵送混凝土

泵送混凝土是指在泵压的作用下经刚性或柔性管道输送到浇筑地点进行浇筑的混凝土。泵送混凝土除必须满足混凝土设计强度和耐久性的要求外，尚应使混凝土满足可泵性要求。因此，对泵送混凝土粗骨料、细骨料、水泥、外加剂、掺合料等都必须严格控制。

《普通混凝土配合比设计规程》(JGJ 55—2011)规定，泵送混凝土配合比设计时，胶凝材料总量不宜少于 300 kg/m³；应掺用泵送剂或减水剂，并宜掺用矿物掺合料。粗骨料应满足以下要求：① 粗骨料的最大粒径与输送管径之比应符合表 5-57 的规定；② 粗骨料应采用连续级配，且针、片状颗粒含量不宜大于 10%。细骨料应满足以下要求：① 宜采用中砂，其通过 0.315 mm 筛孔的颗粒不应少于 15%；② 砂率宜为 35%～45%。

坍落度对混凝土的可泵性影响很大，泵送混凝土的入泵坍落度不宜小于 10 cm，对于各种入泵坍落度不同的混凝土，其泵送高度不宜超过表 5-58 的规定。

表 5-57　粗骨料的最大粒径与输送管径之比(JGJ 55—2011)

泵送高度(m)	碎石	卵石
<50	≤1∶3.0	≤1∶2.5
50～100	≤1∶4.0	≤1∶3.0
>100	≤1∶5.0	≤1∶4.0

表 5-58　混凝土入泵坍落度与泵送高度关系(JGJ/T 10—2011)

最大泵送高度(m)	50	100	200	400	400 以上
入泵坍落度(mm)	100～140	150～180	190～220	230～260	—
入泵扩展度(mm)	—	—	—	450～590	600～740

由于混凝土输送泵管路可以敷设到吊车或小推车不能到达的地方，并使混凝土在一定压力下充填灌注部位，具有其他设备不可替代的特点，改变了混凝土输送效率低下的传统施工方法，因此近年来在钻孔灌注桩工程中开始应用，并广泛应用于公路、铁路、水利、建筑等

工程。

四、防水混凝土

防水混凝土是通过各种方法提高混凝土的抗渗性能，达到防水要求的混凝土。常用的配制方法有：骨料级配法（改善骨料级配）；富水泥浆法（采用较小的水胶比，较高的水泥用量和砂率，改善砂浆质量，减少孔隙率，改变孔隙形态特征）；掺外加剂法（如引气剂、防水剂、减水剂等）；采用特殊水泥（如膨胀水泥等）。

防水混凝土主要用于有防水抗渗要求的水工构筑物，给排水工程构筑物（如水池、水塔等）和地下构筑物以及有防水抗渗要求的屋面等。

复习思考题

一、填空题

1. 普通混凝土用砂的颗粒级配按_____ mm 筛的累计筛余百分率分为_____、_____和_____三个级配区;按_____模数的大小分为_____、_____和_____。

2. 普通混凝土用粗骨料主要有_____和_____两种。

3. 根据《混凝土结构工程施工质量验收规范》(GB 50204)规定,混凝土用粗骨料的最大粒径不得大于结构截面最小尺寸的_____,同时不得大于钢筋间最小净距的_____;对于混凝土实心板,粗骨料最大粒径不宜超过板厚的_____,且最大粒径不得超过_____ mm。

4. 混凝土拌合物的和易性包括_____、_____和_____三个方面的含义。通常采用定量测定_____,方法是塑性混凝土采用_____法,干硬性混凝土采用_____法;采取直观经验评定_____和_____。

5. 混凝土立方体抗压强度是以边长为_____ mm 的立方体试件,在温度为_____℃、相对湿度为_____以上的标准条件下养护_____ d,用标准试验方法测定的极限抗压强度,用符号_____表示,单位为_____。

6. 混凝土中掺入减水剂,在混凝土流动性不变的情况下,可以减少_____,提高混凝土的_____;在用水量及水胶比一定时,混凝土的_____增大;在流动性和水胶比一定时,可以_____。

7. 混凝土的轴心抗压强度采用尺寸为_____的棱柱体试件测定。

8. 泵送混凝土配合比设计时,胶凝材料总量不宜少于_____ kg/m³,用水量与胶凝材料总量之比不宜大于_____,砂率宜为_____。

9. 清水装饰混凝土的成形工艺有_____、_____、_____三种。

二、名词解释

① 颗粒级配和粗细程度;② 石子最大粒径;③ 水胶比;④ 混凝土拌合物和易性;⑤ 混凝土砂率。

三、单项选择题

1. 级配良好的砂,它的( )。
   A. 空隙率小,堆积密度较大
   B. 空隙率大,堆积密度较小
   C. 空隙率和堆积密度均大
   D. 空隙率和堆积密度均小

2. 测定混凝土立方体抗压强度时采用的标准试件尺寸为( )。
   A. 100 mm×100 mm×100 mm
   B. 150 mm×150 mm×150 mm
   C. 200 mm×200 mm×200 mm
   D. 70.7 mm×70.7 mm×70.7 mm

3. 维勃稠度法是用于测定( )的和易性。
   A. 低塑性混凝土
   B. 塑性混凝土
   C. 干硬性混凝土
   D. 流动性混凝土

4. 某混凝土维持细骨料用量不变的条件下,砂的 M_x 越大,说明( )。

A. 该混凝土中细骨料的颗粒级配越好

B. 该混凝土中细骨料的颗粒级配越差

C. 该混凝土中细骨料的总表面积越小,所需水泥用量越少

D. 该混凝土中细骨料的总表面积越大,所需水泥用量越多

5. 设计混凝土配合比时,是为满足( )要求来确定混凝土拌合物坍落度的大小。

    A. 施工条件　　　　B. 设计要求　　　　C. 水泥的需水量　　D. 水泥用量

6. 欲增加混凝土的流动性,应采取的正确措施是( )。

    A. 增加用水量　　　　B. 提高砂率

    C. 调整水胶比　　　　D. 保持水胶比不变,增加水和胶凝材料用量

7. 配制大流动性混凝土,常用的外加剂是( )。

    A. 膨胀剂　　　　B. 普通减水剂　　　　C. 引气剂　　　　D. 高效减水剂

8. 决定混凝土强度大小的最主要因素是( )。

    A. 温度　　　　B. 时间　　　　C. f_{ce}　　　　D. f_b和W/B

9. 混凝土立方体抗压强度测试,采用 100 mm×100 mm×100 mm 的试件,其强度换算系数为( )。

    A. 0.90　　　　B. 0.95　　　　C. 1.05　　　　D. 1.00

四、简述题

1. 试述混凝土的特点及混凝土各组成材料的作用。

2. 简述混凝土拌合物和易性的概念及其影响因素。

3. 简述混凝土耐久性的概念及其所包含的内容。

4. 简述提高混凝土耐久性的措施。

5. 简述混凝土拌合物坍落度大小的选择原则。

6. 简述混凝土配合比设计的三大参数的确定原则以及配合比设计的方法步骤。

7. 简述混凝土配合比的表示方法及配合比设计的基本要求。

8. 简述减水剂的概念及其作用原理。

五、计算题

1. 某工地用天然砂的筛分析结果如下表所示,试评定砂的级配和粗细程度。

筛孔尺寸	4.75 mm	2.36 mm	1.18 mm	600 μm	300 μm	150 μm	<150 μm
分计筛余(g)	20	100	100	120	70	60	30

2. 某钢筋混凝土构件,其截面最小边长为 400 mm,采用钢筋为 $\varnothing$20,钢筋中心距为 80 mm。试确定石子的最大粒径,并选择石子所属粒级。

3. 采用普通水泥、卵石和天然砂配制混凝土,水胶比为 0.50,制作一组边长为 150 mm 的立方体试件,标准养护 28 d,测得的抗压破坏荷载分别为 510,520 和 650 kN。试计算:

(1) 该组混凝土试件的立方体抗压强度;

(2) 计算该混凝土所用水泥的实际抗压强度。

4. 某工程现浇室内钢筋混凝土梁,混凝土设计强度等级为 C25,施工采用机械拌合和振捣,坍落度为 30～50 mm,施工单位无历史统计资料。所用原材料如下:

水泥:普通水泥 42.5,密度为 3 100 kg/m³,实测抗压强度为 45.0 MPa;

粉煤灰:F 类 I 级粉煤灰,密度为 2 600 kg/m³,掺加量经试验确定为 20%;

砂:中砂,级配 2 区合格,表观密度为 2 600 kg/m³;

石子:碎石 5~31.5 mm,表观密度为 2 650 kg/m³;

水:自来水,密度为 1 000 kg/m³。

试分别用体积法和质量法确定该混凝土的计算配合比。

5. 某混凝土,其试验室配合比为 $m_c : m_s : m_g = 1 : 2.10 : 4.60, m_w/m_c = 0.50$。现场砂、石子的含水率分别为 2% 和 1%,堆积密度分别为 1 600 和 1 500 kg/m³,1 m³ 混凝土的用水量 $m_w = 160$ kg。试计算:

(1) 该混凝土的施工配合比;

(2) 1 袋水泥(50 kg)拌制混凝土时其他材料的用量;

(3) 500 m³ 混凝土需要砂、石子各多少立方体?水泥多少吨?

单元六　建筑砂浆

学习目标

1. 掌握砌筑砂浆的组成材料、主要技术性质及配合比设计方法。
2. 能熟练进行砂浆技术性能指标的检测。
3. 熟悉装饰砂浆的种类、材料组成及成形工艺。
4. 了解其他品种砂浆的种类与工程应用。

建筑砂浆是由胶凝材料、细骨料和水按适当的比例配制而成,此外还可以在砂浆中加入适当比例的掺合料和外加剂,以改善砂浆的性能。

建筑砂浆主要用于以下几个方面:在结构工程中,用于把单块砖、石、砌块等胶结成砌体,砖墙的勾缝、大中型墙板及各种构件的接缝;在装饰工程中,用于墙面、地面及梁、柱等结构表面的抹灰,镶贴石材、瓷砖等各类装饰板材;制成各类特殊功能的砂浆,如保温砂浆、防水砂浆等。

砂浆的种类很多,按所用胶凝材料的不同,建筑砂浆分为水泥砂浆、石灰砂浆和混合砂浆;根据施工方法,分为现场配制砂浆和预拌砂浆;根据用途的不同,分为砌筑砂浆、抹面砂浆、防水砂浆、装饰砂浆及特种砂浆等。

项目一　砌筑砂浆

主要内容	知识目标	技能目标
砌筑砂浆的组成材料、技术性质及配合比设计	理解砌筑砂浆对组成材料的要求,熟悉砌筑砂浆的技术性质及配合比设计	能够进行砂浆试样的制备与现场取样,砂浆稠度检测,砂浆保水性检测,砂浆立方体抗压强度检测

基础知识

将砖、石、砌块等胶结成砌体的砂浆称为砌筑砂浆。它起着黏结、衬垫和传递荷载的作用,是砌体的主要组成部分。

一、砌筑砂浆的组成材料

1. 水泥

水泥宜采用通用硅酸盐水泥或砌筑水泥。水泥强度等级应根据砂浆品种及强度等级的要求进行选择。M15 及以下强度等级的砌筑砂浆宜选用 32.5 级的通用硅酸盐水泥或砌筑水泥;M15 以上强度等级的砌筑砂浆宜选用 42.5 级通用硅酸盐水泥。

2. 细骨料

砌筑砂浆用砂宜选用中砂,并应符合混凝土用砂的技术要求,且应全部通过 4.75 mm 的筛孔。

3. 水

对水质的要求与混凝土用水要求相同。

4. 掺合料及外加剂

常用的掺合料有石灰膏、粉煤灰、电石膏等,以改善砂浆的和易性,节约水泥。

生石灰熟化成石灰膏时,应用孔径不大于 3 mm×3 mm 的网过滤,熟化时间不得少于 7 d;磨细生石灰粉的熟化时间不得少于 2 d;沉淀池中储存的石灰膏应采取防止干燥、冻结和污染的措施;消石灰粉不得直接用于砌筑砂浆中;严禁使用脱水硬化的石灰膏。

制作电石膏的电石渣应用孔径不大于 3 mm×3 mm 的网过滤,检验时应加热至 70 ℃后至少保持 20 min,并应待乙炔挥发完后再使用。

石灰膏、电石膏试配时的稠度应为(120±5)mm。

粉煤灰、粒化高炉矿渣粉、硅灰、天然沸石粉应分别符合国家相关标准的规定。当采用其他品种矿物掺合料时,应有可靠的技术依据,并应在使用前进行试验验证。

采用保水增稠材料时,应在使用前进行试验验证,并应有完整的型式检验报告。

为改善或提高砂浆的某些性能,更好地满足施工条件和使用功能的要求,可在砂浆中掺入一定量的外加剂。砂浆中掺入的外加剂,应符合国家现行有关标准的规定,引气型外加剂还应有完整的型式检验报告。

二、砌筑砂浆的技术性质

1. 砂浆的和易性

砂浆的和易性是指砂浆拌合物在施工过程中既方便操作、又能保证工程质量的性质。和易性好的砂浆,在运输和施工过程中不易产生分层、泌水现象,能在粗糙的砌筑底面上铺成均匀的薄层,使灰缝饱满密实,且能与底面很好地黏结成整体。砂浆和易性包括流动性和保水性两个方面。

1) 流动性(稠度)

砂浆的流动性是指砂浆在自重或外力作用下产生流动的性能。流动性的大小用"沉入度"表示,通常用砂浆稠度测定仪测定。沉入度越大,砂浆的流动性越好。

砂浆的流动性与水泥的品种和用量、骨料粒径及级配以及用水量有关,主要取决于用水量。砌筑砂浆的施工稠度应根据砌体种类、施工条件及气候条件等按表 6-1 选择。

表 6-1 砌筑砂浆的施工稠度(JGJ/T 98—2010)

砌体种类	施工稠度(mm)
烧结普通砖砌体、粉煤灰砖砌体	70~90
烧结多孔砖砌体、烧结空心砖砌体、轻骨料混凝土小型空心砌块砌体、蒸压加气混凝土砌块砌体	60~80
混凝土砖砌体、普通混凝土小型空心砌块砌体、灰砂砖砌体	50~70
石砌体	30~50

2）保水性

砂浆的保水性是指砂浆保持水分的能力。保水性好的砂浆无论是运输、静置还是铺设在底面上,水分都不会很快从砂浆中分离出来,仍保持必要的稠度,不仅易于施工操作,而且还使水泥正常水化,保证了砌体强度。

砂浆的保水性以"保水率"表示,保水率是指用标准的试验方法,测得的保留在砂浆中的水分与试验前砂浆中总水分的质量百分比。砌筑砂浆的保水率应符合表6-2中的规定。

表 6-2　砌筑砂浆的保水率(JGJ/T 98—2010)

砂浆种类	保水率(%)
水泥砂浆	≥80
水泥混合砂浆	≥84
预拌砌筑砂浆	≥88

2. 强度等级

砂浆的强度等级是以 70.7 mm×70.7 mm×70.7 mm 的立方体标准试件,在标准条件下养护 28 d,测得的抗压强度平均值来划分的。

水泥砂浆及预拌砌筑砂浆的强度等级分为 M5、M7.5、M10、M15、M20、M25、M30;水泥混合砂浆的强度等级分为 M5、M7.5、M10、M15。

影响砂浆强度的因素基本与混凝土相同,但砌筑砂浆的实际强度与所砌筑材料的吸水性有关。当用于不吸水基层(如致密的石材)时,砂浆强度主要取决于水泥的强度和灰水比,可用式(6-1)表示:

$$f_{28} = A f_{ce}\left(\frac{C}{W} - B\right) \tag{6-1}$$

式中:f_{28} 为砂浆 28 d 抗压强度(MPa);f_{ce} 为水泥实测强度(MPa);$\frac{C}{W}$ 为灰水比;A、B 为经验系数,当用普通水泥时,A 取 0.29,B 取 0.4。

当用于吸水基层(如砖和其他多孔材料)时,原材料及灰砂比相同时,砂浆拌合时加入水量虽稍有不同,但经材料吸水,保留在砂浆中的水分仍相差不大,砂浆的强度主要取决于水泥强度和水泥用量,而与用水量关系不大,所以,可用式(6-2)表示:

$$f_{28} = \frac{\alpha f_{ce} Q_c}{1\,000} + \beta \tag{6-2}$$

式中:Q_c 为每立方米砂浆中水泥用量(kg);α、β 为砂浆的特征系数,其中 $\alpha = 3.03$,$\beta = -15.09$。

除上述因素外,砂的质量、掺合料的品种及用量也影响砂浆强度。

3. 砂浆的抗冻性

有抗冻性要求的砌体工程,砌筑砂浆应进行冻融试验。砌筑砂浆的抗冻性应符合表6-3中的规定,且当设计对抗冻性有明确要求时,尚应符合设计规定。

表 6-3　砌筑砂浆的抗冻性(JGJ/T 98—2010)

使用条件	抗冻指标	质量损失率(%)	强度损失率(%)
夏热冬暖地区	F15		
夏热冬冷地区	F25	≤5	≤25
寒冷地区	F35		
严寒地区	F50		

4. 砂浆的黏结力

砌筑砂浆必须具有足够的黏结力,才能将砌筑材料黏结成一个整体。一般情况下,砂浆的抗压强度越高,其黏结力也越强。另外,砂浆的黏结力与所砌筑材料的表面状态、清洁程度、湿润状态、施工水平及养护条件等也密切相关。

三、砌筑砂浆的配合比设计

按照《砌筑砂浆配合比设计规程》(JGJ/T 98—2010)规定,砂浆的配合比设计一般按下列步骤进行。

1. 现场配制水泥混合砂浆的配合比计算

(1) 计算砂浆的试配强度 $f_{m,0}$:

$$f_{m,0}=kf_2 \tag{6-3}$$

式中:$f_{m,0}$ 为砂浆的试配强度(MPa),精确至 0.1 MPa;f_2 为砂浆强度等级值(MPa),精确至 0.1 MPa;k 为系数,按表 6-4 取用。

表 6-4　砂浆强度标准差 σ 及 k 值(JGJ/T 98—2010)

施工水平	强度标准差 σ(MPa)							k
	M5	M7.5	M10	M15	M20	M25	M30	
优良	1.00	1.50	2.00	3.00	4.00	5.00	6.00	1.15
一般	1.25	1.88	2.50	3.75	5.00	6.25	7.50	1.20
较差	1.50	2.25	3.00	4.50	6.00	7.50	9.00	1.25

(2) 砂浆强度标准差的确定应符合下列规定。

当有统计资料时,砂浆强度标准差应按式(6-4)计算:

$$\sigma=\sqrt{\frac{\sum_{i=1}^{n}f_{m,i}^2-n\mu_{fm}^2}{n-1}} \tag{6-4}$$

式中:$f_{m,i}$ 为统计周期内同一品种砂浆第 i 组试件的强度(MPa);μ_{fm} 为统计周期内同一品种砂浆 n 组试件强度的平均值(MPa);n 为统计周期内同一品种砂浆试件的总组数,$n\geqslant25$。

当无统计资料时,砂浆强度标准差 σ 可按表 6-4 取用。

(3) 计算 $1\,\text{m}^3$ 砂浆的水泥用量 Q_C：

$$Q_C = \frac{1\,000(f_{m,0} - \beta)}{\alpha \cdot f_{ce}} \qquad (6-5)$$

式中：Q_C 为每立方米砂浆的水泥用量(kg),精确至 1 kg；$f_{m,0}$ 为砂浆的试配强度(MPa),精确至 0.1 MPa；f_{ce} 为水泥实测强度(MPa),精确至 0.1 MPa；α、β 为砂浆的特征系数,其中 $\alpha = 3.03$，$\beta = -15.09$。

在无法取得水泥的实测强度值时,可按式(6-6)计算：

$$f_{ce} = \gamma_c \cdot f_{ce,g} \qquad (6-6)$$

式中：$f_{ce,g}$ 为水泥强度等级值(MPa)；γ_c 为水泥强度等级值的富余系数,宜按实际统计资料确定,无统计资料时可取 1.0。

(4) 计算 $1\,\text{m}^3$ 砂浆的石灰膏用量 Q_D：

$$Q_D = Q_A - Q_C \qquad (6-7)$$

式中：Q_D 为每立方米砂浆的石灰膏的用量(kg),精确至 1 kg,石灰膏使用时的稠度宜为 (120 ± 5) mm；Q_C 为每立方米砂浆的水泥用量(kg),精确至 1 kg；Q_A 为每立方米砂浆中石灰膏与水泥的总量(kg),精确至 1 kg,可为 350 kg。

石灰膏不同稠度时,其换算系数可按表 6-5 确定。

表 6-5 石灰膏不同稠度时的换算系数(GB 50203—2011)

石灰膏稠度(mm)	120	110	100	90	80	70	60	50	40	30
换算系数	1.00	0.99	0.97	0.95	0.93	0.92	0.90	0.88	0.87	0.86

(5) 确定 $1\,\text{m}^3$ 砂浆的砂用量 Q_S。

砂浆中的水、胶凝材料和掺合料是用于填充砂子的空隙,因此 $1\,\text{m}^3$ 砂浆需要用 $1\,\text{m}^3$ 砂子。由于砂子的体积随含水率的变化而变化,所以 $1\,\text{m}^3$ 砂浆中的砂子用量,应以干燥状态(含水率小于 0.5%)的堆积密度值作为计算值,单位以 kg 计。

(6) 确定 $1\,\text{m}^3$ 砂浆的用水量 Q_W。

每立方米砂浆中的用水量,可根据砂浆稠度等要求选用,一般为 $210 \sim 310$ kg。确定砂浆用水量时应注意：① 混合砂浆中的用水量,不包括石灰膏中的水；② 当采用细砂或粗砂时,用水量分别取上限或下限；③ 稠度小于 70 mm 时,用水量可小于下限；④ 施工现场气候炎热或干燥季节,可酌量增加水量。

2. 现场配制水泥砂浆的配合比选用

(1) 水泥砂浆的配合比可按表 6-6 选用。

表6-6 1m³水泥砂浆材料用量   kg/m³

强度等级	水泥	砂	用水量
M5	200~230	砂的堆积密度值	270~330
M7.5	230~260		
M10	260~290		
M15	290~330		
M20	340~400		
M25	360~410		
M30	430~480		

注:1. M15 及 M15 以下强度等级水泥砂浆,水泥强度等级为 32.5 级;M15 以上强度等级水泥砂浆,水泥强度等级为 42.5 级。

    2. 当采用细砂或粗砂时,用水量分别取上限或下限。

    3. 稠度小于 70 mm 时,用水量可小于下限。

    4. 施工现场气候炎热或干燥季节,可酌情增加用水量。

    5. 试配强度应按式(6-3)计算。

(2)水泥粉煤灰砂浆的配合比可按表6-7选用。

表6-7 1m³水泥粉煤灰砂浆材料用量   kg/m³

强度等级	水泥和粉煤灰总量	粉煤灰	砂	用水量
M5	210~240	粉煤灰掺量可占胶凝材料总量的 15%~25%	砂的堆积密度值	270~330
M7.5	240~270			
M10	270~300			
M15	300~330			

注:1. 表中水泥强度等级为 32.5 级。

    2. 当采用细砂或粗砂时,用水量分别取上限或下限。

    3. 稠度小于 70 mm 时,用水量可小于下限。

    4. 施工现场气候炎热或干燥季节,可酌情增加用水量。

    5. 试配强度应按式(6-3)计算。

3. 预拌砌筑砂浆的配合比设计要求

(1)预拌砌筑砂浆生产前应进行试配,试配强度应按式(6-3)计算确定,试配时稠度取 70~80 mm。

(2)预拌砌筑砂浆中可掺入保水增稠材料、外加剂等,掺量应经试配后确定。

(3)在确定湿拌砌筑砂浆稠度时应考虑砂浆在运输和储存过程中的稠度损失。

(4)干混砌筑砂浆应明确拌制时的加水量范围。

4. 砌筑砂浆配合比试配、调整与确定

(1)试配时应采用工程实际使用的材料,采用机械搅拌,搅拌时间应自开始加水算起。水泥砂浆和水泥混合砂浆,搅拌时间不得少于 120 s;对预拌砌筑砂浆和掺有粉煤灰、外加剂、保水增稠材料的砂浆,搅拌时间不得少于 180 s。

（2）按计算或查表所得配合比进行试拌时，应测定其拌合物的稠度和保水率。当稠度和保水率不能满足要求时，应调整材料用量，直到符合要求为止，然后确定为试配时的砂浆基准配合比。

（3）试配时至少采用三个不同的配合比，其中一个为基准配合比，其余两个配合比的水泥用量应按基准配合比分别增加和减少 10%。在保证保水率、稠度合格的条件下，可将用水量、石灰膏、保水增稠材料或粉煤灰等活性掺合料用量作相应调整。

（4）砌筑砂浆试配时稠度应满足施工要求，并应按《建筑砂浆基本性能试验方法标准》（JGJ/T 70—2009）的规定，分别测定不同配合比砂浆的表观密度和强度；并选定符合试配强度及和易性要求，且水泥用量最低的配合比作为砂浆的试配配合比。

（5）砌筑砂浆试配配合比应按下列步骤进行校正：

① 根据上述第（4）条确定的砂浆试配配合比材料用量，按式（6-8）计算砂浆的理论表观密度值：

$$\rho_t = Q_C + Q_w + Q_S + Q_D \tag{6-8}$$

式中：ρ_t 为砂浆的理论表观密度值（kg/m^3），精确至 $10\ \text{kg/m}^3$。

② 按式（6-9）计算砂浆配合比校正系数 δ：

$$\delta = \frac{\rho_c}{\rho_t} \tag{6-9}$$

式中：ρ_c 为砂浆的实测表观密度值（kg/m^3），精确至 $10\ \text{kg/m}^3$。

③ 当砂浆的实测表观密度值与理论表观密度值之差的绝对值不超过理论值的 2% 时，可将上述第（4）条得出的试配配合比确定为砂浆设计配合比；当超过 2% 时，应将试配配合比中每项材料用量均乘以校正系数 δ，即为确定的设计配合比。

（6）预拌砌筑砂浆生产前应进行试配、调整与确定，并应符合现行行业标准《预拌砂浆》（JG/T 230）的规定。

四、砌筑砂浆配合比设计实例

【工程实例 6-1】　设计强度等级为 M10，稠度为 70~90 mm 的水泥石灰混合砂浆配合比。该施工单位无历史资料，施工水平一般。原材料主要参数如下：

水泥，强度等级 32.5 的复合硅酸盐水泥；

砂子，中砂，堆积密度 1 500 kg/m^3，含水率 2%；

石灰膏，稠度 100 mm。

解　（1）计算砂浆的试配强度 $f_{m,0}$

$$f_{m,0} = k f_2 = 1.20 \times 10 = 12.0 (\text{MPa})$$

（2）计算水泥的用量 Q_C

$$Q_C = \frac{1\,000(f_{m,0} - \beta)}{\alpha \cdot f_{ce}} = \frac{1\,000 \times (12.0 + 15.09)}{3.03 \times 32.5} \approx 275 (\text{kg})$$

（3）计算石灰膏用量 Q_D

$$Q_D = Q_A - Q_C = 350 - 275 = 75 (\text{kg})$$

石灰膏的稠度 100 mm,换算成 120 mm,查表 6-5,得 75×0.97≈73(kg)。

（4）计算砂用量 Q_S

$$Q_S = 1\,500 \times 1 = 1\,500(kg)$$

考虑砂的含水率,实际用砂量:$Q_S = 1\,500 \times (1+2\%) = 1\,530(kg)$。

（5）选择用水量 Q_w

选择用水量 $Q_w = 240$ kg。

（6）计算配合比

水泥：石灰膏：砂：水 = 275：73：1 530：240 ≈ 1：0.26：5.56：0.87。

职业技能活动

实训一　砂浆试样的制备与现场取样

1. 检测依据

《建筑砂浆基本性能试验方法标准》(JGJ/T 70—2009)。

2. 取样方法

（1）建筑砂浆试验用料应根据不同要求,应从同一盘砂浆或同一车砂浆中取样。取样量应不少于试验所需量的 4 倍。

（2）在施工过程中取样进行砂浆试验时,砂浆取样方法按相应的施工验收规范执行,并宜在现场搅拌点或预拌砂浆卸料点的至少 3 个不同部位及时取样。对于现场取得的试样,试验前应人工搅拌均匀。

（3）从取样完毕到开始进行各项性能试验,不宜超过 15 min。

3. 试样的制备

（1）在试验室制备砂浆试样时,所用材料应提前 24 h 运入室内。拌合时,试验室的温度应保持在(20±5)℃。当需要模拟施工条件下所用的砂浆时,所用原材料的温度宜与施工现场一致。

（2）试验所用原材料应与现场使用材料一致。砂应通过 4.75 mm 的筛。

（3）试验室拌制砂浆时,材料用量应以质量计。称量精度:水泥、外加剂、掺合料等为±0.5%,砂为±1%。

（4）在试验室搅拌砂浆时应采用机械搅拌,搅拌量宜为搅拌机容量的 30%～70%,搅拌时间不应少于 120 s。掺有掺合料和外加剂的砂浆,其搅拌时间不应少于 180 s。

实训二　砂浆稠度检测

1. 检测目的

检验砂浆配合比或施工过程中控制砂浆的稠度,以达到控制用水量的目的。

2. 仪器设备

（1）砂浆稠度仪:如图 6-1 所示,由试锥、容器和支座三部分组成。试锥高度为 145 mm,锥底直径为 75 mm,试锥连同滑杆的质量应为(300±2)g;盛浆容器的筒高为

180 mm，锥底内径为 150 mm；支座包括底座、支架及刻度显示三个部分。

（2）钢制捣棒：直径 10 mm、长 350 mm，端部磨圆。

（3）秒表等。

3. 检测步骤

（1）先采用少量润滑油轻擦滑杆，再将滑杆上多余的油用吸油纸擦净，使滑杆能自由滑动。

（2）先用湿布擦净盛浆容器和试锥表面，再将砂浆拌合物一次装入容器，使砂浆表面约低于容器口 10 mm。用捣棒自容器中心向边缘均匀地插捣 25 次，然后轻轻地将容器摇动或敲击 5～6 下，使砂浆表面平整，然后将容器置于稠度测定仪的底座上。

（3）拧开制动螺丝，向下移动滑杆，当试锥尖端与砂浆表面刚接触时，拧紧制动螺丝，使齿条测杆下端刚接触滑杆上端，并将指针对准零点。

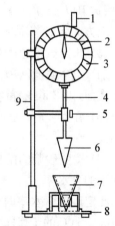

1—齿条测杆；2—指针；3—刻度盘；4—滑杆；5—制动螺丝；6—试锥；7—盛浆容器；8—底座；9—支架

图 6-1　砂浆稠度测定仪

（4）拧开制动螺丝，同时计时间，10 s 时立即拧紧螺丝，将齿条测杆下端接触滑杆上端，从刻度盘上读出下沉深度（精确至 1 mm），即为砂浆的稠度值。

（5）盛浆容器内的砂浆，只允许测定一次稠度，重复测定时，应重新取样测定。

4. 结果计算与评定

（1）取两次试验结果的算术平均值作为测定值，并应精确至 1 mm。

（2）如两次试验值之差大于 10 mm，应重新取样测定。

实训三　砂浆保水性检测

1. 检测目的

测定砂浆拌合物的保水性，为砂浆配合比设计、砂浆拌合物质量评定提供依据。

2. 仪器设备

（1）金属或硬塑料圆环试模：内径 100 mm、内部高度 25 mm；

（2）可密封的取样容器：应清洁、干燥；

（3）2 kg 的重物；

（4）金属滤网：网格尺寸 45 μm，圆形，直径为（110±1）mm；

（5）超白滤纸：应采用现行国家标准《化学分析滤纸》（GB/T 1914）规定的中速定性滤纸，直径应为 110 mm，单位面积质量应为 200 g/m^2；

（6）2 片金属或玻璃的方形或圆形不透水片，边长或直径应大于 110 mm；

（7）天平：量程 200 g，感量为 0.1 g，量程 2 000 g，感量为 1 g 各一台；

（8）干燥箱。

3. 检测步骤

（1）称量底部不透水片与干燥试模质量 m_1 和 15 片中速定性滤纸质量 m_2。

（2）将砂浆拌合物一次性填入试模，并用抹刀插捣数次，当装入的砂浆略高于试模边缘时,用抹刀以 45°角一次性将试模表面多余的砂浆刮去,然后再用抹刀以较平的角度在试模表面反方向将砂浆刮平。

(3) 抹掉试模边的砂浆,称量试模、底部不透水片与砂浆总质量 m_3。

(4) 用金属滤网覆盖在砂浆表面,再在滤网表面放上 15 片滤纸,用上部不透水片盖在滤纸表面,以 2 kg 的重物把上部不透水片压住。

(5) 静置 2 min 后移走重物及上部不透水片,取出滤纸(不包括滤网),迅速称量滤纸质量 m_4。

(6) 按照砂浆的配比及加水量计算砂浆的含水率。当无法计算时,可按下面的规定测定砂浆的含水率。

测定砂浆含水率时,应称取 (100 ± 10)g 砂浆拌合物试样,置于一干燥并已称重的盘中,在 (105 ± 5)℃ 的干燥箱中烘干至恒重,砂浆含水率应按式(6-10)计算,并精确至 0.1%:

$$\alpha=\frac{m_6-m_5}{m_6}\times100\%\qquad(6-10)$$

式中:α 为砂浆含水率(%);m_5 为烘干后砂浆样本的质量(g),精确至 1 g;m_6 为砂浆样本的总质量(g),精确至 1 g。

取两次试验结果的算术平均值作为砂浆的含水率,精确至 0.1%。当两个测定值之差超过 2% 时,此组试验结果应为无效。

4. 结果计算与评定

砂浆保水性应按式(6-11)计算:

$$W=\left[1-\frac{m_4-m_2}{\alpha\times(m_3-m_1)}\right]\times100\%\qquad(6-11)$$

式中:W 为保水性(%);m_1 为底部不透水片与干燥试模质量(g),精确至 1 g;m_2 为 15 片滤纸吸水前的质量(g),精确至 0.1 g;m_3 为试模、底部不透水片与砂浆总质量(g),精确至 1 g;m_4 为 15 片滤纸吸水后的质量(g),精确至 0.1 g;α 为砂浆含水率(%)。

取两次试验结果的算术平均值作为砂浆的保水率,精确至 0.1%,且第二次试验应重新取样测定。当两个测定值之差超过 2% 时,此组试验结果应为无效。

实训四　砂浆分层度检测

1. 检测目的

测定砂浆拌合物的分层度,以确定在运输及停放时砂浆拌合物的稳定性。

2. 仪器设备

(1) 砂浆分层度测定仪:如图 6-2 所示,由上、下两层金属圆筒及左右两根连接螺栓组成。圆筒内径为 150 mm,上节高度为 200 mm,下节带底净高为 100 mm。上、下层连接处需加宽到 3~5 mm,并设有橡胶垫圈。

(2) 振动台:振幅为 (0.5 ± 0.05)mm,频率为 (50 ± 3)Hz。

(3) 砂浆稠度仪、木槌等。

3. 检测步骤

分层度的测定可采用标准法和快速法。当发生争议时,应以标准法的测定结果为准。

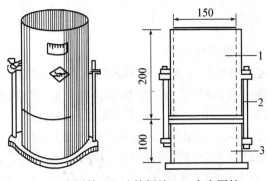

1—无底圆筒;2—连接螺栓;3—有底圆筒

图 6-2　砂浆分层度测定仪

1)标准法

(1)首先按稠度检测方法测定砂浆拌合物的稠度(沉入度)K_1。

(2)将砂浆拌合物一次装入分层度筒内,待装满后,用木槌在容器周围距离大致相等的4个不同部位分别轻轻敲击 1～2 下;当砂浆沉落到低于筒口时,应随时添加,然后刮去多余砂浆并用抹刀抹平。

(3)静置 30 min 后,去掉上节 200 mm 砂浆,然后将剩余的 100 mm 砂浆倒在拌合锅内拌 2 min,再按上述稠度检测方法测其稠度 K_2。

2)快速法

(1)首先按稠度检测方法测定砂浆拌合物的稠度(沉入度)K_1。

(2)将分层度筒预先固定在振动台上,砂浆一次装入分层度筒内,振动 20 s。

(3)去掉上节 200 mm 砂浆,剩余 100 mm 砂浆倒出放在拌合锅内拌 2 min,再按稠度检测方法测其稠度 K_2。

4. 结果计算与评定

(1)前后两次测得的稠度之差为砂浆分层度值,即 $\Delta=K_1-K_2$。

(2)取两次试验结果的算术平均值作为该砂浆的分层度值,精确至 1 mm。

(3)当两次分层度试验值之差如果大于 10 mm,应重新取样测定。

实训五　砂浆立方体抗压强度检测

1. 检测目的

检测砂浆立方体抗压强度是否满足工程要求。

2. 仪器设备

(1)试模:为 70.7 mm×70.7 mm×70.7 mm 的带底试模,应符合现行行业标准《混凝土试模》(JG 237—2008)的规定,应具有足够的刚度并拆装方便。试模内表面应机械加工,其不平度应为每 100 mm 不超过 0.05 mm,组装后各相邻面的不垂直度不应超过±0.5°。

(2)压力试验机:精度应为 1%,试件破坏荷载应不小于压力试验机量程的 20%,且不应大于全量程的 80%。

(3)振动台、捣棒、垫板等。

3. 检测步骤

1）试件制作及养护

（1）采用立方体试件，每组试件 3 个。

（2）应采用黄油等密封材料涂抹试模的外接缝，试模内应涂刷薄层机油或脱膜剂。将拌制好的砂浆一次性装满砂浆试模，成型方法根据稠度而定。当稠度大于 50 mm 时，宜采用人工插捣成形；当稠度不大于 50 mm 时，宜采用振动台振实成形。

① 人工插捣：应采用捣棒均匀地由边缘向中心按螺旋方式插捣 25 次，插捣过程中当砂浆沉落低于试模口时，应随时添加砂浆，可用油灰刀插捣数次，并用手将试模一边抬高 5～10 mm 各振动 5 次，砂浆应高出试模顶面 6～8 mm。

② 机械振动：将砂浆一次性装满试模，放置到振动台上，振动时试模不得跳动，振动 5～10 秒或持续到表面出浆为止，不得过振。

（3）待表面水分稍干后，将高出试模部分的砂浆沿试模顶面刮去并抹平。

（4）试件制作后，应在温度为（20±5）℃的环境下静置（24±2）h，对试件进行编号、拆模。当气温较低时，或者凝结时间大于 24 h 的砂浆，可适当延长时间，但不应超过 2 d。试件拆模后应立即放入温度为（20±2）℃，相对湿度为 90％以上的标准养护室中养护。养护期间，试件彼此间隔不得小于 10 mm，混合砂浆、湿拌砂浆试件上表面应覆盖，以防有水滴在试件上。

2）抗压强度试验

（1）试件从养护地点取出后，应及时进行试验。试验前将试件表面擦拭干净，测量尺寸，并检查其外观，并应计算试件的承压面积。当实测尺寸与公称尺寸之差不超过 1 mm，可按公称尺寸进行计算。

（2）将试件安放在试验机的下压板（或下垫板）上，试件的承压面应与成形时的顶面垂直，试件的中心应与试验机下压板（或下垫板）中心对准。开动试验机，当上压板与试件或上垫板接近时，调整球座，使接触面均衡受压。承压试验应连续而均匀地加荷，加荷速度应为0.25～1.5 kN/s；砂浆强度不大于 2.5 MPa 时，宜取下限。当试件接近破坏而开始迅速变形时，停止调整试验机油门，直至试件破坏，然后记录破坏荷载。

4. 结果计算与评定

（1）砂浆立方体抗压强度按式（6-12）计算，精确至 0.1 MPa。

$$f_{m,cu} = K\frac{P}{A} \tag{6-12}$$

式中：$f_{m,cu}$ 为砂浆立方体试件抗压强度（MPa）；P 为试件破坏荷载（N）；A 为试件承压面积（mm²）；K 为换算系数，取 1.35。

（2）应以三个试件测值的算术平均值作为该组试件的砂浆立方体抗压强度平均值，精确至 0.1 MPa。

（3）当三个测值的最大值或最小值中有一个与中间值的差值超过中间值的 15％时，应把最大值及最小值一并舍去，取中间值作为该组试件的抗压强度值。

（4）当最大值和最小值与中间值的差值均超过中间值的 15％时，该组试验结果应为无效。

项目二 装饰砂浆

主要内容	知识目标	技能目标
抹面砂浆,装饰砂浆及其他品种砂浆	掌握抹面砂浆、灰浆类装饰砂浆、石碴类装饰砂浆的种类、特点及工程应用	能够根据工程特点和装饰要求,合理选择装饰砂浆

一、抹面砂浆

抹面砂浆是涂抹于建筑物或构筑物表面砂浆的总称。砂浆在建筑物表面起着平整、保护、美观的作用。根据功能的不同,抹面砂浆分为普通抹面砂浆、装饰砂浆、防水砂浆和具有特殊功能的砂浆,例如绝热砂浆、耐酸砂浆、防辐射砂浆、吸声砂浆等。

抹面砂浆与砌筑砂浆相比,对强度要求不高,但要求砂浆具有良好的和易性,容易抹成均匀平整的薄层;与基层有足够的黏结力,长期使用不致开裂和脱落。因此,抹面砂浆的胶凝材料用量要比砌筑砂浆多一些。

为了保证抹灰质量及表面平整,避免裂缝、脱落,抹面砂浆常分底层、中层、面层3层涂抹。

底层砂浆主要起与基层的黏结作用。用于砖墙的底层抹灰,多用石灰砂浆;用于板条墙或板条顶棚的底层抹灰多采用麻刀石灰砂浆、纸筋石灰砂浆;混凝土墙、梁、柱、顶板等底层抹灰多用混合砂浆。中层砂浆主要起找平作用,多用混合砂浆。面层主要起装饰作用,多采用细砂配制的混合砂浆、麻刀石灰砂浆或纸筋石灰砂浆。在容易碰撞或潮湿的部位,如墙裙、踢脚板、窗台、雨棚等,应采用水泥砂浆。抹面砂浆的流动性和骨料的最大粒径可参考表6-8。普通抹面砂浆的配合比,可参考表6-9。

表6-8 抹面砂浆流动性及骨料最大粒径

抹面层名称	稠度(mm)(人工抹面)	砂的最大粒径(mm)
底层	100～120	2.5
中层	70～90	2.5
面层	70～80	1.2

表6-9 普通抹面砂浆参考配合比

材料	体积配合比	材料	体积配合比
水泥∶砂	1∶2～1∶3	水泥∶石灰∶砂	1∶1∶1.6～1∶2∶9
石灰∶砂	1∶2～1∶4	石灰∶黏土∶砂	1∶1∶4～1∶2∶8

二、装饰砂浆

装饰砂浆是指专门用于建筑物室内外表面装饰,以增加建筑物美观为主的砂浆。它是在抹面的同时,经各种艺术处理而获得特殊的表面形式,以满足艺术审美需要的一种表面装饰。

装饰砂浆获得装饰效果的具体做法可分为两类:一类是通过水泥砂浆的着色或水泥砂浆表面形态的艺术加工,获得一定色彩、线条、纹理、质感,达到装饰目的,称为灰浆类装饰砂浆。另一类是在水泥浆中掺入各种彩色石碴作骨料,制得水泥石碴浆,然后用水洗、斧剁、水磨等手段除去表面水泥浆皮,露出石碴的颜色、质感的饰面做法,称为石碴类装饰砂浆。石碴类装饰砂浆与灰浆类装饰砂浆的主要区别在于:石碴类装饰砂浆主要靠石碴的颜色、颗粒形状来达到装饰目的;而灰浆类装饰砂浆则主要靠掺入颜料以及砂浆本身所能形成的质感来达到装饰目的。与灰浆类相比,石碴类装饰砂浆的色泽比较明亮,质感相对更为丰富,并且不易褪色,但造价较高。

1. 装饰砂浆的组成材料

建筑装饰工程中所用的装饰砂浆,主要由胶凝材料、细骨料和颜料组成。

1) 胶凝材料

装饰砂浆所用胶凝材料主要有水泥、石灰、石膏等,其中水泥多以白水泥和彩色水泥为主。通常对于装饰砂浆的强度要求并不太高,因此,对水泥的强度要求也不太高。

2) 骨料

装饰砂浆所用骨料除普通砂外,还常采用石英砂、彩釉砂和着色砂以及石碴、石屑、砾石及彩色瓷粒和玻璃珠等。

(1) 石英砂。分天然石英砂、人造石英砂及机制石英砂三种。人造石英砂和机制石英砂是将石英岩加以焙烧,经人工或机械破碎、筛分而成。

(2) 彩釉砂和着色砂。彩釉砂和着色砂均为人工砂。彩釉砂是由各种不同粒径的石英砂或白云石粒加颜料焙烧后,再经化学处理而制得的一种外墙装饰材料。它在高温 80 ℃、负温−20 ℃下不变色,且具有防酸、耐碱性能。着色砂是在石英砂或白云石细粒表面进行人工着色而制得的,着色多采用矿物颜料,人工着色的砂粒色彩鲜艳、耐久性好。

(3) 石碴。石碴也称石粒、石米等,是由天然大理石、白云石、方解石、花岗岩破碎加工而成。石碴具有多种色泽,是石碴类饰面的主要骨料,也是人造大理石、水磨石的原料。

(4) 石屑。石屑是粒径比石粒更小的细骨料,主要用于配制外墙喷涂饰面用聚合物砂浆。常用的有松香石屑、白云石屑等。

(5) 彩色瓷粒和玻璃珠。彩色瓷粒是用石英、长石和瓷土为主要原料烧制而成,粒径为1.2~3 mm。以彩色瓷粒代替彩色石碴用于室外装饰,具有大气稳定性好、颗粒小、表面瓷粒均匀、露出的黏结砂浆部分少、饰面层薄、自重轻等优点。玻璃珠即玻璃弹子,产品有各种镶色或花芯。彩色瓷粒和玻璃珠可镶嵌在水泥砂浆、混合砂浆或彩色砂浆底层上作为装饰饰面用,如檐口、腰线、外墙面、门头线、窗套等,均可在其表面上镶嵌一层各种色彩的瓷粒或玻璃珠,可取得良好的装饰效果。

3) 颜料

颜料的选择要根据其价格、砂浆品种、建筑物所处环境和设计要求而定。建筑物处于受侵蚀的环境中时,要选用耐酸性好的颜料;受日光曝晒的部位,要选用耐光性好的颜料;设计要求颜色鲜艳,可选用色彩鲜艳的有机颜料。在装饰砂浆中,通常采用耐碱性和耐光性好的矿物颜料。

2. 灰浆类装饰砂浆

1) 拉毛灰

拉毛灰是先用水泥砂浆或混合砂浆做底层,再用水泥石灰砂浆或水泥纸筋砂浆做面层,在面层砂浆尚未凝结之前,将表面拍拉成凹凸不平的形状。拉毛灰要求表面拉毛花纹、斑点分布均匀,颜色一致,同一平面上不显接茬。拉毛灰不仅具有装饰作用,还具有吸声作用,一般用于建筑物的外墙面和影剧院等有吸声要求的内墙面和顶棚。

2) 甩毛灰

甩毛灰是先用水泥砂浆做底层,再用竹丝等工具将罩面灰浆甩洒在墙面上,形成大小不一、但很有规律的云朵状毛面。要求甩出的云朵大小相称,纵横相同,既不能杂乱无章,也不能像列队一样整齐,以免显得呆板。利用不同色彩的灰浆可使甩毛灰更富生气。

3) 搓毛灰

搓毛灰是在罩面灰浆初凝前,用硬木抹子由上而下搓出一条细而直的纹路,也可沿水平方向搓出一条 L 形细纹路。这种装饰方法工艺简单、造价低、有朴实大方之效果。

4) 扫毛灰

扫毛灰是在罩面灰浆初凝前,用竹丝扫帚按设计分格的面层砂浆,扫出不同方向的条纹,或做成仿岩石的装饰抹灰。扫毛灰做成假石以代替天然石材饰面,施工方便,造价低,适用于影剧院、宾馆等内墙和外墙饰面。

5) 弹涂

弹涂是在墙体表面涂刷一道聚合物水泥色浆后,通过弹力器将各种水泥色浆分几遍弹到基面上,形成 1~3 mm、大小近似、颜色不同、互相交错的圆状色浆斑点,深浅色点互相衬托,构成彩色的装饰面层。弹涂主要用于建筑物内、外墙面和顶棚。

6) 拉条

拉条是采用专用模具把面层砂浆做出竖向线条的装饰做法。拉条抹灰有细条形、粗条形、半圆形、梯形、方形等多种形式,立体感强,是一种较新的抹灰做法。它具有美观、大方、不易积灰、成本低等优点,并有良好的音响效果,主要用于公共建筑门厅、会议室、影剧院等空间比较大的内墙面装饰。

7) 外墙喷涂

外墙喷涂是用灰浆泵将聚合物水泥砂浆喷涂到墙体基层上,形成装饰面层。根据涂层质感可分为波面喷涂、颗粒喷涂和花点喷涂。在装饰面层表面通常再喷一层甲基硅醇钠或甲基硅树脂疏水剂,以提高涂层的耐污染性和耐久性。

8) 外墙滚涂

外墙滚涂是将聚合物水泥砂浆抹在墙体表面上,用辊子滚出花纹,再喷罩甲基硅醇钠或甲基硅树脂疏水剂形成饰面层。这种工艺具有施工简单、工效高、装饰效果好等特点,同时施工不易污染其他墙面及门窗,对局部施工尤为适用。

9) 假面砖

假面砖是用掺氧化铁系颜料的水泥砂浆,通过手工操作达到模拟面砖装饰效果的饰面做法,适用于房屋建筑物的外墙饰面抹灰。

10) 假大理石

假大理石是用掺适当颜料的石膏色浆和素石膏浆按 1∶10 比例配合,通过手工操作,做成具有大理石表面特征的装饰抹灰。这种装饰工艺对操作技术要求较高,但如果做得好,无论在颜色、花纹和光洁度等方面,都接近天然大理石效果,适用于高级装饰工程中的室内墙面抹灰。

3. 石碴类装饰砂浆

1)水刷石

水刷石是用水泥和细小的石碴(约 5 mm)按比例配合拌制成水泥石碴砂浆,将其直接涂抹在建筑物表面上,待水泥初凝后,用硬毛刷蘸水刷洗或用喷枪喷水冲洗表面,使石碴半露而不脱落,获得彩色石子的装饰效果。水刷石主要用于建筑物的外墙面装饰。

水刷石饰面具有石料饰面的质感,自然朴实,如果再结合不同的分格、分色、凸凹线条等艺术处理,可使饰面获得明快庄重、淡雅秀丽的艺术效果。但水刷石操作技术要求较高、费工费料、湿作业量大、劳动强度大,逐渐被干粘石取代。

2)干粘石

干粘石是在素水泥浆或聚合物水泥砂浆黏结层上,在水泥浆凝结之前将彩色石碴粘到其表面,经拍平压实、硬化后而成。干粘石的操作方法有手工甩粘和机械喷粘两种。要求石碴黏结牢固、不掉渣、不露浆,石碴的 2/3 应压入砂浆内。

干粘石的装饰效果、用途与水刷石基本相同,但减少了湿作业,操作简单,造价较低,故应用较广泛。

3)斩假石

斩假石又称剁斧石,它是以水泥石碴浆或水泥石屑浆作面层抹灰,待其硬化到一定程度时,用钝斧、凿子等工具剁斩出具有天然石材表面纹理效果的饰面方法。斩假石饰面所用的材料与水刷石基本相同,不同之处在于骨料的粒径一般较小,一般为 0.5~1.5 mm。

斩假石既具有真实的质感,又有精干细作的特点,给人以朴实、自然、素雅、庄重的感觉,但费工费力,劳动强度大,施工效率较低。因此,斩假石不适合大面积装饰,一般多用于室外局部小面积装饰,如柱面、勒角、台阶、扶手等处。

4)拉假石

拉假石是在罩面水泥石碴浆达到一定强度后,用废锯条或 5~6 mm 厚的薄钢板加工成锯齿形,钉于木板上形成抓耙,用抓耙挠刮,去除表层水泥浆皮露出石碴,并形成条纹效果。这种工艺实质上是斩假石工艺的演变,与斩假石相比,其施工速度快、劳动强度低,装饰效果类似于斩假石,可大面积使用。

5)水磨石

水磨石是由普通水泥、白色水泥或彩色水泥拌合各种色彩的大理石碴作面层,硬化后用机械磨平抛光表面。水磨石多用于地面装饰,可事先设计图案和色彩,抛光后更具有艺术效果。除用做地面外,还可预制成楼梯踏步、窗台板、柱面、踢脚板等多种建筑构件。

三、其他品种砂浆

1. 防水砂浆

防水砂浆是指用于防水层的砂浆,又称刚性防水层,适用于不受振动和具有一定刚性的混凝土或砖石砌体表面。

防水砂浆可用普通水泥砂浆制作,也可在水泥砂浆中掺入适量的防水剂制成。目前应用最广泛的是在水泥砂浆中掺入适量的防水剂制成的防水砂浆。常用的防水剂有金属皂类、有机硅等。防水砂浆要分多层涂抹,逐层压实,最后一层要压光,并且要注意养护,以提高防水效果。

2. 绝热砂浆

采用石灰、水泥、石膏等胶凝材料与膨胀珍珠岩、膨胀蛭石、人造陶粒等轻质多孔材料,按一定比例配制的砂浆,称为绝热砂浆。绝热砂浆具有质轻、热保温性能好的特点,其热导率约为 $0.07 \sim 0.10 \ W/(m \cdot K)$,可用于屋面、墙壁或供热管道的绝热保护。

3. 吸声砂浆

一般绝热砂浆是由轻质多孔骨料制成的,都具有良好的吸声性能,故也可作吸声砂浆。另外,还可以用水泥、石膏、砂、锯末(其体积比约为 1∶1∶3∶5)配制成吸声砂浆,或在石灰、石膏砂浆中掺入玻璃纤维、矿物棉等松软纤维材料也能获得一定的吸声效果。吸声砂浆用于室内墙壁和顶棚的吸声。

复习思考题

一、填空题

1. 建筑砂浆按照用途分为_____、_____、_____和_____等。按照胶凝材料不同分为_____、_____和_____。

2. 砌筑砂浆的和易性包括_____和_____两个方面的含义。

3. 水泥砂浆的强度等级分为_____、_____、_____、_____、_____、_____和_____七个强度等级。

4. 对抹面砂浆要求具有良好的_____、较高的_____。普通抹面砂浆通常分三层进行,底层主要起_____作用,中层主要起_____作用,面层主要起_____作用。

5. 抹面砂浆的配合比一般采用_____比表示,砌筑砂浆的配合比一般采用_____比表示。

6. 装饰砂浆按获得装饰效果的具体做法可分为_____、_____两类。

二、单项选择题

1. 砌筑砂浆的流动性指标用(　　)表示。

    A. 坍落度　　　　　　B. 维勃稠度　　　　　C. 沉入度　　　　　D. 保水率

2. 砌筑砂浆的保水性指标用(　　)表示。

    A. 坍落度　　　　　　B. 维勃稠度　　　　　C. 沉入度　　　　　D. 保水率

3. 对于吸水基层,砌筑砂浆的强度主要取决于(　　)。

    A. 水胶比　　　　　　　　　　　　　　B. 水泥用量

    C. 单位用水量　　　　　　　　　　　　D. 水泥的强度等级和用量

三、简述题

1. 砂浆的和易性包括哪些内容?各用什么指标表示?

2. 对砌筑砂浆的组成材料有哪些技术要求?

3. 砌筑不吸水基层材料和吸水基层材料时,砂浆强度与哪些因素有关?

4. 砌筑砂浆与抹面砂浆的区别是什么?

四、计算题

某工程砌筑烧结普通砖,需要 M7.5 水泥混合砂浆。所用材料为:普通水泥32.5 MPa;中砂,含水率2%,堆积密度为1 560 kg/m³;石灰膏稠度为110 mm;自来水。该施工单位无历史资料,施工水平一般。试计算该砂浆的配合比。

单元七　墙体材料

学习目标

1. 掌握砌墙砖、砌块的种类、规格、技术性能及应用范围。
2. 能熟练进行常用墙体材料的检测。
3. 了解墙体材料的发展趋势和改革动态。

　　墙体材料是房屋建筑的主体材料。墙体在结构中主要起承重、围护和分隔作用,其用量大,费用占建筑总成本的 30% 左右。目前墙体材料的品种较多,可分为块材和板材两大类。块材又可分为烧结砖、非烧结砖和砌块。合理选用墙体材料,对建筑物的功能、安全、施工及造价等均具有重要意义。因此,因地制宜地利用地方性资源和工业废料生产轻质、高强、多功能新型墙体材料,是土木工程可持续发展的一项重要内容。

项目一　砌墙砖

主要内容	知识目标	技能目标
烧结砖,非烧结砖	熟悉各种砌墙砖的规格、技术性能与应用范围	能够对砌墙砖的外观质量、强度等性能进行检测

基础知识

一、烧结砖

　　烧结砖按其规格尺寸、孔洞率、孔的尺寸大小和数量分为烧结普通砖、烧结多孔砖和多孔砌块、烧结空心砖和空心砌块。

1. 烧结普通砖

　　烧结普通砖是以黏土、页岩、煤矸石、粉煤灰等为主要原材料,经成形、焙烧而成,按主要原料分为黏土砖(N)、页岩砖(Y)、煤矸石砖(M)和粉煤灰砖(F)。

　　烧结普通砖的尺寸规格是 240 mm×115 mm×53 mm。其中 240 mm×115 mm 面称为大面,240 mm×53 mm 面称为条面,115 mm×53 mm 面称为顶面。在砌筑时,4 块砖长、8块砖宽、16 块砖厚,再分别加上砌筑灰缝(每个灰缝宽度为 8~12 mm,平均取 10 mm),其长度均为 1 m。理论上,1 m³ 砖砌体需用砖 512 块。

　　强度、抗风化性能和放射性物质合格的砖,根据尺寸偏差、外观质量、泛霜和石灰爆裂分为优等品(A)、一等品(B)、合格品(C)三个质量等级。

1) 技术要求

(1) 尺寸偏差。烧结普通砖的尺寸偏差应符合表 7-1 中的规定。

表 7-1　尺寸允许偏差(GB 5101—2003)　　　　　　　　　　mm

项目			指标		
			优等品	一等品	合格品
尺寸允许偏差	长度(240)	样本平均偏差	±2.0	±2.5	±3.0
		样本极差,≤	6	7	8
	宽度(115)	样本平均偏差	±1.5	±2.0	±2.5
		样本极差,≤	5	6	7
	高度(53)	样本平均偏差	±1.5	±1.6	±2.0
		样本极差,≤	4	5	6

(2) 外观质量。烧结普通砖的外观质量应符合表 7-2 中的规定。

表 7-2　外观质量(GB 5101—2003)　　　　　　　　　　mm

项目		优等品	一等品	合格
两条面高度差,≤		2	3	4
弯曲,≤		2	3	4
杂质凸出高度,≤		2	3	4
缺棱掉角的三个破坏尺寸,不得同时大于		5	20	30
裂纹长度,≤	大面上宽度方向及其延伸至条面的长度	30	60	80
	大面上长度方向及其延伸至顶面的长度或条顶面上水平裂纹的长度	50	80	100
完整面,≥		二条面和二顶面	一条面和一顶面	—
颜色		基本一致	—	—

注:1. 为装饰而施加的色差,凹凸纹、拉毛、压花等不算作缺陷。
　　2. 凡有下列缺陷之一者,不得称为完整面:① 缺损在条面或顶面上造成的破坏面尺寸同时大于 10 mm×10 mm;② 条面或顶面上裂纹宽度大于 1 mm,其长度超过 30 mm;③ 压陷、粘底、焦花在条面或顶面上的凹陷或凸出超过 2 mm,区域最大投影尺寸同时大于 10 mm×10 mm。

(3) 强度等级。烧结普通砖根据抗压强度分为 MU30、MU25、MU20、MU15 和 MU10 五个强度等级,如表 7-3 所示。

表7-3 强度等级(GB 5101—2003) MPa

强度等级	抗压强度平均值 $\bar{f}$,≥	变异系数 $\delta \leqslant 0.21$	变异系数 $\delta > 0.21$
		强度标准值 f_k,≥	单块最小抗压强度 f_{min},≥
MU30	30.0	22.0	25.0
MU25	25.0	18.0	22.0
MU20	20.0	14.0	16.0
MU15	15.0	10.0	12.0
MU10	10.0	6.5	7.5

(4)抗风化性能。抗风化性能是指在干湿变化、温度变化、冻融变化等物理因素作用下,材料不破坏并长期保持原有性质的能力。它是材料耐久性的重要内容之一。烧结普通砖的抗风化性能是一项综合性指标,主要受砖的吸水率与地域位置的影响,因而用于东北三省、内蒙古、新疆等严重风化区的烧结普通砖必须进行冻融试验。风化区用风化指数进行划分。风化指数是指日气温从正温降至负温或负温升至正温的每年平均天数与每年从霜冻之日起至消失霜冻之日止这一期间降雨总量(以 mm 计)的平均值的乘积。风化指数大于等于 12 700 为严重风化区,风化指数小于 12 700 为非严重风化区。全国风化区划分见表7-4。

表7-4 风化区划分(GB 5101—2003)

严重风化区		非严重风化区	
1. 黑龙江	11. 河北省	1. 山东省	11. 福建省
2. 吉林省	12. 北京市	2. 河南省	12. 台湾省
3. 辽宁省	13. 天津市	3. 安徽省	13. 广东省
4. 内蒙古自治区		4. 江苏省	14. 广西壮族自治区
5. 新疆维吾尔自治区		5. 湖南省	15. 海南省
6. 宁夏回族自治区		6. 江西省	16. 云南省
7. 甘肃省		7. 浙江省	17. 西藏自治区
8. 青海省		8. 四川省	18. 上海市
9. 陕西省		9. 贵州省	19. 重庆市
10. 山西省		10. 湖北省	

严重风化区中的 1、2、3、4、5 地区的砖必须进行冻融试验,其他地区砖的抗风化性能符合表7-5中的规定时可不做冻融试验,否则,必须进行冻融试验。冻融试验是将吸水饱和的 5 块砖,在 -15~-20 ℃ 条件下冻结 3 h,再放入 10~20 ℃ 水中融化不少于 2 h,称为一个冻融循环。每 5 次冻融循环,检查一次冻融过程中出现的破坏情况,如冻裂、缺棱、掉角、剥落等。经 15 次冻融循环后,检查试样在冻融过程中的质量损失、冻裂长度、缺棱、掉角和剥落等破坏情况。规范规定:冻融试验后,每块砖样不允许出现裂纹、分层、掉皮、缺棱、掉角等冻坏现象;质量损失不得大于 2%。

表 7 - 5　抗风化性能(GB 5101—2003)

种类	严重风化区				非严重风化区			
	5 h沸煮吸水率(%),≤		饱和系数,≤		5 h沸煮吸水率(%),≤		饱和系数,≤	
	平均值	单块最大值	平均值	单块最大值	平均值	单块最大值	平均值	单块最大值
黏土砖	18	20	0.85	0.87	19	20	0.88	0.90
粉煤灰砖	21	23			23	25		
页岩砖	16	18	0.74	0.77	18	20	0.78	0.80
煤矸石砖								

注:粉煤灰掺入量(体积比)小于30%时,按黏土砖规定判定。

(5)泛霜和石灰爆裂。泛霜是指可溶性的盐在砖表面的盐析现象,一般呈白色粉末、絮团或絮片状,又称为起霜、盐析或盐霜。泛霜不仅有损于建筑物的外观,而且结晶膨胀还会引起砖的表层酥松,甚至剥落。

石灰爆裂是指烧结普通砖的原料或内燃物质中夹杂着石灰质,焙烧时被烧成生石灰,砖在使用吸水后,体积膨胀而发生的爆裂现象。石灰爆裂影响砖墙的平整度、灰缝的平直度,甚至使墙面产生裂纹,使墙体破坏。

烧结普通砖的泛霜和石灰爆裂技术要求应符合表 7 - 6 要求。

表 7 - 6　烧结普通砖的泛霜及石灰爆裂技术要求(GB 5101—2003)

项目	优等品	一等品	合格品
泛霜	无泛霜	不允许出现中等泛霜	不允许出现严重泛霜
石灰爆裂	不允许出现最大破坏尺寸大于 2 mm 的爆裂区域	(1) 2 mm<最大破坏尺寸≤10 mm 的爆裂区域,每组砖样不得多于 15 处 (2) 不允许出现最大破坏尺寸>10 mm 的爆裂区域	(1) 2 mm<最大破坏尺寸≤15 mm 的爆裂区域,每组砖样不得多于 15 处,其中大于 10 mm 的不得多于 7 处 (2) 不允许出现最大破坏尺寸大于 15 mm 的爆裂区域

2)应用

烧结普通砖具有一定的强度、较好的耐久性、一定的保温隔热性能,在建筑工程中主要砌筑各种承重墙体和非承重墙体等围护结构。烧结普通砖可砌筑砖柱、拱、烟囱、筒拱式过梁和基础等,也可与轻混凝土、保温隔热材料等配合使用。在砖砌体中配置适当的钢筋或钢丝网,可作为薄壳结构、钢筋砖过梁等。烧结普通砖优等品适用于清水墙和墙体装饰,一等品、合格品可用于混水墙砌筑。中等泛霜的砖不能用于潮湿部位。

烧结黏土砖,制砖取土大量毁坏农田、自重大、能耗高、尺寸小、施工效率低、抗震性能差等,因此我国正大力推广墙体材料改革。目前,墙体材料发展方向是以空心化(多孔砖和空心砖)、大体积化(砌块、轻质板材)、利用工业废渣为主要趋势,从而逐步代替实心黏土砖。

2. 烧结多孔砖和多孔砌块

烧结多孔砖(图7-1)和多孔砌块(图7-2)是以黏土、页岩、煤矸石、粉煤灰、淤泥(江河湖淤泥)及其他固体废弃物等为主要原料,经焙烧制成,主要用于建筑物承重部位的多孔砖和多孔砌块。

1) 分类与规格

(1) 分类。按主要原料分为黏土砖和黏土砌块(N)、页岩砖和页岩砌块(Y)、煤矸石砖和煤矸石砌块(M)、粉煤灰砖和粉煤灰砌块(F)、淤泥砖和淤泥砌块(U)、固体废弃物砖和固体废弃物砌块(G)。

(2) 规格。烧结多孔砖和多孔砌块的外形一般为直角六面体,在与砂浆的接合面上应设有增加结合力的粉刷槽和砌筑砂浆槽。

粉刷槽:混水墙用烧结多孔砖和多孔砌块,应在条面和顶面上设有均匀分布的粉刷槽或类似结构,深度不小于2 mm。

砌筑砂浆槽:烧结多孔砌块至少应在一个条面或顶面上设立砌筑砂浆槽。两个条面或顶面都有砌筑砂浆槽时,砌筑砂浆槽深应大于15 mm且小于25 mm;只有一个条面或顶面有砌筑砂浆槽时,砌筑砂浆槽深应大于30 mm且小于40 mm。砌筑砂浆槽宽应超过砂浆槽所在砌块面宽度的50%。

烧结多孔砖和多孔砌块的长度、宽度、高度尺寸应符合下列要求:

烧结多孔砖规格尺寸:290、240、190、180、140、115、90 mm。

烧结多孔砌块规格尺寸:490、440、390、340、290、240、190、180、140、115、90 mm。

其他规格尺寸由供需双方协商确定。

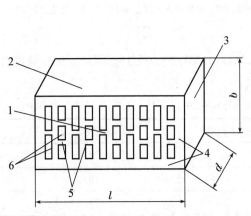

1—大面(坐浆面);2—条面;3—顶面;4—外壁;5—肋;6—孔洞;l—长度;b—宽度;d—高度

图7-1　烧结多孔砖示意图

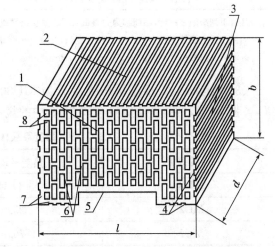

1—大面(坐浆面);2—条面;3—顶面;4—粉刷沟槽;5—砂浆槽;6—肋;7—外壁;8—孔洞;l—长度;b—宽度;d—高度

图7-2　烧结多孔砌块示意图

2) 技术要求

(1) 尺寸允许偏差。烧结多孔砖和多孔砌块的尺寸允许偏差应符合表7-7中的规定。

表 7-7 尺寸允许偏差(GB 13544—2011) mm

尺寸	样本平均偏差	样本极差,≤
>400	±3.0	10.0
300~400	±2.5	9.0
200~300	±2.5	8.0
100~200	±2.0	7.0
<100	±1.5	6.0

(2)外观质量。烧结多孔砖和多孔砌块的外观质量应符合表 7-8 中的规定。

表 7-8 外观质量(GB 13544—2011) mm

项目		指标
完整面,≥		一条面和一顶面
缺棱掉角的三个破坏尺寸,不得同时大于		30
裂纹长度	大面(有孔面)上深入孔壁 15 mm 以上宽度方向及其延伸到条面的长度,≤	80
	大面(有孔面)上深入孔壁 15 mm 以上长度方向及其延伸到顶面的长度,≤	100
	条顶面上的水平裂纹,≤	100
杂质在烧结多孔砖或多孔砌块上造成的凸出高度,≤		5

注:凡有下列缺陷之一者,不能称为完整面:① 缺损在条面或顶面上造成的破坏面尺寸同时大于 20 mm×30 mm;② 条面或顶面上裂纹宽度大于 1 mm,其长度超过 70 mm;③ 压陷、焦花、粘底在条面或顶面上的凹陷或凸出超过 2 mm,区域最大投影尺寸同时大于 20 mm×30 mm。

(3)强度等级。根据抗压强度分为 MU30、MU25、MU20、MU15、MU10 五个强度等级,各强度等级的强度值应符合表 7-9 中的规定。

表 7-9 强度等级(GB 13544—2011) MPa

强度等级	抗压强度平均值 $\overline{f}$,≥	强度标准值 f_k,≥
MU30	30.0	22.0
MU25	25.0	18.0
MU20	20.0	14.0
MU15	15.0	10.0
MU10	10.0	6.5

(4)密度等级。烧结多孔砖的密度等级分为 1 000、1 100、1 200、1 300 四个等级,烧结多孔砌块的密度等级分为 900、1 000、1 100、1 200 四个等级,如表 7-10 所示。

表 7 - 10　密度等级(GB 13544—2011)

密度等级		3 块砖或砌块干燥表观密度平均值(kg/m³)
烧结多孔砖	烧结多孔砌块	
—	900	≤900
1 000	1 000	900～1 000
1 100	1 100	1 000～1 100
1 200	1 200	1 100～1 200
1 300	—	1 200～1 300

(5) 孔型、孔结构及孔洞率。烧结多孔砖和多孔砌块的孔型、孔结构及孔洞率应符合表 7 - 11 中的规定。

表 7 - 11　孔型、孔结构及孔洞率(GB 13544—2011)

孔型	孔洞尺寸(mm)		最小外壁厚(mm)	最小肋厚(mm)	孔洞率(%)		孔洞排列
	孔宽度尺寸 b	孔长度尺寸 l			烧结多孔砖	烧结多孔砌块	
矩型条孔或矩型孔	≤13	≤40	≥12	≥5	≥28	≥33	(1) 所有孔宽应相等。孔采用单向或双向交错布置 (2) 孔洞排列上下、左右应对称,分布均匀,手抓孔的长度方向尺寸必须平行于砖的表面

注:1. 矩型孔的孔长 l、孔宽 b 满足式 $l≥3b$ 时,为矩型条孔。

2. 孔四个角应做成过渡圆角,不得做成直尖角。

3. 如设有砌筑砂浆槽,则砌筑砂浆槽不计算在孔洞率内。

4. 规格大的烧结多孔砖和多孔砌块应设置手抓孔,手抓孔的尺寸为(30～40)mm×(75～85)mm。

(6) 泛霜、石灰爆裂与抗风化性能。

每块烧结多孔砖和多孔砌块不允许出现严重泛霜。

石灰爆裂要求:① 破坏尺寸大于 2 mm 且小于或等于 15 mm 的爆裂区域,每组烧结多孔砖和多孔砌块不得多于 15 处。其中大于 10 mm 的不得多于 7 处;② 不允许出现破坏尺寸大于 15 mm 的爆裂区域。

抗风化性能:严重风化区中的 1、2、3、4、5 地区的烧结多孔砖、多孔砌块和其他地区以淤泥、固体废弃物为主要原料生产的烧结多孔砖和多孔砌块必须进行冻融试验;其他地区以黏土、页岩、煤矸石、粉煤灰为主要原料生产的烧结多孔砖和多孔砌块的抗风化性能符合表 7 - 12 中的规定时可不做冻融试验,否则必须进行冻融试验。冻融循环试验后,每块烧结多孔砖和多孔砌块不允许出现裂纹、分层、掉皮、缺棱、掉角等冻坏现象。

表 7 - 12　抗风化性能（GB 13544—2011）

种类	严重风化区				非严重风化区			
	5 h 沸煮吸水率（%），≤		饱和系数，≤		5 h 沸煮吸水率（%），≤		饱和系数，≤	
	平均值	单块最大值	平均值	单块最大值	平均值	单块最大值	平均值	单块最大值
黏土砖和砌块	21	23	0.85	0.87	23	25	0.88	0.90
粉煤灰砖和砌块	23	25			30	32		
页岩砖和砌块	16	18	0.74	0.77	18	20	0.78	0.80
煤矸石砖和砌块	19	21			21	23		

注：粉煤灰掺入量（质量比）小于 30% 时，按黏土砖和砌块规定判定。

3）应用

烧结多孔砖和多孔砌块主要用于建筑物的承重墙体。工程中使用时常以孔洞垂直于承压面，以充分利用砖的抗压强度。

3. 烧结空心砖和空心砌块

烧结空心砖和空心砌块（图 7 - 3）是以黏土、页岩、煤矸石为主要原料，经焙烧而成的孔洞率不小于 40%，孔的尺寸大而数量少的空心砖和空心砌块。

1）分类、规格与质量等级

（1）分类。按主要生产原料分为黏土砖和砌块（N）、页岩砖和砌块（Y）、煤矸石砖和砌块（M）、粉煤灰砖和砌块（F）。

（2）规格。烧结空心砖和空心砌块的外形为直角六面体（图 7 - 3），其长度、宽度、高度尺寸应符合下列要求：

——长度规格尺寸（mm）：390，290，240，190，180(175)，140；

——宽度规格尺寸（mm）：190，180(175)，140，115；

——高度规格尺寸（mm）：180(175)，140，115，90。

其他规格尺寸由供需双方协商确定。

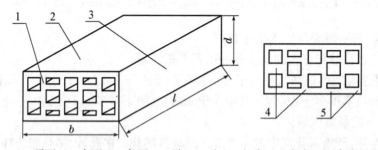

1—顶面；2—大面；3—条面；4—肋；5—壁；l—长度；b—宽度；d—高度

图 7 - 3　烧结空心砖和空心砌块示意图

（3）质量等级。强度、密度、抗风化性能和放射性物质合格的砖和砌块，根据尺寸偏差、外观质量、孔洞排列及其结构、泛霜、石灰爆裂、吸水率分为优等品（A）、一等品（B）和合格品（C）三个质量等级。

2) 技术要求

(1) 尺寸偏差。尺寸允许偏差应符合表 7 - 13 中的规定。

表 7 - 13 尺寸允许偏差(GB 13545—2003) mm

尺寸	优等品		一等品		合格品	
	样本平均偏差	样本极差,≤	样本平均偏差	样本极差,≤	样本平均偏差	样本极差,≤
>300	±2.5	6.0	±3.0	7.0	±3.5	8.0
200~300	±2.0	5.0	±2.5	6.0	±3.0	7.0
100~200	±1.5	4.0	±2.0	5.0	±2.5	6.0
<100	±1.5	3.0	±1.7	4.0	±2.0	5.0

(2) 外观质量。烧结空心砖和空心砌块的外观质量应符合表 7 - 14 中的要求。

表 7 - 14 外观质量(GB 13545—2003) mm

项目		优等品	一等品	合格
(1) 弯曲,≤		3	4	5
(2) 缺棱、掉角的三个破坏尺寸,不得同时大于		15	30	40
(3) 垂直度差,≤		3	4	5
(4) 未贯穿裂纹长度,≤	大面上宽度方向及其延伸到条面的长度	不允许	100	120
	大面上长度方向或条面上水平面方向的长度	不允许	120	140
(5) 贯穿裂纹长度,≤	大面上宽度方向及其延伸到条面的长度	不允许	40	60
	壁、肋沿长度方向、宽度方向及其水平方向的长度	不允许	40	60
(6) 肋、壁内残缺长度,≤		不允许	40	60
(7) 完整面,≥		一条面和一大面	一条面或一大面	—

注:凡有下列缺陷之一者,不得称为完整面:① 缺损在大面、条面上造成的破坏面尺寸同时大于 20 mm×30 mm;② 大面、条面上裂纹宽度大于 1 mm,其长度超过 70 mm;③ 压陷、粘底、焦花在大面、条面上的凹陷或凸出超过 2 mm,区域最大投影尺寸同时大于 20 mm×30 mm。

(3) 强度等级。按抗压强度分为 MU10.0,MU7.5,MU5.0,MU3.5,MU2.5 五个强度等级,见表 7 - 15。

表 7 - 15 烧结空心砖和空心砌块的强度等级(GB 13545—2003) MPa

强度等级	抗压强度平均值 $\bar{f}$,≥	变异系数 $\delta \leqslant 0.21$	变异系数 $\delta > 0.21$	密度等级范围(kg/m³)
		强度标准值 f_k,≥	单块最小抗压强度值 f_{min},≥	
MU10.0	10.0	7.0	8.0	≤1 100
MU7.5	7.5	5.0	5.8	
MU5.0	5.0	3.5	4.0	
MU3.5	3.5	2.5	2.8	
MU2.5	2.5	1.6	1.8	≤800

（4）密度等级。烧结空心砖和空心砌块根据体积密度不同分为 800、900、1 000、1 100 四个密度等级，见表 7 - 16。

表 7 - 16 密度等级（GB 13545—2003）

密度等级	5 块密度平均值（kg/m³）
800	≤800
900	801～900
1 000	901～1 000
1 100	1 001～1 100

（5）抗风化性能。严重风化区中的 1、2、3、4、5 地区的烧结空心砖和空心砌块必须进行冻融试验；其他地区的烧结空心砖和空心砌块的抗风化性能符合表 7 - 17 中的规定时可不做冻融试验，否则必须进行冻融试验。冻融试验后，每块烧结空心砖、空心砌块不允许出现分层、掉皮、缺棱、掉角等冻坏现象；冻后裂纹长度不大于表 7 - 14 中（4）和（5）项合格品的规定。

表 7 - 17 抗风化性能（GB 13545—2003）

种类	饱和系数，≤			
	严重风化区		非严重风化区	
	平均值	单块最大值	平均值	单块最大值
黏土砖和砌块	0.85	0.87	0.88	0.90
粉煤灰砖和砌块				
页岩砖和砌块	0.74	0.77	0.78	0.80
煤矸石砖和砌块				

烧结空心砖和空心砌块的技术要求还包括泛霜、石灰爆裂，其具体指标的规定与烧结普通砖相同。

3）应用

烧结空心砖和空心砌块自重较轻，强度较低，主要用作非承重墙，如多层建筑内隔墙或框架结构的填充墙等。

烧结多孔砖和多孔砌块、烧结空心砖和空心砌块是主要的烧结空心制品，其生产与烧结普通砖相比，一方面可减少黏土的消耗量大约 20%～30%，节约耕地；另一方面，墙体的自重至少减轻 30%～35%，降低造价近 20%，保温隔热和吸声性能有较大提高。所以，推广使用多孔砖和多孔砌块、空心砖和空心砌块也是加快我国墙体材料改革、促进墙体材料工业技术进步的措施之一。

二、非烧结砖

不经焙烧而制成的砖均为非烧结砖，如碳化砖、免烧免蒸砖、蒸养（压）砖等。目前，应用较广的是蒸养（压）砖。这类砖是以含钙材料（石灰、电石渣等）和含硅材料（砂子、粉煤灰、炉渣等)与水拌合,经压制成形,在自然条件下或人工热合成条件(蒸养或蒸压)下,反应生成以水化硅酸钙、水化铝酸钙为主要胶结料的硅酸盐建筑制品。主要品种有灰砂砖、粉煤灰砖、炉渣砖等。

1. 蒸压灰砂砖

蒸压灰砂砖,是以石灰和砂子为主要原料,允许掺入颜料和外加剂,经坯料制备、压制成形、蒸压养护而成的实心砖。

灰砂砖的尺寸规格与烧结普通砖相同,为 240 mm×115 mm×53 mm。其表观密度为1 800～1 900 kg/m³,导热系数约为 0.61 W/(m・K)。根据产品的尺寸偏差和外观质量、强度及抗冻性分为优等品(A)、一等品(B)和合格品(C)三个产品等级。

灰砂砖按 GB 11945—1999 的规定,根据抗压强度和抗折强度分为 MU25、MU20、MU15、MU10 四个强度等级,各强度等级的抗折强度、抗压强度及抗冻性应符合表 7-18 中的规定。

表 7-18　蒸压灰砂砖强度等级及抗冻性(GB 11945—1999)

强度等级	抗压强度(MPa)		抗折强度(MPa)		抗冻性	
	平均值,≥	单块值,≥	平均值,≥	单块值,≥	冻后抗压强度平均值(MPa),≥	单块砖的干质量损失(%),≤
MU25	25.0	20.0	5.0	4.0	20.0	2.0
MU20	20.0	16.0	4.0	3.2	16.0	2.0
MU15	15.0	12.0	3.3	2.6	12.0	2.0
MU10	10.0	8.0	2.5	2.0	8.0	2.0

注:优等品的强度级别不得小于 MU15。

灰砂砖有彩色(Co)和本色(N)两类。灰砂砖产品采用产品名称(LSB)、颜色、强度等级、产品等级、标准编号的顺序标记,如 MU20,优等品的彩色灰砂砖,其产品标记为 LSB Co 20A GB 11945。

MU15、MU20、MU25 的砖可用于基础及其他建筑;MU10 的砖仅可用于防潮层以上的建筑。灰砂砖不得用于长期受热(200 ℃以上)、受急冷急热和有酸性介质侵蚀的建筑部位。

2. 粉煤灰砖

粉煤灰砖,是以粉煤灰、石灰或水泥为主要原料,掺入适量的石膏、外加剂、颜料和骨料等,经坯料制备、成形、常压或高压蒸汽养护而成的实心砖。

粉煤灰砖的外形尺寸同普通砖,即长 240 mm、宽 115 mm、高 53 mm,砖的颜色有彩色(Co)和本色(N)两类。

《粉煤灰砖》(JC 239—2001)规定,按砖的外观质量、尺寸偏差、强度等级、干燥收缩分为优等品(A)、一等品(B)和合格品(C)。按抗压和抗折强度分为 MU30、MU25、MU20、MU15、MU10 五个强度等级,各等级的强度值及抗冻性应符合表 7-19 中的规定。

表 7-19　粉煤灰砖强度指标和抗冻性指标(JC 239—2001)

强度等级	抗压强度(MPa)		抗折强度(MPa)		抗冻性	
	10块平均值,≥	单块值,≥	10块平均值,≥	单块值,≥	冻后抗压强度平均值(MPa),≥	单块砖的干质量损失(%),≤
MU30	30.0	24.0	6.2	5.0	24.0	
MU25	25.0	20.0	5.0	4.0	20.0	
MU20	20.0	16.0	4.0	3.2	16.0	2.0
MU15	15.0	12.0	3.3	2.6	12.0	
MU10	10.0	8.0	2.5	2.0	8.0	

粉煤灰砖可用于工业与民用建筑的墙体和基础,但用于基础或宜受冻融和干湿交替作用的建筑部位,必须使用 MU15 及以上强度等级的砖。粉煤灰砖不得用于长期受热(200 ℃以上)、受急冷急热和有酸性介质侵蚀的建筑部位。为避免或减少收缩裂缝的产生,用粉煤灰砖砌筑的建筑物,应适当增设圈梁及伸缩缝。

3. 炉渣砖

炉渣砖,是以煤燃烧后的炉渣为主要原料,加入适量(水泥、电石渣)石灰、石膏等材料,经混合、压制成形、蒸养或蒸压养护等而制成的实心砖。

炉渣砖的尺寸规格与烧结普通砖相同,呈黑灰色,表观密度为 1 500～2 000 kg/m³,吸水率 6%～19%。《炉渣砖》(JC 525—2007)规定,按抗压强度分为 MU25、MU20、MU15 三个强度等级,各强度等级的强度指标应满足表 7-20 中的要求。

表 7-20　炉渣砖的强度等级(JC 525—2007)　　　　　　　　　　　　　MPa

强度等级	抗压强度平均值 $\bar{f}$,≥	变异系数 $\delta \leq 0.21$	变异系数 $\delta > 0.21$
		强度标准值 f_k,≥	单块最小抗压强度值 f_{min},≥
MU25	25.0	19.0	20.0
MU20	20.0	14.0	16.0
MU15	15.0	10.0	12.0

该类砖可用于一般工程的内墙和非承重外墙,但不得用于受高温、受急冷急热交替作用或有酸性介质侵蚀的部位。

职业技能活动

实训一　烧结砖的取样

1. 检测依据

《砌墙砖试验方法》(GB/T 2542—2003)、《烧结普通砖》(GB 5101—2003)、《烧结多孔砖和多孔砌块》(GB 13544—2011)、《烧结空心砖和空心砌块》(GB 13545—2003)。

2. 取样方法

烧结砖以 3.5 万～15 万块为一检验批,不足 3.5 万块也按一批计;采用随机取样,外观质量检验的砖样在每一检验批的产品堆垛中抽取,数量为 50 块;尺寸偏差检验的砖样从外观质量检验后的样品抽取,数量为 20 块,其他项目的砖样从外观质量和尺寸偏差检验后的样品中抽取。强度等级检验抽样数量为 10 块。

实训二　烧结砖的尺寸测量

1. 检测目的
检测砖试样的几何尺寸是否符合标准,评判砖的质量。

2. 仪器设备
砖用卡尺(分度值为 0.5 mm)。

3. 检测方法
砖样的长度应在砖的两个大面的中间处分别测量 2 个尺寸,宽度应在砖的两个大面的中间处分别测量 2 个尺寸,高度应在砖的两个条面的中间处分别测量两个尺寸,如图 7-4 所示。当被测处缺损或凸出时,可在其旁边测量,但应选择不利的一侧进行测量,精确至 0.5 mm。

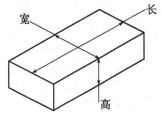

图 7-4　砖的尺寸量法

4. 结果计算与评定
每一方向尺寸以两个测量值的算术平均值表示,精确至 1 mm。

实训三　烧结砖的外观质量检验

1. 检测目的
检查砖外表的完好程度,评判砖的质量。

2. 仪器设备
砖用卡尺(分度值为 0.5 mm),钢直尺(分度值 1 mm)。

3. 检测方法
(1) 缺损。缺棱、掉角在砖上造成的破损程度,以破损部分对长、宽、高三个棱边的投影尺寸来度量,称为破坏尺寸,如图 7-5 所示。缺损造成的破坏面,是指缺损部分对条面、顶面(空心砖为条面、大面)的投影面积,如图 7-6 所示。空心砖内壁残缺及肋残缺尺寸,以长度方向的投影尺寸来度量。

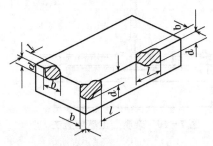

l—长度方向的投影尺寸;b—宽度方向的投影尺寸;d—高度方向的投影尺寸

图 7-5　砖的破坏尺寸量法

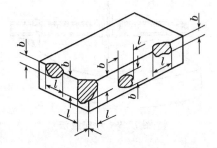

l—长度方向的投影尺寸;b—宽度方向的投影尺寸

图 7-6　缺损在条、顶面上造成破坏面量法

（2）裂纹。裂纹分为长度方向、宽度方向和水平方向三种，以被测方向上的投影长度表示。如果裂纹从一个面延伸至其他面上时，则累计其延伸的投影长度 l，如图7-7所示。多孔砖的孔洞与裂纹相通时，则将孔洞包括在裂纹内一并测量，如图7-8所示。裂纹长度以在三个方向上分别测得的最长裂纹作为测量结果。

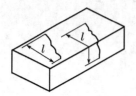 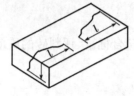 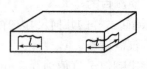

　（a）宽度方向裂纹长度量法　　（b）长度方向裂纹长度量法　　（a）水平方向裂纹长度量法

图7-7　裂纹长度量法

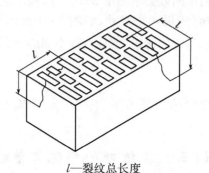

l—裂纹总长度

图7-8　多孔砖裂纹通过孔洞时量法

（3）弯曲。分别在大面和条面上测量，测量时将砖用卡尺的两只脚沿棱边两端放置，择其弯曲最大处将垂直尺推至砖面，如图7-9所示。但不应将因杂质或碰伤造成的凹陷计算在内。以弯曲测量中测得的较大者作为测量结果。

（4）砖杂质凸出高度量法。杂质在砖面上造成的凸出高度，以杂质距砖面的最大距离表示。测量时将砖用卡尺的两只脚置于杂质凸出部分两侧的砖平面上，以垂直尺测量，如图7-10所示。

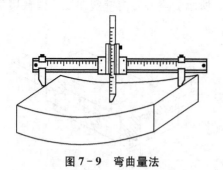

　　图7-9　弯曲量法　　　　　　　图7-10　杂质凸出高度量法

4. 结果计算与评定

外观测量以 mm 为单位，不足1 mm者均按1 mm计。

实训四　烧结砖的抗压强度检测

1. 检测目的

通过测定砖的抗压强度,确定砖的强度等级。

2. 仪器设备

(1) 压力试验机:试验机示值相对误差不大于±1%,其下加压板应为球铰支座,预期最大破坏荷载应在量程的 20%～80% 之间;

(2) 抗压试件制备平台:其表面必须平整水平,可用金属或其他材料制作;

(3) 锯砖机、水平尺(规格为 250～350 mm)、钢直尺(分度值为 1 mm)、抹刀、玻璃板(边长为 160 mm,厚 3～5 mm)等。

3. 检测方法

(1) 试样制备。试样数量:烧结普通砖、烧结多孔砖为 10 块,空心砖大面和条面抗压各 5 块。

烧结普通砖:将试样切断或锯成两个半截砖,断开后的半截砖长不得小于 100 mm,如图 7-11 所示。如果不足 100 mm,应另取备用试样补足。在试样制备平台上将已断开的半截砖放入室温的净水中浸 10～20 min 后取出,并使断口以相反方向叠放,两者中间抹以厚度不超过 5 mm 的符合规范《砌墙砖抗压强度试验用净浆材料》(GB/T 25183—2010)要求的净浆黏结,上下两面用厚度不超过 3 mm 的同种净浆抹平。制成的试件上、下两面须相互平行,并垂直于侧面,如图 7-12 所示。

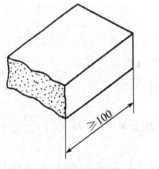

图 7-11　断开的半截砖

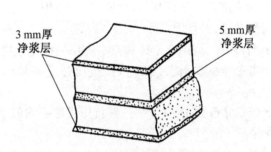

3 mm厚净浆层　　5 mm厚净浆层

图 7-12　砖的抗压试件

多孔砖、空心砖的试件制备:多孔砖以单块整砖沿竖孔方向加压,空心砖以单块整砖沿大面和条面方向分别加压。试件制作采用坐浆法操作,即用一块玻璃板置于水平的试件制备平台上,其上铺一张湿的垫纸,纸上铺一层厚度不超过 5 mm 的符合规范《砌墙砖抗压强度试验用净浆材料》(GB/T 25183—2010)要求的水泥净浆,再将试件在水中浸泡 10～20 min,在钢丝网架上滴水 3～5 min 后,将试样受压面平稳地放在净浆上,在另一受压面上稍加压力,使整个净浆层与砖受压面相互黏结,砖的侧面应垂直于玻璃板。待净浆适当凝固后,连同玻璃板翻放在另一铺纸放浆的玻璃板上,再进行坐浆,并用水平尺校正上玻璃板,使之水平。

(2) 试件养护。制成的抹面试件应置于温度不低于 10 ℃ 的不通风室内养护 3 d,再进行强度测试。

(3) 强度测定。测量每个试件连接面或受压面的长、宽尺寸各两个,分别取其平均值,精确至 1 mm。将试件平放在加压板的中央,垂直于受压面加荷,加荷过程应均匀平稳,不得发生冲击或振动。加荷速度以 4 kN/s 为宜,直至试件破坏为止,记录最大破坏荷载 P。

4. 结果计算与评定

(1) 结果计算。每块试样的抗压强度 f_p 按式(7-1)计算,精确至 0.01 MPa:

$$f_p = \frac{P}{LB} \tag{7-1}$$

式中:f_p 为抗压强度(MPa);P 为最大破坏荷载(N);L 为受压面(连接面)的长度(mm);B 为受压面(连接面)的宽度(mm)。

(2) 结果评定。试验后按式(7-2)、(7-3)分别计算出强度变异系数 δ、标准差 S:

$$\delta = \frac{S}{\bar{f}} \tag{7-2}$$

$$S = \sqrt{\frac{1}{9} \sum_{i=1}^{10} (f_i - \bar{f})^2} \tag{7-3}$$

式中:δ 为砖强度变异系数,精确至 0.01;S 为 10 块试样的抗压强度标准差(MPa),精确至 0.01 MPa;$\bar{f}$ 为 10 块试样的抗压强度平均值(MPa),精确至 0.01 MPa;f_i 为单块试样抗压强度测定值(MPa),精确至 0.01 MPa。

样本量 $n=10$ 时的强度标准值按式(7-4)计算:

$$f_k = \bar{f} - 1.8S \tag{7-4}$$

式中:f_k 为强度标准值(MPa),精确至 0.1 MPa。

《烧结普通砖》(GB 5101—2003)和《烧结空心砖和空心砌块》(GB 13545—2003)规定,对于烧结普通砖、烧结空心砖和空心砌块的抗压强度按下列要求评定:

① 当变异系数 $\delta \leqslant 0.21$ 时,按抗压强度平均值 $\bar{f}$、强度标准值 f_k 指标评定砖的强度等级。

② 当变异系数 $\delta > 0.21$ 时,按抗压强度平均值 $\bar{f}$、单块最小抗压强度值 f_{min} 指标评定其强度等级。

《烧结多孔砖和多孔砌块》(GB 13544—2011)规定,对于烧结多孔砖和多孔砌块的抗压强度按下列要求评定:

按抗压强度平均值 $\bar{f}$、强度标准值 f_k 指标评定烧结多孔砖和多孔砌块的强度等级。

项目二　砌　块

主要内容	知识目标	技能目标
蒸压加气混凝土砌块,蒸养粉煤灰砌块,混凝土小型空心砌块	掌握各种砌块的规格、特点、技术性能及应用范围	能够根据工程实际情况,合理选择和使用砌块

砌块是砌筑用的人造块材,是一种新型墙体材料,外形多为直角六面体,也有各种异形的。按产品主规格的尺寸,可分为大型砌块(高度大于 980 mm)、中型砌块(高度为 380～980 mm)和小型砌块(高度大于 115 mm,小于 380 mm)。砌块高度一般不大于长度或宽度的 6 倍,长度不超过高度的 3 倍。

砌块作为一种新型墙体材料,可以充分利用地方资源和工业废渣,并可节省黏土资源和改善环境,符合可持续发展的战略要求。其生产工艺简单,生产周期短,尺寸较大,可提高砌筑效率,降低施工过程中的劳动强度,减轻房屋自重,改善墙体功能,降低工程造价,推广使用砌块是墙体材料改革的一条有效途径。

砌块的分类方法有很多,若按用途可分为承重砌块和非承重砌块;按有无孔洞可分为实心砌块(无孔洞或空心率小于 25%)和空心砌块(空心率≥25%);按材质又可分为硅酸盐砌块、轻骨料混凝土砌块、加气混凝土砌块、普通混凝土砌块等。

一、蒸压加气混凝土砌块

蒸压加气混凝土砌块,简称加气混凝土砌块,是以钙质材料(水泥、石灰等)和硅质材料(砂、矿渣、粉煤灰等)以及加气剂(铝粉)等,经配料、搅拌、浇注、发气、切割、蒸压养护等工艺过程制成的一种轻质、多孔的块体材料。

1. 规格与质量等级

(1) 规格。蒸压加气混凝土砌块规格见表 7-21。

表 7-21　蒸压加气混凝土砌块规格(GB 11968—2006)

长度(mm)	高度(mm)	宽度(mm)
600	100　120　125 150　180　200 240　250　300	200　240　250　300

(2) 质量等级。砌块按尺寸偏差与外观质量、干密度、抗压强度和抗冻性分为优等品(A)和合格品(B)两个等级。

2. 技术要求

(1) 尺寸偏差和外观。蒸压加气混凝土砌块的尺寸偏差和外观应符合表 7-22 中的规定。

表 7-22　尺寸偏差和外观(GB 11968—2006)

项目				指标	
				优等品(A)	合格品(B)
尺寸允许偏差(mm)		长度	L	±3	±4
		宽度	B	±1	±2
		高度	H	±1	±2
缺棱、掉角	最小尺寸不得大于(mm)			0	30
	最大尺寸不得大于(mm)			0	70
	大于以上尺寸的缺棱、掉角个数(个),不多于			0	2
裂纹长度	贯穿一棱二面的裂纹长度不得大于裂纹所在面的裂纹方向尺寸总和的			0	1/3
	任一面上的裂纹长度不得大于裂纹方向尺寸的			0	1/2
	大于以上尺寸的裂纹条数(条),不多于			0	2
爆裂、黏膜和损坏深度不得大于(mm)				10	30
平面弯曲				不允许	
表面疏松、层裂				不允许	
表面油污				不允许	

(2)强度级别。按砌块的立方体抗压强度,划分为 A1.0,A2.0,A2.5,A3.5,A5.0, A7.5,A10.0 七个级别,见表 7-23。

表 7-23　蒸压加气混凝土砌块的立方体抗压强度(GB 11968—2006)

强度级别		A1.0	A2.0	A2.5	A3.5	A5.0	A7.5	A10.0
立方体抗压强度(MPa)	平均值,≥	1.0	2.0	2.5	3.5	5.0	7.5	10.0
	最小值,≥	0.8	1.6	2.0	2.8	4.0	6.0	8.0

(3)干密度级别。干密度是指砌块试件在 105 ℃温度下烘干至恒量测得的单位体积的质量。按砌块的干密度,划分为 B03,B04,B05,B06,B07,B08 六个级别,见表 7-24。

表 7-24　蒸压加气混凝土砌块的干密度(GB 11968—2006)

干密度级别		B03	B04	B05	B06	B07	B08
干密度(kg/m³)	优等品(A),≤	300	400	500	600	700	800
	合格品(B),≤	325	425	525	625	725	825

(4)蒸压加气混凝土砌块的强度级别应符合表 7-25 中的规定。

表 7-25 蒸压加气混凝土砌块的强度级别(GB 11968—2006)

干密度级别		B03	B04	B05	B06	B07	B08
强度级别	优等品(A),≤	A1.0	A2.0	A3.5	A5.0	A7.5	A10.0
	合格品(B),≤			A2.5	A3.5	A5.0	A7.5

(5)蒸压加气混凝土砌块的干燥收缩、抗冻性和导热系数应符合表 7-26 中的规定。

表 7-26 干燥收缩、抗冻性和导热系数(GB 11968—2006)

干密度级别			B03	B04	B05	B06	B07	B08
干燥收缩值	标准法(mm/m),≤		0.50					
	快速法(mm/m),≤		0.80					
抗冻性	质量损失(%),≤		5.0					
	冻后强度(MPa),≥	优等品(A)	0.8	1.6	2.8	4.0	6.0	8.0
		合格品(B)			2.0	2.8	4.0	6.0
导热系数(干态)(W/m·K),≤			0.10	0.12	0.14	0.16	0.18	0.20

注:规定采用标准法、快速法测定砌块干燥收缩值,若测定结果发生矛盾不能判定时,则以标准法测定的结果为准。

3. 应用

加气混凝土砌块质量轻,表观密度约为黏土砖的 1/3,具有保温、隔热、隔音性能好、抗震性强(自重小)、导热系数低[0.1~0.28 W/(m·K)]、耐火性好、易于加工、施工方便等特点,是应用较多的轻质墙体材料之一。适用于低层建筑的承重墙、多层建筑的间隔墙和高层框架结构的填充墙,也可用于一般工业建筑的围护墙。作为保温隔热材料,也可用于复合墙板和屋面结构中。在无可靠的防护措施时,该类砌块不得用在处于水中或高湿度和有侵蚀介质的环境中,也不得用于建筑物的基础和温度长期高于 80 ℃的建筑部位。

二、粉煤灰砌块

粉煤灰砌块是以粉煤灰、石灰、石膏和骨料(炉渣、矿渣)等为原料,经配料、加水搅拌、振动成形、蒸汽养护而制成的密实砌块。

1. 规格与等级

(1)规格。粉煤灰砌块的主要规格尺寸有 880 mm×380 mm×240 mm 和 880 mm×430 mm×240 mm 两种。

(2)强度等级。砌块的强度等级按其立方体试件的抗压强度分为 MU10 和 MU13 两个强度等级。

(3)质量等级。砌块按其外观质量、尺寸偏差和干缩性能分为一等品(B)和合格品(C)两个质量等级。

2. 技术要求

粉煤灰砌块的立方体抗压强度、碳化后强度、抗冻性、密度及干缩值应符合表 7-27要求。

表 7 - 27　粉煤灰砌块各项技术要求

项目	指标	
	MU10	MU13
抗压强度(MPa)	3块试件平均值不小于10.0,单块最小值不小于8.0	3块试件平均值不小于13.0,单块最小值不小于10.5
人工碳化后强度(MPa)	不小于6.0	不小于7.5
抗冻性	冻融循环结束后,外观无明显疏松、剥落或裂缝,强度损失不大于20%	
密度(kg/m³)	不超过设计密度的10%	
干缩值(mm/m)	一等品≤0.75,合格品≤0.90	

3. 粉煤灰砌块的应用

粉煤灰砌块属硅酸盐类制品,其干缩值比水泥混凝土大,弹性模量低于同强度的水泥混凝土制品。粉煤灰砌块适用于一般工业与民用建筑的墙体和基础,但不宜用于长期受高温(如炼钢车间)和经常受潮湿的承重墙(如厕所、浴室、卫生间等墙体),也不宜用于由酸性介质侵蚀的建筑部位。

三、普通混凝土小型砌块

普通混凝土小型砌块是以水泥、矿物掺合料、砂、石、水等为原料,经搅拌、振动成型、养护等工艺制成的小型砌块,包括空心砌块和实心砌块。普通混凝土小型砌块按其功能或使用方法分为:主块型砌块、辅助砌块和免浆砌块。主块型砌块是外形为直角六面体,长度尺寸为400 mm减砌筑时竖向灰缝厚度,高度尺寸为200 mm减砌筑时水平灰缝厚度,条面是封闭完好的砌块。辅助砌块是与主块型砌块配套使用的、特殊形状与尺寸的砌块,分为空心和实心两种;包括各种异形砌块,如圈梁砌块、一端开口的砌块、七分头块、半块等。免浆砌块是砌块砌筑(垒砌)成墙片过程中,无须使用砌筑砂浆,块与块之间主要靠榫槽结构相连的砌块。

1. 规格、种类与等级

(1) 规格

主块型砌块各部位的名称如图 7 - 13 所示。

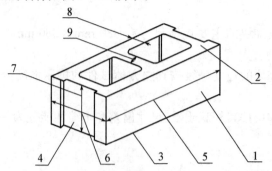

1—条面;2—坐浆面(肋厚较小的面);3—铺浆面(肋厚较大的面);

4—顶面;5—长度;6—宽度;7—高度;8—壁;9—肋

图 7 - 13　混凝土小型砌块各部位的名称

砌块的外形宜为直角六面体,常用砌块的规格尺寸见表7-28。

表7-28 普通混凝土小型砌块的规格尺寸(GB 8239—2014)

长度	宽度	高度
390	90、120、140、190、240、290	90、140、190

注:其他规格尺寸可由供需双方协商确定。采用薄灰缝砌筑的块型,相关尺寸可作相应调整。

(2) 种类

① 砌块按空心率分为空心砌块(空心率不小于25%,代号:H)和实心砌块(空心率小于25%,代号:S)。

② 砌块按使用时砌筑墙体的结构和受力情况,分为承重结构用砌块(代号:L,简称承重砌块)、非承重结构用砌块(代号:N,简称非承重砌块)。

③ 常用的辅助砌块代号分别为:半块——50,七分头块——70,圈梁块——U,清扫孔块——W。

(3) 等级

按砌块的抗压强度分级,见表7-29。

表7-29 普通混凝土小型砌块的强度等级(GB 8239—2014)

砌块种类	承重砌块(L)	非承重砌块(N)
空心砌块(H)	7.5、10.0、15.0、20.0、25.0	5.0、7.5、10.0
实心砌块(S)	15.0、20.0、25.0、30.0、35.0、40.0	10.0、15.0、20.0

2. 技术要求

(1) 尺寸偏差。砌块的尺寸允许偏差应符合表7-30的规定。对于薄灰缝砌块,其高度允许偏差应控制在+1 mm、-2 mm。

表7-30 普通混凝土小型砌块的尺寸允许偏差(GB 8239—2014)

项目名称	尺寸允许偏差(mm)
长度	±2
宽度	±2
高度	+3,-2

(2) 外观质量。砌块的外观质量应符合表7-31的规定。

表7-31 普通混凝土小型砌块的外观质量(GB 8239—2014)

项目名称		尺寸允许偏差
弯曲,≤		2 mm
缺棱掉角	个数,≤	1个
	三个方向投影尺寸的最大值,≤	20 mm
裂纹延伸的投影尺寸累计,≤		30 mm

（3）强度等级。砌块的强度等级应符合表 7 - 32 的规定。

表 7 - 32　普通混凝土小型砌块的强度等级（GB 8239—2014）　　　　　MPa

强度等级	平均值，≥	单块最小值，≥
MU5.0	5.0	4.0
MU7.5	7.5	6.0
MU10	10.0	8.0
MU15	15.0	12.0
MU20	20.0	16.0
MU25	25.0	20.0
MU30	30.0	24.0
MU35	35.0	28.0
MU40	40.0	32.0

（4）抗冻性。砌块的强度等级应符合表 7 - 33 的规定。

表 7 - 33　普通混凝土小型砌块的抗冻性（GB 8239—2014）

使用条件	抗冻指标	质量损失率（%）	强度损失率（%）
夏热冬暖地区	D15		
夏热冬冷地区	D25	平均值≤5	平均值≤20
寒冷地区	D35	单块最大值≤10	单块最大值≤30
严寒地区	D50		

注：使用条件应符合 GB 50176 的规定。

3. 应用

普通混凝土砌块是由可塑性良好的混凝土加工而成的，因此可以制成不同形状、大小的砌块以满足不同工程的需求。另外混凝土砌块的强度也可通过改变混凝土的配合比和改变砌块的孔洞率来调整，因此混凝土砌块既可用于承重结构，也可用于非承重结构。

项目三　墙用板材

主要内容	知识目标	技能目标
水泥类墙用板材,复合墙板	掌握水泥类板材、复合墙板的规格、特点、性能及应用范围	能够根据工程实际情况,合理选择墙用板材

随着建筑工业化和建筑结构体系的发展,各种轻质墙板、复合板材也迅速兴起。墙体板材具有节能、质轻、开间布置灵活、使用面积大、施工方便快捷等特点,因此大力发展轻质板材是墙体改革的趋势。

一、水泥类墙用板材

水泥类墙用板材具有较好的力学性能和耐久性,主要用于承重墙、外墙和复合外墙的外层面,但其表面密度大,抗拉强度低,且体形较大的板材在施工中易受损。根据使用功能要求,生产时可制成空心板材,以减轻自重和改善隔热隔声性能,也可加入一些纤维材料制成增强型板材,还可在水泥板材上制作具有装饰效果的表面层。

1. 预应力混凝土空心墙板

预应力混凝土空心墙板是以高强度的预应力钢绞线用先张法制成的混凝土墙板。该墙板可根据需要增设保温层、防水层、外饰面层等。该类板的长度为 1 000~1 900 mm,宽度为 600~1 200 mm,总厚度为 200~480 mm。其可用于承重或非承重的内外墙板、楼面板、屋面板、阳台板等。

2. GRC 空心轻质墙板

GRC 空心轻质墙板是以低碱性水泥为胶结材料,膨胀珍珠岩、炉渣等为骨料,抗碱玻璃纤维为增强材料,并加入适量发泡剂和防水剂,经搅拌、成形、脱水、养护制成的一种轻质墙板。其长度为 3 000 mm,宽度为 600 mm,厚度为 60、90 和 120 mm。

GRC 空心轻质墙板具有质量轻、强度高、隔热、隔声、不燃、加工方便等优点,可用于一般建筑物的内隔墙和复合墙体的外墙面。

3. 纤维增强水泥平板(TK 板)

纤维增强水泥平板是以低碱水泥、耐碱玻璃纤维为主要原料,加水混合成浆,经制坯、压制、蒸养而成的薄型平板。其长度为 1 200~3 000 mm,宽度为 800~900 mm,厚度为 4、5、6 和 8 mm。

TK 板质量轻、强度高、防潮、防火、不易变形、可加工性好,适用于各类建筑的复合外墙和内隔墙,特别是高层建筑有防火、防潮要求的隔墙。

二、复合墙板

复合墙板是由两种以上不同材料结合在一起的墙板。复合墙板可以根据功能要求组合各个层次,如结构层、保温层、饰面层等,能使各类材料的功能都得到合理利用。目前,建筑工程中已大量使用各种复合板材,并取得了良好效果。

1. 混凝土夹芯板

混凝土夹芯板的内外表面用 20～30 mm 厚的钢筋混凝土,中间填以矿渣棉、岩棉、泡沫混凝土等保温材料,内外两层面板用钢筋连接。混凝土夹芯板可用于建筑物的内外墙,其夹层厚度应根据热工计算确定。

2. 钢丝网水泥夹芯复合板材

钢丝网水泥夹芯复合板材是将泡沫塑料、岩棉、玻璃棉等轻质芯材夹在中间,两片钢丝网之间用"之"字形钢丝相互连接,形成稳定的三维网架结构,然后用水泥砂浆在两侧抹面,或进行其他饰面装饰。

钢丝网水泥夹芯复合板材自重轻,约为 90 kg/m²;其热阻约为 240 mm 厚普通砖墙的两倍,具有良好的保温隔热性;另外还具有隔声性好、抗冻性能好、抗震能力强等优点,适当加筋后具有一定的承载能力,在建筑物中可用作墙板、屋面板和各种保温板。

3. 轻型夹芯板

轻型夹芯板是用轻质高强的薄板为外层,中间以轻质的保温隔热材料为芯材组成的复合板。用于外墙面的外层薄板有不锈钢板、彩色镀锌钢板、铝合金板、纤维增强水泥薄板等。芯材有岩棉毡、阻燃型发泡聚苯乙烯、发泡聚氨酯、玻璃棉毡等。

该类板质量轻、强度高、防火、防潮、防震、耐久性好、易加工、施工方便,适用于自承重外墙、内隔墙、屋面板等。

复习思考题

一、填空题

1. 目前所用的墙体材料有_____、_____和_____三大类。
2. 烧结砖按其孔洞率、孔的尺寸大小和数量分为_____、_____、_____。
3. 烧结普通砖的外形为直角六面体,其标准尺寸为_____。
4. 砌块按其主规格的尺寸,可分为_____、_____和_____。
5. 烧结多孔砖和多孔砌块的孔洞率分别为不小于_____、_____。

二、单项选择题

1. 与烧结普通砖相比较,免烧砖具有( )的特点。
   A. 强度明显较低　　B. 尺寸小　　　　　C. 质量轻　　　　　D. 耐久性差

2. 与烧结普通砖相比较,砌块具有( )的特点。
   A. 强度高　　　　　B. 尺寸大　　　　　C. 原材料种类少　　D. 施工效率低

3. 与混凝土砌块相比较,加气混凝土砌块具有( )的特点。
   A. 强度高　　　　　B. 质量大　　　　　C. 尺寸大　　　　　D. 保温性好

4. 现代建筑中,用于墙体的材料主要有( )三类。
   A. 钢材、水泥、木材　　　　　　　　B. 砖、石材、木材
   C. 砖、石材、水泥　　　　　　　　　D. 砖、砌块、板材

5. 砌墙砖按生产工艺可分为( )。
   A. 红砖、青砖　　　　　　　　　　　B. 普通砖、砌块
   C. 烧结砖、免烧砖　　　　　　　　　D. 实心砖、空心砖

6. 烧结普通砖的标准尺寸是( )。
   A. 240 mm×115 mm×53 mm　　　　B. 250 mm×125 mm×55 mm
   C. 240 mm×120 mm×55 mm　　　　D. 240 mm×120 mm×50 mm

7. 理论上,每立方米砖砌体大约需要砖( )块。
   A. 520　　　　　B. 512　　　　　C. 496　　　　　D. 478

8. 烧结普通砖的强度等级是根据( )来划分的。
   A. 3块样砖的平均抗压强度　　　　　B. 5块样砖的平均抗压强度
   C. 8块样砖的平均抗压强度　　　　　D. 10块样砖的平均抗压强度

9. 烧结空心砖和空心砌块的孔洞率不小于( )%。
   A. 15　　　　　B. 25　　　　　C. 30　　　　　D. 40

10. 与多孔砖相比较,空心砖的孔洞( )。
    A. 数量多、尺寸大　　　　　　　　　B. 数量多、尺寸小
    C. 数量少、尺寸大　　　　　　　　　D. 数量少、尺寸小

11. 砖内过量的可溶性盐受潮吸水而溶解,随水分蒸发迁移至砖表面,在过饱和状态下析出晶体,形成白色粉状附着物。这种现象称为( )。
    A. 石灰爆裂　　B. 偏析　　　　C. 盐析　　　　D. 泛霜

12. 砖在长期受风雨、冻融等作用下,抵抗破坏的能力称为(   )。

A. 抗风化性能   B. 抗冻性   C. 耐水性   D. 坚固性

三、简述题

1. 简述烧结砖主要有哪些种类,它们有何区别。

2. 烧结普通砖的技术要求有哪几项?如何评价烧结普通砖的质量等级?

3. 简述如何判定烧结普通砖的强度等级。

4. 简述烧结多孔砖、烧结空心砖与烧结普通砖相比,在使用上有何技术经济意义。

5. 简述常用砌块的特性及应用。

6. 简述墙用板材在使用中有何优点和缺点。

四、计算题

有烧结普通砖一批,经抽样 10 块做抗压强度试验(每块砖的受压面积以 120 mm×115 mm 计),结果如下表所示。确定该砖的强度等级。

砖编号	1	2	3	4	5	6	7	8	9	10
破坏荷载(kN)	235	226	216	220	257	256	181	282	268	252
抗压强度(MPa)										

单元八　金属材料

学习目标

1. 理解建筑钢材的主要技术性质及影响因素。
2. 熟悉建筑结构用钢材与建筑装饰用钢材的种类、规格与应用。
3. 能熟练进行钢材的力学性能指标检测。

金属分为黑色金属和有色金属两大类。黑色金属的主要成分是铁及其合金,即通常所说的钢铁,而有色金属是指除钢铁以外的其他金属,如铝、铜、锌及其合金。

金属材料制品,由于材质均匀、强度高、可加工性好,所以被广泛应用于建筑和装饰工程中。

项目一　建筑钢材的技术性质

主要内容	知识目标	技能目标
钢材的分类,钢材的力学性质和工艺性能,钢材的化学成分及对钢材技术性质的影响,钢材的冷加工与热处理	熟悉钢材的力学性质和工艺性能指标,理解钢材的冷加工原理与应用,了解钢材化学成分对钢材性能的影响	能够进行钢筋取样及钢筋的拉伸和冷弯性能试验

基础知识

建筑钢材是指建筑工程中所用的各类钢材,包括钢结构中所使用的钢板、钢管、各种型钢(角钢、工字钢、槽钢、H 型钢等)和钢筋混凝土结构中所使用的各种钢筋、钢丝和钢绞线。

钢材具有材质均匀密实、强度高、塑性和韧性好、能承受冲击和振动荷载、易于加工(焊接、铆接、切割等)和装配等优点,广泛应用于建筑、铁路、桥梁等工程中。钢材的主要缺点是容易锈蚀、耐火性差、维护费用高。

一、钢材的分类

1. 钢的冶炼

钢材属于黑色金属材料,钢和铁的主要成分是铁和碳。钢和铁的区别主要在于含碳量的多少,含碳量小于 2% 的铁碳合金称为钢,含碳量大于 2% 时则为铁。

钢由生铁冶炼而成。生铁是将铁矿石、石灰石、焦炭以及少量的锰矿石在炼铁炉内,经高温冶炼,铁矿石内氧化铁还原成生铁,此时生铁中碳、磷、硫、氮等杂质的含量较高,生铁硬而脆,塑性差,应用上受到很大的限制。按断口颜色生铁可分为白口铁和灰口铁,灰口铁即为铸铁,可以用来浇铸成铸铁件,如用于铸造承受静荷载的管材、机座等次要构件;白口铁一般用于炼钢。

炼钢的原理是以生铁作为主要原料,将生铁在熔融状态下进行氧化,使生铁中的含碳量降低到 2% 以下,同时使磷、硫、氮等其他杂质也减少到规定数值内,最后加入脱氧剂进行脱氧。钢的含碳量一般限制在 2% 以下,且其他有害杂质含量较少。

常用的炼钢方法有转炉炼钢法、平炉炼钢法、电炉炼钢法三种。

1) 转炉炼钢法

转炉炼钢法又分空气转炉炼钢法和氧气转炉炼钢法两种,以氧气转炉炼钢法为主。

空气转炉法:将高压热空气由转炉底部或侧面吹入至熔融状态的铁液中,铁水中的杂质与空气中的氧气发生氧化作用从而被除去。由于冶炼时间短,吹入的空气中含有氮、氢等有害气体,难以准确控制化学成分,硫、磷、氧等杂质不易除去,钢的质量较差,但该方法不需燃料,成本低。空气转炉法一般用来炼制普通碳素钢,现逐渐被氧气转炉法所取代。

氧气转炉法:由转炉顶部吹入高压纯氧,代替空气吹入炼钢炉内铁水中,能有效地除去磷、硫等杂质,使钢的质量显著提高,因此可炼出优质的碳素钢和合金钢,是现代炼钢的主流方法。

2) 平炉炼钢法

以液态或固态生铁、废铁或适量铁矿石做原料,用煤气或重油为燃料在平炉中加热冶炼,依靠铁矿石、废钢铁中的氧、空气中的氧或吹入的氧,使杂质氧化而被除去。平炉熔炼时间长,易调整和控制成分,杂质含量少,成品质量高,可用来炼制优质碳素钢、合金钢或有特殊要求的专用钢。但能耗大、冶炼时间长、投资大、成本高。

3) 电炉炼钢法

以生铁和废钢为原料,用电力为能源的冶炼方法。其熔炼温度高,温度容易控制,清除杂质彻底,电炉钢的质量最好,但炼钢产量低,成本最高。适用于冶炼优质碳素钢和特殊合金钢。

钢水脱氧后浇铸成钢锭,钢锭在冷却过程中,因钢内某些元素在铁的液相中的溶解度高,这些元素向凝固较迟的钢锭中心集中,导致化学成分在钢锭截面上分布不均匀。这种现象称为化学偏析。其中以磷、硫等的偏析最为严重,偏析现象对钢的质量影响很大。

2. 钢材的分类

钢材的品种繁多,应用中常有以下几种分类方法。

1) 按化学成分及主要质量等级分类

按钢材中各元素含量的多少,钢材分为非合金钢、低合金钢和合金钢。

按主要质量等级,非合金钢分为普通质量非合金钢、优质非合金钢和特殊质量非合金钢;低合金钢分为普通质量低合金钢、优质低合金钢和特殊质量低合金钢;合金钢分为优质合金钢和特殊质量合金钢。其中普通钢是指生产过程中不规定需要特别控制质量要求;优质钢是指在生产过程中需要特别控制质量,但这种钢的生产控制不如特殊钢严格;特殊钢是指在生产过程中需要特别严格控制质量和性能。

2) 按脱氧程度分类

根据脱氧程度不同,可分为沸腾钢(代号 F)、镇静钢(代号 Z)、半镇静钢(代号 b)和特殊

镇静钢(TZ)四种。

(1) 沸腾钢。脱氧不完全或不充分的钢，钢液在浇铸过程中残留的氧化铁和碳生成一氧化碳气体从钢液中逸出，引起钢液剧烈沸腾，形象地称为沸腾钢。沸腾钢中碳、有害杂质磷、硫等的偏析较严重，钢的致密程度差，气泡含量多，成分不均匀，冲击韧性和焊接性能均较差；但成本低，被广泛应用于一般建筑结构中。

(2) 镇静钢。炼钢时一般采用硅铁、锰铁和铝锭等作脱氧剂，脱氧充分，钢液浇铸时钢液平静地冷却凝固，在浇铸过程中没有气体逸出，称镇静钢。镇静钢含有较少的有害杂质，其组织致密，气泡少，偏析程度小，各种力学性能比沸腾钢优越。常用于承受冲击荷载或重要建筑结构中。

(3) 半镇静钢。脱氧程度和质量介于上述两种之间的钢，其质量较好。

(4) 特殊镇静钢。脱氧程度比镇定钢还要充分、还要彻底的钢，其质量最好。适用于特别重要的结构工程。

3) 按用途分类

(1) 结构钢。结构钢主要用作工程结构构件及机械零件的钢。

(2) 工具钢。工具钢主要用作各种量具、刀具及模具的钢。

(3) 特殊钢。具有特殊物理、化学或机械性能的钢，如不锈钢、耐热钢、耐磨钢、磁钢、电工用钢等。

二、钢材的技术性质

建筑钢材的主要性能包括钢材的力学性能和工艺性能，这些性能是选用钢材和检验钢材质量的主要依据。建筑钢材作为结构材料，不仅要求具有一定的力学性能，同时要求具有一定的加工性能。

1. 力学性能

建筑钢材的力学性能主要有拉伸性能、冲击韧性、疲劳强度和硬度等。

1) 拉伸性能

拉伸是建筑钢材的主要受力形式，拉伸性能是建筑钢材最重要的技术性能，其包括屈服强度、抗拉强度和伸长率等。

将低碳钢制成一定规格的试件，放在万能试验机上进行拉伸试验，低碳钢的含碳量低，强度较低，塑性较好，其应力-应变图($\sigma-\varepsilon$ 图)如图 8-1 所示。从应力-应变图中可以看出，低碳钢拉伸过程经历弹性阶段(OA)、屈服阶段(AB)、强化阶段(BC)和颈缩阶段(CD)四个阶段。

图 8-1　低碳钢受拉时应力-应变曲线图

(1) 弹性阶段(OA)。OA 段是一条直线，应力与应变成正比，钢材表现为弹性。当加荷到 OA 上任意一点应力 σ，此时产生的应变为 ε，当荷载 σ 卸掉后，应变 ε 将恢复到零。在 OA 段，应力和应变的比值称为弹性模量，即 $E=\sigma/\varepsilon$，单位

为 MPa。与 A 点对应的应力称为弹性极限,用 σ_p 表示,单位为 MPa。

(2) 屈服阶段(AB)。应力超过 A 点后,应力与应变不再成正比关系,钢材在荷载作用下,开始丧失对变形的抵抗能力,并产生明显的塑性变形。应力的增长落后于应变的增长,锯齿形的最高点($B_上$)称为上屈服点,最低点($B_下$)称为下屈服点。通常,以下屈服点对应的应力作为钢材的屈服强度,用 σ_s 表示,单位为 MPa。屈服强度是确定钢材容许应力的主要依据。

(3) 强化阶段(BC)。应力超过屈服强度后,由于钢材内部组织中的晶格发生了变化,钢材得到强化,所以钢材抵抗塑性变形的能力得到提高,$B \to C$ 呈上升趋势,应变随应力的增加而继续增加。C 点对应的应力称为强度极限或抗拉强度,用 σ_b 表示,单位为 MPa。

屈服强度与抗拉强度之比称为屈强比,其在工程中很有意义,此值越小,表明结构的可靠性越高,即防止结构破坏的潜力越大,但此值太小时,钢材强度的有效利用率低。合理的屈强比一般在 0.60~0.75 之间。

(4) 颈缩阶段(CD)。试件受力达到最高点 C 点后,其抵抗变形的能力明显降低。钢材的变形速度明显加快,而承载能力明显下降。此时在试件的某一部位,截面急剧缩小,出现颈缩现象,钢材将在此处断裂。故 CD 段称为颈缩阶段。

通过拉伸试验,除能检测钢材屈服强度和抗拉强度等指标外,还能检测出钢材的塑性。塑性表示钢材在外力作用下发生塑性变形而不破坏的能力,它是钢材的一个重要性能指标。钢材塑性用伸长率或断面收缩率表示。

将拉断后的试件在断口处拼合,量出拉断后标距的长度,如图 8-2 所示,按式(8-1)计算钢材的伸长率 A:

$$A = \frac{l_1 - l_0}{l_0} \times 100\% 。 \tag{8-1}$$

式中:l_1 为试件断裂后标距的长度(mm);l_0 为试件的原始标距(mm);A 为伸长率(%)。

测定试件拉断处的截面积 S_u,试件原始截面积 S_0,按式(8-2)计算断面收缩率 Z:

$$Z = \frac{S_0 - S_u}{S_0} \times 100\% \tag{8-2}$$

式中:S_u 为试件拉断处的截面积(mm^2);S_0 为试件原始截面积(mm^2);Z 为断面收缩率(%)。

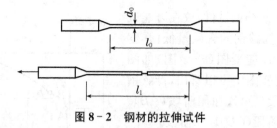

图 8-2 钢材的拉伸试件

伸长率和断面收缩率都表示钢材断裂前经受塑性变形的能力。断面收缩率 Z 越高,表示钢材塑性越好。伸长率是衡量钢材塑性的重要指标,A 越大,则钢材的塑性越好。伸长率大小与标距大小有关,对于同一种钢材,原始标距越长,伸长率越小。钢材具有一定的塑性变形能力,可以保证钢材应力重分布,从而不致产生突然脆性破坏。

中碳钢和高碳钢(硬钢)的拉伸过程,无明显的屈服阶段。规范规定以产生残余变形为原标距长度的 0.2% 时所对应的应力值作为屈服强度,用 $\sigma_{0.2}$ 表示。

2）冲击韧性

冲击韧性是指钢材抵抗冲击荷载而不破坏的能力。规范规定以刻槽的标准试件在冲击试验机的摆锤作用下，以破坏后缺口处单位面积所消耗的功来表示，符号为 α_k，单位为 J/cm^2，如图 8-3 所示。显然，α_k 值越大，钢材的冲击韧性越好。

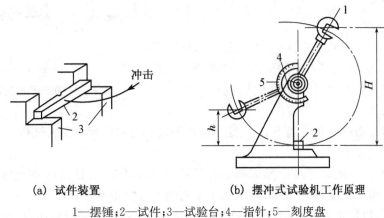

(a) 试件装置　　　　　　(b) 摆冲式试验机工作原理

1—摆锤；2—试件；3—试验台；4—指针；5—刻度盘

图 8-3　冲击韧性试验示意图

影响钢材冲击韧性的因素很多，当钢材内硫、磷的含量高，脱氧不完全，存在化学偏析，含有非金属夹杂物及焊接形成的微裂纹时，钢材的冲击韧性都会显著降低。

此外，环境温度对钢材的冲击韧性影响也很大。试验表明，冲击韧性随温度的降低而下降，开始时下降缓慢，当达到一定温度范围时，突然下降很快而呈脆性。这种性质称为钢材的冷脆性，这时的温度称为脆性临界温度，其值越低，钢材的低温冲击韧性越好。因此，在负温下使用的结构，应选用脆性临界温度较使用温度低的钢材。脆性临界温度的测定较复杂，规范中通常是根据气温条件规定 $-20\ ℃$ 或 $-40\ ℃$ 的负温冲击值指标。

3）疲劳强度

钢材在交变荷载反复作用下，可在远小于抗拉强度的情况下突然破坏，这种破坏称为疲劳破坏。钢材的疲劳破坏指标用疲劳强度（或称疲劳极限）来表示，它是指试件在交变应力下，作用 $10^6 \sim 10^7$ 周次，不发生疲劳破坏的最大应力值。

研究表明，钢材的疲劳破坏是拉应力引起的。首先在局部开始形成微细裂纹，其后由于裂纹尖端处产生应力集中而使裂纹迅速扩展直至钢材断裂。因此，钢材的内部成分的偏析和夹杂物的多少以及最大应力处的表面光洁程度、加工损伤等，都是影响钢材疲劳强度的因素。

疲劳破坏经常突然发生，因而有很大的危险性，往往造成严重事故。在设计承受反复荷载且须进行疲劳验算的结构时，应当了解所用钢材的疲劳强度。

4）硬度

钢材的硬度是指其表面抵抗硬物压入产生局部变形的能力。测定钢材硬度的方法有布氏法、洛氏法和维氏法等，建筑钢材常用布氏硬度表示，其代号为 HB。

布氏法的测定原理是利用直径为 $D(mm)$ 的淬火钢球，以荷载 $P(N)$ 将其压入试件表面，经规定的持续时间后卸去荷载，得到直径为 $d(mm)$ 的压痕，荷载 P 与压痕表面积

$A(\mathrm{mm^2})$之比,即得布氏硬度(HB)值,此值无量纲。图 8-4 是布氏硬度测定示意图。

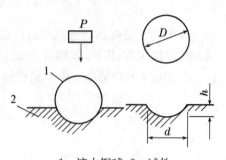

钢材的硬度和强度成一定相关关系,钢材的强度越高,硬度值越大。因此,通过测定钢材的硬度后可间接求得其强度。

1—淬火钢球;2—试件

图 8-4 布氏硬度测定示意图

2. 工艺性能

钢材应具有良好的工艺性能,可以保证钢材顺利通过各种加工,满足施工工艺的要求。冷弯、冷拉、冷拔及焊接性能是建筑钢材的重要工艺性能。

1) 冷弯性能

冷弯性能是指钢材在常温下,以一定的弯心直径和弯曲角度对钢材进行弯曲,钢材能够承受弯曲变形的能力。

钢材的冷弯,一般以弯曲角度 α、弯心直径 d 与钢材厚度(或直径)a 的比值 d/a 来表示弯曲的程度。弯曲角度越大,d/a 越小,表示钢材的冷弯性能越好。

在常温下,以规定弯心直径和弯曲角度(90 或 180°)对钢材进行弯曲,在弯曲处外表面即受拉区或侧面无裂纹、起层、鳞落或断裂等现象,则钢材冷弯合格。如有上述一种或一种以上的现象出现,则钢材的冷弯性能不合格。

伸长率较大的钢材,其冷弯性能也必然较好。但冷弯试验是对钢材塑性更严格的检验,有利于暴露钢材内部存在的缺陷,如气孔、杂质、裂纹、严重偏析等。同时在焊接时,局部脆性及焊接接头质量的缺陷也可通过冷弯试验而发现,因此钢材的冷弯性能也是评定焊接质量的重要指标。

2) 焊接性能

建筑工程中,钢材间的连接 90% 以上采用焊接方式。因此,要求钢材应有良好的焊接性能。在焊接中,由于高温作用和焊接后急剧冷却作用,焊缝及其附近的过热区将发生晶体组织及结构变化,产生局部变形及内应力,使焊缝周围的钢材产生硬脆倾向,降低了焊接质量。可焊性良好的钢材,焊缝处性质应尽可能与母材相同,焊接才牢固可靠。

钢材的化学成分、冶炼质量、冷加工、焊接工艺及焊条材料等都会影响焊接性能。含碳量小于 0.25% 的碳素钢具有良好的可焊性,含碳量大于 0.3% 时可焊性变差;硫、磷及气体杂质会使可焊性降低;加入过多的合金元素,也会降低可焊性。对于高碳钢和合金钢,为改善焊接质量,一般需要采用预热和焊后处理,以保证质量。

钢材焊接后必须取样进行焊接质量检验,一般包括拉伸试验,有些焊接种类还包括弯曲试验,要求试验时试件的断裂不能发生在焊接处。同时还要检查焊缝处有无裂纹、砂眼、咬肉和焊件变形等缺陷。

三、钢材的化学成分

钢材的性能主要取决于其中的化学成分。钢的化学成分主要是铁和碳,此外还有少量的硅、锰、硫、磷、氧等元素,这些元素的存在对钢材性能有不同的影响。

1. 碳(C)

碳是决定钢材性质的主要因素。含碳量在0.8%以下时,随含碳量的增加,钢的强度和硬度提高,塑性和韧性降低;但当含碳量大于1.0%时,随含碳量增加,钢的强度反而下降。含碳量增加,钢的焊接性能变差,尤其当含碳量大于0.3%时,钢的可焊性显著降低。含碳量对碳素结构钢性能的影响如图8-5所示。

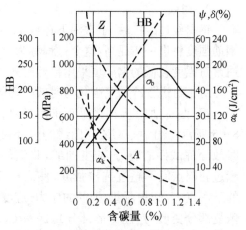

2. 有益元素

1) 硅(Si)

硅含量在1.0%以下时,可提高钢的强度、疲劳极限、耐腐蚀性及抗氧化性,对塑性和韧性影

图8-5　含碳量对碳素结构钢性能的影响

响不大,但可焊性和冷加工性能有所影响。硅可作为合金元素,用以提高合金钢的强度。通常,非合金钢中硅含量小于0.50%;低合金钢含硅量为≥0.50%且<0.90%;合金钢含硅量不小于0.90%。

2) 锰(Mn)

在炼钢过程中锰能起到脱氧去硫的作用,因而可降低钢的脆性,提高钢的强度和韧性。通常,非合金钢中锰含量小于1.00%;低合金钢含锰量为≥1.00%且<1.40%;合金钢含锰量不小于1.40%。

3) 钒(V)、铌(Nb)、钛(Ti)

钒(V)、铌(Nb)、钛(Ti)都是炼钢的脱氧剂,也是常用的合金元素,适量加入钢中,可改善钢的组织,提高钢的强度和改善韧性。

3. 有害元素

1) 硫(S)

硫引起钢材的"热脆性",会降低钢材的各种机械性能,使钢材的可焊性、冲击韧性、耐疲劳性和抗腐蚀性降低。建筑钢材的含硫量应尽可能减少,一般要求含硫量小于0.050%。

2) 磷(P)

磷引起钢材的"冷脆性",磷含量提高,钢材的强度、硬度、耐磨性和耐蚀性提高,塑性、韧性和可焊性显著下降。建筑用钢要求含磷量小于0.045%。

3) 氧(O)

含氧量增加,使钢材的机械强度降低、塑性和韧性降低,促进时效,还能使热脆性增加,焊接性能变差。建筑钢材的含氧量应尽可能减少。

4) 氮(N)

氮使钢材的强度提高,塑性特别是韧性显著下降。氮会加剧钢的时效敏感性和冷脆性,使可焊性变差。

四、钢材的冷加工与热处理

1. 冷加工

将钢材于常温下进行冷拉、冷拔或冷轧,使之产生塑性变形,从而提高强度,但钢材的塑性和韧性会降低,这个过程称为冷加工强化处理。

2. 时效

钢材经过冷拉后,于常温下存放 15~20 d 或加热到 100~200 ℃,并保持 2~3 h 后,则钢筋强度将进一步提高,这个过程称为时效处理。前者称为自然时效,后者称为人工时效。通常对强度较低的钢筋可采用自然时效,强度较高的钢筋则须采用人工时效。

对钢材进行冷加工强化与时效处理的目的是提高钢材的屈服强度,以便节约钢材。

钢材经冷加工及时效处理前后的性能变化,如图 8-6 所示。图中 OABCD 曲线为未经过冷拉加工和时效处理试件的应力-应变曲线,将钢筋原材拉伸至超过屈服点但不超过抗拉强度(使之产生塑性变形)的某一点 K,卸去荷载,钢筋的应力-应变曲线沿 KO' 恢复部分变形(弹性变形部分),保留 OO' 残余变形。若立即将试件重新拉伸(冷拉无时效),钢筋的屈服点升高至 K 点,以后的应力-应变关系与原来曲线 KCD 相似。这表明钢筋经冷拉后,屈服强度得到提高,抗拉强度和塑性与钢筋原材基本相同。如在钢筋原材拉伸至超过屈服点但不超过抗拉强度(使之产生塑性变形)的某一点 K,卸去荷载,然后进行自然时效或人工时效,再将钢筋拉伸。通过冷拉时效处理,钢筋的屈服点升高至 K_1 点,以后的应力-应变关系 $K_1 C_1 D_1$ 比原来曲线 KCD 短。这表明钢筋经冷拉时效后,屈服强度进一步提高,与钢筋原材相比,抗拉强度亦有所提高,塑性和韧性则相应降低。

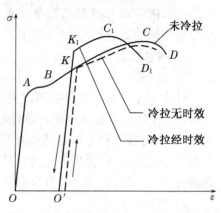

图 8-6 钢筋冷拉前后应力-应变图的变化

3. 钢材的热处理

热处理是将钢材按一定温度加热、保温和冷却,从而获得所需性能的一种工艺过程。钢材的热处理一般在生产厂家进行。在施工现场,有时需对焊接件进行热处理。钢材热处理的方法有以下几种:

1) 退火

将钢材加热到一定温度(一般为 723 ℃以上),保温后缓慢冷却(随炉冷却)的一种热处理工艺。退火能消除内应力,降低硬度,提高塑性,防止变形、开裂。

2) 正火

退火的一种特例。正火在空气中冷却,两者仅冷却速度不同。与退火相比,正火后钢材的硬度、强度较高,而塑性减小。

3) 淬火

将钢材加热到一定温度(一般为 900 ℃以上),保持一定时间,立即放入水或油等冷却介质中快速冷却的一种热处理操作。淬火可提高钢材的强度和硬度,但钢材的塑性和韧性显著降低。

4) 回火

将钢材加热到某一温度(150~650 ℃),保温后在空气中冷却的一种热处理工艺,通常和淬火是两道相连的热处理过程。回火可消除淬火产生的内应力,使钢材硬度降低,塑性和韧性得到一定的提高。

职业技能活动

实训一 钢筋的取样方法

1. 检测依据

《钢及钢产品 力学性能试验取样位置和试样制备》(GB/T 2975—1998)、《金属材料拉伸试验 第1部分:室温试验方法》(GB/T 228.1—2010)、《金属材料 弯曲试验方法》(GB/T 232—2010)、《钢筋混凝土用钢 第一部分:热轧光圆钢筋》(GB 1499.1—2008)、《钢筋混凝土用钢 第二部分:热轧带肋钢筋》(GB 1499.2—2007)等。

2. 检验批的规定

钢筋应按批进行检查和验收,检验批的规定如下:

(1) 热轧光圆钢筋、热轧带肋钢筋、余热处理钢筋每批由同一牌号、同一炉罐号、同一规格的钢筋组成。每批质量通常不超过 60 t。超过 60 t 的部分,每增加 40 t(或不足 40 t 的余数),增加一个拉伸试样和一个弯曲试样。

(2) 低碳钢热轧圆盘条、优质碳素钢热轧盘条每批由同一炉号、同一牌号、同一尺寸的盘条组成。

(3) 冷轧带肋钢筋每批应由同一牌号、同一外形、同一规格、同一生产工艺和同一交货状态的钢筋组成,每批不大于 60 t。

3. 钢筋取样方法

钢筋取样时,应从每批钢筋中抽取抽样产品,然后按规范规定的取样方法截取试样。每批钢筋的检验项目(此处仅列拉伸和弯曲两项)、取样方法和取样数量见表8-1。

表 8-1 钢筋的检验项目、取样方法和取样数量

钢筋种类	检验项目	取样数量	取样方法	试验方法
低碳钢热轧圆盘条	拉伸	每批1个	GB/T 2975	GB/T 228 GB/T 232
	弯曲	每批2个	不同根盘条、GB/T 2975	
优质碳素钢热轧盘条	拉伸	每批2个	不同根盘条、GB/T 2975	
	弯曲	每批1个	GB/T 2975	
热轧光圆钢筋	拉伸	每批2个	任选两根钢筋切取	
	弯曲	每批2个	任选两根钢筋切取	
热轧带肋钢筋	拉伸	每批2个	任选两根钢筋切取	
	弯曲	每批2个	任选两根钢筋切取	
冷轧带肋钢筋	拉伸	每盘1个	在每盘中随机切取	
	弯曲	每批2个	在任一盘中随机切取	

实训二　钢筋拉伸试验

1. 检验目的

检测钢材的力学性能,评定钢材质量。

2. 仪器设备

(1) 试验机:应按照《静力单轴试验机的检验　第 1 部分:拉力和(或)压力试验机测力系统的检验与校准》(GB/T 16825.1—2008)进行检验,并应为 I 级或优于 I 级准确度;

(2) 引申计:应符合《单轴试验用引申计的标定》(GB/T 12160—2002)的要求;

(3) 钢筋打点机或画线机、游标卡尺(精度为 0.1 mm)。

3. 检测步骤

1) 试样的制作

试样原始标距 L_0 与横截面积 S_0 有 $L_0 = k\sqrt{S_0}$ 关系者称为比例试样。国际上使用的比例系数 k 的值为 5.65,原始标距应不小于 15 mm。当试样横截面积太小,以致采用比例系数 k 为 5.65 的值不能符合这一最小标距要求时,可以采用较高的值(优先采用 11.3 的值)或采用非比例试样。非比例试样其原始标距(L_0)与原始横截面积(S_0)无关。

对于直径 $d_0 \geqslant 4$ mm 的钢筋,属于比例试件,原始标距 $L_0 = k\sqrt{S_0}$,其中比例系数 k 通常取 5.65,也可以取 11.3。对于比例试样,应将原始标距的计算值按 GB/T 8170 修约至最接近 5 mm 的倍数。试件平行长度 $L_c \geqslant L_0 + d_0/2$,对于仲裁试验 $L_c \geqslant L_0 + 2d_0$,钢筋拉伸试件不允许进行车削加工,对未加工试样 L_c 是指夹持部分之间的距离。试件的总长度取决于夹持方法,原则上试件的总长 $L_t > L_c + 4d_0$。

对于直径 $d_0 < 4$ mm 的钢丝,属于非比例试件,其原始标距 L_0 应取(200 ± 2)mm 或(100 ± 1)mm。试验机两夹头之间的试样长度 L_c 应至少等于 $L_0 + 3d_0$,最小值为 $L_0 + 20$ mm。

试验前将试样原始标距细分为 5 mm(推荐)到 10 mm 的 N 等份。试样原始标距应用小标记、细画线或细墨线标记原始标记,但不得用引起过早断裂的缺口作标记;也可以标记一系列套叠的原始标距;还可以在试样表面画一条平行于试样纵轴的线,并在此线上标记原始标距。

2) 试样原始横截面积(S_0)的测定

原始横截面积的测定应准确到 $\pm 1\%$。

对于钢筋(圆形截面)试样,应在标距的两端及中间三处,分别在两个相互垂直的方向测量试样的直径,取其算术平均值计算该处的横截面积。取三处横截面积的平均值作为试样原始横截面积。

3) 上、下屈服强度 R_{eH}、R_{eL} 的测定

上屈服强度 R_{eH} 可以从力-延伸曲线图或峰值力显示器上测得,定义为力首次下降前的最大力值对应的应力。

下屈服强度 R_{eL} 可以从力-延伸曲线图上测得,定义为不计初始瞬时效应时屈服阶段中的最小力所对应的应力。

对于上、下屈服强度位置判定的基本原则如下:

(1) 屈服前的第 1 个峰值应力(第 1 个极大值应力)判为上屈服强度,不管其后的峰值应力比它大或比它小。

(2) 屈服阶段中如呈现两个或两个以上的谷值应力,舍去第 1 个谷值应力(第 1 个极小

值应力)不计,取其余谷值应力中之最小者判为下屈服强度。如只呈现 1 个下降谷,此谷值应力判为下屈服强度。

(3) 屈服阶段中呈现屈服平台,平台应力判为下屈服强度;如呈现多个而且后者高于前者的屈服平台,判第 1 个平台应力为下屈服强度。

(4) 正确的判断结果应是下屈服强度一定低于上屈服强度。

4) 断后伸长率(A)、断裂总延伸率(A_t)和最大力总延伸率(A_{gt})的测定

(1) 为了测定断后伸长率,应将试样断裂的部分仔细地配接在一起,使其轴线处于同一直线上,并采取特别措施确保试样断裂部分适当接触后测量试样断后标距。这对小横截面试样和低伸长率试样尤为重要。

断后伸长率按式(8-3)计算:

$$A=\frac{L_u-L_0}{L_0}\times100\% \tag{8-3}$$

式中:A 为断裂伸长率(%);L_0 为原始标距(mm);L_u 为断后标距(mm)。

对于比例试样,若原始标距不为 $5.65\sqrt{S_0}$(S_0 为平行长度的原始横截面积),符号 A 应附以下脚注说明所使用的比例系数。例如,$A_{11.3}$ 表示原始标距(L_0)为 $11.3\sqrt{S_0}$ 的断后伸长率。对于非比例试样,符号 A 应附以下脚注说明所使用的原始标距,以毫米(mm)表示。例如,A_{80mm} 表示原始标距(L_0)为 80 mm 的断后伸长率。

应使用分辨力足够的量具或测量装置测定断后伸长量(L_u-L_0),并准确到 ±0.25 mm。

如规定的最小断后伸长率小于 5%,建议按规范采取特殊方法进行测定。原则上只有断裂处与最接近的标距标记的距离不小于原始标距的三分之一的情况方为有效。但断后伸长率大于或等于规定值,不管断裂位置处于何处,测量均为有效。如断裂处与最接近的标距标记的距离小于原始标距的三分之一时,可采用移位法测定断后伸长率。

(2) 移位法测定断后伸长率。当试样断裂处与最接近的标距标记的距离小于原始标距的三分之一时,可以使用如下方法。

试验前,将原始标距(L_0)细分为 5 mm(推荐)到 10 mm 的 N 等分。试验后,以符号 X 表示断裂后试样短段的标距标记,以符号 Y 表示断裂试样长段的等分标记,此标记与断裂处的距离最接近于断裂处至标距标记 X 的距离。

如 X 与 Y 之间的分格数为 n,按如下测定断后伸长率。

① 如 $N-n$ 为偶数,测量 X 与 Y 之间的距离 l_{XY} 和测量从 Y 至距离为 $\frac{1}{2}(N-n)$ 个分格的 Z 标记之间的距离 l_{YZ}[图 8-7(a)]。按式(8-4)计算断后伸长率:

$$A=\frac{l_{XY}+2l_{YZ}-L_0}{L_0}\times100\% \tag{8-4}$$

② 如 $N-n$ 为奇数,测量 X 与 Y 之间的距离 l_{XY} 以及从 Y 至距离分别为 $\frac{1}{2}(N-n-1)$ 和 $\frac{1}{2}(N-n+1)$ 个分格的 Z' 和 Z'' 标记之间的距离 $l_{YZ'}$ 和 $l_{YZ''}$[图 8-7(b)]。按式(8-5)计算断后伸长率:

$$A = \frac{l_{XY} + l_{YZ'} + l_{YZ''} - L_0}{L_0} \times 100\% \qquad (8-5)$$

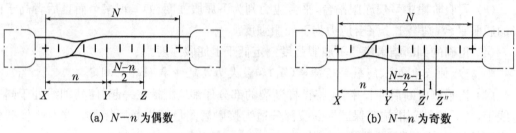

(a) $N-n$ 为偶数　　　　　　　　(b) $N-n$ 为奇数

图 8-7　移位方法的图示说明(试样头部形状仅为示意)

（3）能用引申计测定断裂延伸的试验机,引申计标距(L_e)应等于试样原始标距(L_0),无须标出试样原始标距的标记。以断裂时的总延伸作为伸长测量时,为了得到断后伸长率,应从总延伸中扣除弹性延伸部分。

原则上,断裂发生在引申计标距(L_e)以内方为有效,但断后伸长率等于或大于规定值时,不管断裂位置处于何处,测量均为有效。

（4）在用引申计得到的力-延伸曲线图上测定断裂总延伸。断裂总延伸率 A_t 按式(8-6)计算:

$$A_t = \frac{\Delta L_f}{L_e} \times 100\% \qquad (8-6)$$

式中:A_t 为断裂总延伸率(%);L_e 为引申计标距(mm);ΔL_f 为断裂总延伸(mm)。

（5）在用引申计得到的力-延伸曲线图上测定最大力总延伸。最大力总延伸率 A_{gt} 按式(8-7)计算:

$$A_{gt} = \frac{\Delta L_m}{L_e} \times 100\% \qquad (8-7)$$

式中:A_{gt} 为最大力总延伸率(%);L_e 为引申计标距(mm);ΔL_m 为最大力总延伸(mm)。

5）抗拉强度(R_m)的测定

用引申计得到的力-延伸曲线图上的最大力(F_m)除以试样原始横截面积(S_0),即为抗拉强度。

$$R_m = \frac{F_m}{S_0} \qquad (8-8)$$

4. 试验结果数值的修约

试验测定的性能结果数值应按照相关产品标准的要求进行修约。如未规定具体要求,应按照如下要求进行修约:① 强度性能值修约至 1 MPa;② 屈服点延伸率修约至 0.1%,其他延伸率和断后伸长率修约至 0.5%;③ 断面收缩率修约至 1%。

实训三　钢筋弯曲试验

1. 检验目的

检测钢材的弯曲性能,评定钢材质量。

2. 仪器设备

应在配备下列弯曲装置之一的试验机或压力机上完成试验。

（1）支辊式弯曲装置：如图 8-8 所示，支辊长度和弯曲压头的宽度应大于试样宽度或直径。弯曲压头的直径由产品标准规定。支辊和弯曲压头应具有足够的硬度。除非另有规定，支辊间距离 l 应按式（8-9）确定：

$$l=(D+3a)\pm 0.5a \qquad (8-9)$$

此距离在试验期间应保持不变。

（2）V 形模具式弯曲装置。

（3）虎钳式弯曲装置。

（4）翻板式弯曲装置。

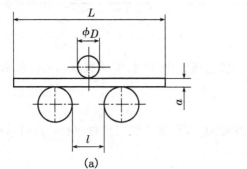 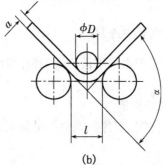

图 8-8 支辊式弯曲装置

3. 检测步骤

1）试样准备

按钢筋的取样方法（见实训一）进行取样。试样表面不得有画痕和损伤。试样长度应根据钢筋直径和所使用的试验设备确定。

2）按照相关产品标准规定，采用下列方法之一完成试验

（1）试样弯曲至规定角度的试验。应将试件放置于两支辊上，试件轴线应与弯曲压头轴线垂直，弯曲压头在两支座之间的中点处对试件连续施加力使其弯曲，直至达到规定的弯曲角度。

使用上述方法如不能直接达到规定的弯曲角度，应将试件置于两平行压板之间，连续对其两端施压使进一步弯曲，直到达到规定的弯曲角度。

（2）试样弯曲至两臂相互平行的试验。首先对试样进行初步弯曲，然后将试样置于两平行压板之间，连续施加力压其两端使进一步弯曲，直至两臂平行。试验时可以加或不加内置垫块。垫块厚度等于规定的弯曲压头直径，除非产品标准中另有规定。

（3）试样弯曲至两臂直接接触的试验。首先对试样进行初步弯曲，然后将试样置于两平行压板之间，连续施加力压其两端使进一步弯曲，直至两臂直接接触。

4. 检测结果评定

（1）应按相关产品标准的要求评定弯曲试验结果。如未规定具体要求，弯曲试验后不使用放大仪器观察，试样弯曲外表面无可见裂纹，应评定为合格。

（2）以相关产品标准规定的弯曲角度作为最小值；若规定弯曲压头直径，以规定的弯曲压头直径作为最大值。

项目二　建筑钢材的技术要求与应用

主要内容	知识目标	技能目标
钢结构用钢材,钢筋混凝土用钢材,钢材的防锈与防火	掌握碳素结构钢、低合金高强度结构钢的力学性质与应用,熟悉常用钢筋的品种、规格、性能与应用	能根据工程实际情况,合理选择和使用钢结构用钢材和钢筋混凝土用钢材

一、钢结构用钢材

在建筑工程中应用最广泛的钢品种主要有碳素结构钢、优质碳素结构钢和低合金高强度结构钢。

1. 碳素结构钢

碳素结构钢,在各类钢中产量最大,用途最广泛,多轧制成型材、钢板等,可供焊接、铆接和螺栓连接。

1) 牌号及表示方法

钢的牌号由代表屈服点的字母、屈服点数值、质量等级符号、脱氧方法符号等四个部分按顺序组成。其中,以"Q"代表屈服点,碳素结构钢按屈服点的大小分为 Q195、Q215、Q235、Q275 四个不同强度级别的牌号;质量等级以硫、磷等杂质含量由多到少,分为 A、B、C、D 四个不同的质量等级;脱氧方法以 F 表示沸腾钢、Z 和 TZ 表示镇静钢和特殊镇静钢,Z 和 TZ 在钢的牌号中可以省略。

例如:Q235 - AF 表示为屈服点为 235 MPa 的 A 级沸腾钢;Q235 - D 表示屈服点为 235 MPa的 D 级特殊镇静钢。

2) 技术要求

碳素结构钢的化学成分、力学性能、冷弯性能应分别符合表 8 - 2～8 - 4 中的要求。

表 8 - 2　碳素结构钢的化学成分(GB/T 700—2006)

牌号	等级	厚度或直径(mm)	脱氧方法	化学成分(%),不大于				
				C	Si	Mn	S	P
Q195	—	—	F、Z	0.12	0.30	0.50	0.040	0.035
Q215	A	—	F、Z	0.15	0.35	1.20	0.050	0.045
	B						0.045	
Q235	A	—	F、Z	0.22	0.35	1.40	0.050	0.045
	B			0.20			0.045	
	C		Z	0.17			0.040	0.040
	D		TZ				0.035	0.035

续表

牌号	等级	厚度或直径（mm）	脱氧方法	化学成分（%），不大于				
				C	Si	Mn	S	P
Q275	A	—	F、Z	0.24	0.35	1.50	0.050	0.045
	B	≤40	Z	0.21			0.045	0.045
		>40		0.22				
	C	—	Z	0.20			0.040	0.040
	D	—	TZ				0.035	0.035

注：经需方同意，Q235B 的碳含量可不大于 0.22%。

表 8-3　碳素结构钢的力学性能（GB/T 700—2006）

牌号	等级	屈服强度 R_{eH}（MPa），不小于						抗拉强度 R_m（MPa）	断后伸长率 A（%），不小于					冲击试验（V 形缺口）	
		厚度或直径（mm）							厚度或直径（mm）					温度（℃）	冲击吸收功（纵向）（J），不小于
		≤16	>16~40	>40~60	>60~100	>100~150	>150~200		≤40	>40~60	>60~100	>100~150	>150~200		
Q195	—	195	185	—	—	—	—	315~430	33	—	—	—	—	—	—
Q215	A	215	205	195	185	175	165	335~450	31	30	29	27	26	—	—
	B													+20	27
Q235	A	235	225	215	215	195	185	370~500	26	25	24	22	21	—	—
	B													+20	27
	C													0	
	D													−20	
Q275	A	275	265	255	245	225	215	410~540	22	21	20	18	17	—	—
	B													+20	27
	C													0	
	D													−20	

注：1. Q195 的屈服强度值仅供参考，不作交货条件。

2. 厚度大于 100 mm 的钢材，抗拉强度下限允许降低 20 MPa。宽带钢（包括剪切钢板）抗拉强度上限不作交货条件。

3. 厚度小于 25 mm 的 Q235B 级钢材，如供方能保证冲击吸收功值合格，经需方同意，可不做检验。

表 8-4　碳素结构钢冷弯试验指标(GB/T 700—2006)

牌号	试样方向	冷弯试验(试样宽度 $B=2a$,180°)	
		试样厚度或直径 a(mm)	
		≤60	>60~100
		弯心直径 d	
Q195	纵	0	—
	横	0.5a	
Q215	纵	0.5a	1.5a
	横	a	2a
Q235	纵	a	2a
	横	1.5a	2.5a
Q275	纵	1.5a	2.5a
	横	2a	3a

注:钢材厚度(或直径)大于 100 mm 时,弯曲试验由双方协商。

3) 碳素结构钢的应用

建筑工程中应用最广泛的碳素结构钢牌号为 Q235,其含碳量、强度适中,具有良好的承载性,又具有较好的塑性、韧性和可焊性能,综合性能好,常轧制成盘条或钢筋以及圆钢、方钢、扁钢、角钢、工字钢、槽钢等型钢。

Q195、Q215,含碳量低,强度不高,塑性、韧性、加工性能和焊接性能好,主要用于轧制薄板和盘条、制造铁钉、铆钉、地脚螺栓等。Q275,强度、硬度较高,耐磨性较好,塑性和可焊性能有所降低,可用于轧制钢筋、制作螺栓配件等。

2. 优质碳素结构钢

优质碳素结构钢按质量等级分为优质钢、高级优质钢(钢牌号后加 A)、特级优质钢(钢牌号后加 E);按含锰量分为低含锰量(0.25%~0.50%)、普通含锰量(0.35%~0.80%)和较高含锰量(0.70%~1.20%)。

优质碳素结构钢的牌号由平均含碳量的万分数、含锰量标识和脱氧程度三个部分构成。其中平均含碳量的万分数用两位阿拉伯数字表示;含锰量标识用 Mn(只有较高含锰量时才表示);脱氧程度表示方法为沸腾钢用 F,半镇静钢用 b,镇静钢用 Z(一般省略)。优质碳素结构钢有 31 个牌号,分别是 08F、10F、15F、08、10、15、20、25、30、35、40、45、50、55、60、65、70、75、80、85、15Mn、20Mn、25Mn、30Mn、35Mn、40Mn、45Mn、50Mn、60Mn、65Mn、70Mn。如“10F”表示平均含碳量为 0.10%,低含锰量的沸腾钢;“45”表示平均含碳量为 0.45%,普通含锰量的镇静钢;“30Mn”表示平均含碳量为 0.30%,较高含锰量的镇静钢。

优质碳素结构钢对有害杂质含量控制严格,质量稳定,综合性能好,但成本较高。其性能主要取决于含碳量的多少,含碳量高,则强度高,塑性和韧性差。在建筑工程中,30~45 号钢主要用于重要结构的钢铸件和高强度螺栓等,45 号钢用作预应力混凝土锚具,65~80 号钢用于生产预应力混凝土用钢丝和钢绞线。

3. 低合金高强度结构钢

低合金高强度结构钢是一种在碳素结构钢的基础上添加总量不小于 5% 合金元素的钢材,所加合金元素主要有锰(Mn)、硅(Si)、钒(V)、钛(Ti)、铌(Nb)、铬(Cr)、镍(Ni)及稀土元素,其目的是提高钢的屈服强度、抗拉强度、耐磨性、耐蚀性及耐低温性能等。

1) 牌号及其表示方法

低合金高强度结构钢牌号由代表屈服点的汉语拼音字母 Q、屈服点的数值、质量等级(A、B、C、D、E 五级)三部分按顺序组成。低合金高强度结构钢有 Q345、Q390、Q420、Q460、Q500、Q550、Q620、Q690 八个牌号。

Q390A,表示屈服强度为 390 MPa、质量等级为 A 级的低合金高强度结构钢。

2) 力学性能

根据国家标准《低合金高强度结构钢》(GB/T 1591—2008)的规定,低合金高强度结构钢的力学性能、冲击韧性、冷弯性能应符合表 8-5～8-7 的规定。

3) 特性及应用

由于低合金高强度结构钢中合金元素的结晶强化和固熔强化等作用,该钢材不但具有较高的强度,而且也具有较好的塑性、韧性和可焊性。因此,在钢结构和钢筋混凝土结构中常用低合金高强度结构钢轧制型钢、钢板、钢管及钢筋,特别适用于各种重型结构、高层结构、大跨度结构及桥梁工程。

二、钢筋混凝土用钢材

钢筋是用于钢筋混凝土结构中的线材。按照生产方法、外形、用途等不同,工程中常用的钢筋主要有热轧光圆钢筋、热轧带肋钢筋、低碳钢热轧圆盘条、预应力钢丝、冷轧带肋钢筋、热处理钢筋等品种。钢筋具有强度较高、塑性较好、易于加工等特点,广泛地应用于钢筋混凝土结构中。

1. 热轧钢筋

热轧钢筋按表面形状分为热轧光圆钢筋和热轧带肋钢筋两种。

1) 热轧光圆钢筋

热轧光圆钢筋横截面通常为圆形、且表面光滑,采用钢锭经热轧成形并自然冷却而成。热轧光圆钢筋按屈服强度特征值分为 235、300 级,其牌号由 HPB 和屈服强度特征值构成,分为 HPB235 和 HPB300 两个牌号。

热轧光圆钢筋的公称直径范围为 6～22 mm,推荐公称直径为 6、8、10、12、16 和 20 mm。热轧光圆钢筋的力学性能和工艺性能应符合表 8-8 中的规定。

2) 热轧带肋钢筋

热扎带肋钢筋横截面为圆形,且表面通常有两条纵肋和沿长度方向均匀分布的月牙形横肋,如图 8-9 示。带肋钢筋通常带有纵肋,也可不带纵肋。

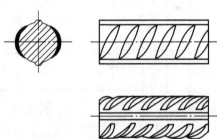

图 8-9　热轧带肋钢筋外形图

表8-5　低合金高强度结构钢的力学性能(GB/T 1591—2008)

牌号	质量等级	屈服强度(MPa),不小于 公称厚度(直径,边长)(mm)									抗拉强度(MPa),不小于 公称厚度(直径,边长)(mm)							断后伸长率A(%),不小于 公称厚度(直径,边长)(mm)					
		≤16	>16~40	>40~63	>63~80	>80~100	>100~150	>150~200	>200~250	>250~400	≤40	>40~63	>63~80	>80~100	>100~150	>150~250	>250~400	≤40	>40~63	>63~100	>100~150	>150~250	>250~400
Q345	A	345	335	325	315	305	285	275	265	—	470~630	470~630	470~630	470~630	450~600	450~600	—	20	19	19	18	17	—
	B	345	335	325	315	305	285	275	265	—	470~630	470~630	470~630	470~630	450~600	450~600	—	20	19	19	18	17	—
	C	345	335	325	315	305	285	275	265	—	470~630	470~630	470~630	470~630	450~600	450~600	—	20	19	19	18	17	—
	D	345	335	325	315	305	285	275	265	265	470~630	470~630	470~630	470~630	450~600	450~600	450~600	21	20	20	19	18	17
	E	345	335	325	315	305	285	275	265	265	470~630	470~630	470~630	470~630	450~600	450~600	450~600	21	20	20	19	18	17
Q390	A	390	370	350	330	330	310	—	—	—	490~650	490~650	490~650	490~650	470~620	—	—	20	19	19	18	—	—
	B	390	370	350	330	330	310	—	—	—	490~650	490~650	490~650	490~650	470~620	—	—	20	19	19	18	—	—
	C	390	370	350	330	330	310	—	—	—	490~650	490~650	490~650	490~650	470~620	—	—	20	19	19	18	—	—
	D	390	370	350	330	330	310	—	—	—	490~650	490~650	490~650	490~650	470~620	—	—	20	19	19	18	—	—
	E	390	370	350	330	330	310	—	—	—	490~650	490~650	490~650	490~650	470~620	—	—	20	19	19	18	—	—
Q420	A	420	400	380	360	360	340	—	—	—	520~680	520~680	520~680	520~680	500~650	—	—	19	18	18	18	—	—
	B	420	400	380	360	360	340	—	—	—	520~680	520~680	520~680	520~680	500~650	—	—	19	18	18	18	—	—
	C	420	400	380	360	360	340	—	—	—	520~680	520~680	520~680	520~680	500~650	—	—	19	18	18	18	—	—
	D	420	400	380	360	360	340	—	—	—	520~680	520~680	520~680	520~680	500~650	—	—	19	18	18	18	—	—
	E	420	400	380	360	360	340	—	—	—	520~680	520~680	520~680	520~680	500~650	—	—	19	18	18	18	—	—

续表

牌号	质量等级	屈服强度（MPa），不小于 公称厚度（直径、边长）(mm)									抗拉强度（MPa），不小于 公称厚度（直径、边长）(mm)							断后伸长率 A（%），不小于 公称厚度（直径、边长）(mm)					
		≤16	>16~40	>40~63	>63~80	>80~100	>100~150	>150~200	>200~250	>250~400	≤40	>40~63	>63~80	>80~100	>100~150	>150~250	>250~400	≤40	>40~63	>63~100	>100~150	>150~250	>250~400
Q460	C、D、E	460	440	420	400	400	380	—	—	—	550~720	550~720	550~720	550~720	530~700	—	—	17	16	16	16	—	—
Q500	C、D、E	500	480	470	450	440	—	—	—	—	610~770	600~760	590~750	540~730	—	—	—	17	17	17	—	—	—
Q550	C、D、E	550	530	520	500	490	—	—	—	—	670~830	620~810	600~790	590~780	—	—	—	16	16	16	—	—	—
Q620	C、D、E	620	600	590	570	—	—	—	—	—	710~880	690~880	670~860	—	—	—	—	15	15	15	—	—	—
Q690	C、D、E	690	670	660	640	—	—	—	—	—	770~940	750~920	730~900	—	—	—	—	14	14	14	—	—	—

注：1. 当屈服不明显时，可测量 $\sigma_{0.2}$ 代替下屈服强度。

2. 宽度不小于 600 mm 的扁平材，拉伸试验取横向试样；宽度小于 600 mm 的扁平材、型材及棒材取纵向试样，断后伸长率最小值相应提高 1%（绝对值）。

3. 厚度大于 250~400 mm 的数值适用于扁平材。

表 8-6 低合金高强度结构钢的冲击韧性(GB/T 1591—2008)

牌号	质量等级	试验温度(℃)	冲击吸收能量(J),不小于		
			公称厚度(直径,边长)(mm)		
			12~150	>150~250	>250~400
Q345	B	20	34	27	—
	C	0			
	D	-20			27
	E	-40			
Q390	B	20	34	—	—
	C	0			
	D	-20			
	E	-40			
Q420	B	20	34	—	—
	C	0			
	D	-20			
	E	-40			
Q460	C	0	34	—	—
	D	-20		—	—
	E	-40		—	—
Q500、Q550、Q620、Q690	C	0	55	—	—
	D	-20	47	—	—
	E	-40	31	—	—

表 8-7 低合金高强度结构钢的冷弯性能(GB/T 1591—2008)

牌号	试样方向	180°弯曲试验 d=弯心直径,a=试样厚度(直径)	
		钢材厚度(直径,边长)	
		≤16 mm	>16~100 mm
Q345 Q390 Q420 Q460	宽度不小于 600 mm 的扁平材,取横向试样;宽度小于 600 mm 的扁平材、型材及棒材,取纵向试样	2a	3a

表8-8 热轧光圆钢筋的力学性能与工艺性能(GB 1499.1—2008)

牌号	屈服强度 R_{eL} (MPa)	抗拉强度 R_m (MPa)	断后伸长率 A (%)	最大力总伸长率 A_{gt}(%)	冷弯试验180° d 为弯心直径 a 为钢筋公称直径
			不小于		
HPB235	235	370	25.0	10.0	$d=a$
HPB300	300	420			

热轧带肋钢筋有普通热轧带肋钢筋和细晶粒热轧带肋钢筋两种,按照屈服强度特征值分为 335、400、500 级。普通热轧钢筋的牌号由 HRB 和屈服强度特征值构成,分为 HRB335、HRB400、HRB500 三个牌号;细晶粒热轧钢筋的牌号由 HRBF 和屈服强度特征值构成,分为 HRBF335、HRBF400、HRBF500 三个牌号。热轧带肋钢筋的公称直径范围为 6~50 mm,推荐的公称直径为 6、8、10、12、16、20、25、32、40 和50 mm。热轧带肋钢筋的力学性能和工艺性能应符合表 8-9 中的规定。

表8-9 热轧带肋钢筋的力学性能与工艺性能(GB 1499.2—2007)

牌号	屈服强度 R_{eL} (MPa)	抗拉强度 R_m(MPa)	断后伸长率 A(%)	最大力总伸长率 A_{gt}(%)	公称直径 (mm)	弯心直径	反向弯曲
			不小于			d 为弯心直径 a 为钢筋公称直径	
HRB335 HRBF335	335	455	17		6~25	$d=3a$	$d=4a$
					28~40	$d=4a$	$d=5a$
					>40~50	$d=5a$	$d=6a$
HRB400 HRBF400	400	540	16	7.5	6~25	$d=4a$	$d=5a$
					28~40	$d=5a$	$d=6a$
					>40~50	$d=6a$	$d=7a$
HRB500 HRBF500	500	630	15		6~25	$d=6a$	$d=7a$
					28~40	$d=7a$	$d=8a$
					>40~50	$d=a8$	$d=9a$

注:直径 28~40 mm 各牌号钢筋的断后伸长率 A 可降低 1%;直径大于 40 mm 各牌号钢筋的断后伸长率 A 可降低 2%。

3)特性及应用

为节约钢材,我国大力提倡采用高强度等级钢筋。《混凝土结构设计规范》(GB 50010—2010)规定热轧钢筋的应用如下:

(1)纵向受力普通钢筋宜采用 HRB400、HRB500、HRBF400、HRBF500 钢筋,也可采用 HPB300、HRB335、HRBF335、RRB400(余热处理钢筋)钢筋。

(2)梁、柱纵向受力普通钢筋应采用 HRB400、HRB500、HRBF400、HRBF500 钢筋。

(3)箍筋宜采用 HRB400、HRBF400、HPB300、HRB500、HRBF500 钢筋,也可采用 HRB335、HRBF335 钢筋。

2. 冷轧带肋钢筋

热轧圆盘条经冷轧后,在其表面带有沿长度方向均匀分布的两面或三面横肋的钢筋,称为冷轧带肋钢筋。

冷轧带肋钢筋的牌号由 CRB 和钢筋的抗拉强度最小值构成,C、R、B 分别为冷轧、带肋、钢筋三个英文单词的首位字母。冷轧带肋钢筋分为 CRB550、CRB650、CRB800、CRB970 四个牌号。

CRB550 钢筋的公称直径范围为 4～12 mm,CRB650 及以上牌号钢筋的公称直径为4、5和 6 mm。冷轧带肋钢筋的力学性能和工艺性能应符合表 8-10 中的规定,有关技术要求细则参见《冷轧带肋钢筋》(GB 13788—2008)。

表 8-10　冷轧带肋钢筋的力学性能和工艺性能(GB 13788—2008)

牌号	屈服强度 $R_{p0.2}$ (MPa), 不小于	抗拉强度 R_m (MPa), 不小于	伸长率(%), 不小于		弯曲试验 180°	反复弯曲次数	应力松弛 初始应力应相当于公称抗拉强度的70% 1 000 h 松弛率(%), 不大于
			$A_{11.3}$	A_{100}			
CRB550	500	550	8.0	—	$D=3d$	—	—
CRB650	585	650	—	4.0	—	3	8
CRB800	720	800	—	4.0	—	3	8
CRB970	875	970	—	4.0	—	3	8

注:表中 D 为弯心直径,d 为钢筋公称直径。

冷轧带肋钢筋与热轧圆盘条相比,具有强度高、塑性好、综合力学性能优良、握裹力强、节约钢材、降低成本等优点。CRB550 为普通钢筋混凝土用钢筋,其他牌号为预应力混凝土用钢筋。

3. 热处理钢筋

热处理钢筋分为预应力混凝土用热处理钢筋和钢筋混凝土用余热处理钢筋。预应力混凝土用热处理钢筋是用热轧带肋钢筋经过淬火和回火调质处理而成,分有纵肋和无纵肋两种,但都有横肋。

根据国家标准《预应力混凝土用热处理钢筋》(GB 4463)的规定,其所用钢材有 $40Si_2Mn$、$48Si_2Mn$ 和 $45Si_2Cr$ 三个牌号,其力学性能应符合表 8-11 中的规定。

表 8-11　预应力混凝土用热处理钢筋的力学性能(GB 4463)

公称直径(mm)	牌号	屈服强度(MPa)	抗拉强度(MPa)	伸长率(%)
		不小于		
6	$40Si_2Mn$			
8.2	$48Si_2Mn$	1 325	1 470	6
10	$45Si_2Cr$			

预应力混凝土用热处理钢筋的特点是:强度高,可代替高强钢丝使用,节约钢材;锚固性好,不易打滑,预应力值稳定;施工简便,开盘后钢筋自动伸直,无须调直及焊接。主要用于预应力钢筋混凝土轨枕,也用于预应力梁、板结构及吊车梁等。

钢筋混凝土用余热处理钢筋是热轧后利用热处理原理进行表面控制冷却,并利用芯部余热自身完成回火处理所得的成品钢筋。

钢筋混凝土用余热处理钢筋按屈服强度特征值分为400、500级,按用途分为可焊和非可焊。余热处理钢筋的牌号分为RRB400、RRB500、RRB400W。

4. 预应力混凝土用钢丝及钢绞线

预应力混凝土用钢丝或钢绞线常作为大型预应力混凝土构件的主要受力钢筋。

1)预应力混凝土用钢丝

预应力混凝土钢丝简称钢丝,是以优质碳素结构钢盘条为原料,经淬火、酸洗、冷拉等工艺制成的用作预应力混凝土骨架的钢丝。

根据《预应力混凝土用钢丝》(GB/T 5223—2002)规定,预应力钢丝按加工状态分为冷拉钢丝(代号为WCD)和消除应力钢丝两类。消除应力钢丝按松弛性能又分为低松弛钢丝(代号为WLR)和普通松弛钢丝(代号为WNR)。预应力钢丝按外形分为光圆(代号为P)、螺旋肋(代号为H)和刻痕(代号为I)三种。

预应力混凝土用钢丝每盘由一根钢丝组成,其盘重应不小于500 kg,允许有10%的盘数小于500 kg,但不小于100 kg。钢丝表面不得有裂缝和油污,也不允许有影响使用的拉痕、机械损伤等。

预应力混凝土用钢丝具有强度高,柔性好,无接头,施工方便,不需冷拉、焊接接头等处理,而且质量稳定、安全可靠等优点,主要用于大跨度屋架及薄腹梁、大跨度吊车梁、桥梁、电杆、轨枕或曲线配筋的预应力混凝土构件。

2)预应力混凝土用钢绞线

预应力混凝土用钢绞线简称预应力钢绞线,是由多根直径为2.5～5.0 mm的高强度钢丝捻制而成。

预应力钢绞线按捻制结构分为五类,其代号为1×2,用两根钢丝捻制的钢绞线;1×3,用三根钢丝捻制的钢绞线;1×3I,用三根刻痕钢丝捻制的钢绞线;1×7,用七根钢丝捻制的标准型钢绞线;(1×7)C,用七根钢丝捻制又经模拔的钢绞线。

除非需方有特殊要求,钢绞线表面不得有油、润滑脂等物质。钢绞线允许有轻微的浮锈,但不得有目视可见的锈蚀麻坑。钢绞线表面允许存在回火颜色。

钢绞线的检验规则应按《钢及钢产品交货一般技术要求》(GB/T 17505—1998)的规定。产品的尺寸、外形、质量及允许偏差、力学性能等均应满足《预应力混凝土用钢绞线》(GB/T 5224—2003)的规定。

钢绞线具有强度高、柔性好、质量稳定、成盘供应不需接头等优点,广泛应用于大跨度、重荷载、曲线配筋的后张法预应力混凝土结构中。

三、钢材的防锈与防火

1. 钢材的防锈

1）钢材的锈蚀

钢材的锈蚀是指钢的表面与周围介质发生化学作用或电化学作用而遭到侵蚀并破坏的现象。钢材锈蚀的主要影响因素有环境湿度、侵蚀性介质的性质及数量、钢材材质及表面状况等。根据钢材与环境介质作用的机理,锈蚀可分为化学锈蚀和电化学锈蚀两类。

（1）化学锈蚀。化学锈蚀是指钢材直接与周围介质发生化学反应而产生的锈蚀。这种锈蚀多数是氧化作用使钢材表面形成疏松的铁氧化物。在常温下,钢材表面形成一薄层钝化能力很弱的氧化保护膜,它疏松、易破裂,有害介质可进一步渗入而发生反应,造成锈蚀。在干燥环境下,化学锈蚀速度缓慢,但在温度和湿度较大的情况下,这种锈蚀进展加快。

（2）电化学锈蚀。电化学锈蚀是指钢材与电解质溶液接触而产生电流,形成微电池而引起的锈蚀。钢材本身含有铁、碳等多种成分,在表面介质作用下,各成分的电极电位不同,形成许多微电池。在潮湿空气中,钢材表面将覆盖一层薄的水膜。在阳极区,铁被氧化成 Fe^{2+} 离子进入水膜。因为水中溶有来自空气中的氧,故在阴极区氧将被还原为 OH^- 离子,两者结合成为不溶于水的 $Fe(OH)_2$,并进一步氧化成为疏松易剥落的红棕色铁锈 $Fe(OH)_3$。电化学锈蚀是建筑钢材在存放和使用中发生锈蚀的主要形式。

钢材锈蚀后,受力面积减小,承载能力下降。在钢筋混凝土中,因钢筋锈蚀会引起钢筋混凝土顺筋开裂。

2）钢材锈蚀的防止

钢材的锈蚀既有内因(材质),又有外因(环境介质作用),因此要防止或减少钢材的锈蚀必须从钢材本身的易腐蚀性、隔离环境中的侵蚀性介质或改变钢材表面状况方面入手。

（1）表面刷漆。表面刷漆是钢结构防止锈蚀的常用方法。刷漆通常有底漆、中间漆和面漆三道。底漆要求有较好的附着力和防锈能力,常用的有红丹、环氧富锌漆、云母氧化铁和铁红环氧底漆等。中间漆为防锈漆,常用的有红丹、铁红等。面漆要求有较好的牢度和耐候性,能保护底漆不受损伤或风化,常用的有灰铅、醇酸磁漆和酚醛磁漆等。

钢材表面涂刷漆时,一般为一道底漆、一道中间漆和两道面漆。要求高时可增加一道中间漆或面漆。使用防锈涂料时,应注意钢构件表面的除锈,注意底漆、中间漆和面漆的匹配。

（2）表面镀金属。用耐腐蚀性好的金属,以电镀或喷镀的方法覆盖在钢材的表面,提高钢材的耐腐蚀能力。常用的方法有镀锌(如白铁皮)、镀锡(如马口铁)、镀铜和镀铬等。

（3）制成合金钢。钢材的化学成分对耐锈蚀性有很大影响,如在钢中加入少量的铜、铬、镍、钼等合金元素,制成不锈钢。这种钢既有致密的表面防腐保护,提高了耐锈蚀能力,同时又有良好的焊接性能。

（4）混凝土中钢筋的防腐。为了防止混凝土中钢筋锈蚀,应保证混凝土的密实度以及钢筋外侧混凝土保护层的厚度;控制混凝土中最大水胶比及最小水泥用量;在二氧化碳浓度高的工业区采用硅酸盐水泥或普通硅酸盐水泥;限制氯盐外加剂的掺加量和保证混凝土一定的碱度;对于预应力混凝土,应禁止使用含氯盐的骨料和外加剂。另外,也可采用环氧涂层钢筋、混凝土表面喷涂、阴极保护等辅助措施。

2. 钢材的防火

钢是不燃性材料,但并不表明钢材能耐火。温度在 200 ℃以内,钢材的性能基本不变;超过 300 ℃,弹性模量、屈服点均开始显著下降,应变急剧增大;到达 600 ℃时,钢材基本失去承载能力。试验表明:无保护层时钢柱和钢屋架的耐火极限只有 0.25 h,而裸露钢梁的耐火极限只有 0.15 h。所以,没有防火保护层的钢结构不能够抵抗火灾。为了克服钢结构耐火性差的特点,可采用下列保护方法。

1) 涂覆钢结构防火涂料

防火涂料分为膨胀型和非膨胀型两种。膨胀型(薄型)防火涂料的涂层厚度一般为 2～7 mm,附着力较强。因膨胀型防火涂料内含膨胀组分,遇火后会膨胀增厚 5～10 倍,形成多孔结构,阻隔火焰和热量,起到良好的隔热防火作用,可使构件的耐火极限达到 0.5～1.5 h。非膨胀型(厚型)防火材料的涂层厚度一般为 8～50 mm,密度小,强度低,喷涂后需再用装饰面层隔护,耐火极限可达 0.5～3.0 h。

2) 包封法处理

包封法处理,即用耐火的保温材料将钢结构包封起来。常用的包封材料有石膏板、硅酸钙板、蛭石岩板、珍珠岩板、矿棉板等,可通过黏结剂或钢钉、钢箍等固定在钢板上。

3) 水冷却法

水冷却法,即对空心钢柱,可在其内部充水保证钢结构冷却。也可给钢柱加做箱形外套,在套内注入水,火灾时,由于钢柱受水的保护而升温减慢。

项目三　建筑装饰用钢材制品

主要内容	知识目标	技能目标
普通不锈钢及其制品,彩色不锈钢板,彩色涂层钢板,彩色压型钢板,轻钢龙骨	熟悉常用建筑装饰用钢材制品的种类、规格、性能与应用	能根据装饰工程的需要合理地选择和使用建筑装饰用钢材制品

　　建筑装饰工程中常用的钢材制品主要有不锈钢钢板和钢管、彩色不锈钢板、彩色涂层钢板、彩色压型钢板、镀锌钢卷帘门板及轻钢龙骨等。

一、普通不锈钢及其制品

　　普通钢材易锈蚀,钢材的锈蚀有两种,一种是化学腐蚀,即在常温下钢材表面受到氧化而生成氧化膜层;二是电化学腐蚀,这是因为钢材在较潮湿的空气中,其表面发生"微电池"作用而产生腐蚀。钢材腐蚀大多属于电化学腐蚀。

　　不锈钢是指在钢中加入以铬元素为主加元素的合金钢。铬含量越高,钢的抗腐蚀性越好。除铬外,不锈钢中还含有镍、锰、钛、硅等元素,这些元素的相对含量会影响不锈钢的强度、塑性、韧性和耐腐蚀性等。

　　耐蚀性是不锈钢诸多性能中最显著的特性之一。不锈钢的耐腐蚀原因是铬的性质比较活泼,在不锈钢中,铬首先与环境中的氧结合,生成一层与钢材基体牢固结合的致密的氧化膜层,称钝化膜,保护钢材不致生锈。

　　不锈钢另一特性是表面光泽度高。不锈钢的表面经加工后,特别是抛光后,可以获得镜面效果,光线的反射比可以达到90%以上,体现出优良的装饰性,是富有时代气息的装饰材料。

　　不锈钢按其化学成分可分为铬不锈钢、铬镍不锈钢和高锰低铬不锈钢等。按照耐腐蚀性能分为耐酸钢和普通不锈钢(简称不锈钢)两种。能抵抗大气腐蚀作用的钢材为不锈钢,能抵抗一些化学介质侵蚀(如酸液等)的钢材为耐酸钢。一般不锈钢不一定耐酸,而耐酸钢一定具有良好的耐蚀性。常用的不锈钢有40多个品种,适用于各种用途。建筑装饰工程中使用的是普通不锈钢。

　　用于建筑装饰的不锈钢材主要有薄板和用薄板加工制成的管材、型材等。常用不锈钢薄板的厚度为0.2～2 mm,宽度为500～1 000 mm,成品卷装供应。不锈钢薄板表面可加工成不同的光泽度,形成不同的反射性,用于屋面或幕墙。高级抛光不锈钢表面光泽度可与镜面媲美,适用于大型公共建筑门厅的包柱或墙面装饰。在抛光后的不锈钢板表面还可以处理制成各种花纹图案和色彩,用于制作电梯包厢、车厢、招牌等。形式多样的不锈钢管和型材,可用作扶手、栏杆等。

二、彩色不锈钢板

　　彩色不锈钢板是用化学镀膜、化学浸渍等方法对普通不锈钢板进行表面处理后而制得。其表面具有光彩夺目的装饰效果,具有蓝、灰、紫红、青、绿、金黄、橙及茶色等多种彩色和很高的光泽度,色泽会随光照角度的改变而产生变幻的色调效果。

彩色不锈钢板无毒、耐腐蚀、耐高温、耐摩擦、易加工和耐候性好。其彩色面层能在200 ℃以下或弯曲180°时无变化,色层不剥离,色彩经久不褪;耐腐蚀性超过一般的不锈钢;耐磨和耐刻画性能相当于箔层镀金的性能。

彩色不锈钢板可用作电梯厢板、车厢板、厅堂墙板、吊顶饰面板、招牌等装饰,也可用作高级建筑的其他局部装饰。

三、彩色涂层钢板

彩色涂层钢板是以冷轧板或镀锌薄板为基材,在其表面进行化学预处理后,涂以各种保护、装饰涂层而成。

彩色涂层钢板的涂层有有机涂层、无机涂层和复合涂层三种,其中以有机涂层钢板发展最快,用量最多。有机涂层可以配制各种不同颜色和花纹,色彩丰富,有红色、绿色、乳白色、棕色及蓝色等,装饰性强;而且涂层的附着力强,可以长期保持鲜艳的色泽。彩色涂层钢板的加工性能好,可以进行剪切、弯曲、钻孔、铆接和卷边。

彩色涂层钢板耐热、耐低温性能好,耐污染、易清洁,防水性、耐久性强,可用作建筑物的内外墙板、吊顶、屋面板和护壁板等。彩色涂层钢板在用作围护结构和屋面板时,往往与岩棉板、聚苯乙烯泡沫板等绝热材料制成复合板材,从而达到绝热和装饰的双重要求。

四、彩色压型钢板

彩色压型钢板是以镀锌钢板为基材,经成形机轧制成形,表面涂敷各种耐腐蚀涂层或烤漆而成的轻型板材,也可以采用彩色涂层钢板直接压制成形。这种板材的基材厚度只有0.5~1.2 mm,属于薄型钢板,但是经轧制等加工成压形钢板后(断面为V形、U形、梯形或波形等),受力合理,使钢板的抗弯强度大大提高。

彩色压型钢板质量轻、抗震性好、耐久性强,而且易于加工、施工方便,其表面色彩鲜艳、美观大方、装饰性好。彩色压型钢板广泛用于工业与民用建筑的内外墙面、屋面等围护结构,也用作轻型夹芯板材的面板等。

五、轻钢龙骨

轻钢龙骨是以连续热镀锌钢板(带)或以连续热镀锌钢板(带)为基材的彩色涂层钢板(带)为原料,采用冷弯工艺生产的薄壁型钢。按用途分为吊顶龙骨和墙体龙骨。

1. 吊顶轻钢龙骨

吊顶轻钢龙骨代号为D,按用途分为承载龙骨(又称主龙骨)、覆面龙骨(又称次龙骨)及配件(包括吊杆、吊件、挂件、挂插件、接插件和连接件等);按龙骨的断面分为U形、C形、L形等。U形、C形轻钢龙骨吊顶如图8-10所示。

轻钢龙骨顶棚按吊顶的承载能力可分为上人吊顶和不上人吊顶。不上人吊顶只承受吊顶本身的质量,龙骨断面一般较小;上人吊顶不仅承受自身的质量,还要承受人员走动的荷载,一般可以承受80~100 kg/m² 的集中荷载,常用于空间较大的音乐厅、影剧院、会议中心等的顶棚工程。

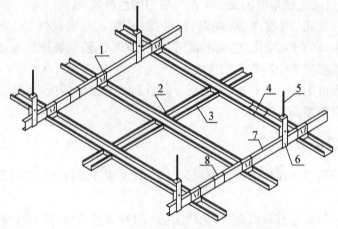

1—挂件;2—挂插件;3—覆面龙骨;4—覆面龙骨连接件;
5—吊杆;6—吊件;7—承载龙骨;8—承载龙骨连接件
图 8-10 U形、C形轻钢龙骨吊顶示意图

2. 墙体轻钢龙骨

墙体轻钢龙骨代号为 Q,按用途分为横龙骨、竖龙骨、通贯龙骨和配件(包括支撑卡、接插件、角托等);按断面形状分为 U 形、C 形、CH 形等。墙体轻钢龙骨如图 8-11 所示。

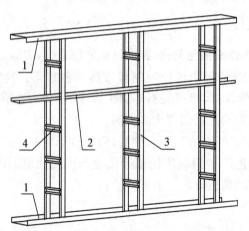

1—横龙骨;2—通贯龙骨;3—竖龙骨;4—支撑卡
图 8-11 墙体轻钢龙骨示意图

轻钢龙骨是木龙骨的换代产品,具有自重轻、刚度大、防火和抗震性好、加工和安装方便等特点。轻钢龙骨与各种饰面板(纸面石膏板、矿物棉板等)相配合,构成的轻型吊顶或隔墙,以其优异的热学、声学、力学、工艺性能及多变的装饰风格在装饰工程中得到广泛应用。

项目四　铝及铝合金制品

主要内容	知识目标	技能目标
铝及铝合金的基本知识,建筑装饰用铝合金制品	掌握建筑装饰用铝及铝合金装饰制品的种类、规格、性能与应用	能根据装饰工程的需要合理地选择和使用铝合金装饰制品

一、铝及铝合金的基本知识

1. 铝的性质

铝是一种银白色的轻金属,熔点为 660 ℃,密度为 2 700 kg/m³,只有钢密度的 1/3 左右,常作为建筑中各种轻结构的基本材料之一。

铝是活泼金属,与氧的亲和能力强,在自然状况下暴露,表面易生成一层致密、坚固的氧化铝薄膜,可以阻止铝继续氧化,从而起到保护作用,所以铝在大气中耐腐蚀性较强。但由于氧化膜薄层的厚度一般小于 $0.1~\mu m$,因而它的耐蚀能力也是有限的,比如纯铝不能与浓硫酸、盐酸、氢氟酸及强碱接触,否则会发生腐蚀性化学反应。另外,铝的电极电位较低,如与高电极电位的金属接触并且有电解质存在时,会形成微电池,产生电化学腐蚀。

铝具有良好的导电性和导热性,被广泛地用来制造导电材料(如电线)、导热材料(如蒸煮器皿等);铝具有良好的延展性,有良好的塑性,其伸长率可达 50%,易于加工成板、管、线及箔等。铝的强度和硬度较低,常用冷加工的方法加工成制品。铝在低温环境中塑性、韧性和强度不下降,常作为低温材料,用于航空、航天工程及制造冷冻食品的储运设备等。

2. 铝合金及其特性

为了改善铝的某些性能,提高铝的实用价值,常在铝中加入一定量的铜、镁、锰、硅、锌等元素形成铝合金。铝合金根据成分和工艺的不同,分为变形铝合金和铸造铝合金。

变形铝合金是通过冲压、弯曲、辊扎等压力加工使其组织、形状发生变化的铝合金,常用的变形铝合金有防锈铝合金、硬铝合金、超硬铝合金和锻铝合金等。变形铝合金可以用来拉制管材、型材和各种断面的嵌条。

铸造铝合金是供不同种类的模型和方法铸造零件用的铝合金,按照其主要元素含量的不同,铸造铝合金分为铸造铝硅合金、铸造铜铝合金、铸造铝镁合金及铸造铝锌合金。铸造铝合金用来浇铸各种形状的零件。

铝加入合金元素既保持了铝质量轻的特点,同时也提高了机械性能,屈服强度可达 $210 \sim 500~MPa$,抗拉强度可达 $380 \sim 550~MPa$,有比较高的比强度,是一种典型的轻质高强材料。其耐腐蚀性能较好,同时低温性能好。铝合金更易着色,有较好的装饰性,不仅用于建筑装饰,还能用于建筑结构,但一般不能作为独立承重的大跨度结构材料使用。

铝合金也存在缺点,主要是弹性模量小,约为钢材的 1/3,刚度较小,容易变形;线膨胀系数大,约为钢材的两倍;耐热性差、可焊性也较差。

二、建筑装饰用铝合金制品

建筑装饰用铝合金制品主要有铝合金门窗、铝合金装饰板、铝合金龙骨及各类装饰配件。

1. 铝合金门窗

铝合金门窗是由经表面处理的铝合金型材,经下料、打孔、铣槽、攻丝和组装等工艺,制成门窗框构件,再与玻璃、连接件、密封件和五金配件组装成门窗。

在现代建筑装饰中,尽管铝合金门窗比普通门窗的造价高 3~4 倍,但因其维修费用低、性能好、美观、节约能源等,故得到广泛应用。

1) 铝合金门窗的特点

(1) 质量轻、强度高。每平方米耗用铝型材量平均 8~12 kg,而每平方米钢门窗耗钢量平均 17~20 kg,故铝合金门窗的质量比钢的轻 50% 左右。

(2) 密封性好。铝合金门窗的气密性、水密性、隔声性、隔热性均比普通门窗好,故对防尘、隔声、保温隔热有特殊要求的建筑,更适宜用铝合金门窗。

(3) 耐久性好。铝合金门窗不需要涂漆,不褪色,不锈蚀,维修费用低。铝合金门窗强度高,刚性好,坚固耐用,零件经久耐用,开关灵活轻便,无噪声。

(4) 装饰性好。铝合金门窗框料型材表面可氧化着色处理,可着银白色、古铜色、暗红色、黑色等柔和的颜色或带色的花纹,可涂装聚丙烯酸树脂装饰膜使其表面光亮。铝合金门窗新颖大方、线条明快、色泽柔和,增加了建筑物的立面和内部的美观。

(5) 便于工业化生产。铝合金门窗的加工、制作、装配、试验都可在工厂进行大批量的工业化生产,有利于实现产品设计标准化、系列化以及产品的商业化。

2) 铝合金门窗的分类

铝合金门窗按开启方式分为推拉门(窗)、平开门(窗)、固定窗、悬挂窗、百叶窗、纱窗和回转门(窗)等。

2. 铝合金装饰板

铝合金装饰板属于现代较为流行的建筑装饰板材,具有质量轻、不燃烧、耐久性好、施工方便、装饰效果好等优点,适用于公共建筑室内外墙面和柱面的装饰。近年来在装饰工程中使用较多的铝合金板材有以下几种:

1) 铝合金花纹板

铝合金花纹板是采用防锈铝合金胚料,用有一定花纹的轧辊轧制而成。花纹美观大方,凸筋高度适中,不易磨损,防滑性好,耐腐蚀性强,便于冲洗,通过表面处理可以得到各种不同的颜色。花纹板材平整,裁剪尺寸精确,便于安装,广泛应用于现代建筑的墙面装饰和楼梯踏板等处。

2) 铝合金浅花纹板

铝合金浅花纹板是以冷作硬化后的铝材为基础,表面加以浅花纹处理后得到的装饰板。其花纹精巧别致,色泽美观大方,同普通铝合金相比,刚度高出 20%,抗污垢、抗划伤、抗擦伤能力均有所提高,是优良的建筑装饰板材之一。

3) 铝合金压型板

铝合金压型板质量轻、外形美、耐腐蚀性强、经久耐用、安装容易、施工快速,经表面处理可得到各种优美的色彩,是现代广泛应用的一种新型建筑装饰材料,主要用作墙面和屋面装饰。

4）铝合金穿孔板

铝合金穿孔板是将铝合金平板经机械穿孔而成。孔形根据设计有圆孔、方孔、长圆孔、长方孔、三角孔、大小组合孔等。

铝合金穿孔板材质轻、耐高温、耐高压、耐腐蚀、防火、防潮、防震,而且化学稳定性好,造型美观,色泽幽雅,立体感强,是一种兼有降噪和装饰双重功能的理想材料,可用于公共建筑中,如宾馆、饭店、剧场、影院、播音室等,也可以用于各类车间厂房、机房、人防地下室等作为降噪声措施。

3. 铝合金龙骨

铝合金龙骨是以铝合金板材为主要原料,轧制成各种轻薄型材后组合安装而成的一种金属骨架。按用途分为隔墙龙骨和吊顶龙骨。

铝合金龙骨具有自重轻、防火、抗震、不锈蚀、外观光亮、色调美观、加工和安装方便等特点,常与小幅面石膏装饰板或岩棉（矿棉）吸声板配用,组成 450 mm×450 mm、500 mm×500 mm 和 600 mm×600 mm 的方格,适用于医院、会议室、办公室、走廊等吊顶工程。

4. 铝箔

铝箔是用纯铝或铝合金加工成厚度为 0.006 3~0.2 mm 的薄片制品。铝箔具有良好的防潮、绝热、隔蒸汽和电磁屏蔽作用。建筑上常用的有铝箔布、铝箔泡沫塑料板、铝箔波形板等。

5. 铝粉

铝粉,俗称"银粉",即银色的金属颜料,以纯铝箔加入少量润滑剂,经捣击压碎为鳞状粉末,再经抛光而成。铝粉质轻,漂浮力高,遮盖力强,对光和热的反射性能均较高。在建筑工程中常用它调制装饰涂料或金属防锈涂料,也可用作土方工程中的发热剂和加气混凝土的发泡剂。

复习思考题

一、填空题

1. 钢材按炼钢过程中脱氧程度不同可分为_____、_____、_____和_____四大类。

2. 钢材的主要性能包括_____性能和_____性能。

3. 低碳钢从开始受力至拉断可分为四个阶段：_____、_____、_____和_____。

4. 碳素结构钢的牌号由代表屈服点字母_____、_____、_____和_____四部分构成。

5. 热轧钢筋根据表面形状分为_____和_____。

6. 冷弯检验是：按规定的_____和_____进行弯曲后，检查试件弯曲处外面及侧面不发生断裂、裂缝或起层，即认为冷弯性能合格。

7. 龙骨按用途分为_____和_____两类。

二、名词解释

① 钢的低温冷脆性；② 钢的时效处理；③ 冷加工；④ 屈强比；⑤ 钢的冲击韧性。

三、单项选择题

1. 在钢结构中常用（　　），轧制成钢板、钢管、型钢来建造桥梁、高层建筑及大跨度钢结构建筑。

　　A. 碳素结构钢　　　　　　B. 低合金高强度结构钢　C. 热处理钢筋

2. 钢材中（　　）的含量过高，将导致其热脆现象发生。

　　A. 碳　　　　　　　　　　B. 磷　　　　　　　　　　C. 硫

3. 对同一种钢材，原始标距越长其伸长率就（　　）。

　　A. 越大　　　　　　　　　B. 越小　　　　　　　　　C. 不变

4. 钢材随着含碳量的增加，其（　　）降低。

　　A. 强度　　　　　　　　　B. 硬度　　　　　　　　　C. 塑性

5. 伸长率是衡量钢材的（　　）指标。

　　A. 弹性　　　　　　　　　B. 塑性　　　　　　　　　C. 脆性

6. 结构设计时，碳素钢以（　　）作为设计计算取值的依据。

　　A. 弹性极限　　　　　　　B. 屈服强度　　　　　　　C. 抗拉强度

四、简述题

1. 什么是建筑钢材？钢的冶炼方法主要有哪几种？冶炼方法不同，性能上有何影响？

2. 生铁和钢各有什么主要特点？

3. 按脱氧程度不同，钢材分为哪几类？各有何特点？

4. 建筑钢材的主要技术性能有哪些？低碳钢在拉伸过程中可分成几个阶段？各阶段的特点如何？

5. 何谓钢材的冷加工和时效？对钢材的性能有何影响？为什么？

6. 钢材的化学成分对钢材的力学性能有何影响？

7. 碳素结构钢有几个牌号？举例说明碳素结构钢牌号的含义。

8. 与碳素结构钢相比,低合金高强度结构钢有何优点？低合金高强度结构钢的牌号怎样表示？试举例说明。

9. 热轧带肋钢筋根据什么分出等级？共分几级？牌号如何表示？

10. 钢材腐蚀的原因是什么？如何防止腐蚀？

11. 钢材为何要作防火处理？

12. 铝合金材料在建筑上主要用在哪几个方面？

13. 建筑装饰用铝合金制品有哪些？它们应用何处？有哪些突出的优点？

14. 建筑装饰不锈钢制品有哪些突出的优点？不锈钢装饰制品有哪些种类？应用于何处？

五、计算题

有一钢筋试件,直径为 25 mm,原始标距为 125 mm,做拉伸试验,屈服点荷载为 201.0 kN,最大荷载为 250.3 kN,拉断后测得断后标距长为 138 mm。求该钢筋的屈服强度、抗拉强度及断后伸长率。

单元九 防水材料

学习目标

1. 掌握石油沥青的主要性质、分类标准及其选用。
2. 熟悉防水卷材、防水涂料和密封材料的常用品种、特性及其应用。
3. 能够对沥青的主要性能指标进行检测。
4. 了解石油沥青的化学组分与结构、改性沥青的种类与特点。

　　建筑工程的渗漏现象严重影响着建筑物的使用功能和寿命,防水工程的质量问题涉及材料、设计、施工与管理等诸多方面,历来为人们所关注。根据建筑物的特点和防水要求,合理选择与正确使用防水材料,是确保防水成功的关键环节,也是提高建筑防水工程质量的重要物质基础。

　　近年来,传统的沥青基防水材料已逐渐向新型的高聚物改性沥青防水材料和合成高分子防水材料方向发展,防水材料已初步形成一个品种齐全、规格档次配套的工业生产体系,扩大了防水工程材料的选择范围,极大地促进了建筑防水新技术的开发与应用。

项目一　沥　青

主要内容	知识目标	技能目标
石油沥青的组分、结构与主要技术性质,改性沥青的种类及特点	掌握石油沥青的主要技术性质,了解石油沥青的组成与结构	能够对石油沥青的主要性能指标进行检测

基础知识

　　沥青是多种碳氢化合物与非金属(氧、硫等)衍生物组成的极其复杂的混合物。在常温下呈黑色或黑褐色的固体、半固体或黏性液体状态。沥青是一种有机胶凝材料,具有黏性、塑性、耐腐蚀及憎水性等,因此在建筑工程中主要用作防潮、防水、防腐材料,常用于屋面、地下等防水、防腐及道路工程。

　　沥青材料有天然沥青、石油沥青、煤沥青等品种。天然沥青是由沥青湖或含有沥青的砂岩等提炼而得;石油沥青是由石油原油蒸馏后的残留物经加工而得;煤沥青是由煤焦油干馏后的残留物经加工制得的产品。目前工程中常用的主要有石油沥青和少量的煤沥青。

一、石油沥青

1. 石油沥青的组分与结构

石油沥青的化学组成复杂,对其组成进行分析很困难,且其化学组成也不能反映出沥青性质的差异,所以一般不对沥青进行化学分析。通常从使用角度出发,将沥青中化学性质和物理力学性质相近的成分划分为若干个组,这些组就称为"组分"。石油沥青的主要组分有油分、树脂和地沥青质,它们的特性见表9-1。

表9-1 石油沥青各组分的特性

组分名称	颜色	状态	密度(g/cm³)	含量(%)	特点	作用
油分	无色至淡黄色	黏性液体	0.7~1.0	40~60	可溶于苯等大部分有机溶剂,不溶于酒精	赋予沥青以流动性。油分多,流动性大,而黏滞性小,温度敏感性大
树脂	黄色至黑褐色	黏稠半固体	1.0~1.1	15~30	溶于汽油等有机溶剂,难溶于酒精和丙酮	赋予沥青以塑性和黏性。树脂含量增多,沥青塑性增大,温度敏感性增大
地沥青质	深褐色至黑色	硬脆固体	1.1~1.5	10~30	溶于三氯甲烷、二硫化碳,不溶于酒精	赋予沥青稳定性和黏性。含量高,沥青黏性、耐热性提高,温度敏感性小,但塑性降低,脆性增加

石油沥青中还含有蜡,它会降低石油沥青的黏性和塑性,同时对温度特别敏感(即温度稳定性差)。所以蜡是石油沥青的有害成分。

沥青中的油分和树脂能浸润地沥青质。沥青的结构是以地沥青质为核心,周围吸附部分树脂和油分,构成胶团,无数胶团分散在油分中形成胶体结构。

根据沥青中各组分含量的不同,沥青可以有三种胶体状态:溶胶型结构(地沥青质含量较少)、凝胶型结构(地沥青质含量较多)和溶-凝胶型结构(地沥青质、油分、树脂含量介于前两种之间)。溶胶型结构的沥青具有较好的自愈性和低温变形能力,但是高温稳定性差;凝胶型结构的沥青常温下具有较好的温度稳定性,但低温变形能力较差;溶-凝胶型结构的性质介于上述两种之间,大多数优质石油沥青属于这种结构状态。

2. 石油沥青的主要技术性质

1)黏滞性

石油沥青的黏滞性(又称黏性)是反映材料内部阻碍其相对流动的一种特性,表示沥青软硬、稀稠的程度,是划分沥青牌号的主要性能指标。固体或半固体沥青的黏滞性用"针入度"表示,液体石油沥青的黏滞性用"黏滞度"表示。

针入度是在温度为25℃时、以质量100g的标准针经5s沉入沥青试样的深度,以1/10 mm为1度。针入度的数值越小,表明黏度越大。

黏滞度是在一定温度(25或60℃)条件下,经规定直径(3.5或10 mm)的孔,漏下50 mL沥青所需的秒数。黏滞度越大,表示沥青的稠度越大。

地沥青质含量高,有适量的树脂和较少的油分时,石油沥青黏滞性大。在一定的温度范围内,温度升高时,黏滞性降低,反之增大。

2）塑性

塑性指石油沥青在外力作用下产生变形而不破坏,除去外力后,仍保持变形后的形状不变,而且不发生破坏的性质。沥青的塑性反映了沥青开裂后的自愈能力及受机械应力作用后变形而不破坏的能力,是石油沥青的主要性能之一。

石油沥青的塑性用延度表示。延度是将沥青制成"8"字形标准试件,在 25 ℃水中以 5 cm/min 的速度拉伸至试件断裂时的伸长值,以"cm"为单位。延度越大,塑性越好,柔性和抗断裂性越好。

塑性与组分、温度及膜层厚度有关。当树脂含量较高且其组分又适当时,则塑性较好;温度高,则塑性增大;膜层增厚,塑性也增大,反之则塑性越差。

3）温度敏感性

温度敏感性是指石油沥青的黏滞性和塑性随温度升降而变化的性能。由于沥青是一种高分子非晶态热塑性物质,故没有一定的熔点。

建筑工程要求沥青的黏性及塑性,当温度变化时,其变化幅度较小,即温度敏感性小。工程中常通过加入滑石粉、石灰石粉等矿物掺料来减小其温度敏感性。

温度敏感性用软化点来表示,软化点通过"环球法"试验测定。将沥青试样装入规定尺寸的铜环中,上置规定尺寸和质量的钢球,再将置球的铜环放在有水或甘油的烧杯中,以 5 ℃/min 的速度加热至沥青软化下垂达 25 mm 时的温度,即为沥青的软化点。

软化点越高,沥青的耐热性越好,即温度敏感性越小,温度稳定性越好。

4）大气稳定性

石油沥青在热、阳光、氧气和潮湿等大气因素的长期综合作用下抵抗老化的性能,称为大气稳定性,也是沥青材料的耐久性。在大气因素的综合作用下,沥青中各组分会发生不断递变,低分子化合物将逐步转变成高分子物质,即油分和树脂逐渐减少,而地沥青质逐渐增多。石油沥青随着时间的进展,流动性和塑性将逐渐减小,硬脆性逐渐增大,直至脆裂,这个过程称为石油沥青的"老化"。所以,大气稳定性即为沥青抵抗老化的性能。

大气稳定性可以用沥青试样在加热蒸发前后的"蒸发损失百分率"和"蒸发后针入度比"来表示。蒸发损失百分率越小,蒸发后针入度比越大,则表示沥青的大气稳定性越好。

以上四种性质是石油沥青材料的主要性质,此外,为评定沥青的品质和保证施工安全,还应了解石油沥青的溶解度、闪点和燃点等性质。

溶解度是指沥青在溶液(苯或二硫化碳)中可溶部分质量占全部质量的百分率。沥青的溶解度可用来确定沥青中有害杂质含量。一般石油沥青溶解度高达 98%以上,而天然沥青因含不溶性矿物质,溶解度低。

闪点是指沥青达到软化点后再继续加热,则会发生热分解而产生挥发性的气体,当与空气混合,在一定条件下与火焰接触,初次产生蓝色闪光时的沥青温度。燃点是指沥青温度达到闪点,温度如再上升,与火接触而产生的火焰能持续燃烧 5 s 以上时,这个开始燃烧时的温度即为燃点。闪点和燃点的高低,表明沥青引起火灾或爆炸的可能性大小,它关系到运输、储存和加热使用等方面的安全。在熬制沥青时加热温度必须低于闪点和燃点,如规范规定建筑石油沥青的闪点不低于 260 ℃,但石油沥青加热温度不允许超过其预计软化点 90 ℃。为安全起见,沥青加热还应与火焰隔离。

3. 石油沥青的分类及选用标准

根据我国现行石油沥青标准,在工程建设中常用的石油沥青分为:道路石油沥青、建筑石油沥青和普通石油沥青等,各品种按技术性质划分为不同的牌号。道路石油沥青与建筑石油沥青的技术要求分别见表9-2和9-3。

表9-2 道路石油沥青(NB/SH/T 0522—2010)

项目		质量指标				
		200 号	180 号	140 号	100 号	60 号
针入度(25 ℃,100 g,5 s)(1/10 mm)		200~300	150~200	110~150	80~110	50~80
延度(25 ℃)(cm),≥		20	100	100	90	70
软化点(℃)		30~48	35~48	38~51	42~55	45~58
溶解度(%),≥		99.0				
闪点(开口)(℃),≥		180	200	230		
密度(25 ℃)(g/m³)		报告				
蜡含量(%),≤		4.5				
薄膜烘箱试验(163 ℃,5 h)	质量变化(%),≤	1.3	1.3	1.3	1.2	1.0
	针入度比(%)	报告				
	延度(25 ℃)(cm)	报告				

注:如25 ℃延度达不到,15 ℃延度达到时,也认为是合格的,指标要求与25 ℃延度一致。

表9-3 建筑石油沥青(GB/T 494—2010)

项目	质量指标		
	10 号	30 号	40 号
针入度(25 ℃,100 g,5 s)(1/10 mm)	10~25	26~35	36~50
针入度(46 ℃,100 g,5 s)(1/10 mm)	报告		
针入度(0 ℃,200 g,5 s)(1/10 mm),≥	3	6	6
延度(25 ℃,5 cm/min)(cm),≥	1.5	2.5	3.5
软化点(℃),≥	95	75	60
溶解度(%),≥	99.0		
蒸发后质量变化(163 ℃,5 h)(%),≤	1		
蒸发后25 ℃针入度比(%),≥	65		
闪点(开口)(℃),≥	260		

从表9-2和9-3可以看出,对同一品种石油沥青,牌号越小,沥青越硬;牌号越大,沥青越软。同时随着牌号增加,沥青的黏性减小(针入度增加),塑性增加(延度增大),而温度敏感性增大(软化点降低)。

在选用沥青材料时,应根据工程性质(房屋、道路、防腐)及当地气候条件、所处工程部位

（屋面、地下）来选用不同品种和牌号的沥青。

道路石油沥青牌号较多，主要用于道路路面或车间地面等工程，一般拌制成沥青混凝土、沥青砂浆等使用。

建筑石油沥青黏性较大，耐热性较好，但塑性较小，主要用于制作油毡、油纸、防水涂料和沥青胶。它们绝大部分用于屋面及地下防水沟槽防水、防腐蚀及管道防腐等工程。对于屋面防水工程，应注意防止过分软化。

为避免夏季流淌，屋面用沥青材料的软化点还应比当地气温下屋面可能达到的最高温度高 20 ℃以上。但软化点也不宜选择过高，否则冬季低温易发生硬脆甚至开裂。对一些不易受温度影响的部位，可选用牌号较大的沥青。

4. 石油沥青的掺配

施工中，若采用一种沥青不能满足所要求的软化点时，可采用两种或两种以上的沥青进行掺配使用。掺配时要注意遵循石油沥青只与石油沥青掺配，煤沥青只与煤沥青掺配的原则。

两种沥青的掺配比例可用式(9-1)、(9-2)计算：

$$Q_1 = \frac{T_2 - T}{T_2 - T_1} \times 100\% \tag{9-1}$$

$$Q_2 = 1 - Q_1 \tag{9-2}$$

式中：Q_1为低软化点石油沥青用量(%)；Q_2为高软化点石油沥青用量(%)；T为要求配置的石油沥青软化点(℃)；T_1为低软化点石油沥青软化点(℃)；T_2为高软化点石油沥青软化点(℃)。

当三种及其以上沥青进行掺配时，仍然按此式用两两相配的原则计算。

以计算的掺配比例和其邻近的比例(±5%～±10%)进行试配(混合熬制均匀)，测定掺配后沥青的软化点，然后绘制"掺配比-软化点"关系曲线，即可从曲线上确定出所要求的掺配比例。

二、改性沥青

建筑上使用的沥青应具备较好的综合性能，如在高温下要有足够的强度和热稳定性；在低温下要有良好的柔韧性；在加工和使用条件下具有抗"老化"能力；与各种矿物材料具有良好的黏结性等。通常沥青材料不能满足这些要求，并且沥青材料本身存在一些固有的缺陷，如冷脆、热淌、易老化、开裂等。为此，常用下述方法对沥青进行改性，以满足使用要求。

1. 矿物填料改性沥青

在沥青中加入一定数量的矿物填充料，可以提高沥青的黏性和耐热性，减小沥青的温度敏感性，同时也减少了沥青的耗用量，主要适用于生产沥青胶。

常用矿物填料有粉状和纤维状两种。常用的有滑石粉、石灰石粉、硅藻土、石棉绒和云母粉等。

矿物填充料改性机理：由于沥青对矿物填充料的润湿和吸附作用，沥青可以单分子状态排列在矿物颗粒（或纤维）表面，形成结合力牢固的沥青薄膜，称之为"结构沥青"。结构沥青具有较高的黏性和耐热性等，但是矿物填充料的掺入量要适当，一般掺量为 20%～40%时，可以形成恰当的结构沥青膜层。

2. 树脂改性沥青

用树脂改性石油沥青,可以改善沥青的耐寒性、耐热性、黏结性和不透气性。在生产卷材、密封材料和防水涂料等产品时均需应用。常用的树脂有:聚氯乙烯(PVC)、聚丙烯(PP)、无规聚丙烯(APP)等。

3. 橡胶改性沥青

1)氯丁橡胶改性沥青

石油沥青中掺入氯丁橡胶后,可使其气密性、低温柔性、耐化学腐蚀性、耐光、耐臭氧性、耐燃性等得到大大改善。氯丁橡胶掺入的方法有溶剂法和水乳法。溶剂法是先将氯丁橡胶溶于一定的溶剂(如甲苯)中形成溶液,然后掺入液态沥青中并混合均匀即可。水乳法是将橡胶和石油沥青分别制成乳液,然后混合均匀即可使用。

2)丁基橡胶改性沥青

丁基橡胶沥青的配制方法与氯丁橡胶沥青类似。

3)热塑性丁苯橡胶(SBS)改性沥青

SBS热塑性橡胶兼有橡胶和塑料的特性,常温下具有橡胶的弹性,在高温下又能像塑料那样熔融流动,成为可塑的材料。所以,采用SBS橡胶改性沥青,其耐高温、低温性能均有较明显提高。

4)再生橡胶改性沥青

再生橡胶掺入石油沥青中,同样可大大提高石油沥青的气密性,低温柔性,耐光、热和臭氧性以及耐候性,且价格低廉。

4. 橡胶和树脂共混改性沥青

同时用橡胶和树脂来改性石油沥青,可使石油沥青兼具橡胶和树脂的特性,且树脂比橡胶便宜,两者又有较好的混溶性,因此可获得较好的技术经济效果。

职业技能活动

实训一　沥青针入度检测

1. 检测依据

《沥青针入度测定法》(GB/T 4509—2010)。

2. 检测目的

测定沥青的针入度,以确定沥青的黏滞性,评定沥青质量。

3. 仪器设备

(1) 针入度仪:如图9-1所示,能使针连杆在无明显摩擦下垂直运动,并能指示穿入深度精确到0.1 mm的仪器均可使用。针连杆的质量为(47.5±0.05)g。针和针连杆的总质量为(50±0.05)g,另附(50±0.05)g和(100±0.05)g的砝码各一个,可以组成(100±0.05)g和(200±0.05)g的载荷,以满足试验所需的载荷条件。仪器设有放置平底玻璃皿的平台,并有调节水平的装置,针连杆应与平台相垂直。仪器设有针连杆制动按钮,紧压按钮针连杆可自由下落。针连杆要易于装卸,以便定期检查其重量。

(2) 标准针:由硬化回火的不锈钢制成,洛氏硬度为 54～60,针长约 50 mm,长针长约 60 mm,所有针的直径为 1.00～1.02 mm。针的一端应磨成 8.7～9.7°的锥形。圆锥表面粗糙度的算术平均值为 0.2～0.3 μm,针应装在一个黄铜或不锈钢的金属箍中。针箍及其附件总质量为(2.50± 0.05)g。每个针箍上打印单独的标志号码。每根针应附有国家计量部门的检验单,并定期进行检验。

(3) 试样皿:金属或玻璃的圆柱形平底容器。试样皿的最小尺寸要求如下:针入度小于 40 时,试样皿直径为 33～ 55 mm,深度为 8～16 mm;针入度为 40～200 时,试样皿直径为 55 mm,深度为 35 mm;针入度为 200～350 时,试样皿直径为 55～75 mm,深度为 45～70 mm;针入度为 350～500 时,试样皿直径为 55 mm,深度为 70 mm。

(4) 恒温水浴:容量不少于 10 L,能保持温度在试验温度下控制在±0.1 ℃范围。水浴中距水底部 50 mm 处有一个带孔的支架,这一支架离水面至少有 100 mm。如果针入度测定时在水浴中进行,支架应足够支撑针入度仪。在低温下测定针入度时,水浴中装入盐水。

(5) 平底玻璃皿:容量不少于 350 mL,深度要没过最大的试样皿。内设一个不锈钢三角支架,以保证试样皿稳定。

(6) 温度计:液体玻璃温度计,刻度范围为－8～55 ℃,分度值为 0.1 ℃。或满足此准确度、精度和灵敏度的测温装置均可用。温度计或测温装置应定期按检验方法进行校正。

(7) 计时器:刻度为 0.1 s 或小于 0.1 s,60 s 内的准确度达到±0.1 s 的任何计时装置均可。直接连到针入度仪上的任何计时设备应进行精确校正,以提供±0.1 s 的时间间隔。

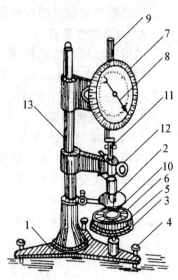

1—底座;2—小镜;3—圆形平台;4—调平螺丝;5—保温器;6—试样;7—刻度盘;8—指针;9—活杆;10—标准针;11—连杆;12—按钮;13—砝码

图 9－1 针入度仪

4. 检测方法与步骤

针入度试验时,除非另行规定,标准针、针连杆与附加砝码的总质量为(100±0.05)g,温度为(25±0.1)℃,时间为 5 s。特定试验可采用的其他条件见《沥青针入度测定法》(GB/T 4509—2010)。

1) 准备工作

(1) 小心加热样品,不断搅拌以防局部过热,加热到使样品能够易于流动。加热时焦油沥青的加热温度不超过软化点 60 ℃,石油沥青不超过软化点 90 ℃。加热时间在保证样品充分流动的基础上尽量短。加热、搅拌过程中避免试样中进入气泡。

(2) 将试样倒入预先选好的试样皿中,试样深度应至少是预计锥入深度的 120%。如果试样皿的直径小于 65 mm,而预期针入度高于 200,每个试验条件都要倒 3 个样品。如果样品足够,浇注的样品要达到试样皿边缘。

(3) 将试样皿松松地盖住,以防灰尘落入。在 15～30 ℃ 的室温下,小的试样皿(∅33 mm×16 mm)中的样品冷却 45 min～1.5 h,中等试样皿(∅55 mm×35 mm)中的样品冷却 1～1.5 h,较大的试样皿中的样品冷却 1.5～2.0 h,冷却结束后将试样皿和平底玻璃皿一起放入测试温度下的水浴中,水面应没过试样表面 10 mm 以上。在规定的试验温度下恒温,小试样皿恒温 45 min~1.5 h,中等试样皿恒温 1~1.5 h,更大试样皿恒温 1.5~2.0 h。

2)检测步骤

(1)调节针入度仪使之水平,检查针连杆和导轨,确保上面无水和其他物质。如果预测针入度超过 350,应选择长针,否则用标准针。先用合适的溶剂将针擦干净,再用干净的布擦干,然后将针插入针连杆中固定。按试验条件选择合适的砝码并放好砝码。

(2)如果测试时针入度仪是在水浴中,则直接将试样皿放在浸在水中的支架上,使试样完全浸在水中。如果试验时针入度仪不在水浴中,将已恒温到试验温度的试样皿放在平底玻璃皿中的三角支架上,用与水浴相同温度的水完全覆盖样品,将平底玻璃皿放置在针入度仪的平台上。慢慢放下针连杆,使针尖刚刚接触到试样的表面,必要时放置在合适位置的光源观察针头位置,使针尖与水中针头的投影刚刚接触为止。轻轻拉下活杆,使其与针连杆顶端相接触,调节针入度仪上的表盘读数指零或归零。

(3)在规定时间内快速释放针连杆,同时启动秒表或计时装置,使标准针自由下落穿入沥青试样中,到规定时间使标准针停止移动,如图 9-2 所示。

(4)拉下活杆,再使其与针连杆顶端接触,此时表盘指针的读数即为试样的针入度,或自动方式停止锥入,通过数据显示设备直接读出锥入深度数值,得到针入度,用 1/10 mm 表示。

(5)同一试样至少重复测定 3 次,各测试点之间及与试样皿边缘的距离都不得小于 10 mm。每次试验前都应

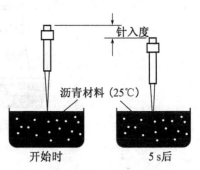

图 9-2 针入度测定示意

将试样和平底玻璃皿放入恒温水浴中,每次测定都要用干净的针。当针入度小于 200 时,可将针取下用合适的溶剂擦净后继续使用。当针入度超过 200 时,每个试样皿中扎一针,三个试样皿得到三个数据。或者每个试样至少用三根针,每次试验用的针留在试样中,直到三根针扎完时再将针从试样中取出,但这样测得的针入度的最高值和最低值之差不得超过规范中关于重复性的规定。

5. 结果计算与评定

(1)以三次测定针入度的平均值(取至整数)作为该沥青的针入度。三次测定的针入度值相差不应大于表 9-4 中的数值。

如果误差超过了表 9-4 规定的范围,利用第二个样品重复试验。如果结果再次超过允许值,则取消所有的试验结果,重新进行试验。

表 9-4 针入度测定最大允许差值

针入度(1/10 mm)	0~49	50~149	150~249	250~350	350~500
允许差值(1/10 mm)	2	4	6	8	20

(2)试验的重复性与再现性要求。重复性:同一操作者在同一试验室使用同一试验仪器对同一样品测得的两次结果不超过平均值的 4%。再现性:不同操作者在不同试验室用同一类型的不同仪器对同一样品测得的两次结果不超过平均值的 11%。

实训二　沥青延度检测

1. 检测依据

《沥青延度测定法》(GB/T 4508—2010)。

2. 检测目的

测定沥青的延度,以确定沥青的塑性,评定沥青质量。

3. 仪器设备

(1) 延度仪:如图 9-3 所示,试验时能按规定要求将试件持续浸没于水中,能以一定的速度拉伸试件,启动时无明显振动。

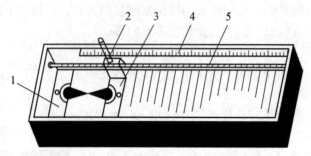

1—支板;2—指针;3—滑板;4—标尺;5—螺旋杆

图 9-3　沥青延度仪

(2) 试件模具:由黄铜制造,由两个弧形端模和两个侧模组成,形状及尺寸如图 9-4 所示。

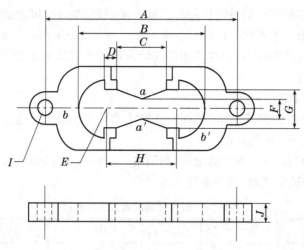

A—两端模环中心点距离 111.5~113.5 mm;B—试件总长 74.54~75.5 mm;C—端模间距 29.7~30.3 mm;D—肩长 6.8~7.2 mm;E—半径 15.75~16.25 mm;F—最小横断面宽 9.9~10.1 mm;G—端模口宽 19.8~20.2 mm;H—两半圆圆心间距离 42.9~43.1 mm;I—端模孔直径 6.54~6.7 mm;J—厚度 9.9~10.1 mm

图 9-4　延度仪模具

（3）恒温水浴：容量不少于 10 L，控制温度±0.1 ℃。试件浸入水中深度不得小于 100 mm，水浴中设置带孔的搁架以支撑试件，搁架距水浴底部不得小于 50 mm。

（4）温度计：0～50 ℃，分度为 0.1 ℃和 0.5 ℃各一支。

（5）隔离剂：以质量计，由两份甘油和一份滑石粉调制而成。

（6）支撑板：黄铜板，一面应磨光至表面粗糙度为 $Ra0.63$。

4. 试样制备

延度试验时，非经特殊说明，试验温度为(25±0.5)℃，拉伸速度为(5±0.25)cm/min。

（1）将模具组装在支撑板上，将隔离剂涂于支撑板表面及侧模的内表面，以防沥青沾在模具上。板上的模具要水平放好，以便模具的底部能够充分与板接触。

（2）小心加热样品，充分搅拌以防局部过热，加热到使样品能够易于流动。煤焦油沥青样品加热温度不超过煤焦油沥青预计软化点 60 ℃，石油沥青样品加热温度不超过石油沥青预计软化点 90 ℃。样品的加热时间在不影响样品性质和在保证样品充分流动的基础上尽量短。

将熔化后的样品充分搅拌之后倒入模具中，在组装模具时要小心，不要弄乱了配件。在倒样时使试样呈细流状，自模的一端至另一端往返倒入，使试样略高出模具，将试件在空气中冷却 30～40 min，然后置于规定温度的水浴中保持 30 min 取出，用热的直刀或铲将高出模具的沥青刮除，使试样与模具齐平。

（3）将支撑板、模具和试件一起放入水浴中，并在试验温度下保持 85～95 min，然后从板上取下试件，拆掉侧模，立即进行拉伸试验。

5. 检测步骤

（1）将模具两端的孔分别套在沥青延伸仪的柱上，然后以一定的速度拉伸，直到试件拉伸断裂。拉伸速度允许误差在±5%以内，测量试件从拉伸到断裂所经过的距离以 cm 表示，如图 9-5 所示。试验时，试件距水面和水底的距离不小于 2.5 cm，并且要使温度保持在规定温度的±0.5 ℃范围内。

（2）如果沥青浮于水面或沉入槽底时，则试验不正常。应使用乙醇或氯化钠调整水的密度，使沥青材料既不浮于水面，又不沉入槽底。

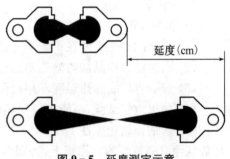

图 9-5 延度测定示意

（3）正常的试验应将试样拉成锥形或线形或柱形，直至在断裂时实际横断面面积接近于零或一均匀断面。如果三次试验得不到正常结果，则报告在该条件下延度无法测定。

6. 结果计算与评定

（1）若 3 个试件测定值在其平均值的 5%内，取平行测定 3 个结果的平均值作为测定结果。若 3 个试件测定值不在其平均值的 5%以内，但其中两个较高值在平均值的 5%以内，则弃去最低测定值，取两个较高值的平均值作为测定结果，否则重新测定。

（2）试验的重复性与再现性要求。重复性：同一操作者在同一试验室使用同一试验仪器对在不同时间同一样品进行试验得到的结果不超过平均值的 10%。再现性：不同操作者在不同试验室用相同类型的仪器对同一样品进行试验得到的结果不超过平均值的 20%。

实训三 沥青软化点检测

1. 检测依据

《沥青软化点测定法》(环球法)(GB/T 4507—2014)。

2. 检测目的

测定沥青的软化点,以确定沥青的耐热性,评定沥青质量。

3. 仪器设备

(1) 环:黄铜肩(亦称肩环)两只,其尺寸规格见图 9 - 6(a)。

(2) 球:两只直径为 9.5 mm 的钢球,每只质量为(3.50±0.05)g。

(3) 钢球定位器:两只钢球定位器用于使钢球定位于试样中央,其形状和尺寸见图 9 - 6(b)。

(4) 浴槽:可以加热的玻璃容器,其内径不小于 85 mm,离加热底部的深度不小于 120 mm。

(5) 环支撑架与支架系统:一只铜支撑架(亦称支架)用于支撑两个水平位置的环,其形状和尺寸见图 9 - 6(c);支架系统由上支撑板、铜支撑架、下支撑板用长螺栓连接而成,支架系统置于浴槽内,其装配示意见图 9 - 6(d)。支撑架上的肩环的底部距离下支撑板的表面为 25 mm,下支撑板的下表面距离浴槽底部为(16±3)mm。

(6) 温度计:测温范围在 30~180 ℃,最小分度值为 0.5 ℃的全浸式温度计。

(7) 材料:新煮沸过的蒸馏水或甘油,用作加热介质;隔离剂以两份甘油和一份滑石粉调制而成(以重量计)。

(8) 其他:0.3~0.5 mm 的金属网筛;电炉或其他加热器。

4. 检测方法与步骤

1) 准备工作

(1) 样品的加热时间在不影响样品性质和样品充分流动的基础上应尽量短。

(2) 石油沥青样品加热温度不超过预计沥青软化点 110 ℃。

(3) 煤沥青样品加热温度不超过预计软化点 55 ℃。

(4) 如果重复试验,不能重新加热样品,应在干净的容器中用新鲜样品制备试样。

(5) 若估计软化点在 120~157 ℃,应将肩环与铜支撑板预热至 80~100 ℃,然后将肩环放到涂有隔离剂的支撑板上,否则会出现沥青试样从肩环中完全脱落。

(6) 向每个环中倒入略过量的沥青试样,让试件在室温下至少冷却 30 min。对于在室温下较软的样品,应将试件在低于预计软化点 10 ℃以上的环境中冷却 30 min,从开始倒试样时起至完成试验的时间不得超过 240 min。

(7) 当试样冷却后,用稍加热的小刀或刮刀干净地刮去多余的沥青,使得每一个圆片饱满且和环的顶部齐平。

2) 检测步骤

(1) 选择加热介质。新煮沸过的蒸馏水适用于软化点为 30~80 ℃的沥青,起始加热介质温度应为(5±1)℃;甘油适于软化点为 80~157 ℃的沥青,起始加热介质温度应为(30±1)℃。

(2) 把仪器放在通风橱内并配置两个样品环、钢球定位器,并将温度计插入合适的位置,浴槽装满加热介质,并使各仪器处于适当位置。用镊子将钢球置于浴槽底部,使其同支

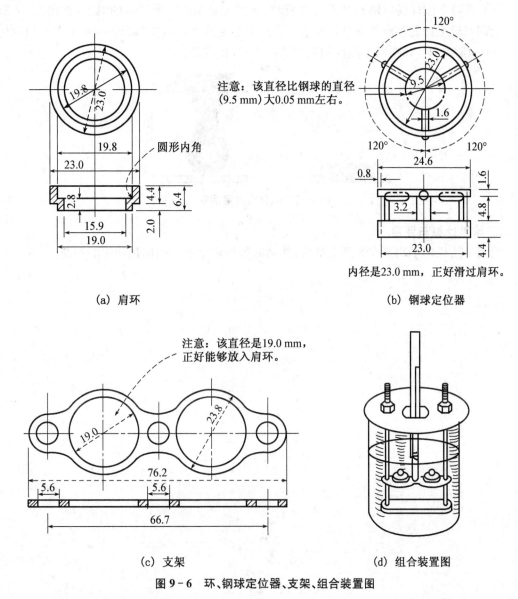

注意：该直径比钢球的直径
（9.5 mm）大0.05 mm左右。

内径是23.0 mm，正好滑过肩环。

(a) 肩环

(b) 钢球定位器

注意：该直径是19.0 mm，
正好能够放入肩环。

(c) 支架

(d) 组合装置图

图 9-6　环、钢球定位器、支架、组合装置图

架的其他部位达到相同的起始温度。

（3）如果有必要,将浴槽置于冰水中,或小心加热并维持适当的起始浴温达 15 min,并使仪器处于适当位置,注意不要污染浴液。

（4）再次用镊子从浴槽底部将钢球夹住并置于定位器中。

（5）从浴槽底部加热使温度以恒定的速率 5 ℃/min 上升。试验期间不能取加热速率的平均值,但在 3 min 后,升温速度应达到(5±0.5)℃/min,若温度上升速率超过此限定范围,则此次试验失败。

（6）当两个试环的球刚触及下支撑板时，分别记录温度计所显示的温度，如图 9-7 所示。无需对温度计的浸没部分进行校正。取两个温度的平均值作为沥青的软化点。当软化点在 30～157 ℃时，如果两个温度的差值超过 1 ℃，则重新试验。

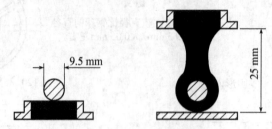

图 9-7　软化点测定示意

5. 结果计算与评定

取两个结果的平均值作为测定结果，并同时报告浴槽中使用加热介质的种类。

项目二　防水材料

主要内容	知识目标	技能目标
防水卷材,防水涂料,密封材料	熟悉防水卷材、防水涂料和密封材料的常用品种、规格与应用	能够根据防水工程的特点及防水要求,正确合理地选择和使用防水材料

一、防水卷材

防水卷材是一种具有一定宽度和厚度并可卷曲的片状防水材料,是建筑防水材料的重要品种之一,它占整个建筑防水材料的80%左右。目前主要包括传统的沥青防水卷材、高聚物改性沥青防水卷材和合成高分子防水卷材三大类,后两类卷材的综合性能优越,是目前国内大力推广使用的新型防水卷材。

1. 防水卷材的一般性能

1) 不透水性

防水卷材在一定压力水作用下,持续一段时间,卷材不透水的性能。一般水压力为0.2~0.3 MPa,持续时间30 min。防水卷材厚度越大,防水成分沥青、树脂含量越高,防水卷材不透水性越好。

2) 拉力

拉力是指防水卷材拉伸时所能承受的最大拉力。卷材能承受的拉力与卷材胎芯、防水成分有关,胎芯抗拉强度越高,其所能承受的拉力越大。防水卷材在实际使用中经常会承受拉力,一种原因是基层与防水材料热膨胀系数不一致、环境温度发生变化时,两者变形不一致,从而使卷材产生拉力。另一种原因是基层潮湿,基层温度升高向外排湿时,卷材起鼓,导致卷材受拉。因此,对防水卷材有拉力要求。

3) 延伸率

防水卷材最大拉力时的伸长率称为延伸率。延伸率越大,防水卷材塑性越好,使用中能缓解卷材承受的拉应力,使卷材不易开裂。

4) 耐热度

防水卷材防水成分一般是有机物,当其受高温作用时,内部往往会蓄积大量热量,使卷材温度迅速上升,并且卷材防水部分的有机物软化温度较低,在高温作用下卷材易发生滑动,影响防水效果。因而,常常要求防水卷材应有一定的耐热度。

5) 低温柔性

低温柔性是防水卷材在低温时的塑性变形能力。防水卷材中的有机物在温度发生变化时,其状态也会发生变化,通常是温度越低,其越硬且越易开裂。因此,要求防水卷材应有一定的低温柔性。

6) 耐久性

防水卷材抵抗自然物理化学作用的能力称为耐久性。有机物在受到阳光、高温、空气等作用,一种结果是有机分子降解粉化,另一种结果是有机分子聚合成更大的分子,使有机物变硬脆裂。因此,要求防水卷材应具有足够的耐久性。防水卷材的耐久性一般用人工加速其老化的方法来评定。

7) 撕裂强度

撕裂强度反映防水卷材与基层之间、卷材与卷材之间的黏结能力。撕裂强度高,卷材与基层之间、卷材与卷材之间黏结牢固,不易松动,易保证防水质量。

2. 常用防水卷材

1) 沥青基防水卷材

沥青基防水卷材是指以各种石油沥青或煤焦油、煤沥青为防水基材,以原纸、织物、毡等为胎基,用不同矿物粉料、粒料或合成高分子薄膜、金属膜作为隔离材料所制成的可卷曲片状防水材料。

(1) 石油沥青纸胎油毡。沥青防水卷材中最具代表性的是石油沥青纸胎油毡,亦是防水卷材中历史最早的品种。是采用低软化点的石油沥青浸渍原纸,用高软化点沥青涂盖油纸的两面,再撒以隔离材料而制成的一种纸胎油毡。

《石油沥青纸胎油毡》(GB 326—2007)规定:油毡幅宽为 1 000 mm,其他规格可由供需双方商定;按卷重和物理性能分为Ⅰ型、Ⅱ型、Ⅲ型;每卷油毡的总面积为$(20\pm0.3)m^2$。

石油沥青纸胎油毡的防水年限较低,其中Ⅰ型、Ⅱ型油毡适用于辅助防水、保护隔离层、临时性建筑防水、防潮及包装等;Ⅲ型油毡适用于屋面工程的多层防水。

(2) 石油沥青玻璃纤维胎防水卷材。采用玻纤毡为胎基,浸涂石油沥青,表面撒以矿物粉料或覆盖以聚乙烯薄膜等隔离材料,制成的一种防水卷材。按上表面材料分为 PE 膜、粉面,也可按生产厂要求采用其他类型的上表面材料;按单位面积质量分为 15 号、25 号;按力学性能分为Ⅰ、Ⅱ型。卷材的公称宽度为 1 m,公称面积为 10 和 20 m²。其性能指标应符合《石油沥青玻璃纤维胎防水卷材》(GB/T 14686—2008)的规定。这种油毡柔性好,耐化学微生物腐蚀,寿命长,主要适用于屋面、地下、水利等工程的多层防水。

根据国标《屋面工程质量验收规范》(GB 50207)的规定,沥青防水卷材仅适用于屋面防水等级为Ⅲ级(应选用三毡四油防水做法)和Ⅳ级的防水工程(应选用二毡三油防水做法)。

(3) 石油沥青麻布油毡。石油沥青麻布油毡采用麻织品为底胎,先浸渍低软化点石油沥青,然后涂以含有矿物质填充料的高软化点石油沥青,再撒布一层矿物材料而制成。

石油沥青麻布油毡抗拉强度高,抗酸碱性强,柔韧性好,但耐热度较低,适用于要求比较严格的防水层及地下防水工程,尤其适用于要求具有高强度的多层防水层、基层结构有变形和结构复杂的防水工程及工业管道的包扎等。

(4) 铝箔面油毡。铝箔面油毡采用玻纤毡为胎基,浸涂氧化沥青,在其表面用压纹铝箔贴面,底面撒以细颗粒矿物料或覆盖聚乙烯膜所制成的一种具有热反射和装饰功能的防水卷材。铝箔面油毡用于单层或多层防水工程的面层。

(5) 带孔油毡。带孔油毡是采用按照规定的孔径和孔距打了孔的胎基制成的一种特殊用途的防水卷材或直接在油毡上按照规定的孔径和孔距打上孔的沥青防水卷材。

带孔油毡适用于屋面叠层防水工程的底层,在防水层屋面基层之间形成点黏结状态,使潮湿基材中的水分在变成水蒸气时通过屋面预留的排气通道逸出,避免了防水层的起鼓和开裂。

2) 高聚物改性沥青防水卷材

高聚物改性沥青防水卷材是以合成高分子聚合物改性沥青为涂盖层,纤维织物或纤维毡为胎体,粉状、粒状、片状或薄膜材料为覆面材料制成可卷曲的片状材料。厚度一般为3、4和5 mm,以沥青基为主体。它克服了传统沥青卷材温度稳定性差、延伸率低的不足,具有高温下不流淌、低温不脆裂、拉伸强度较高、延伸率较大等优异性能。

按对沥青改性用的聚合物不同,高聚合物改性沥青防水卷材可分为橡胶型、塑料型和橡塑混合型三类。下列是几种较为常用的高聚物改性沥青防水卷材:

(1) 弹性体改性沥青防水卷材(SBS卷材)。弹性体改性沥青防水卷材是指以聚酯毡、玻纤毡、玻纤增强聚酯毡为胎基,以苯乙烯-丁二烯-苯乙烯(SBS)热塑性弹性体作石油沥青改性剂,两面覆以隔离材料所制成的防水卷材,通常称为SBS改性沥青防水卷材。

弹性体改性沥青防水卷材按胎基分为聚酯毡(PY)、玻纤毡(G)、玻纤增强聚酯毡(PYG);按上表面隔离材料分为聚乙烯膜(PE)、细砂(S)、矿物粒料(M);按下表面隔离材料分为细砂(S)、聚乙烯膜(PE);按材料的性能分为Ⅰ型和Ⅱ型。

卷材公称宽度为1 000 mm。聚酯毡卷材公称厚度为3、4和5 mm;玻纤毡卷材公称厚度为3和4 mm;玻纤增强聚酯毡卷材公称厚度为5 mm。每卷卷材公称面积为7.5、10和15 m²,其技术性能见表9-5。

表9-5 SBS改性沥青防水卷材的主要技术性能(GB 18242—2008)

序号	胎基		PY		G		PYG
	型号		Ⅰ型	Ⅱ型	Ⅰ型	Ⅱ型	Ⅱ型
1	可溶物含量(g/m²),≥	3 mm	2 100				—
		4 mm	2 900				—
		5 mm	3 500				
		试验现象	—		胎基不燃		
2	耐热性	℃	90	105	90	105	105
		mm,≤	2				
		试验现象	无流淌、滴落				
3	低温柔性(℃)		−20	−25	−20	−25	−25
			无裂缝				
4	不透水性 30min,≥		0.3 MPa	0.3 MPa	0.2 MPa	0.3 MPa	0.3 MPa
5	拉力	最大峰拉力(N/50 mm),≥	500	800	350	500	900
		次高峰拉力(N/50 mm),≥	—	—	—	—	800
		试验现象	拉伸过程中,试件中部无沥青涂盖层开裂或与胎基分离现象				
6	延伸率	最大峰时延伸率(%),≥	30	40	—	—	—
		第二峰时延伸率(%),≥	—	—	—	—	15

续表

序号	胎基		PY		G		PYG
	型号		Ⅰ型	Ⅱ型	Ⅰ型	Ⅱ型	Ⅱ型
7	人工气候加速老化	外观	无滑动、流淌、滴落				
		拉力保持率(%)，≥	80				
		低温柔性(℃)	−15	−20	−15	−20	−20
			无裂缝				

SBS改性沥青防水卷材主要适用于工业与民用建筑的屋面和地下防水工程,但由于表面隔离材料不同,适用条件也不同。玻纤增强聚酯毡卷材可用于机械固定单层防水,但需通过抗风荷载试验。玻纤毡卷材适用于多层防水中的底层防水。外露使用应采用上表面隔离材料为不透明的矿物粒料的防水卷材。地下工程防水采用表面隔离材料为细砂的防水卷材。

SBS改性沥青防水卷材最大的特点是低温柔韧性能好,同时也具有较好的耐高温性、较高的弹性及延伸率,具有较理想的耐疲劳性,除适用于一般工业与民用建筑防水外,还广泛用于高级、高层建筑物的屋面、地下室、卫生间等的防水防潮以及桥梁、停车场、屋顶花园、游泳池、蓄水池、隧道等建筑的防水,尤其适用于寒冷地区和结构变形频繁的建筑物防水。可采用热熔法、自粘法施工,也可用胶黏剂进行冷粘法施工。

(2) 塑性体改性沥青防水卷材(APP卷材)。塑性体改性沥青防水卷材是指以聚酯毡、玻纤毡、玻纤增强聚酯毡为胎基,以无规聚丙烯(APP)或聚烯烃类聚合物(APAO、APO等)作石油沥青改性剂,两面覆以隔离材料所制成的防水卷材,通常称为APP改性沥青防水卷材。

塑性体改性沥青防水卷材按胎基分为聚酯毡(PY)、玻纤毡(G)、玻纤增强聚酯毡(PYG);按上表面隔离材料分为聚乙烯膜(PE)、细砂(S)、矿物粒料(M);按下表面隔离材料分为细砂(S)、聚乙烯膜(PE);按材料的性能分为Ⅰ型和Ⅱ型。

卷材公称宽度为1 000 mm。聚酯毡卷材公称厚度为3、4和5 mm;玻纤毡卷材公称厚度为3和4 mm;玻纤增强聚酯毡卷材公称厚度为5 mm。每卷卷材公称面积为7.5、10和15 m²。

塑性体沥青防水卷材的技术性质与弹性体沥青防水卷材基本相同,而塑性体沥青防水卷材具有耐热性更好的优点,但低温柔性较差。塑性体沥青防水卷材的适用范围与弹性体沥青防水卷材基本相同,尤其适用于高温或有强烈太阳辐射地区的建筑物防水。塑性体沥青防水卷材可用热熔法、自粘法施工,也可用胶黏剂进行冷粘法施工。

《屋面工程质量验收规范》(GB 50207)规定,高聚物改性沥青防水卷材适用于防水等级为Ⅰ级(特别重要的民用建筑和对防水有特殊要求的工业建筑,防水耐用年限为25年)、Ⅱ级(重要的工业与民用建筑、高层建筑,防水耐用年限为15年)和Ⅲ级的屋面防水工程。

对于Ⅰ级屋面防水工程,除规定应有一道合成高分子防水卷材外,高聚物改性沥青防水卷材可用于应有的三道或三道以上防水设防的各层,且厚度不宜小于3 mm。对于Ⅱ级屋面防水工程,在应有的二道防水设防中,应优先采用高聚物改性沥青防水卷材,且所用卷材厚度不宜小于 3 mm。对于Ⅲ级屋面防水工程,应有一道防水设防,或两种防水材料复合使用;如单独使用,高聚物改性沥青防水卷材厚度不宜小于 4 m;如复合使用,高聚物改性沥青防水卷材的厚度不应小于 2 mm。

3) 合成高分子防水卷材

合成高分子防水卷材是以合成橡胶、合成树脂或两者的共混体为基料,加入适量的化学助剂和填料,经混炼、压延或挤出等工序加工而成的可卷曲的片状防水材料。其抗拉强度、延伸性、耐高低温性、耐腐蚀、耐老化及防水性都很优良,是值得推广的高档防水卷材。多用于要求有良好防水性能的屋面、地下防水工程。

合成高分子防水卷材种类很多,最具代表性的有以下几种:

(1) 三元乙丙(EPDM)橡胶防水卷材。三元乙丙橡胶防水卷材是以三元乙丙橡胶为主要原料,掺入适量的丁基橡胶、硫化剂、软化剂、填充剂等,经混炼、压延或挤出成形、硫化和分卷包装等工序而制成的高弹性防水卷材。

三元乙丙橡胶防水卷材具有优良的耐高低温性、耐臭氧性,同时还具有抗老化性能好、质量轻、抗拉强度高、断裂伸长率大、低温柔韧性好以及耐酸碱腐蚀的优点,属于高档防水材料,其技术性质应符合规范《高分子防水卷材 第一部分:片材》(GB 18173.1—2006)的规定。

三元乙丙橡胶防水卷材适用范围广,可用于防水要求高,耐用年限长的屋面、地下室、隧道、水渠等土木工程的防水,特别适用于建筑工程的外露屋面防水和大跨度、受震动建筑工程的防水。

(2) 聚氯乙烯(PVC)防水卷材。聚氯乙烯防水卷材是以聚氯乙烯树脂为主要原料,并加入一定量的助剂和填充材料,经混炼、压延或挤出成形、分卷包装等工序而制成的柔性防水卷材。

PVC 防水卷材按有无复合层分为无复合层的 N 类、用纤维单面复合的 L 类和织物内增强的 W 类。每类产品按理化性能分为Ⅰ型和Ⅱ型。PVC 防水卷材的技术性质应符合《聚氯乙烯防水卷材》(GB 12952)的规定,各类卷材主要技术性能要求见表 9-6。

表 9-6 聚氯乙烯防水卷材的主要技术性能要求

聚氯乙烯防水卷材	N 类		L 和 W 类	
指标名称	Ⅰ型	Ⅱ型	Ⅰ型	Ⅱ型
拉伸强度(MPa),≥	8.0	12.0	100	160
断裂伸长率(%),≥	200	250	150	200
低温弯折性	−20 ℃无裂纹	−25 ℃无裂纹	−20 ℃无裂纹	−25 ℃无裂纹
不透水性	不透水			
抗穿孔性	不透水			

该种防水卷材抗拉强度高、断裂伸长率大、低温柔韧性好、使用寿命长,同时还具有尺寸稳定、耐热性、耐腐蚀性和耐细菌性等均较好的特性。

PVC 防水卷材主要用于建筑工程的屋面防水,也可用于水池、地下室、堤坝、水渠等防水抗渗工程。PVC 防水卷材的施工方法有黏结法、空铺法和机械固定法三种。

（3）氯化聚乙烯-橡胶共混防水卷材。氯化聚乙烯-橡胶共混防水卷材是用高分子材料氯化聚乙烯与合成橡胶共混物为主体，加入适量的硫化剂、稳定剂、软化剂、填充剂等，经混炼、过滤、压延或挤出成形、硫化等工序制成的高弹性防水卷材。

此类防水卷材兼有塑料和橡胶的特点，具有强度高，耐臭氧性能、耐水性、耐腐蚀性、抗老化性能好，断裂伸长率高以及低温柔韧性好等特性，因此特别适用于寒冷地区或变形较大的建筑防水工程，也可用于有保护层的屋面、地下室、储水池等防水工程。这种卷材采用黏结剂冷粘施工。

应强调指出，对于卷材防水工程，在优选各种防水卷材并严格控制质量的同时，还应注意正确选择各种卷材的施工配套材料（如卷材胶黏剂、基层处理剂、卷材接缝密封剂等）。如必须选用各种与卷材相配套的卷材胶黏剂，其材质一般与卷材相近，而不能随意选用，否则会引起卷材脱粘、起泡而渗漏，严重影响防水质量。卷材胶黏剂一般应由卷材生产厂家配套生产。

二、防水涂料

防水涂料是以沥青、高分子合成材料等为主体，在常温下呈无定型流态或半流态，经涂布能在结构物表面结成坚韧防水膜的物料的总称。而且，涂布的防水涂料同时起黏结剂作用。

防水材料按液态类型可分为溶剂型、水乳型和反应型三种；按成膜物质的主要成分分为沥青基、高聚物改性沥青基和合成高分子三种；按涂料施工厚度分为薄质和厚质两类。

1. 防水涂料的特性及基本要求

防水涂料必须具备以下性能：

（1）固体含量。系指涂料中所含固体比例。涂料涂刷后，固体成分将形成涂膜。

（2）耐热性。系指成膜后的防水涂料薄膜在高温下不发生软化变形、流淌的性能。

（3）柔性（也称低温柔性）。系指成膜后的防水涂料薄膜在低温下保持柔韧的性能。

（4）不透水性。系指防水涂膜在一定水压和一定时间内不出现渗漏的性能。

（5）延伸性。系指防水涂膜适应基层变形的能力。

2. 常用防水涂料

1）沥青基防水涂料

沥青基防水涂料有溶剂型和水乳型两类，主要适用于Ⅲ、Ⅳ级防水等级的屋面防水工程以及道路、水利等工程中的辅助性防水工程。

（1）冷底子油。冷底子油是用汽油、煤油、柴油、工业苯等有机溶剂与沥青材料融合制得的沥青溶液。它黏度小，具有良好的流动性，涂刷在混凝土、砂浆或木材等基面上，能很快渗入基层孔隙中，待溶剂挥发后，便与基面牢固结合，使基面具有一定的憎水性，为黏结同类材料创造了条件。因它多在常温下用作防水工程的底层，故称冷底子油。

冷底子油形成的薄膜较薄，一般不单独做防水材料使用，只作为某些防水材料的配套材料。施工时在基层上先涂刷一道冷底子油，再刷沥青防水涂料或铺防水卷材。

冷底子油随配随用，配制时应采用与沥青相同产源的溶剂。通常采用30%～40%的30号或10号石油沥青，与60%～70%的有机溶剂（多用汽油）配制而成。

（2）沥青玛蹄脂（沥青胶）。沥青玛蹄脂是用沥青材料加入粉状或纤维状的填充料均匀混合而成。按溶剂及胶黏工艺不同分为热熔沥青玛蹄脂和冷玛蹄脂。

热熔沥青玛碲脂(热用沥青胶)的配制通常是将沥青加热至 150～200 ℃,脱水后与20%～30%的加热干燥的粉状或纤维状填充料(如滑石粉、石灰石粉、白云粉、石棉屑、木纤维等)热拌而成,热用施工。填料的作用是为了提高沥青的耐热性、增加韧性、降低低温脆性,因此用玛碲脂粘贴油毡比纯沥青效果好。

冷玛碲脂(冷用沥青胶)是将 40%～50%的沥青熔化脱水后,缓慢加入 25%～30%的填料,混合均匀制成,在常温下施工。它的浸透力强,采用冷玛碲脂粘贴油毡不一定要求涂刷冷底子油,它具有施工方便、减少环境污染等优点。

(3) 水乳型沥青防水涂料。水乳型沥青防水涂料即水性沥青防水涂料,系以乳化沥青为基料的防水涂料,是借助于乳化剂作用,在机械强力搅拌下,将熔化的沥青微粒均匀地分散于溶剂中,使其形成稳定的悬浮体。这类涂料对沥青基本上没有改性或改性作用不大。主要有石灰乳化沥青、膨润土沥青乳液和水性石棉沥青防水涂料等,主要用于Ⅲ级和Ⅳ级防水等级的工业与民用建筑屋面、地下室和卫生间防水等。

2) 高聚物改性沥青防水涂料

高聚物改性沥青防水涂料一般指以沥青为基料,用各类高聚物进行改性制成的水乳型或溶剂型防水涂料。这类防水涂料的柔韧性、抗裂性、拉伸强度、耐高低温性能和使用寿命等方面较沥青基涂料有很大改善和提高。

(1) 氯丁橡胶沥青防水涂料。氯丁橡胶沥青防水涂料的基料是氯丁橡胶和石油沥青,分为溶剂型和水乳型两种。两者的技术性能指标相同,溶剂型氯丁橡胶沥青防水涂料的黏结性能比较好,但存在着易燃、有毒、价格高的缺点,因而目前产量日益下降,有逐渐被水乳型氯丁橡胶沥青取代的趋势。

该类涂料的特点是涂膜强度大,延伸性好,能充分适应基层的变化,耐热性和低温柔韧性优良,耐臭氧老化、抗腐蚀、阻燃性好,不透水,是一种安全无毒的防水涂料,已经成为我国防水涂料的主要品种之一。适用于工业和民用建筑物的屋面防水、墙身防水和楼面防水、地下室和设备管道的防水、旧屋面的维修和补漏;还可用于沼气池、油库等密闭工程的混凝土,以提高其抗渗性和气密性。

(2) 水乳型再生橡胶改性沥青防水涂料。水乳型再生橡胶改性沥青防水涂料以水为分散剂,具有无毒、无味、不燃的优点,可在常温下冷作业施工,并可在稍潮湿无积水的表面施工,涂膜有一定的柔韧性和耐久性,材料来源广,价格低。它属于薄型涂料,一次涂刷涂膜较薄,需多次涂刷才能达到规定厚度。该涂料一般要加衬玻璃纤维布或合成纤维加筋毡构成防水层,施工时再配以嵌缝密封膏,以达到较好的防水效果。适用于工业与民用建筑混凝土基层屋面防水、以沥青珍珠岩为保温层的保温屋面防水、地下混凝土建筑防潮以及旧油毡屋面翻修和刚性自防水屋面的维修等。

(3) SBS 改性沥青防水涂料。SBS 改性沥青防水涂料是一种水乳型弹性沥青防水涂料。该涂料的优点是低温柔韧性好、抗裂性强、黏结性能优良、耐老化性能好、与玻纤布等增强胎体复合、能用于任何复杂的基层、防水性能好、可冷作业施工,是较为理想的中档防水涂料。SBS 改性沥青防水涂料适用于复杂基层的防水防潮施工,如厕浴间、地下室、厨房、水池等,特别适合于寒冷地区的防水施工。

3）合成高分子防水涂料

合成高分子防水涂料是以合成树脂为主要成膜物质制成的单组分或双组分防水涂料。这类防水涂料的柔韧性、抗裂性、拉伸强度、耐高低温性能和使用寿命等方面较沥青基涂料有很大改善和提高。

（1）聚氨酯防水涂料。聚氨酯防水涂料又名聚氨酯涂膜防水材料，是由含异氰酸酯基的聚氨酯预聚体（甲组分）和含有多羟基的固化剂及其助剂的混合物（乙组分）按一定比例混合所形成的一种反应型涂膜防水材料。该产品按组分分为单组分（S）和多组分（M）两种，按拉伸性能分为Ⅰ、Ⅱ两类。其技术性能应符合《聚氨酯防水涂料》（GB/T 19250—2003）的规定。

聚氨酯防水涂料具有弹性高、延伸性好、抗拉强度和抗撕裂强度较高，耐候、耐腐蚀、耐老化性能好，对小范围的基层裂缝有较强的适应性，体积收缩小。主要适用于非暴露性屋面、地下工程、厕浴间的防水。

（2）丙烯酸酯防水涂料。丙烯酸酯防水涂料是以高固含量的丙烯酸酯共聚乳液为基料，掺加填料、颜料及各种助剂加工而成的水性单组分防水涂料。

这类涂料的最大优点是具有优良的耐候性、耐热性和耐紫外线性能；涂膜柔软，弹性好，能适应基层一定的变形开裂；温度适应性强，在−30～80 ℃范围内性能无大的变化。适用于各类建筑工程的防水、防水层的维修以及保护层等。

特别值得一提的是，由于丙烯酸酯色浅，故易配制成各种颜色的防水涂料，兼有装饰和隔热效果。国外已大量采用浅色和彩色的丙烯酸酯类屋面防水涂料，大大改善了屋面的绝热效果和美观效果，尤其适用于那些时代装饰感强的屋面，如球形屋面、落地拱形屋面、贝壳形屋面等。

（3）硅橡胶防水涂料。硅橡胶防水涂料是以硅橡胶胶乳为主要基料，掺入无机填料及各种助剂配制而成的乳液型防水涂料，当其失水后固化形成网状结构的高聚物膜层。

该类涂料兼有涂膜防水材料和渗透防水材料两者的优点。涂料的固含量高达50%，因此只需涂刷一道即可，且膜层较厚；其延伸率很高，可达700%，抗裂性很好。该类涂料具有良好的防水性、抗渗透性、成膜性、弹性、黏结性、延伸性和耐高低温特性，适应基层变形的能力强。在干燥的混凝土基层上，渗透性较好；可渗入基底与基底牢固黏结；成膜速度快；可在潮湿基层上施工；可刷涂、喷涂或滚涂；且无毒无味。适用于混凝土、砂浆、钢材等各类材料表面的防水或防腐，尤其适合地下工程的防水、防渗，也可用于修补工程，用于修补时需涂刷四遍。

（4）聚氯乙烯防水涂料。聚氯乙烯防水涂料是以聚氯乙烯和煤焦油为基料，加入适量的助剂，以水为分散介质所制成的水乳型防水涂料。施工时，一般要铺设玻纤布、聚酯无纺布等胎体进行增强处理。

该类防水涂料弹塑性好，耐寒、耐化学腐蚀、耐老化，成品稳定性好，可在潮湿基层上冷施工，防水层的总造价低。聚氯乙烯防水涂料可用于各种一般工程的防水、防渗及金属管道的防腐工程。

今后我国防水涂料的发展方向是：以水乳型防水涂料取代溶剂型防水涂料；厚质防水涂料取代薄质防水涂料；浅色、彩色防水涂料取代深色防水涂料；多功能复合防水涂料取代单一功能的防水涂料，如装饰防水涂料、反辐射防水涂料、反光防水涂料等。

三、密封材料

1. 密封材料的组成及分类

建筑密封材料也称建筑防水油膏,简称密封材料,主要应用在板缝、接头、裂隙、屋面等部位。通常要求建筑密封材料具有良好的黏结性、抗下垂性、不渗水性、易于施工等;还要求具有良好的弹塑性,能长期经受被粘构件的伸缩和振动,在接缝发生变化时不断裂、剥落;并要有良好的耐老化性能,不受热和紫外线的影响,长期保持密封所需要的黏结性和内聚力等。

建筑密封材料的原材料主要为高分子合成材料和各种辅料,与防水涂料十分类似。其生产工艺也相对比较简单,主要包括溶解、混炼、密炼等过程。

建筑密封材料的防水效果主要取决于两个方面,一是油膏本身的密封性、憎水性、耐久性等;二是油膏和基材的黏附力,黏附力的大小与密封材料对基材的浸润性、基材的表面性状(粗糙度、清洁度、温度和物理化学性质等)以及施工工艺密切相关。

建筑密封材料按形态的不同一般可分为不定型密封材料和定型密封材料两大类。不定型密封材料常温下呈膏体状;定型密封材料是将密封材料按密封工程部位的不同制成带、条、方、圆、垫片等形状。定型密封材料按密封机理的不同又可分为遇水膨胀型和非遇水膨胀型两类。

2. 常用的密封材料

1) 橡胶沥青油膏

橡胶沥青油膏是以石油沥青为基料,加入橡胶改性材料和填充料等经混合加工而成的,是一种弹塑性冷施工防水嵌缝密封材料,是目前我国产量最大的品种。

橡胶沥青油膏具有良好的防水防潮性能、黏结性好、延伸率高、耐高低温性能好、老化缓慢,适用于各种混凝土屋面、墙板以及地下工程的接缝密封等,是一种较好的密封材料。

2) 聚氯乙烯建筑防水接缝材料

聚氯乙烯建筑防水接缝材料是以煤焦油为基料,聚氯乙烯为改性材料,掺入一定量的增塑剂、稳定剂和填料,在130~140 ℃下塑化而形成的弹塑性热施工膏状嵌缝密封材料,是目前屋面防水嵌缝中使用较为广泛的一类密封材料,又称聚氯乙烯胶泥。常用品种有802和703两种。

聚氯乙烯建筑防水接缝材料的主要特点是生产工艺简单,原材料来源广,成本低廉,施工方便,具有良好的耐热性、黏结性、弹塑性、防水性以及较好的耐寒性、耐腐蚀性和耐老化性能。除适用于一般民用建筑的屋面防水嵌缝工程外,还适用于生产硫酸、盐酸、硝酸、NaOH等有腐蚀性气体的车间的屋面防水工程,也可用于地下管道的密封和卫生间等。除热用外,也可以冷用,但冷用时需加溶剂稀释。

3) 氯丁橡胶基密封膏

氯丁橡胶基密封膏是以氯丁橡胶和丙烯系塑料为主体材料,掺入少量助剂、溶剂以及填充料等配制而成,为一种黏稠的溶剂型膏状体,目前国内研制的YJ-1型建筑密封膏即属于这种类型,其成膜硬化大体上分两个阶段:第一阶段是密封膏溶剂挥发,分散相胶体微粒逐步靠拢、聚结而排列在一起;第二阶段是胶体微粒的接触面增大,互相结合,自然硫化成坚韧的定型弹性体。这种密封膏具有如下特性:

（1）与砂浆、混凝土、铁、铝、石膏板等具有良好的黏结力，黏结强度约 0.1~0.4 MPa。

（2）具有优良的延伸性和回弹性能，伸长率可达 500%，恢复率达 69%~90%。用于工业厂房屋面及墙板嵌缝，可适应由于振动、沉降、冲击以及温度变化等引起的各种变化。

（3）具有较好的抗老化、耐热和耐低温性能，耐候性也很好。一般在 70 ℃温度下垂直悬挂 5 h 不流淌，在 −35 ℃温度下弯曲 180°不裂，挥发率在 2.3%以下。

（4）具有良好的挤出性能，便于施工。在最高气温下施工垂直缝，密封膏不流淌，故其可用于垂直墙面的纵向缝、水平缝及各种异形变形缝。

具有上述特点的还有 YJ-4 型建筑密封膏，其主要成分与 YJ-1 相近，不同的是 YJ-4 型属水乳型。

4）丙烯酸酯建筑密封胶

丙烯酸酯建筑密封胶是以丙烯酸酯乳液为黏结剂，掺入少量助剂、填料、颜料，经搅拌、研磨而成，属于水乳型建筑密封胶。

丙烯酸类密封材料在一般建材基底（包括砖、砂浆、大理石、花岗石、混凝土等）上不产生污渍，具有良好的黏结性能、弹性和低温柔韧性能，无溶剂污染、无毒、不燃，可在潮湿的基层上施工、操作方便，特别是具有优异的耐候性和耐紫外线老化性能，伸长率很大。属于中档建筑密封材料，其适用范围广、价格便宜、施工方便，综合性能明显优于非弹性密封膏和热塑性密封膏，但要比聚氨酯、聚硫、有机硅等密封膏差一些。其技术性质应符合《丙烯酸酯建筑密封胶》（JC/T 484—2006）的规定。

该密封材料中含有约 15%的水，故在温度低于 0 ℃时不能使用，而且要考虑其中水分的散发所产生的体积收缩，对吸水性较大的材料如混凝土、石料、石板、木材等多孔材料构成的接缝的密封比较适宜。

丙烯酸酯建筑密封胶主要用于外墙伸缩缝、屋面板缝、石膏板缝、给排水管道与楼屋面接缝等处的密封。由于其耐水性不够好，故不宜用于长期浸水的工程。

5）聚氨酯建筑密封胶

聚氨酯建筑密封胶是由多异氰酸酯与聚醚通过加成反应制成预聚体后，加入助剂等，在常温下交联固化而成的一类高弹性建筑密封膏。它是目前最好的密封材料之一，性能比其他溶剂型、水乳型密封膏优良，可用于防水要求中等和偏高的工程。聚氨酯建筑密封胶分为单组分和双组分两种，而双组分的应用较广，单组分的目前已较少使用。

聚氨酯建筑密封胶对金属、混凝土、玻璃、木材等均有良好的黏结性能，具有弹性大、延伸率大、黏结性好、耐低温、耐水、耐油、耐酸碱、抗疲劳及使用年限长等优点。与聚硫、有机硅等反应型建筑密封膏相比，价格较低。其技术性能应符合《聚氨酯建筑密封胶》（JC/T 482—2003）的要求。

聚氨酯建筑密封胶对于混凝土具有良好的黏结性，而且不需要打底；虽然混凝土是多孔吸水材料，但吸水并不影响它同聚氨酯的黏结。所以，聚氨酯建筑密封胶可以用作混凝土屋面和墙面的水平、垂直接缝的密封材料，如：北京饭店新楼挂墙板的接缝采用的即是此密封材料。此外，聚氨酯建筑密封胶特别适用于游泳池、排水管道、蓄水池等工程，同时它还是道路桥梁、机场跑道等工程理想的接缝密封与渗漏修补材料，也可用于玻璃和金属材料的嵌缝。

6）聚硫建筑密封胶

聚硫建筑密封胶是以液态聚硫橡胶为主剂，并与金属过氧化物等硫化剂反应，在常温下形成的弹性密封材料。聚硫建筑密封胶分为高模量低伸长率（A类）和低模量高伸长率（B类）两类。按流变性能又分为N型和L型。N型为用于立缝或斜缝而不坠落的非下垂型；L型为用于水平缝，能自流平形成光滑平整表面的自流平型。其性能应符合《聚硫建筑密封胶》（JC/T 483—2006）的要求。

这种密封材料能形成类似于橡胶的高弹性密封口，能承受持续和明显的循环位移，使用温度范围宽，与金属和非金属材质均具有良好的黏结力。适用于混凝土墙板、屋面板、楼板等部位的接缝密封以及游泳池、储水槽、上下水管道等工程的伸缩缝、沉降缝的防水密封。特别适用于金属幕墙、金属门窗四周的防水、防尘密封。因固化剂中常含铅成分，所以在使用时应避免直接接触皮肤。

7）硅酮建筑密封胶

硅酮建筑密封胶是以有机硅为基料配制成的建筑用高弹性密封胶，硅酮密封胶按用途分为建筑接缝用（F类）和镶装玻璃用（G类）两类。按位移能力分为25、20两个级别；按拉伸模量分为高弹模（HM）和低弹模（LM）两个次级别。其技术指标符合《硅酮建筑密封胶》（GB/T 14683—2003）的要求。

硅酮建筑密封胶具有优异的耐热、耐寒性和耐候性能，与各种材料有着较好的黏结性，耐伸缩疲劳性强，耐水性好。F类硅酮建筑密封胶适用于预制混凝土墙板、水泥板、大理石板的外墙接缝，混凝土和金属框架的黏结，卫生间和公路接缝的防水密封；G类硅酮建筑密封胶适用于镶嵌玻璃和建筑门、窗的密封。

8）止水带

止水带也称为封缝带，是处理建筑物或地下构筑物接缝（伸缩缝、施工缝、变形缝）用的一类定型防水密封材料。常用品种有橡胶止水带、塑料止水带等。

橡胶止水带是以天然橡胶或合成橡胶为主要原料，掺入各种助剂和填料加工而成。具有良好的弹塑性、耐磨性和抗撕裂性能，适应变形能力强，防水性能好。但使用温度和使用环境对物理性能有较大的影响，当作用于止水带上的温度超过50℃以及受强烈的氧化作用或受油类等有机溶剂的侵蚀时不宜采用。一般用于地下工程、小型水坝、储水池、地下通道、河底隧道、游泳池等工程的变形缝部位的隔离防水以及水库、输水洞等处闸门的密封止水。

塑料止水带目前多为软质聚氯乙烯塑料止水带，是由聚氯乙烯树脂、增塑剂、稳定剂等原料经塑炼、造粒、挤出、加工成形而成。塑料止水带的优点是原料来源丰富、价格低廉、耐久性好、物理力学性能能满足使用要求，可用于地下室、隧道、涵洞、溢洪道、沟渠等的隔离防水。

复习思考题

一、填空题

1. 石油沥青是一种_____胶凝材料,在常温下呈_____、_____或_____状态。

2. 石油沥青的组分主要包括_____、_____和_____三种。

3. 道路石油沥青的牌号有_____、_____、_____、_____和_____五个;建筑石油沥青的牌号有_____、_____和_____三个。

4. 同一品种石油沥青的牌号越高,则针入度越_____,黏性越_____;延度越_____,塑性越_____;软化点越_____,温度敏感性越_____。

5. 石油沥青的塑性是指_____,塑性用_____指标表示。

6. 石油沥青的三大技术指标是_____、_____和_____,它们分别表示石油沥青的_____性、_____性和_____性。

7. 石油沥青的温度敏感性是沥青的_____性和_____性随温度变化而改变的性能。当温度升高时,沥青的_____性增大,_____性减小。

8. 按主要成膜物质的不同,防水涂料分为_____防水涂料、_____防水涂料及_____防水涂料三类。

9. 建筑密封材料按形态的不同一般可分为_____密封材料和_____密封材料两大类。

二、名词解释

① 石油沥青的黏滞性;② 石油沥青的针入度;③ 石油沥青的塑性;④ 防水卷材;⑤ 防水涂料;⑥ 建筑密封材料;⑦ 冷底子油。

三、单项选择题

1. 沥青的塑性用( )指标来表示。

   A. 针入度　　　　B. 延度　　　　　C. 软化点　　　　D. 闪点

2. 三元乙丙橡胶防水卷材属于( )防水卷材。

   A. 合成高分子　　B. 沥青　　　　　C. 高聚物改性沥青　D. PVC

3. 沥青是( )材料。

   A. 亲水性　　　　B. 憎水性　　　　C. 吸水　　　　　D. 绝热

4. 下列选项中,除( )以外均为改性沥青。

   A. 氯丁橡胶沥青　　　　　　　　B. 聚乙烯树脂沥青

   C. 沥青胶　　　　　　　　　　　D. 煤沥青

5. ( ),说明石油沥青的大气稳定性越高。

   A. 蒸发损失率越小,蒸发后针入度比越大

   B. 蒸发损失和蒸发后针入度比越大

   C. 蒸发损失率越大,蒸发后针入度比越小

   D. 蒸发损失和蒸发后针入度比越小

四、判断题

1. 石油沥青的组分是油分、树脂和地沥青质,它们都是随时间的延长而逐渐减少的。
（　　）

2. 石油沥青的黏滞性用针入度表示,针入度值的单位是"mm"。（　　）

3. 当温度在一定范围内变化时,石油沥青的黏性和塑性变化较小时,则为温度敏感性较大。
（　　）

4. 石油沥青的牌号越高,其温度敏感性越大。（　　）

5. 石油沥青的软化点越低,则其温度敏感性越小。（　　）

6. 当采用一种沥青不能满足配制沥青胶所要求的软化点时,可随意采用石油沥青与煤沥青掺配。
（　　）

7. 石油沥青的技术牌号越高,其综合性能就越好。（　　）

五、简述题

1. 石油沥青的主要技术性质是什么？各用什么指标表示？

2. 石油沥青的老化与组分有何关系？沥青老化过程中性质发生哪些变化？沥青老化对工程有何影响？

3. 请简述建筑石油沥青、道路石油沥青和普通石油沥青的工程应用。

4. 简述 SBS 改性沥青防水卷材、APP 改性沥青防水卷材的应用。

5. 冷底子油在建筑防水工程中的作用如何？

6. 试举例说明可用哪些材料来改性沥青,使之获得更好的使用性能。

7. 高聚物改性沥青防水卷材、高分子防水卷材与传统沥青防水油毡相比有何突出优点？

8. 有了各种防水卷材,为何还要防水涂料？

9. 何谓建筑密封材料？建筑工程中常用的密封材料有哪几种？各自性能如何？适用于何处？

10. 高聚物改性沥青防水卷材、高分子防水卷材有哪些主要品种？各自特性及应用如何？

六、计算题

某防水工程需软化点为 80 ℃的石油沥青 30 t,现有 60 号和 10 号石油沥青,测得其软化点分别是 49 ℃和 98 ℃。问:这两种牌号的石油沥青如何掺配？

单元十　建筑玻璃

学习目标

1. 熟悉平板玻璃、装饰玻璃、安全玻璃、节能玻璃的规格、性能与应用。
2. 理解玻璃的基本性质。

玻璃是现代建筑上广泛采用的材料之一,在室内装饰工程中,已成为一种重要的装饰材料。玻璃在建筑中以其特有的透光、耐侵蚀、施工方便和装饰美观等优点而日益受到欢迎,玻璃固有的脆性和破坏后碎片尖锐的弱点也得到改善。

随着现代化建筑的发展需要,玻璃制品由过去单纯采光和装饰功能,逐步向控制光线、调节能源、控制噪声、降低建筑物自重、改善环境、提高建筑艺术、兼具装饰性与功能性等多功能、多用途、多品种的方向发展。层出不穷的各种新品种的装饰玻璃,为现代化建筑的设计和装饰提供了更多的选择。

项目一　玻璃的基本知识

主要内容	知识目标	技能目标
玻璃的组成和分类,玻璃的基本性质	掌握玻璃的组成和分类,理解玻璃的光学性质、热工性质、力学性质及化学稳定性	理解玻璃的基本性质,能够解释和分析与玻璃相关的工程实际问题

一、玻璃的组成和分类

1. 组成

玻璃是由石英砂、纯碱、长石及石灰石等在 1 550～1 600 ℃高温下熔融后、成形、退火而制成的固体材料。如果在玻璃中加入某些金属氧化物、化合物或经特殊工艺处理后又可制得具有各种不同特性的特种玻璃及制品。

玻璃的组成很复杂,其主要化学成分为二氧化硅(70%左右)、氧化钠(15%左右)、氧化钙(10%左右),另外还含有少量的氧化铝、氧化镁等,它们对玻璃的性质起着十分重要的作用。

2. 分类

玻璃的品种和分类方式较多,常用的主要有以下几种:

(1)按用途分类:可分为建筑玻璃、化学玻璃、光学玻璃、电子玻璃、工艺玻璃、玻璃纤维及泡沫玻璃等。

(2)按化学组成分类:可分为钠玻璃、钾玻璃、铝镁玻璃、铅玻璃、硼硅玻璃、石英玻璃。

（3）按制造方法分类：可分为平板玻璃、深加工玻璃、熔铸成形玻璃三类。

平板玻璃泛指采用引上、浮法、平拉、压延等工艺生产的平板玻璃，包括普通平板玻璃、本体着色玻璃、压花玻璃、夹丝玻璃等。

深加工玻璃品种最多，将普通平板玻璃经加工制成具有某些特种性能的玻璃，称为深加工玻璃制品，其主要品种有安全玻璃、节能玻璃、玻璃墙地砖、屋面材料与装饰玻璃等。

熔铸成形的建筑玻璃主要有玻璃砖、槽形玻璃、玻璃马赛克、微晶玻璃面砖等品种。

（4）按照使用功能划分。建筑应用比较常用的是按功能进行分类，如表 10 - 1 所示。

表 10 - 1 按使用功能对建筑玻璃分类

安全玻璃	钢化玻璃、夹层玻璃、夹丝玻璃、贴膜玻璃	
节能玻璃	涂层型节能玻璃	热反射玻璃、低辐射玻璃
	结构型节能玻璃	中空玻璃、真空玻璃、多层玻璃
	吸热玻璃	
装饰玻璃	深加工平板玻璃	镀膜玻璃、彩釉玻璃、磨砂玻璃、雕花玻璃
	熔铸制品	玻璃马赛克、玻璃砖、微晶玻璃、槽形玻璃
其他功能玻璃	隔声玻璃、增透玻璃、屏蔽玻璃、电加热玻璃、液晶玻璃、卫生玻璃	

二、玻璃的基本性质

1. 玻璃的密度

玻璃内几乎无孔隙，属于致密材料。其密度与化学成分有关，含有重金属离子时密度较大，含大量氧化铅的玻璃密度可达 6 500 kg/m³，普通玻璃的密度为 2 500～2 600 kg/m³。

2. 玻璃的光学性质

玻璃具有优良的光学性质，广泛用于建筑物的采光、装饰及光学仪器和日用器皿。

当光线入射玻璃时，表现有反射、吸收和透射三种性质。光线透过玻璃的性质称为透射，以透光率表示；光线被玻璃阻挡，按一定角度反射出来称为反射，以反射率表示；光线通过玻璃后，一部分光能量被损失，称为吸收，以吸收率表示。玻璃的反射率、吸收率和透射率之和等于入射光的强度，为 100%。

3. 玻璃的热工性质

玻璃的热工性质主要是指其导热性、热膨胀性和热稳定性。玻璃是热的不良导体，它的导热性随温度升高而增大，它还与玻璃的化学组成有关。玻璃的热膨胀性比较明显，不同成分的玻璃热膨胀性差别很大。可以制得与某种金属膨胀性相近的玻璃，以实现与金属之间紧密封接。玻璃的热稳定性主要受热膨胀系数影响。玻璃热膨胀系数越小，热稳定性越高。此外，玻璃越厚、体积越大，热稳定性越差；带有缺陷的玻璃，特别是带结石、条纹的玻璃，热稳定性也差。

4. 玻璃的力学性质

玻璃的抗压强度与其化学成分、制品形状、表面性质和制造工艺有关。二氧化硅（SiO_2）含量高的玻璃有较高的抗压强度，而氧化钙（CaO）及氧化钾（K_2O）等氧化物是降低抗压强度的因素。玻璃的抗压强度高，一般为 600～1 200 MPa，而抗拉强度很小，为 40～80 MPa，故玻璃在冲击力作用下易破碎,是典型的脆性材料。玻璃在常温下具有一定的弹性,普通玻璃的弹性模量为$(6\sim7.5)\times10^4$ MPa,为钢的 1/3。但随温度的升高,弹性模量下降,直至出现塑性变形。玻璃具有较高的硬度,一般玻璃的莫氏硬度为 $4\sim7$,接近长石的硬度。

5. 玻璃的化学稳定性

建筑玻璃具有较高的化学稳定性,在通常情况下,对酸、碱、盐以及化学试剂或气体等具有较强的抵抗能力,能抵抗除氢氟酸以外的各种酸的侵蚀。但是长期遭受侵蚀性介质的腐蚀,也能导致变质和破坏,如玻璃的风化和长期受水汽作用造成的玻璃发霉。

项目二　玻璃的品种

主要内容	知识目标	技能目标
平板玻璃,装饰玻璃,安全玻璃,节能玻璃	掌握装饰玻璃、安全玻璃及节能玻璃的性能与应用,熟悉各种玻璃的规格与要求	能够根据工程特点,正确合理地选择和使用建筑玻璃

一、平板玻璃

平板玻璃是指未经其他加工的平板状玻璃制品,也称白片玻璃或净片玻璃。按生产方法的不同,可分为普通平板玻璃和浮法玻璃。平板玻璃主要用于一般建筑的门窗,起采光、围护、保温和隔声作用,同时也是生产其他具有特殊性能玻璃的原料,故又称原片玻璃。

1. 平板玻璃生产工艺

玻璃的生产主要由选料、混合、熔融、成形、退火等工序组成,又因制造方法的不同分为引拉法和浮法。引拉法是我国生产玻璃的传统方法,它是利用引拉机械从玻璃溶液表面垂直向上引拉玻璃带,经冷却变硬而成玻璃平板的方法。

浮法是目前较先进的生产技术。将玻璃的各种组成原料在熔窑里熔融后,使处于熔融状态的玻璃液从熔窑内连续流出并漂浮在相对密度较大的干净锡液表面上,玻璃液在自重及表面张力的作用下在锡液表面上铺开、摊平,再由玻璃上表面受到火磨区的抛光,从而使玻璃两个表面均很平整。最后进入退火炉经退火冷却后,引到工作台进行切割处理。浮法生产玻璃的最大特点是玻璃表面光滑平整、厚薄均匀、不变形。

2. 平板玻璃的技术要求

1) 平板玻璃的规格

《平板玻璃》(GB 11614—2009)规定,平板玻璃按公称厚度可分为:2、3、4、5、6、8、10、12、15、19、22 和 25 mm 十二种。按颜色属性分为无色透明平板玻璃和本体着色平板玻璃。

平板玻璃的厚度偏差和厚薄差见表 10-2。

表 10-2　平板玻璃的厚度偏差和厚薄差(GB 11614—2009)　　　　mm

公称厚度	厚度偏差	厚薄差
2～6	±0.2	0.2
8,10,12	±0.3	0.3
15	±0.5	0.5
19	±0.7	0.7
22,25	±1.0	1.0

注:厚薄差指同一片玻璃厚度的最大值和最小值之差。

平板玻璃应切裁成矩形,其长度和宽度尺寸偏差应符合表10-3中的要求。

表10-3 平板玻璃尺寸偏差(GB 11614—2009) mm

公称厚度	尺寸偏差	
	尺寸≤3 000	尺寸>3 000
2～6	±2	±3
8,10	+2,-3	+3,-4
12,15	±3	±4
19,22,25	±5	±5

2) 平板玻璃的等级及技术要求

平板玻璃按其外观质量分为优等品、一等品和合格品三个等级。其中合格品的外观质量见表10-4,一等品和优等品的外观质量见表10-5。

表10-4 合格品外观质量(GB 11614—2009)

缺陷种类	质量要求	
点状缺陷	尺寸 L(mm)	允许个数限度
	0.5≤L≤1.0	2×S
	1.0<L≤2.0	1×S
	2.0<L≤3.0	0.5×S
	L>3.0	0
点状缺陷密集度	尺寸≥0.5 mm 的点状缺陷最小间距不小于 300 mm;直径 100 mm 圆内尺寸≥0.3 mm的点状缺陷不超过 3 个	
线道	不允许	
裂纹	不允许	
划伤	允许范围	允许条数限度
	宽≤0.5 mm,长≤60 mm	3×S
光学变形	公称厚度	无色透明平板玻璃	本体着色平板玻璃
	2 mm	≥40°	≥40°
	3 mm	≥45°	≥40°
	≥4 mm	≥50°	≥45°
断面缺陷	公称厚度不超过 8 mm 时,不超过玻璃板的厚度;8 mm 以上时,不超过 8 mm	

注:1. S 是以平方米为单位的玻璃板面积数值,按GB/T 8170 修约,保留小数点后两位。

2. 点状缺陷的允许个数限度及划伤的允许条数限度为各系数与 S 相乘所得的数值,按GB/T 8170 修约至整数。

3. 光畸变点视为 0.5～1.0 mm 的点状缺陷。

表 10 - 5　一等品和优等品外观质量(GB 11614—2009)

缺陷种类	质量要求			
	一等品		优等品	
	尺寸 L(mm)	允许个数限度	尺寸 L(mm)	允许个数限度
点状缺陷	0.3≤L≤0.5 0.5<L≤1.0 1.0<L≤1.5 L>1.5	2×S 0.5×S 0.2×S 0	0.3≤L≤0.5 0.5<L≤1.0 L>1.0	×S 0.2×S 0
点状缺陷密集度	尺寸≥0.3 mm 的点状缺陷最小间距不小于 300 mm;直径 100 mm 圆内尺寸≥0.2 mm 的点状缺陷不超过 3 个		尺寸≥0.3 mm 的点状缺陷最小间距不小于 300 mm;直径 100 mm 圆内尺寸≥0.1 mm 的点状缺陷不超过 3 个	
线道	不允许		不允许	
裂纹	不允许		不允许	
划伤	允许范围	允许条数限度	允许范围	允许条数限度
	宽≤0.2 mm,长≤40 mm	2×S	宽≤0.1 mm,长≤30 mm	2×S
光学变形	公称厚度	无色透明玻璃	本体着色玻璃	公称厚度	无色透明玻璃	本体着色玻璃
	2 mm	≥50°	≥45°	2 mm	≥50°	≥50°
	3 mm	≥55°	≥50°	3 mm	≥55°	≥50°
	4~12 mm	≥60°	≥55°	4~12 mm	≥60°	≥55°
	≥15 mm	≥55°	≥50°	≥15 mm	≥55°	≥50°
断面缺陷	公称厚度不超过 8 mm 时,不超过玻璃板的厚度;8 mm 以上时,不超过 8 mm			

在玻璃的外观质量评定时,涉及不同的外观缺陷。以下对常见缺陷进行介绍:

(1)波筋。波筋又称水线,是一种光学畸变现象。其形成原因有两个方面:一是玻璃厚度不匀或表面不平整;二是由于玻璃局部范围内化学成分及物质密度等存在差异。判断平板玻璃波筋是否严重的简单方法,是根据观察者视线与玻璃平面的角度大小而定。

(2)气泡。玻璃液中如果含有气体,在成形后就可能形成气泡。气泡影响玻璃的透光度,降低玻璃的机械强度,影响人们的视线穿透,使物像变形。

(3)线道。线道是玻璃原板上出现的很细很亮连续不断的条纹,它降低了玻璃的整体美感。

(4)疙瘩与砂粒。平板玻璃中异状突出的颗粒物,大的称为疙瘩或结石,小的称为砂粒。

3)平板玻璃的计量

平板玻璃以重量箱或实际箱计量。

(1)重量箱。平板玻璃的计量方法一般以"重量箱"来计算,它是计算平板玻璃用料及成本的计量单位。一个重量箱等于 2 mm 厚的平板玻璃 10 m² (约 50 kg),其他厚度按表 10 - 6 折算。

表 10-6　平板玻璃重量箱折算关系

厚度(mm)	重量箱		重量箱折算系数	每重量箱的平方米数(m²)
	每 10 m² 玻璃(kg)	折合重量箱数		
2	50	1	1.0	10.00
3	75	1.5	1.5	6.667
4	100	2	2.0	5.00
5	125	2.5	2.5	4.00
6	150	3	3.0	3.333
8	200	4	4.0	2.50
10	250	5	5.0	2.00
12	300	6	6.0	1.667

（2）实际箱。实际箱又称"包装箱"，分木箱和集装架两种，即一个木箱或一个集装架包装的玻璃，叫做一实际箱或者一包装箱。

4）平板玻璃的储运

普通平板玻璃属易碎品，玻璃成品一般用木箱或集装箱（架）包装。玻璃在运输或搬运时，应注意箱盖向上并垂直立放，不得平放或斜放，并应有防雨措施。玻璃应储存在通风、防潮、有防雨设施的地方，以免玻璃发霉。

3. 平板玻璃的应用

平板玻璃因其透光度高、价格低、易切割等优点，主要用于建筑工程的门窗，室内各种隔断、橱窗、橱柜、柜台、玻璃搁架等，也可以作为钢化玻璃、磨光玻璃、夹层玻璃、镀膜玻璃、中空玻璃等的原片玻璃。

二、装饰玻璃

1. 彩色玻璃

彩色玻璃有透明的和不透明的两种。透明的彩色玻璃是在玻璃原料中加入一定量的金属氧化物而制成。不透明彩色玻璃又名釉面玻璃，它是以平板玻璃、磨光玻璃或玻璃砖等为基料，在玻璃表面涂敷一层熔性色釉，加热到彩釉的熔融温度，使色釉与玻璃牢固结合在一起，再经退火或钢化而成。彩色玻璃的彩面也可用有机高分子涂料制得。

彩色玻璃的颜色有红、黄、蓝、黑、绿、灰色等十余种，可用以镶拼成各种图案花纹，并有耐蚀、抗冲刷、易清洗等特点，主要用于建筑物的内外墙、门窗及对光线有特殊要求的部位。有时在玻璃原料中加入乳浊剂（如萤石）可制得乳浊有色玻璃，这类玻璃透光而不透视，具有独特的装饰效果。

2. 花纹玻璃

花纹玻璃是将玻璃依设计图案加以雕刻、印刻或局部喷砂等无彩色处理，使表面有各式图案、花样及不同质感。依照加工方法分为压花玻璃、喷花玻璃、刻花玻璃和热熔玻璃。

1）压花玻璃

压花玻璃又称滚花玻璃，是在熔融玻璃冷却硬化前，以刻有花纹的辊轴滚压，在玻璃单面或两面压出深浅不同的各种花纹图案的制品。压花玻璃不仅美观，还由于花纹的凹凸变化使光线漫射而失去透视性,造成从玻璃一面看另一面物体时,物像显得模糊不清,起视线干扰的作用。如在有花纹一面进行喷涂气溶胶或真空镀膜处理后的压花玻璃,可以增加立体感,增加装饰效果,强度可提高 50%~70%。

压花玻璃按厚度分为 3、4、5、6 和 8 mm;按外观质量分为一等品和合格品,其技术要求应符合《压花玻璃》(JC/T 511—2002)的要求。

2)喷花玻璃

喷花玻璃又称胶花玻璃,是以平板玻璃表面贴以花纹图案,再有选择地涂抹护面层,经喷砂处理而成。

3)刻花玻璃

刻花玻璃是由平板玻璃经涂漆、雕刻、围蜡、酸蚀、研磨等工序制作而成。图案的立体感非常强,似浮雕一般,在室内灯光的照射下,更是熠熠生辉。刻花玻璃主要用于高档场所的室内隔断或屏风。刻花玻璃一般是按用户要求定制加工,最大规格为 2 400 mm×2 000 mm。

4)热熔玻璃

热熔玻璃又称水晶立体艺术玻璃,它跨越了现有的玻璃形态,使平板玻璃加工出各种凹凸有致、色彩各异的玻璃艺术饰品。热熔玻璃是采用平板玻璃和无机色料为主要原料,加热玻璃直至软化点以上时,经模压成形后退火而成。成品可作为玻璃砖、门窗及墙体嵌入玻璃、玻璃卫生器具等。

3. 磨砂玻璃

磨砂玻璃又称毛玻璃,是将平板玻璃的表面经机械喷砂或手工研磨或氢氟酸溶蚀等方法处理成均匀的毛面。其特点是透光不透视,且光线不刺眼,用于要求透光而不透视的部位,如卫生间、浴室、办公室等的门窗及隔断。安装时应将毛面朝向室内一侧。

4. 冰花玻璃

冰花玻璃是一种表面具有自然冰花图案的平板玻璃。冰花玻璃的制作工艺是将具有很强黏附力的胶液均匀地涂在磨砂玻璃的表面上,因胶液在干燥过程中体积的强烈收缩,而胶体与粗糙的玻璃表面良好的黏结性,使得玻璃表面发生不规则撕裂现象,产生冰花的一种工艺品。

冰花玻璃可以用无色平板玻璃制造,也可用茶色、蓝色、绿色等彩色平板玻璃制造。冰花玻璃装饰效果优于压花玻璃,给人以典雅清新之感,是一种新型的室内装饰玻璃。可用于住宅、宾馆等建筑物的门窗、屏风、吊顶板的装饰,还可用作灯具、工艺品的装饰玻璃。

5. 玻璃空心砖

玻璃空心砖是一种带有干燥空气层的空腔,周边密封的玻璃制品。它具有抗压、保温、隔热、不结霜、隔声、防水、耐磨、化学性能稳定、不燃烧和透光不透视的性能。

空心砖有单孔和双孔两种,形状分为正方形、矩形及其他各种异形产品。按表面状态分为光面和花纹面两种,主要的规格有 115 mm×115 mm×80 mm、190 mm×190 mm×80 mm、240 mm×240 mm×80 mm 等。

玻璃空心砖可用于商场、宾馆、舞厅、展厅及办公楼等处的外墙、内墙、隔断、天棚等处的装饰。玻璃空心砖墙不能作为承重墙使用,不能切割。

6. 玻璃锦砖

玻璃锦砖又称玻璃马赛克,它是含有未熔融的微小晶体(主要是石英)的乳浊状半透明玻璃质材料,是一种小规格的饰面玻璃制品。玻璃马赛克一般为正方形,其一般尺寸为

$20\ mm\times 20\ mm$、$25\ mm\times 25\ mm$、$30\ mm\times 30\ mm$，厚 $4\sim 6\ mm$，背面有锯齿状或阶梯状的沟纹，利于与基面黏结。为便于施工，出厂前将玻璃锦砖按设计图案贴在尼龙网格布上或反贴在牛皮纸上，尺寸一般 $305.5\ mm\times 305.5\ mm$ 称为一联。

玻璃马赛克具有耐热、耐酸碱、耐磨、耐气候性好等特点，且质地坚硬，性能稳定，色彩鲜艳、绚丽典雅，并可雨天自洗，经久常新，具有较强的装饰性，是理想的外墙装饰材料之一。

玻璃锦砖主要应用于宾馆、医院、办公楼、礼堂、公共娱乐设施建筑物外墙和内墙，也可用于壁画装饰。

7. 激光玻璃

激光玻璃是以玻璃为基材的新一代建筑装饰材料，其特征在于经特种工艺处理，玻璃背面出现全息或其他光栅，在阳光、月光、灯光等光源的照射下，形成物理衍射分光而出现艳丽的七色光，且在同一感光点或感光面上会因光线入射角的不同而出现色彩变化，使被装饰物显得华贵高雅、富丽堂皇。激光玻璃的颜色有银白、蓝、灰、紫、红等多种。激光玻璃广泛适用于酒店、宾馆和各种商业、文化、娱乐设施的内外墙面、地面、柱面、桌面、吧台、隔断、电梯间、艺术屏风等，也可作为招牌、高级喷泉、发廊、大中型灯饰以及电子产品的装饰材料。

三、安全玻璃

随着高层建筑的发展和建筑玻璃的大型化，建筑玻璃造成人身伤害和安全事故的频率增大，在使用建筑玻璃的任何场合都有可能发生直接或间接灾害，为提高建筑玻璃的安全性，安全玻璃应运而生。安全玻璃的主要品种有钢化玻璃、夹丝玻璃、夹层玻璃等。

1. 钢化玻璃

钢化玻璃又称强化玻璃，是将原玻璃利用加热一定温度后迅速冷却的方法或化学方法进行特殊处理，使其具有良好的机械和耐热冲击性能的玻璃。

1）钢化玻璃的加工方法

钢化玻璃是用物理的或化学的方法，在玻璃的表面上形成一个压应力层。当玻璃受到外力作用时，首先由表层应力抵消部分或者全部外力，从而大大提高了玻璃的强度和抗冲击性能。钢化玻璃的应力状态如图 10-1 所示。

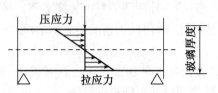

(a) 普通玻璃受弯作用截面应力分布

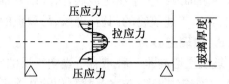

(b) 钢化玻璃截面预应内力分布

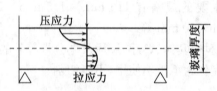

(c) 钢化玻璃受弯作用截面应力分布

图 10-1　钢化玻璃的应力状态

物理钢化又称为淬火钢化,是将普通平板玻璃在加热炉中加热到接近玻璃的软化点(约600 ℃)并保持一段时间,使之消除内部应力,然后将玻璃移出加热炉并立即用多头喷嘴将高压冷空气吹向玻璃的两面,使其迅速且均匀地冷却至室温,即可制得钢化玻璃。这种玻璃处于内部受拉、外部受压的应力状态,一旦局部发生破损,便会发生应力释放,玻璃被破碎成无数小碎片,这些小碎片没有尖锐棱角,不易伤人。

化学钢化一般是应用离子交换法进行钢化。其方法是将含有碱金属离子的硅酸盐玻璃浸入到熔融状态的锂(Li^+)盐中,使玻璃表层的 Na^+ 或 K^+ 离子与 Li^+ 离子发生交换,表面形成 Li^+ 离子交换层,由于 Li^+ 的膨胀系数小于 Na^+、K^+ 离子,从而在冷却过程中造成外层收缩较小而内层收缩较大,当冷却到常温后,玻璃便同样处于内层受拉、外层受压的状态,其效果类似于物理钢化玻璃。

2) 钢化玻璃的特性

钢化玻璃强度高,其抗压强度可达 125 MPa 以上,比普通玻璃大 4~5 倍;抗冲击强度是普通玻璃的 5~10 倍,用钢球法测定时,1.040 kg 的钢球从 1 m 高度落下,玻璃可保持完好。高强度即意味着高安全性,在受到外力撞击时,破碎的可能性降低了;钢化玻璃的另一个重要优点是当玻璃破碎时,由于受到内部张应力的作用,应力瞬时释放使整块玻璃完全破碎成细小的颗粒,这些颗粒质量轻、不含尖锐的棱角,极大地减少了玻璃碎片对人体产生伤害的可能性。

钢化玻璃热稳定性好,在受急冷急热时,不易发生炸裂。这是因为钢化玻璃的压应力可抵消一部分因急冷急热产生的拉应力之故。

《建筑用安全玻璃　第 2 部分:钢化玻璃》(GB 15763.2—2005)的规定,钢化玻璃的技术要求包括尺寸及外观要求、安全性能要求和一般性能要求,其中安全性能要求为强制性要求。钢化玻璃的安全性能要求见表 10 - 7,外观质量见表 10 - 8。

表 10 - 7　钢化玻璃的安全性能要求(GB 15763.2—2005)

项目		性能指标	
抗冲击性	钢球质量(g)	1 040	
	自由下落高度(m)	1	
	冲击结果	取 6 块钢化玻璃进行试验,试样破坏数不超过 1 块为合格,多于或等于 3 块为不合格;破坏数为 2 块时,再另取 6 块进行试验,试样必须全部不破坏为合格	
安全性	玻璃品种	公称厚度(mm)	最少碎片数(片)
	平面钢化玻璃	3	30
		4~12	40
		≥15	30
	曲面钢化玻璃	≥4	30
霰弹袋冲击性能		取 4 块玻璃试样进行试验,应符合下列规定中的任意一条。 (1) 玻璃破碎时,每块试样的最大 10 块碎片质量的总和不得超过相当于试样 65 cm² 面积的质量,保留在框内的任何无贯穿裂纹的玻璃碎片的长度不能超过 120 mm (2) 弹袋下落高度为 1 200 mm 时,试样不破坏	

表 10 - 8　钢化玻璃的外观质量(GB 15763. 2—2005)

缺陷名称	说明	允许缺陷数
爆边	每片玻璃每米边长上允许有长度不超过 10 mm,自玻璃边部向玻璃板表面延伸深度不超过 2 mm,自板面向玻璃厚度延伸深度不超过厚度 1/3 的爆边个数	1 处
划伤	宽度在 0.1 mm 以下的轻微划伤,每平方米面积内允许存在条数	长度≤100 mm 时 4 条
	宽度大于 0.1 mm 的划伤,每平方米面积内允许存在条数	宽度 0.1~1 mm,长度≤100 mm 时 4 条
夹钳印	夹钳印与玻璃边缘的距离≤20 mm,边部变形量≤2 mm	
裂纹、缺角	不允许存在	

3) 钢化玻璃的应用

钢化玻璃具有较好机械性能和耐热性能,所以在汽车工业、建筑工程以及其他工业得到广泛应用。平面钢化玻璃主要用于高层建筑的门窗、幕墙、隔墙、商店橱窗、桌面玻璃等方面;曲面钢化玻璃主要用做汽车车窗玻璃;半钢化玻璃主要用于暖房、温室等的玻璃窗;吸热钢化玻璃主要用于既有吸热要求又有安全要求的玻璃门窗;压花钢化玻璃主要用于浴室、酒吧间等;钢化釉面玻璃主要用于玻璃幕墙的拱肩部位及其他室内外装饰。

钢化玻璃使用时不能切割、磨削,边角不能碰击挤压,需按现成的尺寸规格选用或提出具体设计图纸进行加工订制。用于大面积的玻璃幕墙的玻璃在钢化上要予以控制,选择半钢化玻璃,即其应力不能过大,以避免受风荷载引起振动而自爆。

2. 夹丝玻璃

夹丝玻璃是将预先编织好的钢丝网压入已加热软化的红热玻璃之中而制成。如遇外力破坏,由于钢丝网与玻璃连成一体,玻璃虽已破损开裂,但其碎片仍附着在钢丝网上,不致四处飞溅伤人。当遇到火灾时,由于具有破而不裂、裂而不散的特性,能有效地隔绝火焰,起到防火的作用。

1) 技术要求

夹丝玻璃分为夹丝压花玻璃和夹丝磨光玻璃等。夹丝玻璃的常用厚度有 6、7 和 10 mm。产品的尺寸一般不小于 600 mm×400 mm,不大于 2 000 mm×1 200 mm。产品按等级分为优等品、一等品、合格品三种。

夹丝玻璃的尺寸允许偏差和外观质量应满足表 10 - 9 和 10 - 10 中的规定。

表 10 - 9　夹丝玻璃尺寸允许偏差(JC 433—1991)

项目		允许偏差	允许偏差范围
厚度(mm)	优等品	6	±0.5
		7	±0.6
		10	±0.9

续表

项目		允许偏差	允许偏差范围
厚度（mm）	一等品、合格品	6	±0.6
		7	±0.7
		10	±1.0
弯曲度（%）	夹丝压花玻璃		1.0 以内
	夹丝磨光玻璃		0.5 以内
边部凸出、缺口的尺寸不超过（mm）			6
偏斜的尺寸不得超过（mm）			4
一片玻璃只允许有一个缺角，缺角的深度不得超过（mm）			6

表 10-10 夹丝玻璃的外观质量 (JC 433—1991)

项目	说明	优等品	一等品	合格品
气泡	直径 3~6 mm 的圆泡，每平方米面积内允许个数	5	数量不限，但不允许密集	
	长泡，每平方米面积内允许个数	长 6~8 mm 2	长 6~10 mm 10	长 6~10 mm 10 长 10~20 mm 4
花纹变形	花纹变形程度	不允许有明显的花纹变形		不规定
异物	破坏性的	不允许		
	直径 0.5~2 mm 非破坏性的，每平方米面积内允许的个数	3	5	10
裂纹	—	目测不能识别		不影响使用
磨伤	—	轻微	不影响使用	
金属丝	金属丝夹入玻璃内状态	应完全夹入玻璃内，不得露出表面		
	脱焊	不允许	距边部 30 mm 内不限	距边部 100 mm 内不限
	断线	不允许		
	接头	不允许	目测看不见	

2）夹丝玻璃的应用

夹丝玻璃常用于建筑物的天窗、顶棚顶盖以及易受振动的门窗部位。彩色夹丝玻璃因其具有良好的装饰功能，可用于阳台、楼梯、电梯间等处。

3. 夹层玻璃

夹层玻璃是在两片或多片玻璃原片之间，用聚乙烯醇缩丁醛（PVB）、乙烯-聚醋酸乙烯共聚物（EVA）等为中间层，经过加热、加压黏合而成的平面或曲面的复合玻璃制品。生产夹层玻璃的原片可采用普通平板玻璃、钢化玻璃、浮法玻璃、彩色玻璃、吸热玻璃或热反射玻璃等。夹层玻璃的层数有 2、3、5、7 层，最多可达 9 层，其构造示意如图 10-2 所示。

夹层玻璃中的胶合层与夹丝玻璃中金属丝网的作用一样,都起着骨架增强的效果。夹层玻璃损坏时,其表面只会产生一些辐射状的裂纹或同心圆状的裂纹,玻璃碎片粘在胶合层上而不散落,不会对人产生伤害,因而夹层玻璃是一种安全性能十分优异的玻璃品种。

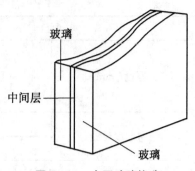

图 10-2　夹层玻璃构造

1) 夹层玻璃的技术要求

夹层玻璃的技术要求包括尺寸及外观要求、一般性能要求和安全性能要求。夹层玻璃的边长和宽度允许偏差见表 10-11,最大允许叠差见表 10-12。

表 10-11　夹层玻璃的长度和宽度允许偏差(GB 15763.3—2009)　　　　mm

公称尺寸(边长 L)	公称厚度≤8	公称厚度>8	
		每块玻璃公称厚度<10	至少一块玻璃公称厚度≥10
L≤1 100	+2.0 -2.0	+2.5 -2.0	+3.5 -2.5
1 100<L≤1 500	+3.0 -2.0	+3.5 -2.0	+4.5 -3.0
1 500<L≤2 000	+3.0 -2.0	+3.5 -2.0	+5.0 -3.5
2 000<L≤2 500	+4.5 -2.5	+5.0 -3.0	+6.0 -4.0
L>2 500	+5.0 -3.0	+5.5 -3.5	+6.5 -4.5

表 10-12　夹层玻璃的最大允许叠差(GB 15763.3—2009)　　　　mm

长度或宽度 L	允许最大叠差
L≤1 000	2.0
1 000<L≤2 000	3.0
2 000<L≤4 000	4.0
L>4 000	6.0

夹层玻璃的一般性能要求和安全性能要求详见《建筑用安全玻璃　第 3 部分:夹层玻璃》(GB 15763.3—2009)。

2) 夹层玻璃的应用

夹层玻璃不仅可作为采光材料,而且具有良好的隔声作用(中间层韧性材料具有明显的减振效果)、防紫外线穿透作用,彩色夹层玻璃还具有控制阳光、美化建筑的功能。所以,夹层玻璃广泛应用于高级宾馆、临街建筑、医院、商店、学校、机场等。另外,夹层玻璃具有防爆、防盗、防弹之用,还可用于陈列柜、展览厅、水族馆、动物园、观赏性玻璃隔断。

四、节能玻璃

传统的玻璃应用在建筑物上主要是采光,随着建筑物门窗尺寸的加大,人们对门窗的保温隔热要求也相应地提高了,节能装饰型玻璃是集节能性和装饰性于一体的玻璃。节能装饰型玻璃通常具有令人赏心悦目的外观色彩,而且还具有特殊的对光和热的吸收、透射和反射能力,用于建筑物的外墙窗玻璃幕墙,可以起到显著的节能效果,现已被广泛地应用于各种高级建筑物之上。建筑上常用的节能装饰玻璃有吸热玻璃、热反射玻璃和中空玻璃等。

1. 吸热玻璃

吸热玻璃是一种能控制阳光中热能透过的玻璃,它可以显著地吸收阳光中热作用较强的红外线、近红外线,而又能保持良好的透明度。吸热玻璃通常都带有一定的颜色,所以也称为着色吸热玻璃。

生产吸热玻璃的方法有两种:一种是在普通玻璃的原料中加入一定量的有吸热性能的着色剂,如氧化铁、氧化镍、氧化钴等,使玻璃具有较高的吸热性能;另一种是在平板玻璃表面喷镀一层或多层金属或金属氧化物薄膜而制成。

1)吸热玻璃的特点

(1)吸收太阳辐射热能力强。吸热玻璃的颜色和厚度不同,对太阳辐射热的吸收程度也不同。可根据不同地区日照条件选择使用不同颜色的吸热玻璃。如 6 mm 蓝色吸热玻璃能挡住 50% 左右的太阳辐射热。吸热玻璃可明显降低夏季室内的温度,避免了因使用普通玻璃而带来的暖房效应。

(2)吸收太阳的可见光能力强。吸热玻璃比普通玻璃对可见光的吸收能力要大得多。如 6 mm 厚的普通玻璃能透过太阳可见光的 78%,同样厚度的古铜色镀膜吸热玻璃仅能透过太阳可见光的 26%,使刺目的阳光变得柔和,起到良好的防眩作用。

(3)吸收太阳的紫外线能力强。吸热玻璃除能吸收红外线外,还可显著降低紫外线的透射,从而有效防止紫外线对室内家具、物品等的褪色、变质作用。

(4)透明度较高。吸热玻璃具有一定的透明度,能清晰地观察室外景物。

2)品种与规格

吸热玻璃的颜色有蓝色、茶色、灰色、绿色、古铜色等。吸热玻璃按外观质量分为优等品、一等品和合格品。吸热玻璃的厚度分为 2、3、4、5、6、8、10 和 12 mm。

3)吸热玻璃的用途

吸热玻璃在建筑装饰工程中的应用比较广泛,凡是既有采光要求又有隔热要求的场所均可使用。采用不同颜色的吸热玻璃能合理利用太阳光,调节室内温度,节省空调费用,而且对建筑物的外表有很好的装饰效果,一般多用作高档建筑物的门窗或玻璃幕墙。此外,它还可以按不同的用途进行加工,制成磨光、夹层、中空玻璃等。

2. 热反射玻璃

热反射玻璃是由无色透明的平板玻璃镀覆金属膜或金属氧化物膜而制得,又称镀膜玻璃或阳光控制膜玻璃。生产这种镀膜玻璃的方法有热分解法、喷涂法、浸涂法、金属离子迁移法、真空镀膜、化学浸渍法等。

1）热反射玻璃的特点

（1）对光线的反射和遮蔽作用强。热反射玻璃对可见光的透过率可在20％～65％的范围内，它对阳光中热作用强的红外线和近红外线的反射率可高达30％以上，而普通玻璃只有7％～8％。这种玻璃可在保证室内采光柔和的条件下，有效地屏蔽进入室内的太阳辐射能。在温、热带地区的建筑物上，以热反射玻璃作窗玻璃，可以克服普通玻璃窗造成的暖房效应，节约室内降温空调的能源消耗。

热反射玻璃的隔热性能可用遮蔽系数表示。遮蔽系数是指阳光通过3 mm厚透明玻璃射入室内的能量为1.0，在相同的条件下阳光通过各种玻璃射入室内的相对值。遮蔽系数越小，通过玻璃射入室内的光能越少，冷房效果越好。不同玻璃的遮蔽系数见表10-13。

表10-13　不同玻璃的遮蔽系数

玻璃名称	厚度(mm)	遮蔽系数	玻璃名称	厚度(mm)	遮蔽系数
普通平板玻璃	3	1	热反射玻璃	8	0.6～0.75
透明浮法玻璃	8	0.93	热反射双层玻璃	8	0.24～0.49
茶色吸热玻璃	8	0.77			

（2）单向透视性。热反射玻璃的镀膜层具有单向透视性。在装有热反射玻璃幕墙的建筑里，白天人们从室外（光线强烈的一面）向室内（光线较暗弱的一面）看去，由于热反射玻璃的镜面反射特性，看到的是街道上流动着的车辆和行人组成的街景，而看不到室内的人和物，但从室内可以清晰地看到室外的景色。晚间正好相反，室内有灯光照明，就看不到玻璃幕墙外的事物，给人以不受干扰的舒适感。但从外面看室内，里面的情况则一清二楚，如果房间需要隐蔽，可借助窗帘或活动百叶等加以遮蔽。

（3）镜面效应。热反射玻璃具有强烈的镜面效应，因此也称为镜面玻璃。用这种玻璃作玻璃幕墙，可将周围的景观及天空的云彩映射在幕墙之上，构成一幅绚丽的图画，使建筑物与自然环境达到完美和谐。

2）热反射玻璃的品种与规格

热反射玻璃的颜色有灰色、青铜色、茶色、金色、浅蓝色和古铜色等。常用厚度为6 mm，尺寸规格有1 600 mm×2 100 mm、1 800 mm×2 000 mm和2 100 mm×3 600 mm等。

3）热反射玻璃的应用

热反射玻璃可用作建筑门窗玻璃、幕墙玻璃，还可以用于制作高性能中空玻璃、夹层玻璃等复合玻璃制品，以进一步提高节能效果。

3. 中空玻璃

中空玻璃是由两片或多片性质与厚度相同或不同的玻璃切割成预定尺寸、中间充填干燥剂的金属隔离框，用胶黏接压合后，四周边部再用胶接、焊接或熔接的办法密封所制成的玻璃构件，其构造如图10-3所示。

中空玻璃的种类按颜色分为无色、绿色、黄色、金色、蓝色、灰色、茶色等；按玻璃层数分为两层、三层和多层等；按玻璃原片

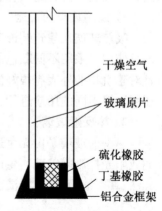

干燥空气

玻璃原片

硫化橡胶

丁基橡胶

铝合金框架

图10-3　中空玻璃的构造图

的性能分为普通中空、吸热中空、钢化中空、夹层中空、热反射中空等;按隔离框厚度分 6、19、12、16 和 18 mm 等;按使用玻璃原片的厚度可包括 3~12 mm 数种。

1) 中空玻璃的特点

(1) 隔热性能好。中空玻璃内密闭的干燥空气是良好的保温隔热材料,其导热系数与常用的 3~6 mm 单层透明玻璃相比大大降低。中空玻璃与其他材料导热系数的比较见表 10-14。

表 10-14　中空玻璃与其他材料的导热系数的比较

材料名称	导热系数[W/(m·K)]	材料名称	导热系数[W/(m·K)]
3 mm 透明平板玻璃	6.45	100 mm 厚混凝土墙	3.26
5 mm 透明平板玻璃	6.34	240 mm 厚一面抹灰砖墙	2.09
6 mm 透明平板玻璃	6.28	20 mm 厚木板	2.67
12 mm 双层透明中空玻璃	3.59	21 mm 三层透明中空玻璃	2.67
22 mm 双层透明中空玻璃	3.17	33 mm 三层透明中空玻璃	2.43

(2) 能有效地降低噪声。中空玻璃能有效地降低噪声,其效果与噪声的种类、声源的强度等因素有关,一般可使噪声下降 30~40 dB,即能将街道汽车噪声降低到学校教室的安静程度。

(3) 避免冬季窗户结露。通常情况下,中空玻璃接触到室内高湿空气的时候,内层玻璃表面温度较高,而外层玻璃虽然温度低,但接触到的空气的温度也低,所以不会结露,并能保持一定的室内湿度。中空玻璃内部空气的干燥度是中空玻璃最重要的质量指标。

2) 中空玻璃的技术要求

中空玻璃一般为正方形或长方形,也可做成异形(如圆形或半圆形等)。中空玻璃对组成材料、尺寸偏差、外观、密封性能、露点、耐紫外线辐射性能及气候循环耐久性的要求应符合《中空玻璃》(GB 11944—2002)的规定。其中尺寸允许偏差见表 10-15。

表 10-15　中空玻璃尺寸允许偏差　　　　　　　　　　　　mm

长(宽)度 L	允许偏差	公称厚度 T	允许偏差	两对角线之差允许偏差
$L<1\,000$	±2	$T<17$	±1.0	
$1\,000{\leqslant}L<2\,000$	+2,-3	$17{\leqslant}T<22$	±1.5	不大于对角线平均长度的 0.2%
$L{\geqslant}2\,000$	±3	$T{\geqslant}22$	±2.0	

3) 中空玻璃的应用

中空玻璃主要用于需要采光但又要求隔热保温、隔声、无结露的门窗、幕墙、采光顶棚等,还可用于花棚温室、冰柜门、防辐射透视窗及车船的挡风玻璃等。

复习思考题

一、单项选择题

1. 用于门窗采光的平板玻璃厚度为(　　)。
    A. 2～3 mm　　　　B. 3～5 mm　　　　C. 5～8 mm　　　　D. 8～12 mm

2. 将预热处理好的金属丝或金属网压入加热到软化状态的玻璃中而制成的玻璃是(　　)。
    A. 夹丝玻璃　　　B. 钢化玻璃　　　　C. 夹层玻璃　　　　D. 吸热玻璃

3. 表面形成镜面反射的玻璃制品是(　　)玻璃。
    A. 钢化　　　　　B. 中空　　　　　C. 镜面　　　　　D. 夹丝

4. 吸热玻璃主要用于(　　)地区的建筑门窗、玻璃幕墙、博物馆、纪念馆等场所。
    A. 寒冷　　　　　B. 一般　　　　　C. 温暖　　　　　D. 炎热

5. 钢化玻璃的作用机理在于提高了玻璃的(　　)。
    A. 整体抗压强度　B. 整体抗弯强度　C. 整体抗剪强度　D. 整体抗拉强度

二、多项选择题

1. 中空玻璃的适用范围包括(　　)。
    A. 节能要求的工程　B. 隔声要求的工程　C. 防潮工程　　　D. 湿度大的工程

2. 钢化玻璃的主要性能特点包括(　　)。
    A. 弹性好　　　　B. 隔声性好　　　　C. 保温性好　　　　D. 机械强度高

3. 下面(　　)玻璃属于安全玻璃。
    A. 中空　　　　　B. 夹丝　　　　　C. 钢化　　　　　D. 夹层
    E. 吸热

4. 下面(　　)玻璃不能自行切割。
    A. 泡沫　　　　　B. 钢化　　　　　C. 夹层　　　　　D. 中空
    E. 平板

5. 玻璃按在建筑上的功能作用可分为(　　)。
    A. 普通建筑玻璃　B. 安全玻璃　　　C. 平板玻璃　　　D. 特种玻璃
    E. 钢化玻璃

三、简述题

1. 试述玻璃的组成、分类和主要技术性能。
2. 试述平板玻璃的性能、分类和用途。
3. 安全玻璃主要有哪几种？各有何特点？
4. 中空玻璃有哪些特点？其适用范围是什么？
5. 吸热玻璃和热反射玻璃在性能和用途上有何区别？

四、计算题

何谓平板玻璃的重量箱？某工程需用 5 mm 厚的平板玻璃 50 m²，折合多少重量箱？

单元十一　建筑装饰陶瓷

学习目标

1. 熟悉陶瓷砖的种类、规格、性能与应用。
2. 理解陶瓷砖的性能指标的含义。

我国建筑陶瓷源远流长，自古以来就被作为建筑物的优良装饰材料之一。随着近代科学技术的发展及人民生活水平的提高，建筑陶瓷的应用更加广泛，其品种、花色和性能亦有了很大的变化。应用于现代建筑装饰工程的陶瓷制品，主要包括墙地砖、琉璃制品、卫生设备等，其中以陶瓷墙地砖的用量最大。

项目一　陶瓷的基本知识

主要内容	知识目标	技能目标
陶瓷的概念与分类，陶瓷的原材料，陶瓷的表面装饰	掌握陶瓷的概念与分类，熟悉陶瓷的表面装饰，了解陶瓷的主要生产原料	理解陶瓷的种类及性能差异，以便正确合理地选择和使用建筑陶瓷

一、陶瓷的概念与分类

陶瓷是陶器与瓷器的统称，它们虽然都是由黏土和其他材料经烧结而成，但所含杂质不同，陶含杂质量大，瓷含杂质量小或无杂质，而且其制品的坯体以及断面均不同。介于陶和瓷之间的一种材料叫作炻。因此，根据陶瓷制品的特点，陶瓷可分为陶、炻、瓷三大类。

从产品的种类来说，陶器其质坚硬，吸水率大于 10%，密度小，断面粗糙无光，不透明，敲之声音粗哑，有的无釉，有的施釉。瓷器的坯体致密，基本不吸水，强度比较高，且耐磨性好，有一定的半透明性，除某些特种瓷外通常都施有釉层，但烧结程度很高。炻器与陶器的区别在于陶器坯体是多孔的，而炻器坯体的气孔率却很低，其坯体致密，达到了烧结程度，吸水率通常小于 2%；炻器与瓷器的主要区别是炻器坯体多数都带有颜色且无半透明性。

陶器又分为粗陶和精陶两种。粗陶坯料一般由一种或一种以上的含杂质较多的黏土组成，有时还需要掺用瘠性原料或熟料以减少收缩。建筑上所用的砖瓦以及陶管、盆、罐和某些日用缸器均属于粗陶。精陶通常两次烧成，素烧的最终温度为 1 250~1 280 ℃，釉烧的温度为 1 050~1 150 ℃。精陶按其用途不同可分为建筑精陶（如釉面砖）、美术精陶和日用精陶。

炻器按其坯体细密性、均匀性以及粗糙程度分为粗炻器和细炻器两大类。建筑装饰用的外墙砖、地砖以及耐酸化工陶瓷、缸器均属于粗炻器；日用炻器和陈设品则属于细炻器。

宜兴紫砂陶即是一种不施釉的有色细炻器。通常生产细炻器的工艺与瓷器相近,只是细炻器坯料中黏土用量较多,对杂质含量的控制不及瓷器严格,熔剂长石的用量比瓷器少得多。炻器的机械强度和热稳定性优于瓷器,且可采用质量较劣的黏土,因而成本也较瓷器低廉。

二、陶瓷的原材料

陶瓷的原料主要来自岩石及其风化物黏土,这些原料大体都是由硅和铝构成的,主要包括以下几种:

(1) 石英:化学成分为二氧化硅。这种矿物可用来改善陶瓷原料过黏的特性。

(2) 长石:是以二氧化硅及氧化铝为主,又含有钾、钠、钙等元素的化合物。长石属于熔剂原料,其主要作用是降低陶瓷坯体的烧成温度,可以缩短坯体干燥时间,减少坯体在干燥时产生的收缩和变形。

(3) 高岭土:高岭土是一种白色或灰白色有丝绢光泽的软质矿物,以产于中国景德镇附近的高岭而得名,其化学成分为氧化硅和氧化铝;高岭土又称为瓷土,是陶瓷的主要原料。

(4) 釉:釉也是陶瓷生产的一种原料,是陶瓷艺术的重要组成部分,釉用于涂刷并覆盖在陶瓷坯体表面,其在较低的温度下即可熔融液化并形成一种具有色彩和光泽的玻璃体薄层的物质。釉可使制品表面变得平滑、光亮、不吸水,对提高制品的装饰性、艺术性、强度、抗冻性以及改善制品热稳定性、化学稳定性具有重要意义。

三、陶瓷的表面装饰

装饰是对陶瓷制品进行艺术加工的重要手段,它能使陶瓷具有光泽和色泽,提高制品的外观效果且对制品起一定的保护作用,从而有效地把制品的实用性和艺术性有机地结合起来。

1. 施釉

釉是由石英、长石、高岭土等为主,再配以多种其他成分所制成的浆体,将其喷涂于陶瓷坯体的表面,经高温焙烧时,能与坯体表面之间发生化学反应,在坯体表面形成一层连续玻璃质层,使陶瓷表面具有玻璃般的光泽和透明性。施釉是对陶瓷制品进行深加工的重要手段,其主要目的在于改善陶瓷制品的表面性能。当坯体表面施釉后,其表面变得平滑光亮,不吸水、不透气,不仅可提高陶瓷制品的机械强度和美观效果,还可掩盖坯体的不良颜色和部分缺陷。

釉的种类很多,按化学组成分为石灰釉、长石釉、混合釉、食盐釉等;按烧成温度分为易熔釉、中温釉和高温釉;按制备方法分生料釉、熔块釉;按外表特征分为透明釉、乳浊釉、裂纹釉、无光釉、沙金釉等。

2. 彩绘

彩绘是指在陶瓷制品表面绘上彩色图案、花纹等,使陶瓷制品具有更好的装饰性。彩绘分釉下彩绘和釉上彩绘两种。

1) 釉下彩绘

釉下彩绘是在生坯(或素烧釉坯)上进行彩绘,然后施一层透明釉,再经釉烧而成。釉下彩绘有釉层的保护,所以图案耐磨损,釉面清洁光亮,使用过程中颜料不溶散,使用较安全。但釉下彩绘色彩不够丰富,也难以机械化生产。青花瓷、釉里红以及釉下五彩是我国名贵的釉下彩制品。

2）釉上彩绘

釉上彩绘是在釉烧过的陶瓷釉面上,采用低温油料进行彩绘,然后在较低的温度下彩烧而成。由于釉上彩的彩烧温度低,多数陶瓷颜料均可使用,故颜色丰富多变,并且是在已烧过的较硬釉面上彩绘,所以可用各种装饰法进行图案的制作,生产效率高,成本低,是一种广泛应用的陶瓷装饰工艺。

3. 贵金属装饰

贵金属装饰是指将金、银、铂等贵金属用各种方法置于陶瓷表面而形成富有贵金属色泽的图案,具有华丽、高贵的效果,是高级陶瓷制品的一种艺术处理方法。贵金属装饰中最常见的是饰金。高档釉面砖常采用饰金装饰来进行图案的描边处理,具有良好的装饰效果。

项目二 建筑装饰陶瓷制品

主要内容	知识目标	技能目标
陶瓷砖的分类,釉面内墙砖,陶瓷墙地砖,陶瓷马赛克,新型建筑装饰陶瓷制品	熟悉常用陶瓷砖的品种、规格、性能与应用,理解陶瓷砖的性能指标	能根据装饰工程的特点,正确合理地选择和使用陶瓷砖

建筑陶瓷是指用于装饰建筑物的墙面、地面、零星部位及用作卫生洁具的各种陶瓷制品的统称。建筑陶瓷制品的种类很多,常用的有陶瓷砖、卫生陶瓷、建筑琉璃制品等,本部分重点介绍陶瓷砖。

一、陶瓷砖的分类

陶瓷砖是由黏土和其他无机非金属原材料,在室温下通过挤压、干压或其他方法成形、经干燥、焙烧而成,表面可施釉或不施釉。陶瓷砖的种类繁多,通常按下列方法进行分类。

1. 按照成形方法和吸水率分类

国标《陶瓷砖》(GB/T 4100—2006),按照陶瓷砖的吸水率(E)和成形方法,将陶瓷砖分为以下几类,见表 11-1。

表 11-1 陶瓷砖按成形方法和吸水率分类表(GB/T 4100—2006)

成形方法	I 类 ($E \leqslant 3\%$)	IIa 类 ($3\% < E \leqslant 6\%$)	IIb 类 ($6\% < E \leqslant 10\%$)	III 类 ($E > 10\%$)
A(挤压)	AI 类	AIIa1 类	AIIb1 类	AIII类
		AIIa2 类	AIIb2 类	
B(干压)	BIa 类 瓷质砖($E \leqslant 0.5\%$)	BIIa 类 细炻砖	BIIb 类 炻质砖	BIII类 陶质砖
	BIb 类 炻瓷砖($0.5\% < E \leqslant 3\%$)			
C(其他)	CI 类	CIIa 类	CIIb 类	CIII类

2. 按表面有无施釉分类

按陶瓷砖表面有无施釉分为釉面砖和无釉砖。釉面砖是砖的表面经过施釉处理的砖。釉面砖分为两种:一种是用陶土烧制的,因吸水率较高而必须施釉,这种砖的强度较低;另一种是用瓷土烧制的,这种瓷砖结构致密、强度很高、吸水率较低、耐污染。

无釉砖,即砖的表面没有经过施釉处理的砖。如通体砖,通体砖的表面不上釉,而且正面和反面的材质和色泽一致,因此得名。通体砖防滑性和耐磨性较好,但其花色比不上釉面砖。

3. 按功能分类

按功能可分为地砖、外墙砖、内墙砖、广场砖等。

二、釉面内墙砖

釉面内墙砖简称釉面砖,是用于建筑物内墙面装饰的薄片状精陶制品。釉面内墙砖是以烧结后呈白色的耐火黏土、高岭土等为原料制成坯体,面层为釉料,经高温烧结而成,结构由坯体和表面彩釉层两部分组成。

1. 釉面砖的品种与特点

釉面砖的种类包括单色砖、花色砖、图案砖等多种,常用的品种及特点见表 11-2。

表 11-2　釉面砖主要品种及特点

种类		代号	特点
白色釉面砖		FJ	色纯白,釉面光亮,简洁大方
彩色釉面砖	有光彩色釉	YG	釉面光亮晶莹,色彩丰富雅致
	无光彩色釉	SHG	釉面半无光,不晃眼,色泽一致,柔和
装饰釉面砖	花釉砖	HY	在同一砖上施以多种彩釉,经高温烧成,色釉互相渗透,花纹千姿百态,有良好的装饰效果
	结晶釉面砖	JJ	晶花辉映,纹理多姿
	斑纹釉面砖	BW	斑纹釉面,丰富多彩
	大理石釉砖	LSH	具有天然大理石花纹,颜色丰富,美观大方
图案砖	白地图案砖	BT	在白色釉面砖上装饰各种图案,经高温烧成。纹样清晰,色彩明朗,清洁优美
	色地图案砖	YGT DYGT SHGT	在有光(YG)或无光(SHG)彩色釉面砖上装饰各种图案,经高温烧成。具有浮雕、缎光、彩漆等效果
瓷砖画及色釉陶瓷字砖	瓷砖画	—	以各种釉面砖拼成各种瓷砖画,或根据已有画稿烧制成釉面砖,拼装成各种瓷砖画,清晰美观,永不褪色
	色釉陶瓷字	—	以各种色釉、瓷土烧制而成,色彩丰富,光亮美观,永不褪色

2. 釉面砖的规格与技术要求

釉面砖按釉面颜色分为单色(含白色)砖、花色砖、图案砖等;按产品形状分为正方形砖、长方形砖及异形配件砖等。为增强与基层的黏结力,釉面砖的背面均有凹槽纹,其深度一般不小于 0.2 mm。釉面砖的尺寸规格很多,有 300 mm×200 mm×5 mm、150 mm×150 mm×5 mm、100 mm×100 mm×5 mm、300 mm×150 mm×5 mm 等。异形配件砖有阴角、阳角、压顶条、腰线砖、阴三角、阳三角、阴角座、阳角座等,其外形及规格尺寸更多,可根据需要选配。

釉面砖的技术要求应符合《陶瓷砖》(GB/T 4100—2006)的规定。

3. 釉面砖的性能与应用

釉面砖是多孔的精陶坯体,吸水率约为 18%~21%,在长期与空气的接触过程中,特别是在潮湿的环境中使用,会吸收大量的水分而产生吸湿膨胀的现象。由于釉的吸湿膨胀非常小,当坯体膨胀的程度增长到使釉面产生的拉应力超过釉的抗拉强度时,釉面会发生开裂。故釉面砖不能用于外墙和室外,否则经长期冻融,更易出现剥落掉皮现象。

由于釉面砖的热稳定性好、防火、防潮、耐酸碱、表面光滑、易清洗,故常用于厨房、浴室、卫生间、实验室、医院等室内墙面、台面等的装饰。

釉面砖应在干燥的室内储存,并按品种、规格、级别分别整齐堆放。在铺贴前,需放入清水中浸泡,浸泡到不冒泡为止,且不少于 2 h,然后取出晾干至表面阴干无明水,才可进行铺贴施工。没有经过浸泡的釉面砖吸水率较大,铺贴后会迅速吸收砂浆中的水分,影响黏结质量;而没阴干的釉面砖,由于表面有一层水膜,铺贴时会产生面砖浮滑现象,不仅操作不便,且因水分散发会引起釉面砖与基体分离自坠,造成空鼓或脱落现象。阴干的时间视气温和环境温度而定,一般为半天左右,即以饰面砖表面有潮湿感,但手按无水迹为准。

三、陶瓷墙地砖

陶瓷墙地砖为陶瓷外墙面砖和室内、室外陶瓷铺地砖的统称。陶瓷墙地砖质地较密实,强度高,吸水率小,热稳定性、耐磨性及抗冻性均较好。外墙砖由于受风吹日晒、冷热冻融等自然因素的作用较严重,因而要求其不仅具有装饰性能,更要满足一定的抗冻性、抗风化能力和耐污染性能。地砖要求具有较强的抗冲击性和耐磨性。由于目前该类饰面砖发展趋势是既可用于外墙又可用于地面,故称为墙地砖。

墙地砖的表面质感多种多样,通过配料和改变制作工艺,可制成平面、麻面、毛面、磨光面、抛光面、仿花岗岩面、压花浮雕表面、无光釉面、有光釉面、金屑光泽面、防滑面、耐磨面等不同制品。

陶瓷墙地砖种类很多,通常按下列方法分类。

1. 按用途可分为外墙贴面砖及室内、外地砖两大类

1) 外墙贴面砖

外墙砖通常用于建筑物的外墙饰面,具有坚固耐用、色彩鲜艳、易清洗、防火、防水、耐磨、耐腐蚀和维修费用低等特点。

常用外墙砖的规格有 45 mm×195 mm、50 mm×200 mm、52 mm×230 mm、60 mm×240 mm、100 mm×100 mm、100 mm×200 mm、200 mm×400 mm 等,厚 6～8 mm。用于外墙面砖,规格不宜太大,否则影响贴牢度和安全性。外墙面砖表面有施釉和无施釉之分,施釉砖有亚光和亮光之分,表面有平滑和粗糙之分,颜色有各种色彩。外墙面砖的种类、性能和用途见表 11-3。

表 11-3　外墙面砖的种类、性能和用途

种类		性能	用途
名称	说明		
表面无釉外墙面砖(单色砖)	有白、浅黄、深黄、红、绿等色	质地坚硬,吸水率较小,色调柔和,耐水抗冻,经久耐用,防火,易清洗等	用于建筑物外墙,作装饰及保护墙面之用
表面有釉外墙面砖(彩釉砖)	有红、蓝、绿、金砂釉、黄、白等色		
线砖	表面有突起线条有釉,并有黄、绿等色		
外墙立体面砖(立体彩釉砖)	表面有釉,做成各种立体图案		

2）地砖

地砖主要用于室内及室外地面的装饰。地砖要求强度较高,耐磨性能好,吸水率较低,抗污能力强。地面砖常用规格有 300 mm×300 mm、400 mm×400 mm、500 mm×500 mm、600 mm×600 mm、800 mm×800 mm、1 000 mm×1 000 mm,厚度根据地砖规格不同为 7～12 mm。其品种主要有彩釉地转、无釉亚光地转、广场砖、瓷质砖等。

2. 按表面是否施釉可分为彩色釉面陶瓷墙地砖和无釉陶瓷地砖

1）彩色釉面陶瓷墙地砖

彩色釉面陶瓷墙地砖是指适用于建筑物墙面、地面装饰用的彩色釉面陶瓷墙地砖,简称彩釉砖。它是以陶土为主要原料,配料制浆后,经半干压成形、施釉、高温焙烧制成的饰面陶瓷。

彩色釉面陶瓷墙地砖的表面有平面和立体浮雕面的;有镜面和防滑亚光面的;有带纹点和仿大理石、花岗岩图案的;有使用各种装饰釉作釉面的,色彩瑰丽、丰富多变,具有极强的装饰性和耐久性。

彩釉砖的主要规格尺寸见表 11-4。平面形状分为正方形和长方形两种,其中长宽比大于 3 的通常称为条砖。彩釉砖的厚度一般为 8～12 mm。非定型和异形产品的规格由供需双方商定。

表 11-4　彩色釉面陶瓷墙地砖的主要规格　　　　　　　　　　　　mm

100×100	300×300	200×150	115×60
150×150	400×400	250×150	240×60
200×200	150×75	300×150	130×65
250×250	200×100	300×200	200×65
500×500	600×600	800×800	1 200×600

彩釉砖结构致密,抗压强度较高,易清洁,装饰效果好,广泛应用于各类建筑物的外墙、柱的饰面和地面装饰。用于不同部位的墙地砖应考虑其特殊的要求,如用于铺地时应考虑彩色釉面陶瓷墙地砖的耐磨级别;用于寒冷地区时,应选用吸水率尽可能小、抗冻性能好的墙地砖。

2）无釉陶瓷地砖

无釉陶瓷地砖简称无釉砖,是专用铺地的耐磨细炻质无釉面砖。无釉砖是以优质瓷土为主要原料的基料喷雾料加一种或几种着色喷雾料(单色细颗粒)经混匀、冲压、烧成所得的制品。

无釉陶瓷地砖颜色以素色和有色斑点为主,表面为平面、浮雕面和防滑面等多种形式。适用于商场、宾馆、饭店、游乐场、会议厅、展览馆等人流较密集的建筑物室内外地面。特别是采用小规格的无釉陶瓷地砖用于公共建筑的大厅和室外广场的地面铺贴,经不同颜色和图案的组合,形成质朴、大方、高雅的风格,同时兼有分区、引导、指向的作用。各种防滑无釉陶瓷地砖也广泛用于民用住宅的室外平台、浴厕等地面装饰。

3. 按其成形方法分为挤压砖和干压砖

1）干压砖

干压砖是将混合好的粉料置于模具中,在一定压力下压制成形。一般陶瓷砖都属于干压砖。

2）挤压砖

挤压砖是将可塑性坯料经过挤压机挤出成形，再将所成形的泥条按砖的预定尺寸进行切割。

陶瓷外墙面砖和室内、室外陶瓷铺地砖均执行《陶瓷砖》(GB/T 4100—2006)标准。

四、陶瓷马赛克

陶瓷马赛克，是采用优质瓷土烧制而成。陶瓷马赛克按表面性质分为有釉和无釉两种；按砖联分为单色、混色和拼花三种。

1. 规格

陶瓷马赛克单块砖边长不大于 95 mm，表面面积不大于 55 cm²，厚度在 3～4.5 mm 之间，形状有正方形、矩形、六边形、三角形、梯形、菱形等，砖联分正方形、长方形和其他形状，特殊要求可按供需双方商定。由于陶瓷马赛克规格小，为了便于铺贴施工，出厂前预先按设计花色图案表贴或背贴在铺贴衬材（板状、网状或其他类似形状的衬材）上，所形成一张张的产品称为联。陶瓷马赛克的常见拼花图案见图 11-1 所示。

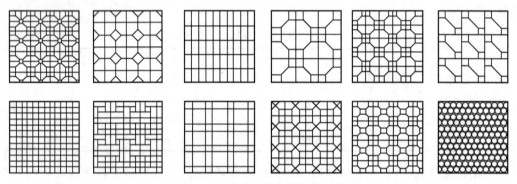

图 11-1 陶瓷马赛克的拼花图案

2. 技术要求

《陶瓷马赛克》(JC/T 456—2005)规定，陶瓷马赛克按尺寸允许偏差和外观质量分为优等品和合格品两个等级。

1）尺寸允许偏差

陶瓷马赛克的尺寸允许偏差应符合表 11-5 的规定。

表 11-5 尺寸允许偏差(JC/T 456—2005)　　　　　　mm

项目	允许偏差	
	优等品	合格品
长度和宽度	±0.5	±1.0
厚度	±0.3	±0.4
线路	±0.6	±1.0
联长	±1.5	±2.0

注：线路是指一联砖内行间的空隙；联长是每联砖的边长。

2) 外观质量缺陷

陶瓷马赛克外观质量的允许范围应符合表 11-6 中的规定。

表 11-6 陶瓷马赛克外观质量的允许范围(JC/T 456—2005)

缺陷名称		单块砖最大边长(mm)								备注
		≤25				>25				
		优等品		合格品		优等品		合格品		
		正面	背面	正面	背面	正面	背面	正面	背面	
夹层、釉裂、开裂		不允许				不允许				—
斑点、粘疤、起泡、坯粉、麻面、波纹、缺釉、桔釉、棕眼、落脏、熔洞		不明显		不严重		不明显		不严重		—
缺角	斜边长(mm)	<2.0	<4.0	2.0~3.5	4.0~5.5	<2.3	<4.5	2.3~4.3	4.5~6.5	正背面缺角不允许在同一角部。正面只允许缺角1处
	深度(mm)	不大于砖厚的2/3				不大于砖厚的2/3				
缺边	长度(mm)	<3.0	<6.0	3.0~5.0	6.0~8.0	<4.5	<8.0	4.5~7.0	8.0~10.0	正背面缺边不允许出现在同一侧面。同一侧面边不允许有2处缺边;正面只允许2处缺边
	宽度(mm)	<1.5	<2.5	1.5~2.0	2.5~3.0	<1.5	<3.0	1.5~2.0	3.0~3.5	
	深度(mm)	<1.5	<2.5	1.5~2.0	2.5~3.0	<1.5	<2.5	1.5~2.0	2.5~3.5	
变形	翘曲(mm)	不明显				0.3		0.5		—
	大小头(mm)	0.2		0.4		0.6		1.0		

3) 物理化学性能

(1) 吸水率。无釉陶瓷马赛克的吸水率不大于 0.2%,有釉陶瓷马赛克吸水率不大于 1.0%。

(2) 耐磨性。无釉陶瓷马赛克耐深度磨损体积不大于 175 mm³;用于铺地的有釉陶瓷马赛克表面耐磨性应报告磨损等级和转数。

(3) 抗热震性。经五次抗热震性试验不出现炸裂或裂纹。

(4) 抗冻性和耐化学腐蚀性。由供需双方协商。

3. 特点与应用

陶瓷马赛克质地坚实、吸水率小、耐酸、耐碱、耐火、耐磨、易清洗、色彩丰富、图案美观、色泽稳定、单块元素小巧玲珑,可拼出风景、动物、花草及各种抽象图案,适用于喷泉、游泳池、酒吧、体育馆和公园等处的装饰,也常用于家庭卫生间、浴池、阳台、餐厅、客厅的地面和墙面装饰以及建筑的外墙装饰。

五、新型建筑装饰陶瓷制品

1. 劈离砖

劈离砖是将一定配比的原料经粉碎、炼泥、真空挤压成形、干燥、高温烧结而成。由于成形时为双砖背连坯体,烧成后再劈裂成两块砖,故称劈离砖,又称劈裂砖。

劈离砖强度高、吸水率低、抗冻性强、防潮防腐、耐磨耐压、耐酸碱且防滑;色彩丰富,自然柔和,表面质感变幻多样,细质的清秀,粗质的浑厚;表面施釉的,光泽晶莹、富丽堂皇,表面无釉的,质朴典雅大方,无反射眩光。

劈离砖的主要规格有:240 mm×52 mm×11 mm、240 mm×115 mm×11 mm、194 mm×94 mm×11 mm、190 mm×190 mm×13 mm、194 mm×94 mm×13 mm、240 mm×52 mm×13 mm、240 mm×115 mm×13 mm 等。

劈离砖适用于建筑的内墙、外墙、地面、台阶、地坪及游泳池等建筑部位,厚度大的劈离砖适用于公园、广场、停车场、人行道等露天地面的铺设。

2. 渗花砖

渗花砖的生产不同于在坯体表面施釉的墙地砖,它是采用焙烧时可渗入到坯体表面下1~3 mm的着色颜料,使砖面呈现各种色彩和图案,然后经磨光或抛光表面而成。渗花砖强度高、吸水率低,特别是已渗到坯体的色彩图案,具有良好的耐磨性,用于铺地经长期磨损而不脱落、不褪色。

渗花砖常用的规格有 300 mm×300 mm,400 mm×400 mm,450 mm×450 mm,500 mm×500 mm 等,厚度为 7~8 mm。渗花砖不仅强度高、耐磨、耐腐蚀、耐污染、经久耐用,而且表面抛光处理后光滑晶莹,色泽花纹丰富多彩,可广泛应用于各类高级建筑和现代住宅的室内外地面和墙面装饰。

3. 玻化砖

玻化砖亦称全瓷玻化砖,是以优质的瓷土为原料,在 1 230 ℃以上的高温下,使砖中的熔融成分呈玻璃态,具有玻璃般的亮丽质感的一种新型高级铺地砖。玻化砖烧结程度很高,坯体致密。虽然表面不上釉,但吸水率很低(小于 0.5%),具有强度高、耐磨、耐酸碱、不褪色、易清洗、耐污染等特点,主要色系有白色、灰色、黑色、黄色、红色、蓝色、绿色、褐色等。调整其着色颜料的比例和制作工艺,可使砖面呈现不同的纹理、斑点,使其极似天然石材。

玻化砖有抛光和不抛光两种,主要规格有 300 mm×300 mm、500 mm×500 mm、600 mm×600 mm、800 mm×800 mm、1 000 mm×1 000 mm、1 200 mm×1 200 mm 等,常用的规格是 600 mm×600 mm、800 mm×800 mm、1 000 mm×1 000 mm,适用于各类大中型商业建筑、旅游建筑、观演建筑的室内外墙面和地面的装饰,也适用于民用住宅的室内地面装饰,是一种中高档的饰面材料。

4. 金属釉面砖

金属釉面砖是采用釉面砖表面热喷涂着色工艺,使砖表面呈现金、银等金属光泽,也称金属光泽釉面砖。该产品具有光泽耐久、质地坚韧、网纹淳朴、赋予墙面装饰静态的美,还有良好的热稳定性、耐酸性、易于清洁、装饰效果好等性能,适用于高级宾馆、饭店以及酒吧、咖啡厅等娱乐场所的墙面、柱面等装饰,其特有的金属光泽和镜面效果,使人在雍容华贵中享受到浓郁的现代气息。

复习思考题

一、填空题

1. 根据陶瓷制品的特点,陶瓷可分为_____、_____、_____三大类。
2. 陶瓷的表面装饰有_____、_____、_____三种。
3. 瓷质砖、炻瓷砖、细炻砖、炻质砖、陶质砖的吸水率(E)分别为_____、_____、_____、_____、_____。

二、单项选择题

1. 下列材料不是陶瓷制品的是(　　)。
   A. 瓷砖　　　　　B. 陶盆　　　　　C. 砖　　　　　D. 玻璃
2. 建筑装饰中,目前陶瓷地砖的最大尺寸为(　　)mm。
   A. 500　　　　　B. 800　　　　　C. 1 000　　　　　D. 1 200
3. 根据建筑装饰材料的环保指标,在选用Ⅰ类民用建筑室内装饰陶瓷制品时应选择(　　)装饰陶瓷制品。
   A. A类　　　　　B. C类　　　　　C. B类　　　　　D. 都可以

三、简答题

1. 什么是建筑陶瓷? 陶瓷如何分类? 各类的性能特点如何?
2. 陶瓷的主要原料组成是什么?
3. 什么是釉? 其作用是什么?
4. 釉面内墙砖有哪些种类? 其特性是什么? 它适用于什么部位?
5. 釉面内墙砖为什么不能用于室外?
6. 陶瓷墙地砖有哪些种类? 各有何特点?
7. 试述新型墙地砖的种类、特点及主要用途。

单元十二　木质装饰材料

学习目标
1. 熟悉各种木质装饰材料的规格、特点及工程应用。
2. 理解木材的基本性能及影响因素。
3. 了解木材的分类及构造。

项目一　木材的基本知识

主要内容	知识目标	技能目标
木材的分类，木材的构造，木材的基本性质	理解木材的基本性质及影响因素，了解木材的分类与构造	理解环境条件对木材性质的影响，以便合理地选择和使用木材

木材在建筑工程的应用已有悠久的历史。我国在古建筑中大量使用木材，如屋架、房梁、立柱、门窗、地板以及室内装饰等。随着建筑工业的不断发展，在现代建筑中，木材作为承重材料，早已被钢材和混凝土所替代。同时，由于木材的生长周期比较长，过度砍伐也会影响到生态环境的平衡，所以木材在现代建筑结构中已基本不再使用，而广泛应用于建筑装饰工程中。

木材具有许多优点：轻质高强、易于加工；有较高的弹性和韧性；导热性能低；木材以美丽的天然花纹，给人以淳朴、亲切的质感，表现出朴实无华的自然美，具有独特的装饰效果。但木材也有缺点，内部结构不均匀，导致各向异性；干缩湿胀变形大；易腐朽、虫蛀；易燃烧；天然疵点较多等。随着木材加工和处理技术的提高，这些缺点将得到很大程度的改善。

一、木材的分类

木材是由树木加工而成的。按树叶的不同，树木可分为针叶树和阔叶树两大类。

1. 针叶树

针叶树树叶细长如针，多为常绿树，树干高大通直，材质轻软，纹理平顺、均匀，易于加工，又称为"软木材"。针叶树强度较高，表观密度和胀缩变形较小，常含有较多的树脂，因而耐腐蚀性较强。建筑上常用的针叶树有：杉木、柏木、红松、云杉、冷杉、落叶松及其他松木。针叶树树材主要用作承重构件、装修材料，是主要的建筑用材。

2. 阔叶树

阔叶树树叶宽大，叶脉成网状，一般大都为落叶树，树干较短，树杈较大，数量较少。大部分阔叶树木材的表观密度大，材质较硬，加工较难，又称为"硬木材"。阔叶树材较重，强度高，材板通常美观，具有很好的装饰效果，但胀缩和翘曲变形大，易开裂，在建筑中常用于制作尺寸较小的装修和装饰等构件。有些硬木经加工后出现美丽的纹理,特别适用于室内装修、制作家具及胶合板等。常用的树种有榉木、柞木、水曲柳、槐木、榆木、栎木等。

二、木材的构造

木材的构造是决定木材性质的主要因素。由于树种和树木生长的环境不同,造成其构造差异较大。一般从木材的宏观和微观两方面来研究其构造。

1. 宏观构造

宏观构造是指用肉眼和放大镜能观察到的组织结构。由于木材是各向异性的,通常从树干的横切面(垂直于树轴的面)、径切面(通过树轴的纵切面)和弦切面(平行于树轴的纵切面)三个切面上剖析,了解其构造。木材的宏观构造如图12-1所示,从图中可以观察到,树木是由树皮、木质部和髓心等几部分组成。

(1)树皮。由外皮、软木组织和内皮组成,是储藏养分的场所和运输叶子制造养分下降的通道,同时可以保护树干。一般树的树皮在工程中没有使用价值,只有黄菠萝和栓皮栎两种树的树皮是生产高级保温材料软木的原料。

(2)髓心。位于树干的中心,是木材最早生成的部分,质地疏松脆弱,强度低,容易腐蚀和被虫蛀蚀。

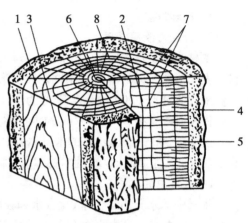

1—横切面;2—径切面;3—弦切面;4—树皮;
5—木质部;6—髓心;7—髓线;8—年轮
图 12-1　木材的宏观构造

(3)木质部。位于髓心和树皮之间的部分,是木材使用的主要部分。一般木材的构造即是指木质部的构造。在木质部的构造中,许多树种的木质部接近树干中心的部分呈深色,称心材;靠近外围的部分色较浅,称边材。一般说,心材比边材的利用价值大。具有心材和边材的木材称为心材类,如松木、柞木和水曲柳等;木质部颜色基本相同的木材称边材。

(4)髓线。从髓心向外的辐射线,称为髓线,它与周围联结差,干燥时易沿此开裂。由横行薄壁细胞组成,其功能为横向传递和储存养分。在横切面上,髓线以髓心为中心,呈放射状分布;从径切面上看,髓线为一横向的带条。年轮和髓线组成了木材美丽的天然纹理。

(5)年轮。横切面上深浅相间的同心圆环称为年轮。年轮由春材和夏材两部分组成,春材是春天生长的木质,色较浅,材质松软;夏材是夏秋两季生长的木质,色较深,材质坚硬。相同树种,年轮越密且均匀则材质就越好,夏材部分越多,木材强度越高。

2. 微观构造

微观构造是在显微镜下观察到的木材组织。在显微镜下可清楚观察到,木材由无数管状细胞紧密结合而成,绝大部分纵向排列,少数横向排列(髓线)。每一个细胞分为细胞壁和细胞腔两部分,细胞壁是由纤维组成的,其纵向联结较横向牢固。木材的细胞壁越厚,腔越小,木材越密实,表观密度大,强度也较高,但胀缩大。

针叶树的微观构造如图12-2所示。针叶树材显微构造简单而规则,主要由管胞、髓线和树脂道组成,其中管胞占总体积的90%以上,髓线较细而不明显。阔叶树材显微构造较复杂,细胞主要有木纤维、导管和髓线等,髓线很发达,粗大而明显。

三、木材的基本性质

木材的性质包括物理性质和力学性质。物理性质包括密度、表观密度、含水率、湿胀干缩等。力学性质主要是指木材的强度。

1. 物理性质

1) 密度与表观密度

木材的密度基本相同,平均为 $1.55\ \text{g/cm}^3$。木材的表观密度因树种不同而不同。大多数木材的表观密度为 $400\sim600\ \text{kg/m}^3$,平均为 $500\ \text{kg/m}^3$。一般将表观密度小于 $400\ \text{kg/m}^3$ 的木材称为轻材,表观密度在 $500\sim800\ \text{kg/m}^3$ 的木材称为中等材,而将表观密度大于 $800\ \text{kg/m}^3$ 的木材称为重材。

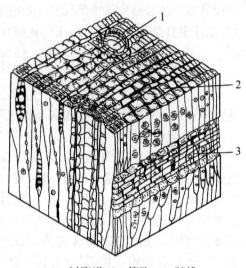

1—树脂道;2—管胞;3—髓线

图 12-2 针叶树马尾松的微观构造

2) 木材中的水分

木材中的水分由自由水、化合水和吸附水三部分组成。

(1) 自由水。自由水存在于木材细胞腔内和细胞间隙中的水分,木细胞对其约束很弱。木材干燥时,自由水首先蒸发,影响木材的表观密度、抗腐蚀性、燃烧性和干燥性。

(2) 化合水。化合水是构成木材化学成分中的结合水,总含量通常不超过 $1\%\sim2\%$,随树种的不同而异。它在常温下不变化,对木材性质的影响也不大。

(3) 吸附水。吸附水是渗透于细胞壁中的水分,其含量多少与细胞壁厚度有关。木材受潮时,细胞壁会首先吸水而使体积膨胀;而木材干燥时吸附水会缓慢蒸发而使体积收缩。因此,吸附水含量的变化将直接影响木材体积的大小和强度的高低。

当干燥木材吸收环境中的水分时,会首先将其吸附于细胞壁中而成为吸附水;待吸附水饱和后,再吸入的水分才进入细胞腔或细胞间隙而成为自由水。当含水率较高的木材处于干燥环境中时,最先脱离木材而进入环境中的水分是自由水,然后才是吸附水。

3) 木材的含水率

木材的含水率是指木材中所含水分质量与木材干燥质量的百分比。

(1) 木材的纤维饱和点。当木材中的吸附水达到饱和,且尚无自由水存在时的含水率称为纤维饱和点。木材的纤维饱和点与其细观结构有关,木材的纤维饱和点随树种而异,一般为 $25\%\sim35\%$,平均值约为 30%。纤维饱和点是含水率是否影响强度和胀缩性能的临界点。在纤维饱和点之上,含水量变化是自由水含量的变化,它对木材强度和体积影响甚微;在纤维饱和点之下,含水量变化即吸附水含量的变化将对木材强度和体积等产生较大的影响。

(2) 木材的平衡含水率。木材长时间暴露在一定温度和湿度的空气中,干燥的木材能从空气中吸收水分,潮湿的木材能向周围释放水分,直到木材的含水率与周围空气的相对湿度达到平衡为止。木材所含水分与周围空气的相对湿度达到平衡时的含水率称为平衡含水率,是木材干燥加工时的重要控制指标。木材的平衡含水率随其所在地区不同而异,我国北方为 12% 左右,南方为 18% 左右,长江流域一般为 15% 左右。

4) 湿胀干缩

木材具有显著的湿胀干缩性,其规律是:当木材的含水率在纤维饱和点以下时,随着含水率的增大,木材体积产生膨胀,随着含水率减小,木材体积收缩;而当木材含水率在纤维饱和点以上、只是自由水增减变化时,木材的体积不发生变化。纤维饱和点是木材发生湿胀干缩变形的转折点。

由于木材为非匀质构造,其构造不均匀,各方向的胀缩也不同,同一木材弦向胀缩最大,径向其次,而顺纤维的纵向最小。木材干燥时,弦向干缩为 6%~12%;径向干缩为 3%~6%;纵向干缩为 0.1%~0.35%。木材的湿胀干缩变形还随树种不同而异,一般来说,表观密度大、夏材含量多的木材,胀缩变形就较大。板材距髓心越远,由于其横向更接近于典型的弦向,因而干燥时收缩越大,致使板材产生背向髓心的反翘变形,如图 12-3 所示。

木材具有较强的吸湿性。当环境温度、湿度变化时,木材的含水率会发生变化。木材的吸湿性对木材的性质,特别是对木材的湿胀干缩影响很大。因此,在木材加工制作前预先将其进行干燥处理,使木材干燥至其含水率与将制作的木构件使用时所处环境的平衡含水率基本一致。

图 12-3　木材干燥后截面形状的变化

2. 力学性质

根据外力的作用方式不同,木材的强度主要有抗压强度、抗拉强度、抗弯强度和抗剪强度。由于木材是各向异性的材料,在不同的纹理方向上强度表现不同。当以顺纹抗压强度为 1 时,理论上木材的不同纹理间的强度关系见表 12-1。

表 12-1　木材各种强度间的关系

抗拉		抗压		抗剪		抗弯
顺纹	横纹	顺纹	横纹	顺纹	横纹	
2~3	1/20~1/3	1	1/10~1/3	1/7~1/3	1/2~1	1.5~2.0

木材的强度除与自身的树种构造有关之外,还与含水率、疵病、负荷时间、环境温度等因素有关。当含水率在纤维饱和点以下时,木材的强度随含水率的增加而降低;含水率在纤维饱和点以上时,水分增加,对木材的强度无影响。木材的天然疵病,如节子、构造缺陷、裂纹、腐朽、虫蛀等都会明显降低木材强度。木材在长期荷载作用下的强度会降低 50%~69%。木材使用环境温度超过 50 ℃ 或受冻融作用后强度也会降低。

项目二 常用木质装饰制品

主要内容	知识目标	技能目标
木质人造板材，木质地板，木装饰线条	掌握各种木质人造板材、木质地板、木装饰线条的规格、性能与应用	能根据装饰工程特点及环境条件，合理选择和使用各种木质装饰制品

一、木质人造板材

人造板材是建筑装饰工程中使用量最大的一种材料。在我国森林资源日渐短缺的情况下，设法充分利用木材的边角废料以及废木材等，加工制成各种人造板材是综合利用木材的主要途径。常用的木质人造板材有胶合板、刨花板、密度板、细木工板、木丝板和木屑板等。

1. 胶合板

普通胶合板是用原木旋切成薄片，再用胶黏剂按奇数层数，以各层纤维互相垂直的方向黏合热压而成的人造板材。我国常用的原木主要有桦木、杨木、水曲柳、松木、椴木、马尾松及部分进口原木。胶合板的层数应为奇数，按胶合板的层数，可分为三合板、五合板、七合板、九合板等，一般常用的是三合板和五合板。

普通胶合板按耐水程度分为三类：Ⅰ类，耐气候胶合板，供室外条件下使用；Ⅱ类，耐水胶合板，供潮湿条件下使用；Ⅲ类，不耐潮胶合板，供干燥条件下使用；按成品板上可见的材质缺陷和加工缺陷的数量和范围分成优等品、一等品和合格品三个等级，这三个等级的面板均应砂(刮)光，特殊需要的可不砂(刮)光或两面砂(刮)光。

胶合板的幅面尺寸见表 12-2，胶合板的甲醛释放限量见表 12-3，胶合板的尺寸公差、物理力学性能、外观质量等指标见规范《胶合板 第 2 部分：尺寸公差》(GB/T 9846.2—2004)、《胶合板 第 3 部分：普通胶合板通用技术条件》(GB/T 9846.3—2004)和《胶合板 第 4 部分：普通胶合板外观分等技术条件》(GB/T 9846.4—2004)。

表 12-2 胶合板的幅面尺寸   mm

宽度	长度				
	915	1 220	1 830	2 135	2 440
915	915	1 220	1 830	2 135	—
1 220	—	1 220	1 830	2 135	2 440

表 12-3 甲醛释放限量

级别标志	限量值	使用范围
E_0	≤0.5 mg/L	可直接用于室内
E_1	≤1.5 mg/L	可直接用于室内
E_2	≤5.0 mg/L	经饰面处理后达到 E_1 级方可用于室内

胶合板板材幅面大,易于加工;板材的纵向和横向的抗拉、抗剪强度均匀,适应性强;板面平整,收缩性小,不翘不裂;板面具有美丽的木纹,是装饰工程中使用最频繁、数量最大的板材,既可以做饰面板的基材,又可以直接用于装饰面板,能获得天然木材的质感。

2. 细木工板

细木工板,又称大芯板,是具有实木板芯的胶合板。细木工板的中间木条材质一般有杨木、桐木、杉木、柳安、白松等。按表面加工状态不同,可分为单面砂光、双面砂光和不砂光 3 种;按使用环境分为室内用细木工板和室外用细木工板;按层数分为三层细木工板、五层细木工板和多层细木工板;按外观质量和翘曲度分为优等品、一等品和合格品。

细木工板的幅面尺寸见表 12 - 4,细木工板的甲醛释放限量要求同普通胶合板,细木工板的尺寸偏差、外观质量、物理力学性能等指标见规范《细木工板》(GB/T 5849—2006)。

表 12 - 4　细木工板的幅面尺寸(GB/T 5849—2006)　　mm

宽度	长度				
915	915	—	1 830	2 135	—
1 220	—	1 220	1 830	2 135	2 440

细木工板具有密度小、变形小、强度高、尺寸稳定性好、握钉力强等优点,因此是家庭装修中墙体、顶部装修和制作家具必不可少的木材制品。

3. 密度板

密度板也称纤维板,是以木质纤维或其他植物纤维为原料,经纤维制备,施加合成树脂,在加热加压条件下,压制而成的一种板材。密度板比一般的板材要致密,按其密度的不同,分为高密度板、中密度板、低密度板。常用的密度板是中密度板(中密度纤维板),其名义密度范围在 $0.65 \sim 0.80 \ \mathrm{g/cm^3}$。

中密度纤维板按用途分为普通型、家具型、承重型 3 类,每类按适用环境条件又分为适于干燥、潮湿、高湿度、室外环境 4 种类型。按外观质量分为优等品和合格品两个等级。

中密度纤维板的幅面尺寸:宽度为 1 220 mm(1 830 mm),长度为 2 440 mm。中密度纤维板的尺寸偏差、含水率、物理力学性能等指标见规范《中密度纤维板》(GB/T 11718—2009)。

中密度纤维板的结构均匀、密度适中、力学强度较高、尺寸稳定性好、变形小、表面光滑、边缘牢固,且板材表面的装饰性能好,所以它可制成各种型面,用于制作强化木地板、家具、船舶和车辆以及隔断、隔墙、门等建筑装饰材料。中密度纤维板的缺点是加工精度和工艺要求较高,造价较高;因其密度高,因此必须使用精密锯切割,不宜在装修现场加工;此外,握钉力较差。

4. 刨花板

刨花板是由木材碎料(木刨花、锯末或类似材料)或非木材植物碎料(亚麻屑、甘蔗渣、麦秸、稻草或类似材料)与胶黏剂一起热压而成的板材。

刨花板按原料不同分为木材刨花板、甘蔗渣刨花板、亚麻屑刨花板、竹材刨花板等,按表面状态分为未砂光板、砂光板、涂饰板、装饰材料饰面板,按用途分为干燥状态下使用的普通用板、干燥状态下使用的家具及室内装修用板、干燥状态下使用的结构用板、潮湿状态下使用的结构用板、干燥状态下使用的增强结构用板、潮湿状态下使用的增强结构用板。

刨花板的主要技术要求如下:

(1) 厚度。刨花板的厚度为 4、6、8、10、12、14、16、19、22、25 和 30 mm 等,较多使用的

是 16 mm。

（2）幅面。刨花板的幅面尺寸为 1 220 mm×2 440 mm。

（3）刨花板的外观质量、尺寸偏差、物理力学性能等指标应符合规范《刨花板　第 1 部分：对所有板型的共同要求》(GB/T 4897.1—2003)～《刨花板　第 7 部分：在潮湿状态下使用的增强结构用板要求》(GB/T 4897.7—2003)的要求。

刨花板板面平整、挺实，纵向和横向强度一致，隔声、防霉、经济、保温。刨花板由于内部为交叉错落的颗粒状结构，因此握钉力好，造价比中密度板便宜，并且甲醛含量比细木工板低，是最环保的人造板材之一。但是，不同产品间质量差异大，不易辨别，抗弯性和抗拉性较差，密度较低，容易松动。刨花板属于低档次的装饰材料，一般主要用作绝热、吸声材料，用于地板的基层（实铺）、吊顶、隔墙、家具等。

5. 木丝板、木屑板

木丝板、木屑板是用短小废料刨制的木丝、木屑等为原料，经干燥后拌入胶料，再经热压成形而制成的人造板材。所用胶结料可为合成树脂，也可用水泥、菱苦土等无机胶凝材料。

这类板材一般体积密度小，强度较低，主要用作绝热和吸声材料。有的表层做了饰面处理，如粘贴塑料贴面后，可用作吊顶、隔墙、家具等材料。

6. 装饰单板贴面人造板

装饰单板贴面人造板是利用普通单板、调色单板、集成单板和重组装饰单板等胶贴在各种人造板表面制成的板材。

装饰单板贴面人造板按人造板基材品种分为装饰单板贴面胶合板、装饰单板贴面细木工板、装饰单板贴面刨花板和装饰单板贴面中密度纤维板。按装饰单板品种分为普通单板贴面人造板、调色单板贴面人造板、集成单板贴面人造板和重组装饰单板贴面人造板。按装饰面可分为单面装饰单板贴面人造板和双面装饰单板贴面人造板。按耐水性能可分为Ⅰ类装饰单板贴面人造板、Ⅱ类装饰单板贴面人造板和Ⅲ类装饰单板贴面人造板。

装饰单板贴面人造板的幅面尺寸见表 12-5，装饰单板贴面人造板的甲醛释放限量应满足表 12-6 中的要求，装饰单板贴面人造板的尺寸偏差、外观质量、物理力学性能等指标见规范《装饰单板贴面人造板》(GB/T 15104—2006)。

表 12-5　装饰单板贴面人造板的幅面尺寸(GB/T 15104—2006)　　　　mm

宽度	长度				
915	915	1 220	1 830	2 135	—
1 220		1 220	1 830	2 135	2 440

表 12-6　装饰单板贴面人造板的甲醛释放限量(GB/T 15104—2006)

级别标志	限量值		备注
	装饰单板贴面胶合板、装饰单板贴面细木工板等	装饰单板贴面刨花板、装饰单板贴面中密度纤维板等	
E_0	≤0.5 mg/L	—	可直接用于室内
E_1	≤1.5 mg/L	≤9.0 mg/100 g	可直接用于室内
E_2	≤5.0 mg/L	≤30.0 mg/100 g	经处理并达到 E_1 级后允许用于室内

二、木质地板

1. 实木地板

实木地板是指用木材直接加工而成的地板。实木地板由于其天然的木材质地,润泽的质感、柔和的触感、自然温馨、冬暖夏凉、脚感舒适、高贵典雅而深受人们的喜欢。

规范《实木地板　第1部分:技术要求》(GB/T 15036.1—2009)规定,实木地板按形状分为榫接、平接和仿古实木地板;按表面有无涂饰分为涂饰和未涂饰实木地板;按表面涂饰类型分为漆饰和油饰实木地板。

实木地板按其外观质量、物理性能分为优等品、一等品和合格品。

实木地板的尺寸应符合表12-7的要求,实木地板的尺寸偏差、形状位置偏差、外观质量、物理性能等指标应符合规范《实木地板　第1部分:技术要求》(GB/T 15036.1—2009)规定。

表12-7　实木地板的尺寸　　　　　　　　　　　　　mm

长度	宽度	厚度	榫舌宽度
≥250	≥40	≥8	≥3.0

1)平接实木地板

六面均为平直的长方体及六面体或工艺形多面体木地板。它一般是以纵剖面为耐磨面的地板,生产工艺简单,可根据个人爱好和技艺,铺设成普通或各种图案的地板。但加工精度较高,整个板面观感尺寸较碎,图案显得零散。主要规格有155 mm×22.5 mm×8 mm、250 mm×50 mm×10 mm、300 mm×60 mm×10 mm。平接实木地板用途广,除作地板外,也可作拼花板、墙裙装饰以及天花板吊顶等室内装饰。

2)榫接实木地板

板面呈长方形,其中一侧为榫,另一侧有槽,其背面有抗变形槽。由于铺设时榫和槽必须结合紧密,因而生产技术要求较高,对木质的要求也高,要求不易变形。该板规格甚多,小规格为200 mm×40 mm×(12～15)mm,250 mm×50 mm×(15～20)mm,大规格的长条榫接地板可达(400～4 000)mm×(60～120)mm×(15～20)mm。目前市场上多数榫接实木地板是经过油漆的成品地板,一般称"漆板",漆板在工厂内加工、油漆、烘干,质量较高,现场油漆一般不容易达到其质量水平,漆板安装后不必再进行表面刨平、打磨、油漆。

3)仿古实木地板

仿古实木地板是仿古地板的一种,即实木地板表面做成仿古效果,通过特殊工艺把表面处理成凹凸不平,仿古实木地板的表面不是光滑平整的,而是像经过很多年岁月洗涤,一般呈现自然凹凸和古旧痕迹,有浓浓的历史感。

仿古实木地板美观,有艺术感,但由于表面是凹凸的,耐磨性稍差,特别是凸起的部分容易会先被磨损,而且由于是实木地板,平时得注意保养,对室内的温度和湿度都有要求。

2. 实木复合地板

以实木板或单板为面层、实木条为芯层、单板为底层制成的企口地板和以单板为面层、胶合板为基材制成的企口地板称为实木复合地板。

　　1）实木复合地板的分类

　　（1）按面层材料分为实木拼板作为面层的实木复合地板、单板作为面层的实木复合地板。

　　（2）按结构分为三层结构实木复合地板、以胶合板为基材的实木复合地板。

　　（3）按表面有无涂饰分为涂饰实木复合地板、未涂饰实木复合地板。

　　（4）按甲醛释放量分为 A 类实木复合地板（甲醛释放量≤9 mg/100 g）、B 类实木复合地板（甲醛释放量＞9～40 mg/100 g）。

　　2）实木复合地板的技术要求

　　（1）质量等级。根据实木复合地板的外观质量、理化性能分为优等品、一等品和合格品。

　　（2）实木复合地板组成单元的技术要求如下：

　　① 三层结构实木复合地板的技术要求。

　　面层常用树种为水曲柳、桦木、山毛榉、栎木、榉木、枫木、楸木、樱桃木等；面层由板条组成，板条常见宽度为 50、60 和 70 mm，厚度为 3.5 和 4.0 mm。

　　芯层常用树种：杨木、松木、泡桐、杉木、桦木等；芯层由板条组成，板条常用厚度为 8 和 9 mm。芯板条之间的缝隙不能大于 5 mm。

　　底层单板树种通常为杨木、松木、桦木等；底层单板常见厚度规格为 2.0 mm。

　　② 以胶合板为基材的实木复合地板的技术要求。

　　面层通常为装饰单板；树种通常为水曲柳、桦木、山毛榉、栎木、榉木、枫木、楸木、樱桃木等；常见厚度规格为 0.3、1.0 和 1.2 mm。

　　基材：胶合板不低于规范《胶合板　第 1 部分：分类》（GB 9846.1）、《胶合板　胶合强度的测定》（GB 9846.12）和《热带阔叶树材普通胶合板》（GB/T 13009）中二等品的技术要求。基材要进行严格挑选和必要的加工，不能留有影响饰面质量的缺陷。

　　（3）规格尺寸。三层结构实木复合地板的规格尺寸见表 12-8，以胶合板为基材的实木复合地板的规格尺寸见表 12-9。

表 12-8　三层结构实木复合地板的规格尺寸　　　　　　　mm

长度	宽度			厚度
2 100	180	189	205	14、15
2 200	180	189	205	

表 12-9　以胶合板为基材的实木复合地板的规格尺寸　　　　　mm

长度	宽度				厚度
2 200	—	189	225	—	8、12、15
1 818	180	—	225	303	

　　实木复合地板的尺寸偏差、外观质量、理化性能等指标应符合规范《实木复合地板》（GB/T 18103—2000）的规定。

　　实木复合地板继承了实木地板典雅自然、脚感舒适、保温性能好的特点，克服了实木地板因单体收缩,容易起翘裂缝的不足,具有较好的尺寸稳定性,且防虫、阻燃、绝缘、隔潮、耐腐蚀,是实木地板的换代产品。

实木复合地板加工精度高,表层、芯层、底层各层的工艺要求相对其他木地板高,因此结构稳定,安装效果好。

3. 浸渍纸层压木质地板

浸渍纸层压木质地板(商品名称为强化木地板)是以一层或多层专用纸浸渍热固性氨基树脂,铺装在刨花板、高密度纤维板等人造板基材表面,背面加平衡层,正面加耐磨层,经热压、成形而成的地板。

1) 强化木地板的分类

(1) 按用途分:商用级浸渍纸层压木质地板、家用 I 级浸渍纸层压木质地板、家用 II 级浸渍纸层压木质地板。

(2) 按地板基材分:以刨花板为基材的浸渍纸层压木质地板、以高密度纤维板为基材的浸渍纸层压木质地板。

(3) 按装饰层分:单层浸渍装饰纸层压木质地板、热固性树脂浸渍纸高压装饰层积板层压木质地板。

(4) 按表面的模压形状分:浮雕浸渍纸层压木质地板、光面浸渍纸层压木质地板。

(5) 按表面耐磨等级分:商用级(耐磨转数≥9 000 转)、家用 I 级(耐磨转数≥6 000 转)、家用 II 级(耐磨转数≥4 000 转)。

(6) 按甲醛释放量分:E_0 级浸渍纸层压木质地板(甲醛释放量≤0.5 mg/L)、E_1 级浸渍纸层压木质地板(甲醛释放量≤1.5 mg/L)。

2) 强化木地板的技术要求

(1) 质量等级。根据产品的外观质量、理化性能强化木地板分为优等品、合格品两个等级。

(2) 规格尺寸。浸渍纸层压木质地板的幅面尺寸为(600~2 430)mm×(60~600)mm,厚度为 6~15 mm,榫舌宽度应大于或等于 3 mm。

浸渍纸层压木质地板的尺寸偏差、外观质量、理化性能等指标应符合规范《浸渍纸层压木质地板》(GB/T 18102—2007)的要求。

与实木地板相比,强化木地板耐磨性强,表面装饰花纹整齐,色泽均匀,抗压性强,抗冲击、抗静电、耐污染、耐光照、耐香烟灼烧、安装方便、保养简单、价格便宜,便于清洁护理。但弹性和脚感不如实木地板,水泡损坏后不可修复,另外,胶黏剂中含有一定的甲醛,应严格控制在国家标准范围之内。此外,从木材资源综合利用的角度来看,强化地板更有利于木材资源的可持续利用。

4. 竹地板

竹地板是指把竹材加工成竹片后,再用胶黏剂胶合、加工成的长条企口地板。它采用天然竹材和先进加工工艺,经制材、脱水防虫、高温高压碳化处理,再经压制、胶合、成形、开槽、砂光、油漆等工序精制加工而成。

1) 竹地板的分类

(1) 按结构可分为多层胶合竹地板、单层侧拼竹地板。

(2) 按表面有无涂饰分为涂饰竹地板、未涂饰竹地板。

（3）按表面颜色分为本色竹地板、漂白竹地板、炭化竹地板。

2）竹地板的主要技术要求

（1）质量等级。竹地板分为优等品、一等品、合格品三个等级。

（2）规格尺寸。竹地板的面层净长：900、915、920 和 950 mm；面层净宽：90、92、95 和 100 mm；厚度：9、12、15 和 18 mm。

竹地板的尺寸偏差、外观质量、理化性能等指标应符合规范《竹地板》（GB/T 20204—2006）的要求。

竹地板色差比较小、色泽自然、均匀，色调高雅，纹理通直，刚劲流畅，表面硬度高，不易变形，并且竹地板的热传导性能、热稳定性能、环保性能、抗变形性能都要比木质地板好一些，非常适合地热采暖。

三、木装饰线条

木装饰线条简称木线，是选用质硬、结构细密、材质较好的木材，经过干燥处理后，再机械加工或手工加工而成。木线可油漆成各种色彩和木纹本色，又可进行对接、拼接，还可弯曲成各种弧线。木线在室内装饰中主要起着固定、连接、加强装饰饰面的作用。

木线种类繁多，每类木线又有多种断面形状，各种木线的外形见图 12-4。木线按材质不同可分为硬杂木线、进口洋杂木线、白元木线、水曲柳木线、山樟木线、核桃木线、柚木线等；按功能可分为压边线、柱角线、压角线、墙角线、墙腰线、上楣线、覆盖线、封边线、镜框线等；按外形可分为半圆线、直角线、斜角线、指甲线等；从款式上可分为外凸式、内凹式、凸凹结合式、嵌槽式等。

木线具有表面光滑，棱角、棱边、弧面弧线垂直，轮廓分明，耐磨、耐腐蚀，不劈裂，上色性、黏结性好等特点，在室内装饰中应用广泛。

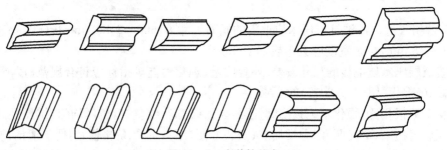

图 12-4　木装饰线条

复习思考题

一、填空题

1. ＿＿＿＿＿和＿＿＿＿＿组成了木材的天然纹理。

2. ＿＿＿＿＿是木材物理性质发生变化的转折点。

3. 木材中所含的水分由＿＿＿＿＿、＿＿＿＿＿和＿＿＿＿＿三部分组成。

4. 木材随环境温度的升高其强度会＿＿＿＿＿＿＿。

5. 同一木材弦向胀缩＿＿＿＿＿，径向＿＿＿＿＿，而顺纤维的纵向＿＿＿＿＿。

6. 常用的木质人造板材有＿＿＿＿＿、＿＿＿＿＿、＿＿＿＿＿、＿＿＿＿＿、＿＿＿＿和＿＿＿＿＿等。

7. 常用的木质地板有＿＿＿＿＿、＿＿＿＿＿、＿＿＿＿＿和＿＿＿＿＿等。

二、单项选择题

1. 木材的导热系数随着表观密度增大而（　　），顺纹方向的导热系数（　　）横纹方向。

  A. 减小、小于　　 B. 增大、小于　　 C. 增大、大于　　 D. 减小、大于

2. （　　）是木材的主体。

  A. 木质部　　 B. 髓心　　 C. 年轮　　 D. 树皮

3. 当木材的含水率大于纤维饱和点时，随含水率的增加，木材的（　　）。

  A. 强度降低，体积膨胀　　 B. 强度降低，体积不变

  C. 强度降低，体积收缩　　 D. 强度不变，体积不变

4. 木材的（　　）强度最大。

  A. 顺纹抗拉　　 B. 顺纹抗压

  C. 横纹抗拉　　 D. 横纹抗压

三、多项选择题

1. 影响木材强度的主要因素有（　　）。

  A. 密度　　 B. 含水率　　 C. 负荷时间　　 D. 环境温度

2. 木材的疵病主要有（　　）。

  A. 木节　　 B. 腐朽　　 C. 斜纹　　 D. 虫害

四、判断题

1. 胶合板可消除各向异性及木节缺陷的影响。（　　）

2. 木材的含水率增大时，体积一定膨胀；含水率减少时，体积一定收缩。（　　）

3. 当夏材率高时，木材的强度高，表观密度也大。（　　）

4. 针叶树材强度较高，表观密度和胀缩变形较小。（　　）

五、简答题

1. 木材的优点与缺点是什么？

2. 什么是木材的纤维饱和点？它有何实际意义？

3. 什么是木材的平衡含水率？它有何实际意义？

4. 木材的含水率变化对其强度、变形、导热、表观密度和耐久性有何影响？

5. 常见的木质人造板材有哪几种？如何根据实际情况选用？

6. 木质地板有几种？各有什么特点？

单元十三　建筑塑料、涂料、胶黏剂

学习目标

1. 熟悉常用建筑塑料、建筑涂料、胶黏剂的品种、性质及应用。
2. 了解建筑塑料、建筑涂料及胶黏剂的组成与分类。

项目一　建筑塑料

主要内容	知识目标	技能目标
塑料的基本知识,常用塑料品种,常用建筑塑料制品	熟悉常用建筑塑料制品的特性与用途,了解建筑塑料的组成	能够根据建筑与装饰工程需要,合理地选择和使用建筑塑料制品

塑料是以合成树脂为主要成分,在一定的温度和压力下加工成形的一种高分子材料。一般将用于建筑工程中的塑料及其制品统称为建筑塑料。随着建筑业的快速发展,建筑塑料以其轻质、稳定、保温隔热、便于运输等优点在建筑市场上应用日益广泛,已成为继混凝土、钢材、木材之后的第四种主要建筑材料。

一、塑料的基本知识

1. 塑料的组成

塑料通常是由树脂和添加剂两大部分组成的。

1) 树脂

树脂是受热时可软化,在外力作用下具有流动性,常温下呈玻璃态的高分子聚合物。树脂是塑料的基本成分,大约占 30%～100%。它在塑料中起胶黏其他成分的作用,并影响塑料的力学性质及其受热后的状态。所以,工程中常用树脂的名称来作为塑料的名称。

2) 添加剂

添加剂是指能够帮助塑料易于成形以及赋予塑料更好的性能,如改善使用温度、提高塑料强度、硬度,增加化学稳定性、抗老化性、抗紫外线性能、阻燃性、抗静电性,提供各种颜色及降低成本等,所加入的各种材料。

(1) 填料。填料决定塑料的主要机械、电气和化学稳定性能,它的主要作用是改变或调节塑料的某些物理性能,可提高塑料的强度、硬度及耐热性,并降低塑料成本。如玻璃纤维可以提高塑料的机械强度,云母可以改善塑料的电绝缘性等。常用的填料有木粉、木屑、棉布、石灰石粉、云母、滑石粉、玻璃纤维、石棉纤维等。

(2) 增塑剂。增塑剂的主要作用是提高塑料的可塑性、流动性,改善塑料的强度、韧性、柔性等性能。常用的为不易挥发、与合成树脂相互混溶的液态或低熔点固体有机化合物,如邻苯二甲酸二丁酯、邻苯二甲酸二辛酯、磷酸三甲酚酯及氧化石蜡等。

（3）固化剂。固化剂也称硬化剂,它的主要作用是用于调节塑料的固化速度,使树脂由线形分子交联成网体形,从而使塑料制品具有热固性。通过选择不同的固化剂种类和掺量,可得到不同的固化速度及效果。常用的固化剂有胺类、酸酐、过氧化物等。

（4）稳定剂。稳定剂的作用是防止塑料的老化（即塑料在热、光、氧和其他因素的长期作用下,性能降低的现象）,能够长期保持塑料原有的工程性质。常用的稳定剂有抗老化剂、热稳定剂等,如硬脂酸类、环氧树脂等。

（5）着色剂。着色剂是使塑料制品具有绚丽多彩性的一种添加剂。着色剂除满足色彩要求外,还具有附着力强、分散性好、在加工和使用过程中保持色泽不变、不与塑料组成成分发生化学反应等特性。常用的着色剂是一些有机或无机染料或颜料。

（6）润滑剂。润滑剂是为了改进塑料熔体的流动性,防止塑料在挤出、压延、注射等加工过程中对设备发生黏附现象,改进制品的表面光洁程度,降低界面黏附为目的而加入的添加剂。润滑剂是塑料中重要的添加剂之一,对成形加工和对制品质量有着重要的影响,尤其对聚氯乙烯塑料在加工过程中是不可缺少的添加剂。常用的润滑剂有液状石蜡、硬脂酸、硬脂酸盐等。

（7）其他添加剂。为使塑料能够满足某些特殊要求,还需要加入各种其他添加剂。如紫外线吸收剂、防火剂、阻燃剂、发泡剂等。

2. 塑料的特点

建筑塑料与传统建筑材料相比,具有以下优良性能:

（1）密度小、比强度大。塑料的密度一般为 1 000～2 000 kg/m³,约为天然石材密度的 1/3～1/2,约为混凝土密度的 1/2～2/3,仅为钢材密度的 1/8～1/4。比强度远远超过水泥、混凝土,接近或超过钢材,是一种优良的轻质高强材料。

（2）加工性能好。塑料可塑性强,成形温度和压力容易控制,工序简单,设备利用率高,可以采用多种方法模塑成形,切削加工,生产成本低,适合大规模机械化生产,可制成各种薄膜、板材、管材、门窗及复杂的中空异形材等。

（3）导热性低。密实塑料的热导率一般为 0.12～0.80 W/(m·K)。泡沫塑料的热导率接近于空气,是良好的隔热、保温材料。

（4）耐腐蚀性好。大多数塑料对酸、碱、盐等腐蚀性物质的作用具有较高的稳定性,因此被大量应用于民用建筑上下水管材和管件以及有酸碱等化学腐蚀的工业建筑中的门窗、地面及墙体等。

（5）电绝缘性好。一般塑料都是电的不良导体,在建筑行业中广泛用于电器线路、控制开关、电缆等方面。

（6）富有装饰性。塑料具有良好的装饰性能,能制成线条清晰、色彩鲜艳、光泽动人的塑料制品。

二、常用塑料品种

根据塑料在受热作用下形态的不同,可将其分为热塑性塑料和热固性塑料两类。热塑性塑料经加热软化或熔化,经冷却后硬化,再经加热还具有可塑性,不发生化学变化;热固性塑料经初次加热成形并冷却固化后,再经加热不会软化和产生塑性,发生了化学变化。热塑性塑料的常用品种有聚乙烯塑料(PE)、聚氯乙烯塑料(PVC)、聚苯乙烯塑料(PS)、改性聚苯乙烯塑料(ABS)等;热固性塑料的常用品种有环氧树脂塑料(EP)、酚醛树脂塑料(PF)、不饱和聚酯树脂塑料(UP)等。

1. 热塑性塑料

1) 聚氯乙烯(PVC)

聚氯乙烯(PVC)是由氯乙烯单体聚合而成。其化学稳定性好,抗老化性能好,但耐热性差,通常使用温度在 80 ℃以下。

根据增塑剂的掺量不同,可制得软、硬两种聚氯乙烯塑料。软聚氯乙烯塑料很柔软,有一定的弹性,可以做地面材料和装饰材料,可以作为门窗框及制成止水带,用于防水工程的变形缝处。硬聚氯乙烯塑料有较高的机械性能和良好的耐腐蚀性能、耐油性和抗老化性,易焊接,可进行黏结加工,多用于百叶窗、各种板材、楼梯扶手、波形瓦、门窗框、地板砖、给排水管。

2) 聚乙烯(PE)

聚乙烯(PE)是一种结晶性高聚物,结晶度与密度有关,一般密度越高,结晶度也越高。PE 按密度大小可分为两大类:即高密度聚乙烯(HDPE)和低密度聚乙烯(LDPE)。高密度聚乙烯是线形高分子,排列比较规整、紧密,易于结晶,因此结晶度、强度、刚性、熔点都比较高,适合做强度、硬度较高的塑料制品,如桶、瓶、管、棒等。低密度聚乙烯是支链化程度较高的合成高分子,使分子排列的规整性和紧密程度受到影响,因此结晶度、密度降低,故称低密度聚乙烯。低密度聚乙烯性软,熔点也低,适合制作食品包装袋、奶瓶等软塑料制品。

3) 聚丙烯(PP)

聚丙烯(PP)的密度是通用塑料中最小的,约为 $0.90 \ g/cm^3$。PP 的燃烧性与 PE 接近,易燃而且会滴落,引起火焰蔓延。它的耐热性比较好,在 100 ℃时还能保持常温时抗拉强度的一半。聚丙烯(PP)也是结晶性高聚物,其抗拉强度高于 PE、PS。另外,PP 的耐化学性也与 PE 接近,常温下它没有溶剂。

4) 聚苯乙烯(PS)

聚苯乙烯(PS)是一种透明的无定形热塑性塑料,其透光性能仅次于有机玻璃。优点是密度低、耐水、耐光、耐化学腐蚀性好,电绝缘性和低吸湿性极好,而且易于加工和染色;缺点是抗冲击性能差、脆性大和耐热性低。PS 可用作百叶窗、隔热隔声泡沫板,PS 可黏结纸、纤维、木材、大理石碎粒制成复合材料。

5) ABS 塑料

ABS 塑料是由丙烯腈、丁二烯和苯乙烯三种单体共聚而成的。具有优良的综合性能,ABS 中的三个组分各显其能,丙烯腈使 ABS 有良好的耐化学性及表面硬度,丁二烯使 ABS 坚韧,苯乙烯使它具有良好的加工性能。其性能取决于这三种单体在 ABS 中的比例。

6) 聚甲基丙烯酸甲酯(PMMA)

聚甲基丙烯酸甲酯(PMMA)又称有机玻璃,是透光率最高的一种塑料(可达 92%),因此可代替玻璃,而且不易破碎,但其表面硬度比无机玻璃差,容易划伤。如果在树脂中加入颜料、稳定剂和填充料,可加工成各种色彩鲜艳、表面光洁的制品。

有机玻璃机械强度较高,耐腐蚀性、耐气候性、抗寒性和绝缘性均较好,成形加工方便。

缺点是质脆、不耐磨、价格较贵,可用来制作护墙板和广告牌。

2. 热固性塑料

1) 酚醛树脂(PF)

它是由苯酚和甲醛在酸性或碱性催化剂的作用下缩聚而成。它多具有热固性,其优点是黏结强度高,耐光、耐热、耐腐蚀、电绝缘性好,但质脆。加入填料和固化剂后可制成酚醛塑料制品(俗称电木),此外还可制作压层板等。

2) 环氧树脂(EP)

环氧树脂是以多环氧氯丙烷和二烃基二苯基丙烷为主原料制成。它便于储存,是很好的黏合剂,其黏结作用较强,耐侵蚀性也较强,稳定性很高,在加入硬化剂之后,能与大多数材料胶合。

3) 不饱和聚酯树脂(UP)

不饱和聚酯树脂是在激发剂作用下,由二元酸或二元醇制成的树脂与其他不饱和单体聚合而成,常用来生产玻璃钢、涂料和聚酯装饰板等。

4) 玻璃纤维增强塑料(玻璃钢)

用玻璃纤维制品、增强不饱和聚酯或环氧树脂等复合而成的一类热固性塑料,有很高的机械强度,其比强度甚至高于钢材。玻璃钢可以同时作为结构和采光材料使用。

三、常用建筑塑料制品

1. 塑料门窗

目前塑料门窗主要采用改性聚氯乙烯,并加入适量的各种添加剂,经混炼、挤出等工序而制成塑料门窗异形材;再将异形材经机械加工成不同规格的门窗构件,组合拼装成相应的门窗制品。

塑料门窗分为全塑门窗和复合塑料门窗。复合塑料门窗是在门窗框内部嵌入金属型材以增强塑料门窗的刚性,提高门窗的抗风压能力。增强用的金属型材主要为铝合金型材和钢型材。塑料门按其结构形式分为镶嵌门、框板门和折叠门;塑料窗按其结构形式分为平开窗、上旋窗、下旋窗、垂直滑动窗、垂直旋转窗、垂直推拉窗、水平推拉窗和百叶窗等。

塑料门窗具有能耗低、外形美观、尺寸稳定、抗老化、不褪色、耐腐蚀、耐冲击、气密、水密性能优良、使用寿命长等特点,均优于木门窗、金属门窗,被誉为继木、钢、铝之后崛起的新一代建筑门窗。

2. 塑料管材

塑料管材管件制品应用极为广泛,正在逐步取代陶瓷管和金属管。塑料管材与金属管材相比,具有能耗低、重量轻、水流阻力小、不结垢、安装使用方便、耐腐蚀性好、使用寿命长等优点。

目前我国生产的塑料管材质主要有聚氯乙烯、聚乙烯、聚丙烯等通用热塑性塑料及酚醛、环氧、聚酯等类热固性树脂玻璃钢和石棉酚醛塑料、氟塑料等。

1) 硬聚氯乙烯管材(PVC-U)

硬聚氯乙烯管材是以聚氯乙烯树脂为主要原料加入稳定剂、抗冲击改性剂、润滑剂等助剂,经捏合、塑炼、切粒、挤出成形加工而成。

硬聚氯乙烯管材广泛用于化工、造纸、电子、仪表、石油等工业的防腐蚀流体介质的输送管道(但不能用于输送芳烃、脂烃、芳烃的卤素衍生物、酮类及浓硝酸等),农业上的排灌类管,建筑、船舶、车辆扶手及电线电缆的保护套管等。

硬聚氯乙烯管材的常温使用压力:轻型的不得超过 0.6 MPa,重型的不得超过 1 MPa。管材使用温度范围为 0~50 ℃。

2)氯化聚氯乙烯管(PVC-C)

氯化聚氯乙烯管是由过氯乙烯树脂加工而成的一种塑料管,具有较好的耐热、耐老化、耐化学腐蚀性能,主要用作配水管线材料。氯化聚氯乙烯冷热水管是最能提供一套清洁、安全、易于安装、耐热、耐腐、阻燃性及高质量的管道系统。

3)聚乙烯塑料管(PE)

聚乙烯塑料管以聚乙烯树脂为原料,配以一定量的助剂,经挤出成形、加工而成。

聚乙烯管按其密度不同分为高密度聚乙烯管、中密度聚乙烯管和低密度聚乙烯管。高密度聚乙烯管具有较高的强度和刚度;中密度聚乙烯管除了有高密度聚乙烯管的耐压强度外,还具有良好的柔性和抗蠕变性能;低密度聚乙烯管的柔性、伸长率、耐冲击性能较好,尤其是耐化学稳定性和抗高频绝缘性能良好。在国外高密度和中密度聚乙烯管被广泛用作城市燃气管道、城市供水管道。目前,国内的高密度和中密度聚乙烯管主要用作城市燃气管道,少量用作城市供水管道,低密度聚乙烯管大量用作农用排灌管道。

4)交联聚乙烯管(PE-X)

交联聚乙烯是通过化学方法或物理方法将聚乙烯分子的平面链状结构改变为三维网状结构,使其具有优良的理化性能。交联聚乙烯管具有耐热性好、防振、抗化学腐蚀、不结垢、环保、使用寿命长等优点,主要用于建筑室内冷热水供应和地面辐射采暖等。

5)聚丙烯塑料管(PP)

聚丙烯塑料管以聚丙烯树脂为原料,加入适量的稳定剂,经挤出成形加工而成。产品具有质轻、耐腐蚀、耐热性较高、施工方便等特点。聚丙烯塑料管适用于化工、石油、电子、医药、饮食等行业及各种民用建筑输送流体介质,也可作自来水管、农用排灌、喷灌管道及电器绝缘套管之用。

6)无规共聚聚丙烯管(PP-R)

无规共聚聚丙烯(PP-R)管又叫三型聚丙烯管,采用无规共聚聚丙烯经挤出成为管材,具有质量轻、耐热性能好、耐腐蚀、导热性低、管道阻力小、管道连接牢固、卫生、无毒等特点,主要适用于建筑物的冷热水系统、建筑物内的采暖系统等。

7)铝塑复合管(PAP)

铝塑复合管道是通过挤出成形工艺而生产制造的新型复合管材,它由聚乙烯层(或交联聚乙烯)—胶黏剂层—铝层—胶黏剂层—聚乙烯层(或交联聚乙烯)五层结构构成。铝塑复合管根据中间铝层焊接方式不同,分为搭接焊铝塑复合管和对接焊铝塑复合管。铝塑复合管可广泛应用于冷热水供应和地面辐射采暖。

3. 塑料板材

塑料装饰板材按原材料的不同可分为塑料金属复合板、硬质 PVC 板、三聚氰胺层压板、玻璃钢板、聚碳酸酯采光板、有机玻璃装饰板等类型。按结构和断面形式可分为平板、波形板、实体异形断面板、中空异形断面板、格子板、夹芯板等类型。

1) 硬质 PVC 板

硬质 PVC 板主要用作护墙板、屋面板和平顶板,主要有透明和不透明两种。透明板是以 PVC 为基料,掺加增塑剂、抗老化剂,经挤压而成形。不透明板是以 PVC 为基材,掺入填料、稳定剂、颜料等,经捏和、混炼、拉片、切粒、挤出或压延而成形。硬质 PVC 板按其断面形式可分为平板、波形板和异形板等。

2) 聚碳酸酯采光板(PC 板)

聚碳酸酯采光板是以聚碳酸酯塑料为基材,采用挤出成形工艺制成的栅格状中空结构异形断面板材。聚碳酸酯采光板的特点为轻、薄、刚性大,不易变形;色彩丰富,外观美丽;透光性好,耐候性好。它适用于遮阳棚、大厅采光天幕、游泳池和体育场馆的顶棚、大型建筑和蔬菜大棚的顶罩等。

3) 铝塑复合板

铝塑复合板简称铝塑板,是指以塑料为芯层、两面为铝材的三层复合板材,并在表面覆以装饰性和保护性的涂层或薄膜(若无特别注明则通称为涂层)作为产品的装饰面。

铝塑板表面铝板经过阳极氧化和着色处理,色泽鲜艳。由于采取了复合结构,所以兼有金属材料和塑料的优点,主要特点为质量轻,坚固耐久,可自由弯曲,弯曲后不反弹。由于经过阳极氧化和着色、涂装表面处理,所以不但装饰性好,而且有较强的耐候性,可锯、铆、刨(侧边)、钻,可冷弯、冷折,易加工、组装、维修和保养。

铝塑板是一种新型金属塑料复合板材,愈来愈广泛地应用于建筑物的外幕墙和室内外墙面、柱面和顶面的饰面处理。为保护其表面在运输和施工时不被擦伤,铝塑板表面都贴有保护膜,施工完毕后再行揭去。

4) 半硬质聚氯乙烯块状地板(塑料地板)

半硬质聚氯乙烯块状塑料地板,简称塑料地板,是以聚氯乙烯及其共聚树脂为主要原料,加入填料、增塑剂、稳定剂、着色剂等辅料经压延、挤出或热压工艺所生产的单层和同质复合的半硬质块状塑料地板,是较为流行、应用广泛的地面装饰材料。

塑料地板按结构分为同质地板和复合地板;按施工工艺分为拼接型和焊接型;按耐磨性分为通用型和耐用型。

塑料地板砖柔韧性好、脚感舒适、隔音、保温、耐腐蚀、耐灼烧、抗静电、易清洗、耐磨损并具有一定的电绝缘性。其色彩丰富、图案多样、平滑美观、价格较廉、施工简便,是一种受用户欢迎的新型地面装饰材料。它适用于家庭、宾馆、饭店、写字楼、医院、幼儿园、商场等建筑物室内和车船等地面装饰。

5) 泡沫塑料板

泡沫塑料是在树脂中加入发泡剂,经发泡、固化或冷却等工序而制成的多孔塑料制品。

泡沫塑料的孔隙率高达 95%～98%,且孔隙尺寸小于 1.0 mm,因而具有优良的隔热保温性能,建筑上常用的有聚苯乙烯泡沫塑料、聚氯乙烯泡沫塑料、聚氨酯泡沫塑料、脲醛泡沫塑料等。泡沫塑料板目前逐步成为墙体保温主要材料。

4. 塑料卷材

1) 塑料壁纸

壁纸和墙布是目前国内外广泛使用的墙面装饰材料。目前我国的塑料壁纸均为聚氯乙烯壁纸。它是以纸为基材,以聚氯乙烯为面层,用压延或涂敷方法复合,再经印刷、压花或发泡而制成的。其中花色有套花并压纹的,有仿锦缎,仿木纹、石材的,有仿各种织物的,仿清水砖墙并有凹凸质感及静电植绒的等等。

常用的塑料壁纸有以下几种:

(1)普通壁纸。普通壁纸又称纸基塑料壁纸,是以 80 g/m² 的纸作基材,涂以 100 g/m² 左右的聚氯乙烯糊状树脂(PVC 糊状树脂),经印花、压花等工序制成。分单色压花、印花压花、平光及有光印花等,花色品种多,生产量大,经济便宜,是使用最为广泛的一种壁纸。

(2)发泡壁纸。发泡壁纸又分为低发泡壁纸、低发泡压花印花壁纸和高发泡壁纸。发泡壁纸是以 100 g/m² 的纸作为基材,上涂 300～400 g/m² 的 PVC 糊状树脂,经印花、发泡处理制得。与压花壁纸相比,这种发泡壁纸具有富有弹性的凹凸花纹或图案,色彩多样,立体感更强,浮雕艺术效果及柔光效果良好,并且还有吸声作用。但发泡的 PVC 图案易落灰烟尘土,易脏污陈旧,不宜用在烟尘较大的候车室等场所。

(3)特种壁纸。特种壁纸也称专用壁纸,是指具有特殊功能的壁纸。常见的有耐水壁纸、防火壁纸、特殊装饰壁纸等。

① 耐水壁纸。它是用玻璃纤维毡作为基材(其他工艺与塑料壁纸相同),配以具有耐水性的胶黏剂,以适应卫生间、浴室等墙面的装饰要求。它能进行洒水清洗,但使用时若接缝处渗水,则水会将胶黏剂溶解,导致耐水壁纸脱落。

② 防火壁纸。它是用 100～200 g/m² 的石棉纸作为基材,同时面层的 PVC 中掺有阻燃剂,使壁纸具有很好的阻燃防火功能,适用于防火要求很高的建筑室内装饰。另外,防火壁纸燃烧时,也不会放出浓烟或毒气。

③ 特殊装饰效果壁纸。其面层采用金属彩砂、丝绸、麻、毛及棉纤维等制成的特种壁纸,可使墙面产生光泽、散射、珠光等艺术效果,可用于门厅、柱头、走廊及顶棚等局部装饰。

④ 风景壁画型壁纸。壁纸的面层印刷风景名胜、艺术壁画,常由多幅拼接而成,适用于装饰厅堂墙面。

2)塑料卷材地板

塑料卷材地板是以聚氯乙烯树脂为主要原料,加入适当助剂,在片状连续基材上经涂敷工艺生产的地面和楼面覆盖材料,简称卷材地板。塑料卷材地板具有耐磨、耐水、耐污、隔声、防潮、色彩丰富、纹饰美观、行走舒适、铺设方便、清洗容易、重量轻及价格较廉等特点,适用于宾馆、饭店、商店、会客室、办公室及家庭厅堂、居室等地面装饰。

项目二 建筑涂料

主要内容	知识目标	技能目标
建筑涂料的基本知识及内、外涂料	熟悉常用建筑涂料的品种、性能与应用,了解建筑涂料的组成	能够根据工程特点及装饰要求,合理选择建筑涂料

建筑涂料是指涂敷于建筑物表面,与基体材料很好地黏结并形成完整而坚韧保护膜的物质。建筑涂料的主要作用是装饰、保护及改善建筑物的使用功能等,其具有工期短、工效高、工艺简单、色彩丰富、质感逼真、自重轻、造价低、维修更新方便等优点,应用十分广泛。

一、建筑涂料的基本知识

1. 涂料的组成

按涂料中各组分所起的作用,可分为主要成膜物质、次要成膜物质和辅助成膜物质。

1) 主要成膜物质

主要成膜物质也称胶黏剂或固化剂,其作用是将涂料中的其他组分黏结成一体,并使涂料附着在被涂基层的表面,形成坚韧的保护膜。主要成膜物质应具有较好的耐碱性,较好的耐水性,较高的化学稳定性和一定的机械强度。

主要成膜物质一般为高分子化合物(如天然树脂或合成树脂)或成膜后能形成高分子化合物的有机物质(各种植物或动物油料)。常用的主要成膜物质有干性油(如亚麻油)、半干性油(如豆油)、不干性油(如花生油)、天然树脂(如松香、虫胶等)、人造树脂(如松香甘油酯、硝化纤维等)、合成树脂(如醇酸树脂、丙烯酸酯、环氧树脂、聚氨酯等)等。

2) 次要成膜物质

次要成膜物质的主要组分是颜料和填料,它们不能离开主要成膜物质而单独构成涂膜,必须依靠主要成膜物质的黏结而成为涂膜的一个组成部分。

颜料是一种不溶于水、溶剂或涂料基料的一种微细粉末状的有色物质,能均匀地分散在涂料介质中,涂于物体表面形成色层。颜料在建筑涂料中不仅能使涂层具有一定的遮盖能力,增加涂层色彩,还具有增强涂膜本身的强度,防止紫外线穿透,从而提高涂层的耐老化性及耐候性。

颜料的品种很多,按化学组成可分为有机颜料和无机颜料两大类;按产源可分为天然颜料和合成颜料;按作用可分为着色颜料、防锈颜料和体质颜料等。

填料一般是一些白色粉末状的无机物质,主要作用是增加涂膜厚度、加强涂膜体质、提高涂膜耐磨性和耐久性。填料有碳酸钙、硫酸钡、滑石粉等。

3) 辅助成膜物质

辅助成膜物质不能构成涂膜或不是构成涂膜的主体,但对涂膜的成膜过程有很大影响,或对涂膜的性能起一些辅助作用。辅助成膜物质主要包括溶剂和辅助材料两大类。

(1) 溶剂。溶剂又称稀释剂,是液态建筑涂料的主要成分。溶剂是一种能溶解油料、树脂,又易挥发,能使树脂成膜的物质。涂料涂刷到基层上后,溶剂蒸发,涂料逐渐干燥硬化,最终形成均匀、连续的涂膜。溶剂最后并不留在涂膜中,因此称为辅助成膜物质。溶剂和水与涂膜的形成及其质量、成本等有密切的关系。

配制溶剂型合成树脂涂料选择有机溶剂时,首先应考虑有机溶剂对基料树脂的溶解力;此外,还应考虑有机溶剂本身的挥发性、易燃性和毒性等对配制涂料的适应性。

常用的有机溶剂有松香水、酒精、汽油、苯、二甲苯、丙酮等。对于乳胶型涂料,是借助具有表面活性的乳化剂,以水为稀释剂,而不采用有机溶剂。

(2)辅助材料。辅助材料又称为助剂,其主要作用是为了改善涂膜的性能,如涂膜干燥时间、柔韧性、抗氧化性、抗紫外线作用、耐老化性能等。建筑涂料使用的助剂品种繁多,常用的有以下几种类型:催干剂、固化剂、催化剂、引发剂、增塑剂、紫外光吸收剂、抗氧剂等。某些功能性涂料还需采用具有特殊功能的助剂,如防火涂料用的难燃助剂、膨胀型防火涂料用的发泡剂等。

2. 建筑涂料的分类

建筑涂料分类很多,通常按三种方法进行分类,即按组成涂料的基料的类别划分,按在建筑物上的使用部位划分以及按涂料成膜后的厚度或质地划分。

1)按组成涂料基料的类别分类

建筑涂料可分为有机涂料、无机涂料、有机-无机复合涂料三大类。

有机类建筑涂料由于其使用的溶剂或分散介质不同,又分为有机溶剂型和水性有机(乳液型和水溶型)涂料两类。还可以按所用基料种类再进行细分。

无机类建筑涂料主要是无机高分子涂料,属于水性涂料,包括水溶性硅酸盐系(即碱金属硅酸盐)、硅溶胶系、磷酸盐系及其他无机聚合物系。应用最多的是碱金属硅酸盐系和硅溶胶系无机涂料。

有机-无机复合建筑涂料的基料主要是水性有机树脂与水溶性硅酸盐等配制成的混合液(物理拼混)或是在无机物表面上接枝有机聚合物制成的悬浮液。

2)按照在建筑物上的使用部位分类

建筑涂料可以分为内墙涂料、外墙涂料、地面涂料和顶棚涂料等。

3)按涂膜的厚度或质地分类

建筑涂料可分为表面平整光滑的平面涂料和有特殊装饰质感的非平面类涂料。平面涂料又分为平光(无光)涂料、半光涂料等。非平面类涂料的涂膜常常具有很独特的装饰效果,有彩砖涂料、复层涂料、多彩花纹涂料、云彩涂料、仿墙纸涂料、纤维质感涂料和绒毛涂料等。

二、内墙涂料

内墙涂料的主要功能是装饰及保护室内墙面,使其美观整洁。为了获得良好的装饰效果,内墙涂料应具有色彩丰富、耐碱性、耐水性、耐粉化性良好,透气性好,易涂刷等特点。常用的内墙涂料有溶剂型内墙涂料、水溶性内墙涂料和乳液型内墙涂料。

1. 溶剂型内墙涂料

溶剂型内墙涂料与溶剂型外墙涂料基本相同,由于其透气性差,容易结露,较少用于住宅内墙,但其光泽度好,易于冲洗,耐久性好,可用于厅堂、走廊等处。

溶剂型内墙涂料的主要品种有:过氯乙烯墙面涂料、氯化橡胶墙面涂料、丙烯酸酯墙面涂料、聚氨酯系墙面涂料等。

2. 水溶性内墙涂料

水溶性内墙涂料是以水溶性化合物为基料,加入一定量的填料、颜料和助剂,经研磨、分散而制成。常用水溶性内墙涂料有聚乙烯醇水玻璃内墙涂料、聚乙烯醇缩甲醛内墙涂料、改性聚乙烯醇系内墙涂料等。

1) 聚乙烯醇水玻璃涂料

聚乙烯醇水玻璃涂料(俗称"106 内墙涂料")是以聚乙烯醇树脂水溶液和水玻璃为主要成膜物质,加入一定量的颜料、填料和少量助剂,经搅拌、研磨而成的水溶性涂料。其配制简单、无毒无味、不易燃,施工方便、涂膜干燥快、能在稍湿的墙面上施涂,黏结力强,涂膜表面光洁平滑,装饰效果好,但膜层的耐擦洗性能较差、易产生起粉脱落现象。聚乙烯醇水玻璃涂料有白色、奶白、湖蓝、天蓝、果绿和蛋清等颜色,适于住宅、商场、医院、学校、剧场等建筑的内墙装饰。

2) 聚乙烯醇缩甲醛涂料

聚乙烯醇缩甲醛涂料(俗称"803 内墙涂料")是以聚乙烯醇半缩醛经氨基化处理后加入颜料、填料及其他助剂,经研磨而成的一种水溶性涂料。其无毒无味、干燥快、遮盖力强、涂膜光滑平整,在冬季较低气温下不宜冻结,施涂方便,装饰效果好,耐湿性、耐擦洗性好,黏结力强,能在稍湿的基层及新老墙面上施工,适用于各类建筑的混凝土、灰泥等墙面的内墙装饰。

3. 乳液型内墙涂料

乳液型内墙涂料又称内墙乳胶漆,是以合成树脂乳液为主要成膜物质的薄型内墙涂料。一般用于室内墙面装饰,但不宜用于厨房、卫生间、浴室等潮湿的墙面。常用的品种有聚醋酸乙烯乳胶漆、乙-丙乳胶漆、苯-丙乳胶漆等。

1) 聚醋酸乙烯乳胶漆

聚醋酸乙烯乳胶漆是由聚醋酸乙烯乳液加入颜料、填料及各种助剂,经研磨或分散处理而制成的一种乳液涂料。该涂料具有无毒、不燃、涂膜细腻、平滑、透气性好、价格适中等优点,但它的耐水性、耐碱性及耐候性不及其他共聚乳液,故仅适宜涂刷内墙,而不宜作为外墙涂料。

2) 乙-丙乳胶漆

乙-丙乳胶漆是以乙-丙共聚乳液为主要成膜物质,掺入适当的颜料、填料及助剂,经研磨或分散后配制而成的半光或有光内墙涂料。其耐水性、耐碱性、耐久性优于聚醋酸乙烯乳胶漆,并具有光泽,是一种中高档内墙装饰涂料。

三、外墙涂料

外墙涂料的功能是装饰和保护建筑物的外墙面。其应具有装饰性强,耐水性和耐候性好,耐污染性强、易清洁等特点。常用的外墙涂料有溶剂型外墙涂料、乳液型外墙涂料、无机涂料等。

1. 溶剂型外墙涂料

1) 氯化橡胶外墙涂料

氯化橡胶外墙涂料又称氯化橡胶水泥漆,是由氯化橡胶、溶剂、颜料、填料及助剂等配制而成。

氯化橡胶外墙涂料的施工温度范围较广,能够在－20～50 ℃的环境下进行施工,可在水泥、混凝土和钢材的表面进行涂饰,与基层之间有良好的黏结力,具有良好的耐碱性、耐水性和耐候性,施工方便,有一定的防霉能力。氯化橡胶外墙涂料对基层的要求不高,可直接涂抹在干燥清洁的水泥砂浆表面。如果在氯化橡胶旧涂膜上施工时,只要将原基体表面的灰尘、污垢和脱皮的涂层铲除干净后,可直接在旧涂膜上涂饰。

2) 丙烯酸酯外墙涂料

丙烯酸酯外墙涂料是以热塑性丙烯酸酯合成树脂为主要成膜物质,加入溶剂、颜料、填料和助剂等,经研磨而成的一种挥发性溶剂涂料。该涂料的耐候性好,不易变色、粉化、脱落,与基体之间的黏结力强,施工方便,可采用涂刷、滚涂和喷涂等方法进行施工。由于该涂料易燃、有毒,在施工时应注意采取适当的防护措施。

2. 乳液型外墙涂料

1) 乙-丙乳胶漆

乙-丙乳胶漆是由醋酸乙烯和几种丙烯酸酯类单体、乳化剂、引发剂,通过乳液聚合反应制成的乙-丙共聚乳液为主要成膜物质,加入颜料、填料和助剂配制而成。乙-丙乳胶漆以水为溶剂,安全无毒,涂膜干燥快,耐候性、耐腐蚀性和保光保色性良好,施工方便,适于住宅、商场、宾馆、工矿及企事业单位的建筑外墙装饰。

2) 苯-丙乳胶漆

苯-丙乳液涂料是以苯乙烯-丙烯酸酯共聚乳液(简称苯-丙乳液)为主要成膜物质,加入颜料、填料及助剂等,经分散、混合配制而成的乳液型外墙涂料。

该涂料具有优良的耐候性和保光、保色性,耐碱、耐水性较好,外观细腻,色彩艳丽,质感好,适于外墙涂装。

3) 水乳型环氧树脂外墙涂料

水乳型环氧树脂外墙涂料是以水乳型合成树脂为主要成膜物质,加入颜料、填料和各种助剂等材料配制而成。该涂料以水为分散剂,无毒无味,对环境的污染程度小,施工安全,它与基体的黏结力较高,膜层不易脱落,耐老化性能、耐候性好,膜层表面可做成一定的质感,具有良好的装饰性。

3. 无机涂料

1) 碱金属硅酸盐系外墙涂料

碱金属硅酸盐系外墙涂料是以硅酸钠、硅酸钾等为主要成膜物质,加入颜料、填料和各种助剂,经搅拌混合而成。碱金属硅酸盐系外墙涂料的品种有钠水玻璃涂料,钾水玻璃涂料和钾、钠水玻璃涂料。

碱金属硅酸盐系外墙涂料的耐水性、耐老化性较好,涂膜在受到火的作用时不燃,有一定的防火作用。该涂料无毒无味,施工方便,还具有较好的耐酸碱腐蚀性、抗冻性和耐污染性。

2) 硅溶胶外墙涂料

硅溶胶外墙涂料是以胶体二氧化硅(硅溶胶)为主要成膜物质,有机高分子乳液为辅助成膜物质,加入颜料、填料和助剂等,经搅拌、研磨、调制而成的水分散性涂料。

硅溶胶外墙涂料是以水为分散剂,具有无毒无味的特点,施工性能好,遮盖力强,耐污染性好,与基层黏结力强,涂膜的质感细腻、致密坚硬,耐酸碱腐蚀,具有良好的装饰性。

项目三 胶黏剂

主要内容	知识目标	技能目标
胶黏剂的基本知识,常用建筑胶黏剂	熟悉常用胶黏剂的品种、性能及应用	能够根据胶黏剂的特点及使用环境条件,正确选用胶黏剂,以保证胶接质量

胶黏剂是指具有良好的黏结性能,能在两个物体表面间形成薄膜并把两者牢固黏结在一起的材料。建筑胶黏剂由于是面接,应力分布均匀、耐疲劳性好;不受胶结物的形状、材质等限制;胶接后具有良好的密封性能;几乎不增加黏结物的重量;胶接方法简单。因而在建筑工程中有着越来越广泛的应用。

一、胶黏剂的基本知识

1. 胶黏剂的组成

胶黏剂是一种多组分材料,它通常是由黏结物质、固化剂、填料、稀释剂、增塑剂与增韧剂及其他助剂组成。

1）黏结物质

黏结物质也称基料或主剂,它是胶黏剂中的主要组分,主要是起胶黏作用,它是胶黏剂中不可缺少的成分,其余的组分视性能要求决定是否加入。

2）固化剂

固化剂是促使黏结物质通过化学反应加快固化的组分,它可以增加胶层的内聚强度。其性质和用量对胶黏剂的性能起着重要的作用。

3）填料

填料的加入用于改善胶黏剂的某些性能,如提高黏度、降低膨胀系数与收缩性、降低成本。常用的填料有滑石粉、石英粉及各种金属和非金属氧化物粉。

4）稀释剂

稀释剂的作用是用来溶解黏结物质并调节胶黏剂的黏度,以增加涂敷润湿性,稀释剂有活性稀释剂和非活性稀释剂之分。活性稀释剂既可以降低黏度,又能参与固化反应,如环氧树脂胶黏剂中的环氧丙烷苯基醚(690号)等。非活性稀释剂只能降低胶黏剂黏度,涂胶后会挥发掉,只起稀释作用,如丙酮、甲苯等。

5）增塑剂与增韧剂

在胶黏剂中加入适量的增塑剂或增韧剂,会提高胶层的抗冲击性能和耐低温性,但是同时也会降低其耐热性能。胶黏剂中所用增塑剂与塑料中增塑剂相似。增韧剂是能参与黏结物质固化反应并改善胶黏剂性能的高分子物质,如在环氧胶黏剂中加入聚酰胺树脂、低分子量聚硫橡胶、丁腈橡胶等,都可改进环氧树脂胶黏剂的韧性并提高其黏结强度。

除此之外,胶黏剂中还常加入阻聚剂、抗老化剂(如抗氧剂、抗紫外线剂)等其他助剂。

2. 胶黏剂的分类

胶黏剂的分类方法很多,目前还没有统一的分类方法。通常根据其主要组成成分的不同,可将胶黏剂分为有机物质胶黏剂及无机物质胶黏剂(如硅酸盐水泥、水玻璃、石膏、磷酸盐等);按胶黏剂来源可将其划分为天然胶黏剂和合成胶黏剂;按其用途划分为结构胶黏剂、非结构胶黏剂和特种用途胶黏剂。

二、常用建筑胶黏剂

建筑工程中常用的胶黏剂种类有很多,下面列举几种不同类型的胶黏剂:

1) 聚醋酸乙烯胶黏剂(PVAC)

聚醋酸乙烯胶黏剂是醋酸乙烯单体经聚合反应而得到的一种热塑性水乳型胶黏剂,俗称"白乳胶",它分为溶剂型和乳液型两种。该胶黏剂常温固化,固化速度快,早期粘合强度较高,既可湿粘,也可干粘,黏结强度好,配制简单,使用方便,主要以粘接各种非金属为主。可单独使用,如粘接皮革、木料、泡沫塑料等;也可加入水泥等填料作复合胶使用,用来粘接水泥制品、混凝土、玻璃、陶瓷等。但其耐热性、耐水性较差,徐变较大,常作为室温下使用的非结构胶。

2) 聚乙烯醇缩甲醛胶黏剂

聚乙烯醇缩甲醛胶黏剂,俗称"801胶",是由聚乙烯醇和甲醛为主要原料,加入少量盐酸、氢氧化钠和水,在一定条件下缩聚而成的无色透明胶体。聚乙烯醇缩甲醛耐热性好,耐老化性好,胶结强度高,施工方便,是一种应用十分广泛的胶黏剂。建筑工程中可以用于胶结塑料壁纸、墙布、玻璃、瓷砖等,还能和水泥复合使用,可显著提高水泥材料的黏结性、耐磨性、抗冻性和抗裂性等。

3) 环氧树脂胶黏剂

环氧树脂胶黏剂是由环氧树脂加填料、固化剂、增塑剂、稀释剂等组成。环氧树脂对金属、木材、玻璃、橡胶、硬塑料、混凝土等有很强的黏结力,且其耐酸碱侵蚀,收缩小,化学稳定性良好,能够有效解决新旧砂浆、混凝土层之间的界面黏结问题,用于黏结或修补混凝土的效果远远超过其他胶黏剂。环氧树脂胶黏剂是目前应用最广泛的胶黏剂,故有"万能胶"之称。

4) 酚醛树脂胶黏剂

酚醛树脂胶黏剂属于热固性胶黏剂,它的黏附性能很好,耐热性、耐水性良好。但是这种胶黏剂胶层较脆,经过改性后可广泛用于金属、木材、塑料等材料的黏接。

建筑胶黏剂的品种很多,性能也都各不相同,许多新的胶黏剂也不断出现。在具体工程应用时应注意根据材料的性质及使用环境条件,正确选用胶黏剂,以保证胶接质量。

复习思考题

一、填空题

1. _____是塑料的基本成分,在塑料中起胶黏其他成分的作用;_____决定塑料的主要机械、电气和化学稳定性能;_____的作用是为防止塑料老化;_____是使塑料制品具有绚丽多彩性的一种添加剂。

2. 建筑塑料与传统建筑材料相比,具有密度_____、比强度_____、导热性_____、耐腐蚀性_____特点。

3. 填写以下各种塑料的代号:聚乙烯塑料_____、聚氯乙烯塑料_____、聚苯乙烯塑料_____、改性聚苯乙烯塑料_____、环氧树脂塑料_____、酚醛树脂塑料_____、不饱和聚酯树脂塑料_____。

4. 按涂料中各组分所起的作用,可分为_____、_____和_____。

5. 建筑涂料按照在建筑物上的使用部位可分为_____、_____、_____和_____。

二、简答题

1. 简要说明建筑塑料的基本组成及各组分作用。

2. 建筑工程上常用的塑料制品有哪些?各有什么特点?

3. 简述建筑涂料的组成。

4. 建筑工程中常用的外墙建筑涂料有哪些?各有什么技术性能?

5. 建筑工程中常用的内墙涂料有哪些?各有什么技术性能?

6. 胶黏剂的组成有哪些?各组成的作用如何?

7. 建筑工程中常用的胶黏剂有哪些品种?

单元十四　绝热材料及吸声与隔声材料

学习目标

1. 理解绝热材料、吸声材料、隔声材料的功能原理及影响因素。
2. 熟悉绝热材料、吸声材料、隔声材料的种类、性能与应用。

项目一　绝热材料

主要内容	知识目标	技能目标
绝热材料的分类与基本要求,常用绝热材料	熟悉绝热材料的功能原理及常用绝热材料的特性与用途	能够根据工程特点及所处的环境条件,合理选择绝热材料

绝热材料是防止住宅、生产车间、公共建筑及各种热工设备中热量传递的材料。习惯上将用于控制室内热量外流的材料叫作保温材料;把防止室外热量进入室内的材料叫作隔热材料,保温材料和隔热材料统称为绝热材料。绝热材料主要用于墙体和屋顶保温隔热以及热工设备、采暖和空调管道的保温,冷藏室及冷藏设备的隔热等。

在建筑物中合理采用绝热材料,能提高建筑物的使用效能,保证正常的生产、工作和生活,能减少热损失,节约能源。据统计,具有良好的绝热功能的建筑,其能源可节省 25%～50%。因此,在建筑工程中,合理地使用绝热材料具有重要意义。

一、绝热材料的分类与基本要求

在建筑工程中,绝热材料按化学成分可分为无机绝热材料和有机绝热材料;按材料的构造可分为纤维状、松散粒状和多孔状绝热材料。

无机绝热材料是用矿物质原材料制成的材料,常呈纤维状、松散粒状和多孔状,可制成板、片、卷材或有套管型制品。有机绝热材料是用有机原材料(各种树脂、软木、木丝、刨花等)制成。一般来说,无机绝热材料的表观密度较大,但不易腐朽,不会燃烧,有的能耐高温。有机绝热材料则质轻,绝热性能好,但耐热性较差。

二、常用绝热材料

1. 纤维状绝热材料

1)石棉及其制品

石棉是一种天然矿物纤维,是一种纤维状无机结晶材料,石棉纤维具有极高的抗拉强度,具有耐火、耐热、耐酸碱、绝热、防腐、隔音及绝缘等特性,常制成石棉粉、石棉纸板和石棉毡等制品。由于石棉中的粉尘对人体有害,因此民用建筑中已很少使用,目前主要用于工业建筑的隔热、保温及防火覆盖等。

2）植物纤维复合板

植物纤维复合板是以植物纤维为主要材料加入胶结料和添加剂而制成。其表观密度为 $200\sim1\,200\ kg/m^3$，导热系数为 $0.058\ W/(m\cdot K)$，可用于墙体、地板、顶棚等保温，也可用于冷藏库、包装箱等。

木质纤维板是以木材下脚料经机械制成木丝，加入硅酸钠溶液及普通硅酸盐水泥，经搅拌、成形、冷压、养护和干燥而制成。甘蔗板是以甘蔗渣为原料，经过蒸制、加压、干燥等工序制成的一种轻质、吸声、保温和绝热的材料。

3）陶瓷纤维绝热制品

陶瓷纤维是以氧化硅、氧化铝为主要原料，经高温熔融、蒸汽（或压缩空气）喷吹或离心喷吹制成，表观密度为 $140\sim150\ kg/m^3$，导热系数为 $0.116\sim0.186\ W/(m\cdot K)$，最高使用温度为 $1\,100\sim1\,350\ ℃$，耐火度 $\geqslant1\,770\ ℃$，可加工成纸、绳、带、毯、毡等制品，供高温绝热或吸声之用。

4）玻璃纤维绝热制品

玻璃纤维一般分为长纤维和短纤维。短纤维相互纵横交错在一起，构成了多孔结构的玻璃棉，常用作绝热材料。玻璃棉堆积密度约 $45\sim150\ kg/m^3$，导热系数约为 $0.035\sim0.041\ W/(m\cdot K)$。玻璃纤维制品的纤维直径对其导热系数有较大影响，导热系数随纤维直径增大而增加。以玻璃纤维为主要原料的保温隔热制品主要有：沥青玻璃棉毡和酚醛玻璃棉板以及各种玻璃毡、玻璃毯等，通常用于房屋建筑的墙体保温层。

2. 散粒状绝热材料

1）膨胀蛭石及其制品

蛭石是一种天然矿物，经 $850\sim1\,000\ ℃$ 煅烧，体积急剧膨胀，单颗粒体积能膨胀约 $20\sim30$ 倍。

膨胀蛭石是将蛭石经焙烧膨胀后而制得的一种松散颗粒状材料。它的表观密度为 $80\sim900\ kg/m^3$，导热系数为 $0.046\sim0.070\ W/(m\cdot K)$，可在 $1\,000\sim1\,100\ ℃$ 温度下使用，不蛀、不腐，但吸水性较大。膨胀蛭石可以呈松散状铺设于墙壁、楼板、屋面等夹层中，作为绝热、隔声之用。使用时应注意防潮，以免吸水后影响绝热效果。

膨胀蛭石也可与水泥、水玻璃等胶凝材料配合，浇制成板，用于墙、楼板和屋面板等构件的绝热。其制品通常用 $10\%\sim15\%$（体积比）的水泥，$85\%\sim90\%$（体积比）的膨胀蛭石，加入适量的水经拌合、成形、养护而成。水玻璃膨胀蛭石制品是以膨胀蛭石、水玻璃和适量氟硅酸钠（Na_2SiF_6）配制而成。

2）膨胀珍珠岩及其制品

膨胀珍珠岩是由天然珍珠岩煅烧而成的，呈蜂窝泡沫状的白色或灰白色颗粒，是一种高效能的绝热材料。其堆积密度为 $40\sim500\ kg/m^3$，导热系数为 $0.047\sim0.070\ W/(m\cdot K)$，最高使用温度可达 $800\ ℃$，最低使用温度为 $-200\ ℃$。具有吸湿小、无毒、不燃、抗菌、耐腐、施工方便等特点。建筑上广泛用作围护结构、低温及超低温保冷设备、热工设备等绝热保温材料，也可用于制作吸声材料制品。

膨胀珍珠岩制品是以膨胀珍珠岩为主，配合适量的胶结材料（水泥、水玻璃、磷酸盐、沥青等），经拌合、成形和养护（或干燥，或焙烧）后制成板、块和管壳等制品。

3. 多孔性板块绝热材料

1）微孔硅酸钙制品

微孔硅酸钙制品是用粉状二氧化硅材料（硅藻土）、石灰、纤维增强材料及水等搅拌、成形、蒸压处理和干燥等工序而制成。以托贝莫来石为主要水化产物的微孔硅酸钙，其表观密度约为 200 kg/m³，导热系数为 0.047 W/(m·K)，最高使用温度约为 650 ℃。以硬硅钙石为主要水化产物的微孔硅酸钙，其表观密度约为 230 kg/m³，导热系数为 0.056 W/(m·K)，最高使用温度可达 1 000 ℃。用于围护结构及管道保温，其效果比水泥膨胀珍珠岩和水泥膨胀蛭石更好。

2）泡沫玻璃

泡沫玻璃是由玻璃粉和发泡剂等经配料、烧制而成。气孔率为 80%～95%，气孔直径为 0.1～5.0 mm，且大量为封闭而孤立的小气泡。其表观密度为 150～600 kg/m³，导热系数为 0.058～0.128 W/(m·K)，抗压强度为 0.8～15.0 MPa。采用普通玻璃粉制成的泡沫玻璃最高使用温度为 300～400 ℃，若用无碱玻璃粉生产，则最高使用温度可达 800～1 000 ℃，耐久性好，易加工，可用于多种绝热需要。

3）泡沫混凝土

泡沫混凝土由水泥、水、松香泡沫剂混合后，经搅拌、成形、养护而制成的一种多孔、轻质、保温、绝热、吸声材料，也可用粉煤灰、石灰、石膏和泡沫剂制成粉煤灰泡沫混凝土。泡沫混凝土的表观密度为 300～500 kg/m³，导热系数为 0.082～0.186 W/(m·K)。

4）硅藻土

硅藻土是由水生硅藻类生物的残骸堆积而成。其孔隙率为 50%～80%，导热系数为 0.060 W/(m·K)，具有很好的绝热性能，最高使用温度可达 900 ℃，可用作填充料或制成硅藻土砖等制品。

5）泡沫塑料

泡沫塑料是以各种树脂为基料，加入各种辅助料经加热发泡制得的轻质保温材料。泡沫塑料目前广泛用作建筑上的保温隔音材料，其表观密度很小，隔热性能好，加工使用方便。常用的泡沫塑料有聚苯乙烯泡沫塑料、脲醛泡沫塑料、聚氨酯泡沫塑料、聚氯乙烯泡沫塑料、泡沫酚醛塑料等。

4. 其他绝热材料

1）软木板

软木板是用栓皮、栎树皮或黄菠萝树皮为原料，经破碎后与皮胶溶液拌合，再加压成形，在温度为 80 ℃ 的干燥室中干燥一昼夜而制成。软木板具有表观密度小、导热性低、抗渗和防腐性能好等特点，常用热沥青错缝粘贴，用于冷藏库隔热。

2）蜂窝板

蜂窝板是由两块较薄的面板牢固地黏结在一层较厚的蜂窝状芯材两面而制成的板材，亦称蜂窝夹层结构。蜂窝状芯材是用浸渍过合成树脂（酚醛、聚酯等）的牛皮纸、玻璃布和铝片等，经过加工粘合成六角形空腹（蜂窝状）的整块芯材。芯材的厚度在 15～45 mm 范围内，空腔的尺寸在 10 mm 以上。常用的面板为浸渍过树脂的牛皮纸、玻璃布或不经树脂浸渍的胶合板、纤维板、石膏板等。面板必须采用合适的胶黏剂与芯材牢固地黏合在一起，才能显示出蜂窝板的优异特性，即具有比强度高、导热性低和抗震性好等多种功能。

3）窗用绝热薄膜

这种薄膜是以聚酯薄膜经紫外线吸收剂处理后,在真空中进行蒸镀金属粒子沉积层,然后与一层有色透明的塑料薄膜压粘而成。厚度约为 $12\sim50\ \mu m$,用于建筑物窗玻璃的绝热,效果与热反射玻璃相同。其作用原理是将透过玻璃的大部分阳光反射出去,反射率最高可达 80%,从而起到了遮蔽阳光、防止室内陈设物褪色、减少冬季热量损失、节约能源、增加美感等作用,同时还有避免玻璃片伤人的功效。

项目二 吸声与隔声材料

主要内容	知识目标	技能目标
吸声与隔声材料的性能、要求及常用品种	理解吸声与隔声材料的基本要求,熟悉常用吸声与隔声材料的种类、性能与应用	能够根据工程特点及所处的环境条件,合理选择和使用吸声与隔声材料

当前噪声已成为一种严重的环境污染,建筑物的声环境问题越来越受到人们的关注和重视。选用适当的材料对建筑物进行吸声和隔声处理是建筑物噪声控制过程中最常用、最基本的技术措施之一。

一、吸声材料

吸声材料是一种能在很大程度上吸收由空气传递的声波能量的建筑材料。在音乐厅、影剧院、大会堂、播音室及噪声大的工厂车间等室内的墙面、地面、顶棚等部位,选用适当的吸声材料,能改善声波在室内传播的质量,保持良好的音响效果和减少噪声的危害。

1. 材料的吸声原理

声音起源于物体的振动,它迫使周围的空气跟着振动而形成声波,并在空气介质中向四周传播。声波在传播的过程中,一部分声能随距离增大而扩散,另一部分则因空气分子的吸收而减弱。当声波遇到材料表面时,被吸收声能与入射声能之比,称为材料的吸声系数。通常将材料的平均吸声系数大于0.2的材料称为吸声材料。

通常使用的吸声材料为多孔材料。多孔材料具有大量内外连通的微小孔隙。当声波沿着微孔进入材料内部时,引起孔隙中空气的振动,由于摩擦和空气的黏滞阻力,一部分声能转化成热能,另外孔隙中的空气由于压缩放热、膨胀吸热,与纤维、孔壁之间的热交换,也使部分声能被吸收。

2. 影响材料吸声性能的主要因素

1) 材料的表观密度

对同一种多孔材料,表观密度越小,对低频声音的吸收效果越好,对高频声音的吸收有所降低。

2) 材料的孔隙特征

材料开口孔隙越多、越细小,则吸声效果越好。若材料的孔隙多数为封闭孔隙,则因声波不能进入,从吸声机理上来讲,不属于多孔吸声材料。当多孔材料表面涂刷油漆或材料吸湿时,则因材料表面的孔隙被涂料或水分所封闭,使其吸声效果大大降低。

3) 材料的厚度

增加材料的厚度,可提高对低频声音的吸声效果,而对高频声音的吸收则没有明显影响。

4) 材料背后的空气层

空气层相当于增加了材料的有效厚度,因此吸声性能将随空气层厚度的增加而增加,尤其是对提高低频声音的吸声效果明显,但空气层厚度增加到一定值后效果就不明显了。

3. 吸声材料的类型及结构形式

1) 多孔吸声材料

多孔吸声材料从表到里都具有大量内外连通的微小间隙和连续气泡,有一定的通气性。

多孔吸声材料有呈松散状的超细玻璃棉、矿棉、海草、麻绒等;有的已加工成板状材料,如玻璃棉毡、穿孔吸声装饰纤维板、软质木纤维板、木丝板;另外还有微孔吸声砖、矿渣膨胀珍珠岩吸声砖、泡沫玻璃等。

(1)膨胀珍珠岩装饰吸声制品。膨胀珍珠岩装饰吸声制品是以膨胀珍珠岩为骨料,配合适量的胶黏剂,并加入其他辅料制成的板块材料。按所用的胶黏剂及辅料不同,可分为水玻璃珍珠岩板、石膏珍珠岩板、水泥珍珠岩板、沥青珍珠岩板、磷酸盐珍珠岩板等多种。膨胀珍珠岩板具有质轻、不燃、吸声、施工方便等优点,多用于墙面或顶棚装饰与吸声工程。

膨胀珍珠岩吸声砖是以适当粒径的膨胀珍珠岩为骨料,加入胶黏剂,按一定配比,经搅拌、成形、干燥、焙烧或养护而成的,具有吸声隔热、可锯可钉、施工方便的特点,常用于消声砌体工程。

(2)矿棉装饰吸声板。矿棉装饰吸声板是以矿渣棉、岩棉或玻璃棉为基料,加入适量的胶黏剂、防潮剂、防腐剂,经过加压和烘干制成的板状材料。该吸声板质轻、不燃、吸声效果好、保温、施工方便,多用于吊顶和墙面吸声装饰。

(3)泡沫塑料。泡沫塑料有聚苯乙烯泡沫塑料、聚氯乙烯泡沫塑料、聚氨酯泡沫塑料和脲醛泡沫塑料等多种。泡沫塑料的孔形以封闭为主,所以吸声性能不够稳定,软质泡沫塑料具有一定程度的弹性,可导致声波衰减,常作为柔性吸声材料。

(4)钙塑泡沫装饰吸声板。钙塑泡沫装饰吸声板是以聚乙烯树脂和无机填料,经混炼、模压、发泡、成形制成的。该板一般规格为 500 mm×500 mm×6 mm,有多种颜色,可制成凹凸图案、打孔图案。钙塑泡沫装饰吸声板质轻、耐水、吸声、隔热、施工方便,常用于吊顶和内墙面。

(5)穿孔板和吸声薄板。将铝合金板或不锈钢板穿孔加工制成金属穿孔吸声装饰板。由于其强度高,可制得较大穿孔率的微孔板背衬多孔材料使用。金属穿孔吸声装饰板主要起饰面作用。

吸声薄板有胶合板、石膏板、石棉水泥板、硬质纤维板等。通常是将它们的四周固定在龙骨上,背后有适当的空气层形成的空腔组成共振吸声结构。若在其空腔内填入多孔材料,可在很宽的频率范围内提高吸声系数。

(6)槽木吸声板。槽木吸声板是一种在密度板的正面开槽、背面穿孔的狭缝共振吸声材料。其由心材、饰面、吸声薄毡组成,具有出色的降噪吸声性能,对中、高频吸声效果尤佳,常用于歌剧院、影剧院、录音室、录音棚、播音室、电视台、商务办公厅、会议室、演播厅、音乐厅、机房、厂房、高级别墅或家居生活等对声学要求较严格的场所。

(7)铝纤维吸声板。铝纤维吸声板具有质轻、厚度小、强度高、弯折不易破裂、能经受气流和水流的冲刷、耐水、耐热、耐冻、耐腐蚀和耐候性能优异的特性,是露天环境使用的理想吸声材料。加工性能良好,可制成多种形状的吸声体。铝纤维吸声板材质系纯铝金属制造,不含黏结剂,是一种可循环利用的吸声材料,对电磁波也具有良好的屏蔽作用。

(8)木丝吸声板。木丝吸声板是以白杨木纤维为原料,结合独特的无机硬水泥黏合剂,采用连续操作工艺,在高温、高压条件下制成的。其抗菌防潮、结构结实,富有弹力,抗冲击,节能保温。导热系数低至 0.07 W/(m·K),具有很强的隔热保温性能,经济耐用,使用寿命长。

2)薄膜、薄板共振吸声结构

薄膜、薄板共振吸声结构是将皮革、人造革、塑料薄膜等材料固定在框架上,背后留有一定的空气层,即构成薄膜共振吸声结构。某些薄板固定在框架上,也能与其后的空气层构成薄板共振吸声结构。当声波入射到薄膜、薄板吸声结构时,声波的频率与薄膜、薄板的固有频率接近时,薄膜、薄板产生剧烈振动,由于薄膜、薄板内部和龙骨间摩擦损耗,使声能转化为机械运动,最后转变为热能,从而达到吸声的目的。由于低频声波比高频声波容易使薄膜、薄板产生振动,所以薄膜、薄板吸声结构是一种很有效的低频吸声结构。

3)共振吸声结构

共振吸声结构又称共振器,形似一个瓶子,结构中间封闭有一定体积的空腔,并通过有一定深度的小孔与声场相联系。当瓶腔内空气受到外力激荡时,空腔内的空气会按一定的共振频率振动,此时开口瓶颈的空气分子在声波作用下,像活塞一样往复振动,因摩擦而消耗声能,起到吸声的效果。如腔口蒙一层细布或疏松的棉絮,可有助于加宽吸声频率范围和提高吸声量。也可同时用几种不同共振频率的共振器,加宽和提高共振频率范围内的吸声量。

4)穿孔板组合共振吸声结构

这种结构是在各种穿孔板、狭缝板背后设置空气层形成吸声结构,其实也属于空腔共振吸声结构。其相当于若干个共振器并列在一起,这类结构取材方便,并有较好的装饰效果,所以使用广泛。穿孔板具有适合于中频的吸声特性。穿孔板还受其板厚、孔径、穿孔率、孔距、背后空气层厚度的影响,它们会改变穿孔板的主要吸声频率范围和共振频率。若穿孔板背后空气层还填有多孔吸声材料,则吸声效果更佳。

5)空间吸声体

空间吸声体与一般吸声结构的区别在于它不是与顶棚、墙体等壁面组成吸声结构,而是一种悬挂于室内的吸声结构,它自成体系。空间吸声体常用形式有圆锥状、圆柱状等,可以根据不同的使用场合和具体条件,因地制宜地设计成各种形状,既能获得良好的声学效果,又能获得建筑艺术效果。

6)帘幕吸声体

帘幕吸声体是用具有通气性能的纺织品安装在离开墙面或窗洞一段距离处,背后设置空气层,这种吸声体对中、高频声音都有一定的吸声效果。帘幕的吸声效果还与所用材料种类和褶皱有关。帘幕吸声体安装拆卸方便,兼具装饰作用,应用价值高。

4. 吸声材料的选用

在室内采用吸声材料可以抑止噪声,保持良好的音质(声音清晰且不失真),故在教室、礼堂和剧院等室内应当采用吸声材料。选用吸声材料应注意以下几点:

(1)吸声材料必须是气孔开放且互相连通的材料,开放连通的气孔越多,吸声性能越好。为充分发挥材料的吸声性能,应安装在最容易接触声波和反射次数最多的表面上,而不应把它集中在天花板或某一面的墙壁上,应比较均匀地分布在室内各表面上。

(2)吸声材料强度一般较低,应设置在护壁线以上,以免碰撞破损。

（3）多孔吸声材料往往易于吸湿，安装时应考虑湿胀干缩的影响。

（4）选用的吸声材料应不易虫蛀、腐朽，且不易燃烧。

（5）应尽可能选用吸声系数较高的材料，以便节约材料用量，降低成本。

（6）安装吸声材料时应注意勿使材料的表面细孔被油漆的漆膜堵塞而降低其吸声效果。

（7）注意吸声材料与隔声材料的区别，不要把隔声材料当做吸声材料用，因为材料吸声和隔声原理不同。

有些吸声材料的名称与绝热材料相同，都属多孔性材料，但在材料的孔隙特征上有着完全不同的要求。绝热材料要求具有封闭且互不连通的气孔，这种气孔越多其绝热性能越好；而吸声材料则要求具有开放且互相连通的气孔，这种气孔越多其吸声性能越好。至于如何使名称相同的材料具有不同的孔隙特征，这主要取决于原料组分中的某些差别和生产工艺中的热工温度、加压大小等。例如泡沫玻璃采用焦炭、磷化硅、石墨为发泡剂时，就能制得封闭的互不连通的气孔。又如泡沫塑料在生产过程中采取不同的加热、加压温度，可获得孔隙特征不同的制品。

二、隔声材料

能减弱或隔断声波传递的材料称为隔声材料。隔声是阻止声波透过的措施，隔声性能以隔声量表示，隔声量是用一种材料入射声能与透过声能相差的分贝数表示，数值越大，隔声性能越好。

人们要隔绝的声音，按传播途径有空气声（通过空气传播的声音）和固体声（通过固体的撞击或振动传播的声音）两种，两者隔声的原理不同。

对空气声的隔绝，主要是依据声学中的"质量定律"，即材料的表观密度越大，越不易受声波作用而产生振动，其声波通过材料传递的速度迅速减弱，其隔声效果越好。所以，应选用表观密度大的材料（如钢筋混凝土、实心砖等）作为隔绝空气声的材料。

对固体声隔绝的最有效措施是隔断其声波的连续传递。即在产生和传递固体声的结构（如梁、框架、楼板与隔墙以及它们的交接处等）层中加入具有一定弹性的衬垫材料，如软木、橡胶、毛毡、地毯或设置空气隔离层等，以阻止或减弱固体声的继续传播。

复习思考题

一、填空题

1. 绝热材料按化学成分可分为_____和_____。

2. 影响材料吸声性能的主要因素有_____、_____、_____、_____等。

3. 绝热材料要求具有_____的气孔;而吸声材料则要求具有_____的气孔。

4. 应选用表观密度_____的材料作为隔绝空气声的材料,对固体声隔绝的最有效措施是_____。

二、简答题

1. 什么是绝热材料? 影响绝热材料导热性的主要因素有哪些?

2. 工程上对绝热材料有哪些要求?

3. 在使用绝热材料时为何要防潮? 常用的绝热材料品种有哪些?

4. 什么是吸声材料? 材料的吸声性能如何表示?

5. 吸声材料和绝热材料的性质有何异同? 使用绝热材料和吸声材料时各应注意哪些问题?

6. 什么是隔声材料? 哪些材料适宜用作隔绝空气声或隔绝固体声?

参考文献

[1] 吝杰,郑仁贵,周婷.建筑材料[M].南京:南京大学出版社,2011.

[2] 崔长江.建筑材料[M].郑州:黄河水利出版社,2006.

[3] 王春阳.建筑材料[M].第2版.北京:高等教育出版社,2006.

[4] 高军林.建筑装饰材料[M].北京:北京大学出版社,2009.

[5] 杨建国,高智.建筑材料[M].北京:中国水利水电出版社,2007.

[6] 武桂芝.建筑材料[M].郑州:黄河水利出版社,2006.

[7] 武桂芝,张守平,刘进宝.建筑材料[M].郑州:黄河水利出版社,2009.

[8] 宋岩丽.建筑材料与检测[M].北京:人民交通出版社,2008.

[9] 宋岩丽.建筑与装饰材料[M].北京:中国建筑工业出版社,2010.

[10] 张书梅.建筑装饰材料[M].北京:机械工业出版社,2009.

[11] 安素琴,魏鸿汉.建筑装饰材料[M].北京:中国建筑工业出版社,2005.